装配式建筑技术手册

（混凝土结构分册）

BIM 篇

江苏省住房和城乡建设厅
江苏省住房和城乡建设厅科技发展中心 编著

中国建筑工业出版社

图书在版编目（CIP）数据

装配式建筑技术手册. 混凝土结构分册. BIM 篇 / 江苏省住房和城乡建设厅，江苏省住房和城乡建设厅科技发展中心编著. — 北京 ：中国建筑工业出版社，2021.4

ISBN 978-7-112-25962-5

Ⅰ. ①装… Ⅱ. ①江… ②江… Ⅲ. ①装配式混凝土结构-建筑设计-计算机辅助设计-应用软件-技术培训-手册 Ⅳ. ①TU3-62

中国版本图书馆 CIP 数据核字（2021）第 041049 号

责任编辑：宋 凯 张 磊 张智芊 王砾瑶

责任校对：姜小莲

装配式建筑技术手册（混凝土结构分册）BIM 篇

江苏省住房和城乡建设厅
江苏省住房和城乡建设厅科技发展中心 编著

*

中国建筑工业出版社出版、发行(北京海淀三里河路 9 号)

各地新华书店、建筑书店经销

北京鸿文瀚海文化传媒有限公司制版

北京中科印刷有限公司印刷

*

开本：787 毫米×1092 毫米 1/16 印张：24¾ 插页：1 字数：589 千字

2021 年 6 月第一版 2021 年 6 月第一次印刷

定价：**88.00** 元

ISBN 978-7-112-25962-5

(36653)

《装配式建筑技术手册（混凝土结构分册）》编写委员会

主　　任： 周　岚　顾小平

副 主 任： 刘大威　陈　晨

编　　委： 路宏伟　张跃峰　韩建忠　刘　涛　张　赟　赵　欣

主　　编： 刘大威

副 主 编： 孙雪梅　田　炜

参编人员： 江　淳　俞　锋　韦　笑　丁惠敏　祝一波　庄　玮

审查委员会

娄　宇　樊则森　栗　新　田春雨　王玉卿
郭正兴　汤　杰　朱永明　鲁开明

设计篇

编写人员：胡　宏　陈乐琦　赵宏康　赵学斐　曲艳丽
卞光华　郭　健　李昌平　张　梁　张　奕
廖亚娟　杨承红　黄心怡　李　宁

生产篇

编写人员：诸国政　沈鹏程　江　淳　朱张峰　于　春
仲跻军　陆　峰　张后禅　丁　杰　王　偎
颜廷鹏　吴慧明　金　龙　陆　敏

施工篇

编写人员：程志军　王金卿　贺鲁杰　李国建　陈耀钢
任超洋　周建中　朱　峰　白世烨　韦　笑
张　豪　张周强　施金浩　张　庆　吉晔晨
汪少波　陈　俊　张　军

BIM 篇

编写人员：张　宏　吴大江　卞光华　章　杰　诸国政
汪丛军　叶红雨　罗佳宁　刘　沛　王海宁
陶星宇　苏梦华　汪　深　周佳伟　沈　超
张睿哲

序

建筑业作为支柱产业，长期以来支撑着我国国民经济的发展。在我国全面建成小康社会、实现第一个百年奋斗目标的历史阶段，坚持高质量发展、推进以人为核心的新型城镇化、推动绿色低碳发展是当前建设领域的重要任务。当前建筑业还存在大而不强，建造方式粗放，与先进制造技术、新一代信息技术融合不够，建筑行业转型升级步伐亟需加快等问题，以装配式建筑为代表的新型建筑工业化，是促进建设领域节能减排、提升建筑品质的重要手段，也是推动建筑业转型升级的重要途径。

发展装配式建筑，应引导从业人员在产品思维下，以设计、生产、施工建造等全产业链协同模式，通过技术系统集成，实现装配式建筑技术合理、成本可控、质量优越。

江苏是建筑业大省，建筑业规模持续位居全国第一，长期以来在推动装配式建筑的政策引导、技术提升、标准完善等方面做了大量基础性工作，取得了显著成效。江苏省住房和城乡建设厅、江苏省住房和城乡建设厅科技发展中心编著的《装配式建筑技术手册（混凝土结构分册）》，把握装配式建筑系统性、集成性的产品特点，以实际应用为目的，在总结提炼大量装配式混凝土建筑优秀工程案例的基础上，对建造各环节进行整体把握、对重要节点进行具体阐述。本书采取图文结合的形式，既有对现行国家标准的深化和细化，又有对当前装配式混凝土建筑成熟技术体系、构造措施和施工工艺工法的总结提炼。全书体例新颖、通俗易懂，具有较强的实操性和指导性，可作为装配式混凝土建筑全产业链从业人员的工具书，对于相应专业的高校师生也有很好的借鉴、参考和学习价值。相信本书的出版，将为推动新型建筑工业化发展发挥积极作用。

全国工程勘察设计大师

教 授 级 高 级 工 程 师

2021 年 2 月

前　言

2021年是“十四五”开局之年，中国已进入新的发展阶段，住房和城乡建设是落实新发展理念、推动高质量发展的重要载体和主要战场。建筑业在与先进制造业、新一代信息技术深度融合发展方面有着巨大的潜力，以“标准化设计、工厂化生产、装配化施工、成品化装修、信息化管理、智能化应用”为特征的装配式建筑，因有利于节约能源资源、有利于提质增效，近年来取得了长足发展。

江苏省作为首批国家建筑产业现代化试点省份，装配式建筑的项目数量多、类型丰富，开展了大量的相关创新实践。为提升装配式建筑从业人员技术水平，保障装配式建筑高质量发展，江苏省住房和城乡建设厅、江苏省住房和城乡建设厅科技发展中心组织编著了《装配式建筑技术手册（混凝土结构分册）》，在梳理、细化现行标准的基础上，总结提炼大量工程实践应用，系统呈现当前装配式混凝土建筑的成熟技术体系、构造措施和施工工艺工法，便于技术人员学习和查阅，是一套具有实际指导意义的工具书。

本手册共分“设计篇”、“生产篇”、“施工篇”及“BIM篇”四个分篇。“设计篇”系统梳理了装配式混凝土建筑一体化设计方面的理念、流程和经验做法；“生产篇”针对预制混凝土构件、加气混凝土墙板、陶粒混凝土墙板等主要预制构件产品，提出了科学合理的构件生产工艺工法与质量控制措施；“施工篇”总结了较为成熟的装配式混凝土建筑施工策划、施工方案及施工工艺，提出了施工策划、施工方案、施工安全等方面的重点控制要点；“BIM篇”创新引入了层级化系统表格的表达方式，归纳总结了装配式建筑BIM技术应用的理念和方法。

“设计篇”主要由南京长江都市建筑设计股份有限公司、江苏筑森建筑设计股份有限公司、江苏省建筑设计研究院有限公司和启迪设计集团股份有限公司编写。

“生产篇”主要由南京大地建设集团有限公司、南京工业大学、常州砼筑建筑科技有限公司、江苏建华新型墙材有限公司和苏州旭杰建筑科技股份有限公司编写。

“施工篇”主要由龙信建设集团有限公司、中亿丰建设集团股份有限公司、江苏中南建筑产业集团有限责任公司、江苏华江建设集团有限公司和江苏绿建住工科技有限公司编写。

“BIM篇”主要由东南大学、南京工业大学、中通服咨询设计研究院有限公司、江苏省建筑设计研究院有限公司、中亿丰建设集团股份有限公司、江苏龙腾工程设计股份有限公司和南京大地建设集团有限公司编写。

本手册力求以突出装配式建筑的系统性、集成性为编制原则，以实际应用为目的，采取图表形式描述，通俗易懂，具有较好的实操性和指导性。本手册的编写凝聚了所有参编人员和专家的集体智慧，是共同努力的成果。由于编写时间紧，篇幅长，内容多，涉及面广，加之水平和经验有限，手册中仍难免有疏漏和不妥之处，敬请同行专家和广大读者朋友不吝赐教、斧正批评。

本书编委会

2021年2月

目　录

一般规定

重要概念

1. BOM——Bill of Material，即物料清单，本手册中主要是构件生产管理中的数据结构，描述构件与材料之间的关系，对应的文件形式为产品明细表、材料定额明细表、图样目录等。

2. 标准化设计——装配式建筑标准化设计是指以“构件法建筑设计”为基础，在满足建筑使用功能和空间形式的前提下，以降低构件种类和数量作为标准化设计手段的建筑设计思想。

3. 参数设置——创建BIM模型时，需要添加类型参数、实例参数等，以具体描述模型几何、材质及物理特征等属性。

4. 导入条件——BIM技术在装配式建筑构件生产前期需要将生产所需的信息根据制造业的生产需求进行导入，导入的条件主要包含三个方面：项目信息、工艺图纸、生产物料清单。

5. 构件编码——同类型的构件同处于一个整体系统中，相互之间容易产生混淆，为了识别个体不同的构件，因此需要对其进行命名，并对各相关属性信息进行准确的定义，这种命名的过程就是构件编码。

6. 构件分件——构件分件的基础是构件三级装配理论，建筑构件根据构件装配信息进行分类，即将构件按照构件加工和装配位置的不同分为三级，进而完成构件特性和建造逻辑的分类：一级构件为小构件，在工厂进行生产装配；二级和三级构件都为大构件，在工地工厂和工位完成装配。

7. 构件分类——构件分类设计方法是以“构件法建筑设计”为基础，对组成建筑的基本元素（构件）根据其功能特征和装配特性进行不同分类，根据构件的基本功能特征可分为结构构件组、围护构件组、性能构件组、装饰构件组、环境构件组等基本构件组。

8. 构件模型——装配式建筑的核心模型就是构件模型，构件模型是基于构件法建筑设计理念的基本模型表达形式。构件模型相对于工艺模型要简单一些，构件模型可以生成工艺模型，同时构件模型也属于建筑模型。

9. 构件信息——构件信息是指模型所具备的各类不同描述其属性的信息集合，包括项目信息、组成信息、材质信息、性能信息、生产信息以及资产信息等，模型所包含的信息有深度之别，不同的信息深度对应不同的信息类别。

10. IBMS——Intelligent Building Management System，即建筑智能化管理系统，其出现和应用极大提高了传统运维的效率，推进了建筑运维管理的自动化和智能化发展。

11. IFC——Industry Foundation Class，即工业基础类，IFC 是对建筑资产行业的标准化数字描述，用于定义建筑信息可扩展的统一数据格式，以便在各类软件、接口及应用程序之间进行交互。

12. 模型精细度——国标规范《建筑信息模型设计交付标准》GB/T 51301—2018，其中对模型等级、模型精细度都做出了相关要求，不同的模型精细度对应对不同的模型内容、模型之间的关系以及模型的几何表达精度。

13. MES——Manufacturing Execution System，即生产执行系统，MES 是一套面向制造企业车间执行层的生产信息化管理系统。MES 可以为企业提供包括制造数据管理、计划排程管理、生产调度管理、质量管理、人力资源管理、采购管理及成本管理等管理功能需求。

14. 轻量化——BIM 模型的轻量化是为了尽可能缩小 BIM 模型的体量，使其可以更加适宜 web、移动端的使用。无论基于何种数据格式的 BIM 原始模型文件，在运维阶段都需要针对具体运维需求进行轻量化处理，以舍弃掉不必要的冗余数据。其方法分为两种，分别是模型文件轻量化和引擎渲染轻量化。

15. 数据采集——BIM 运维系统应具备各类设备的数据信息采集功能，通过传感器将运维需要的数据信息从设备中提取出来，并上传到智能化系统中。

16. 数据交互——BIM 软件之间的数据交互形式主要有两种，即原生交互与 IFC 交互，两种交互方式在文件格式、传输完成程度以及实用性方面都存在区别。

17. 模拟对比——设计阶段借助 BIM 进行施工模拟，并且通过 BIM 集成平台的应用将设计信息延伸至建造过程，在建造阶段，将建造信息同步反馈给设计前端，形成信息的闭合回路，实现模拟设计与真实建造对比与优化。

18. 信息深度——建筑信息模型，核心是信息。国标规范《建筑信息模型设计交付标准》GB/T 51301—2018 中对模型单元的属性信息内容、分类及深度等级做出详细规定。

19. 运维模型——运维模型应承接设计、生产及施工阶段的模型数据，并对其进行针对运维需求的检查和精简，从而达到 BIM 模型数据从设计阶段到运维阶段的流转，实现 BIM 的核心价值。

相关规范

1.《建筑信息模型应用统一标准》GB/T 51212—2016
2.《建筑信息模型施工应用标准》GB/T 51235—2017
3.《建筑信息模型分类和编码标准》GB/T 51269—2017
4.《建筑信息模型设计交付标准》GB 51301—2018
5.《制造工业工程设计信息模型应用标准》GB/T 51362—2019
6.《建筑工程设计信息模型制图标准》JGJ/T 448—2018
7.《建筑工程信息模型存储标准（征求意见稿）》

第一章　绪　论

【章节导读】

绪论主要是对国内外 BIM 技术在装配式建筑领域的应用现状进行研究综述，对 BIM 技术应用于装配式建筑的必要性与应用价值的分析，并且阐述在装配式建筑项目中 BIM 技术应用所需的软件与硬件环境，最后从设计—生产—施工—运维全流程的角度出发，对信息与模型的概念进行辨析。

作为本手册的开篇，结合 BIM 技术在装配式建筑中的应用经验，确立了 BIM 技术在设计、生产、施工、运维各阶段的应用框架。在后续章节中将会对 BIM 应用点做展开描述（表 1-1）。

绪论章节框架索引与概要表　　　　**表 1-1**

二级标题		表格索引	三级标题		表格索引
题名	概要		题名	概要	
1.1　BIM 技术应用于装配式建筑领域的发展概述	对国内外 BIM 发展现状进行综述	表 1-2　BIM 技术应用于装配式建筑领域的发展概述章节索引及描述表	1.1.1　国外发展现状	总结概括外国 BIM 发展现状	表 1-3　国外 BIM 技术发展概述表
			1.1.2　国内发展现状	总结概括国内 BIM 发展现状	表 1-4　国内 BIM 技术发展概述表
					表 1-5　近期国家及江苏省 BIM 政策汇总表
1.2　装配式建筑中的 BIM 应用要求	对 BIM 软件及硬件实施条件进行归纳总结	表 1-6　装配式建筑中的 BIM 应用要求章节索引及描述表	1.2.1　BIM 软件环境	梳理装配式建筑中常用的 BIM 软件。	表 1-7　装配式建筑 BIM 软件分类表
					表 1-8　Revit 软件功能特点表
					表 1-9　Revit 族类型分类表
					表 1-10　Tekla 软件功能特点表
					表 1-11　Planbar 软件功能特点表
					表 1-12　Rhino 软件功能特点表
			1.2.2　BIM 硬件环境	归纳 BIM 软件运行所需的硬件配置需求	表 1-13　软件运行最低配置表
					表 1-14　软件运行推荐配置表
					表 1-15　软件运行最佳配置表

续表

二级标题		表格索引	三级标题		表格索引
题名	概要		题名	概要	
1.3 装配式建筑信息模型	针对 BIM 的基本两种元素进行介绍	表 1-16 装配式建筑信息模型章节索引及描述表	1.3.1 装配式建筑信息辨析	将装配式建筑模型分为三种类型进行分析对比,并为后续模型的应用需求提供基础	表 1-17 NBIMS 模型精细度等级表
					表 1-18 模型单元的分级
					表 1-19 模型精度基本等级划分
					表 1-20 几何表达精度的等级划分
					表 1-21 设计制造过程中的模型精细度表
			1.3.2 模型辨析	通过介绍不同模型所附着信息的特点和类型,建立后续应用的基础	表 1-22 信息深度等级的划分
					表 1-23 模型中不同阶段信息应用需求表
					表 1-24 预制叠合楼板各阶段信息表

1.1 BIM 技术应用于装配式建筑领域的发展概述

BIM 技术发展至今已有几十年的历史，国内外发展水平参差不齐，欧美 BIM 技术应用起步早，到目前为止形成了一系列国家标准及企业标准来引导行业发展；国内 BIM 技术起步相对较晚。但近些年无论是政府还是企业，尤其是政府对 BIM 技术的普及应用十分重视，出台了一系列政策性文件引导和支持 BIM 技术的发展，取得了一定成果。本手册综合国内外的 BIM 技术应用现状，尤其是在装配式建筑中的应用，通过从中获得灵感与启示，总结经验与不足，提出了一套科学、合理的装配式建筑正向 BIM 应用流程（表 1-2）。

BIM 技术应用于装配式建筑领域的发展概述章节索引及描述表　　表 1-2

三级标题		表格索引	具体描述
题名	概要		
1.1.1 国外发展现状	总结概括外国 BIM 发展现状	表 1-3 国外 BIM 技术发展概述表	对比美国、英国、新加坡、北欧及日本的 BIM 发展现状,归纳其特点
1.1.2 国内发展现状	总结概括国内 BIM 发展现状	表 1-4 国内 BIM 技术发展概述表	总结香港、台湾及大陆地区的 BIM 发展现状,并归纳其特点
		表 1-5 近期国家及江苏省 BIM 政策汇总	列举近期国家及江苏省的相关 BIM 政策,并简述政策要点

1.1.1 国外发展现状

以美国、英国、新加坡、北欧以及日本为例，分析并对比了国外 BIM 发展的现状与特点。从对比的结果可以看出，欧美发达国家的 BIM 发展多立足于国情，主要分为政府强制要求、行业自觉实施以及政府与行业共同推广等几种情况（表 1-3）。

国外 BIM 技术发展概述表[1-1] **表 1-3**

国家地区	发展概述	特点
美国	美国在建筑信息化领域的研究起步较早，发展至今，BIM 研究与应用均走在世界前列。目前，美国大多建筑项目已经开始应用 BIM，BIM 应用的种类繁多，且存在各种 BIM 协会，也出台了各种 BIM 标准。 ① GSA 2003 年，为了提高建筑领域的生产效率、提升建筑业信息化水平，美国总务署（General Service Administration，GSA）下属的公共建筑服务部门的首席设计师工作室推出了全国 3D—4D—BIM 计划。从 2007 年起 GSA 要求所有大项目（招标级别）都需要应用 BIM，最低要求是空间规划验证和最终概念展示都需要提交 BIM 模型。 ② USACE 2006 年 10 月，美国陆军工程兵团（the USA Army Crops of Engineers，USACE）发布了为期 15 年的 BIM 发展路线规划，为 USACE 采用和实施 BIM 技术制定战略规划，以提升规划、设计和施工质量及效率。 ③ BSA Building SMART 联盟（Building SMART Alliance，BSA）致力于 BIM 的推广与研究，使项目所有参与者在项目生命周期阶段能共享准确的项目信息。通过 BIM 收集和共享项目信息与数据，可以有效地节约成本、减少浪费。BSA 下属的美国国家 BIM 标准项目委员会（NBIMS-US）专门负责美国国家 BIM 标准（NBIMS）的研究与制定	1. BIM 应用水平较高 2. 呈现出多协会、多标准的特点
英国	与大多数国家不同，英国政府要求强制使用 BIM。2011 年 5 月，英国内阁办公室发布了政府建设战略文件，明确要求：到 2016 年，政府要求全面协同的 3D BIM，并将全部的文件以信息化管理。 政府要求强制使用 BIM 的文件得到了英国建筑业 BIM 标准委员会（AEC BIM Standard Committee）的支持。迄今为止，英国建筑业 BIM 标准委员会已发布了英国建筑业 BIM 标准、适用于 Revit 的英国建筑业 BIM 标准、适用于 Bentley 的英国建筑业 BIM 标准，并还在制定适用于 ArchiCAD、Vectorworks 的 BIM 标准，这些标准的制定为英国的 AEC 企业从 CAD 过渡到 BIM 提供切实可行的方案和程序	1. 政府强制规定在项目中应用 BIM 技术 2. BIM 标准体系完善
新加坡	早在 1982 年，建筑管理署（Building Construction Authority，BCA）就有了人工智能规划审批的想法。2011 年，BCA 发布了新加坡 BIM 发展路线规划，规划明确推动整个建筑业在 2015 年前广泛使用 BIM 技术。为了实现这一目标，BCA 分析了面临的挑战，并制定了相关策略。 在创造需求方面，新加坡政府带头在所有新建项目中明确提出 BIM 需求。2011 年，BCA 与一些政府部门合作确立了示范项目。BCA 将强制要求提交建筑 BIM 模型（2013 年起）、结构与机电 BIM 模型（2014 年起），并且最终在 2015 年前实现所有建筑面积大于 5000m^2 的项目都必须提交 BIM 模型的目标。 在建立 BIM 能力与产量方面，BCA 鼓励新加坡的大学开设 BIM 的课程，为毕业学生组织密集的 BIM 培训课程，为行业专业人士建立了 BIM 专业学位	1. 政府管理部门推行 BIM 示范项目 2. 积极推进 BIM 人才培养工作

续表

国家地区	发展概述	特点
北欧	北欧国家如挪威、丹麦、瑞典和芬兰，是一些主要的建筑业信息技术的软件厂商所在地，因此，这些国家是全球最先一批采用基于模型设计的国家，也在推动建筑信息技术的互用性和开放标准。北欧国家冬天漫长多雪，这使得建筑的预制化非常重要，这也促进了包含丰富数据、基于模型的BIM技术的发展，并导致了这些国家及早地进行了BIM的部署。 北欧国家政府并未强制要求使用BIM，由于当地气候的要求以及先进BIM软件的推动，BIM技术的发展主要是企业的自觉行为	1. 受BIM软件厂商及气候的影响，促进了BIM的开放标准研究以及在预制装配建筑中的应用 2. 政府没有强制要求BIM应用，多为企业自觉行为
日本	在日本，有2009年是日本的BIM元年之说。大量的日本设计公司、施工企业开始应用BIM，而日本国土交通省也在2010年3月表示，已选择一项政府建设项目作为试点，探索BIM在设计可视化、信息整合方面的价值及实施流程。 日本BIM相关软件厂商认识到，BIM需要多个软件来互相配合，这是数据集成的基本前提，因此，多家日本BIM软件厂商在IAI日本分会的支持下，以福井计算机株式会社为主导，成立了日本国产解决方案软件联盟。此外，日本建筑学会于2012年7月发布了日本BIM指南，从BIM团队建设、BIM数据处理、BIM设计流程、应用BIM进行预算、模拟等方面为日本的设计院和施工企业应用BIM提供了指导	1. 政府引导、企业推进，共同促进BIM技术落地 2. 为实现数据集成互用的目的，成立了国产解决方案软件联盟

1.1.2 国内发展现状

分别将香港地区、台湾地区与大陆地区的BIM应用情况进行了整理与汇总，与国外欧美发达国家BIM应用呈现的现状有相似之处，无论是政府强推还是行业自觉行为都是BIM技术普及的重要手段，应结合国情，取长补短，推进国内BIM技术在装配式建筑领域的发展（表1-4、表1-5）。

国内BIM技术发展概述表[1-1]　　**表1-4**

地区	发展概述	特点
香港地区	香港的BIM发展主要也是靠行业的自身的推动。早在2009年，香港就成立了香港BIM学会。2010年，香港的BIM技术应用已经完成从概念到实用的转变，处于全面推广的最初阶段。2009年11月，香港房屋署发布了BIM应用标准，并提出在2014～2015年该项技术将覆盖香港房屋署的所有项目	1. 行业自身推动 2. 政府项目强制使用BIM技术
台湾地区	在科研方面，2007年台湾大学与Autodesk公司签订了产学合作协议，重点研究建筑信息模型及动态工程模型设计。2009年，台湾大学土木工程系成立了工程信息仿真与管理研究中心，促进了BIM相关技术与应用的经验交流、成果分享、人才培养与产学研合作。 政府部门对BIM的推动有两个方向。首先，希望建筑业自行引进BIM应用，如果是政府项目，则要求设计阶段与施工阶段都采用BIM。其次，积极学习国外的BIM模式，举办座谈会与研讨会，共同推动BIM发展	1. 高校与厂商的产学研合作较多 2. 政府项目在设计与施工阶段必须使用BIM 3. 借鉴国外成功经验

续表

地区	发展概述	特点
大陆地区	近年来，政府相关单位、行业内的设计单位、生产单位、施工单位、科研院校等均越来越重视BIM的发展。 2011年5月，住房和城乡建设部发布的《2011—2015年建筑业信息化发展纲要》拉开了BIM在中国应用的序幕。 2012年1月，住房和城乡建设部《关于印发2012年工程建设标准规范制定修订计划的通知》，对中国的BIM标准制定工作正式启动，其中包含5项BIM相关标准：《建筑工程信息模型应用》《建筑工程信息模型存储标准》《建筑工程设计信息模型交付标准》《建筑工程信息模型分类和编码标准》《制造业工程设计信息模型应用标准》。 2013年8月，住房和城乡建设部发布了《关于征求关于推荐BIM技术在建筑领域应用的指导意见（征求意见稿）意见的函》，明确指出，2016年以前政府投资的2万m^2以上的大型公共建筑以及申报绿色建筑项目的设计、施工采用BIM技术；截至2020年，完善BIM技术应用标准、实施指南，形成BIM技术应用标准和政策体系。 2014年度，《关于推进建筑业发展和改革的若干意见》再次强调了BIM技术工程设计、施工和运行维护等全过程应用的重要性。 2015年6月，住房和城乡建设部《关于推进建筑信息模型应用的指导意见》中，明确发展目标：到2020年末，建筑行业甲级勘察、设计单位以及特级、一级房屋建筑工程施工企业应掌握并实现BIM与企业管理系统和其他信息技术的一体化集成应用。 2016年，住房和城乡建设部发布了"十三五"纲要——《2016—2020年建筑业信息化发展纲要》，相比于"十二五"纲要，引入了"互联网+"概念，以BIM技术与建筑业发展深度融合，塑造建筑业新业态为指导思想，实现企业信息化、行业监管与服务信息化、专项信息技术应用及信息化标准体系的建立，达到基于"互联网+"的建筑信息化水平升级的要求。 2016年12月，住房和城乡建设部发布《建筑信息模型应用统一标准》GB/T 51212—2016，该标准是我国第一部建筑信息模型应用的工程建设标准，提出了建筑信息模型应用的基本要求，是建筑信息模型应用的基础标准，可作为我国建筑信息模型应用及相关标准研究和编制的依据。 2017年10月及2018年12月住房和城乡建设部相继颁布了《建筑信息模型分类和编码标准》GB/T 51269—2017与《建筑信息模型设计交付标准》GB/T 51301—2018。 另外，《建筑信息模型存储标准》也即将发布	1. 政府、企业、科研院校对BIM技术的重视程度高； 2. 政府部门政策、标准不断颁布，力推BIM技术落地

近期国家及江苏省BIM政策汇总表[1-1] **表1-5**

部门	时间	政策名称	政策要点
住房和城乡建设部	2019年2月	《住房和城乡建设部工程质量安全监管司2019年工作要点》	推进BIM技术集成应用。支持推动BIM自主知识产权底层平台软件的研发。组织开展BIM工程应用评价体系和评价方法研究，进一步推进BIM技术在设计、施工和运营维护全过程的集成应用
国家发展改革委与住房和城乡建设部	2019年3月	《关于推进全过程工程咨询服务发展的指导意见》	大力开发和利用建筑信息模型（BIM）、大数据、物联网等现代信息技术和资源，努力提高信息化管理与应用水平，为开展全过程工程咨询业务提供保障

续表

部门	时间	政策名称	政策要点
住房和城乡建设部	2019年3月	《装配式内装修技术标准(征求意见稿)公开征求意见的通知》	装配式内装修工程宜依托建筑信息模型(BIM)技术,实现全过程的信息化管理和专业协同,保证工程信息传递的准确性与质量可追溯性
江苏省住房和城乡建设厅	2018年10月	《关于进一步加快推进我省建筑信息模型(BIM)应用的指导意见(征求意见稿)》	力争2020年末,江苏省建筑、市级甲级设计单位以及一级以上施工企业全面掌握并实施BIM技术一体化集成应用,以国有资金投资为主的新建公共建筑、市政工程集成应用BIM的比率达到90%,建筑产业现代化示范项目普遍应用BIM技术,全省BIM技术应用和管理水平走在全国前列

1.1.3 BIM技术应用现状总结

BIM技术应用在国内外的发展趋势良好，尤其是在装配式建筑领域，越来越多的建设单位、设计单位、构件生产单位以及施工单位愿意使用BIM技术进行装配式建筑项目管理。

但BIM技术在国内装配式建筑领域的应用也呈现出诸多问题，亟待解决。首先，在设计阶段，行业内普遍采用施工图拆分的方法进行预制构件的深化设计，在设计前端缺乏BIM正向设计的理论方法，导致预制构件种类、数量繁多，出现大量不合理、不规整的复杂异型预制构件，变相增加了构件模具的摊销，还会增加施工过程中的装配难度，这是造成装配式建筑项目成本普遍偏高的重要因素；其次，由于缺乏BIM正向设计的引导，存在重复建模的问题，设计阶段的模型无法有效地传递到生产、施工、运维阶段，各阶段重复建模就会导致设计院的BIM中心、BIM咨询公司等提供的BIM服务的价值大打折扣，从而影响BIM的行业收费标准，损害BIM从业人员的经济利益。除此之外，BIM技术在装配式建筑领域的应用还有许多建筑行业的共性问题，例如当前BIM在运维阶段的应用案例相对较少，可以作为示范的案例则少之又少；大多数BIM的从业人员都只掌握本专业所涉及的片段性的BIM，缺少全流程把控的能力；BIM人才培养体系不健全，往往仅是对软件业务的培训。

解决上述问题，要从BIM正向设计入手，建立BIM正向设计的理论方法，以"构件法建筑设计"为核心，明确构件分类与构件分件的设计方法；实现"一模到底"的模型应用目标，将设计阶段BIM成果贯穿全流程；突破思维限制，改变商业公司的片段性的"小BIM"，逐步实现全行业的全流程的"大BIM"；健全BIM人才培养机制，在软件培训的基础上，引导建立BIM正向设计的理论、技术和方法（图1-1）。

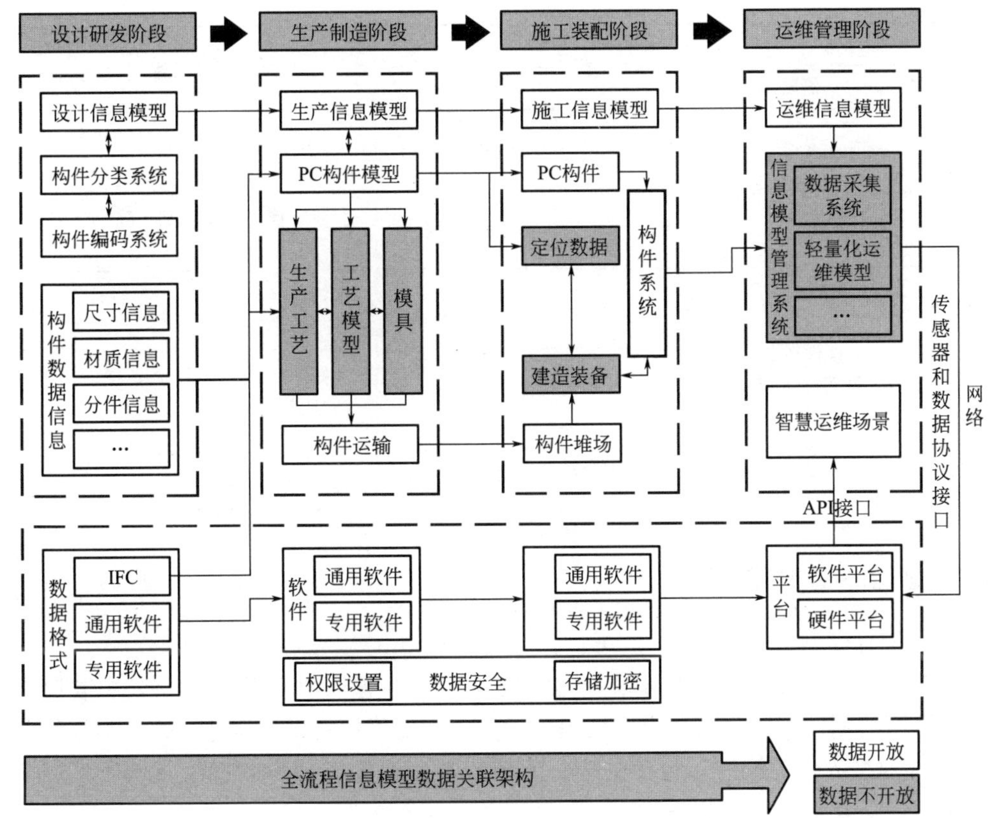

图 1-1　信息模型数据关联图

1.2　装配式建筑中的 BIM 应用要求

BIM 技术是信息化技术在建筑领域的应用拓展，软件系统与硬件系统构成了最基本的 BIM 技术实施场景（表 1-6）。

装配式建筑中的 BIM 应用要求章节索引及描述表　　　　表 1-6

<table>
<tr><th colspan="2">三级标题</th><th rowspan="2">三级表格索引</th><th rowspan="2">具体描述</th></tr>
<tr><th>题名</th><th>概要</th></tr>
<tr><td colspan="2" rowspan="4">1.2.1　BIM 软件环境　梳理装配式建筑中常用的 BIM 软件</td><td>表 1-7　装配式建筑 BIM 软件分类表</td><td>举例介绍目前较为常用的 BIM 建模及分析软件,并简要描述功能特点</td></tr>
<tr><td>表 1-8　Revit 软件功能特点表</td><td>总结归纳 Revit 软件功能特点及适用场景</td></tr>
<tr><td>表 1-9　Revit 族类型分类表</td><td>对比 Revit 软件族工具的分类,归纳总结其特点</td></tr>
<tr><td>表 1-10　Tekla 软件功能特点表</td><td>总结归纳 Tekla 软件功能特点及适用场景</td></tr>
</table>

续表

三级标题		三级表格索引	具体描述
题名	概要		
1.2.1 BIM软件环境	梳理装配式建筑中常用的BIM软件	表1-11 Planbar软件功能特点表	总结归纳Planbar软件功能特点及适用场景
		表1-12 Rhino软件功能特点表	总结归纳Rhino软件功能特点及适用场景
1.2.2 BIM硬件环境	归纳BIM软件运行所需的硬件配置需求	表1-13 软件运行最低配置表	以Revit软件为例，介绍运行软件需要的最低配置
		表1-14 软件运行推荐配置表	以Revit软件为例，介绍运行软件推荐的低配置
		表1-15 软件运行最佳配置表	以Revit软件为例，介绍运行软件流畅运行的最佳配置

1.2.1 BIM软件环境

1. 信息模型应用软件

BIM应用软件从功能上可以分为两大类：一类是BIM建模软件，其主要解决BIM模型的创建问题，赋予模型物理、几何、材质等相关属性信息；另一类则是基于BIM模型的分析软件，包括结构、能耗等数值指标类分析软件以及基于工程管理的相关模拟类软件（表1-7）。

装配式建筑BIM软件分类表 **表1-7**

软件分类	软件名称		功能概述
建模软件	Revit系列		Autodesk公司产品，提供支持建筑设计、结构设计及MEP设计的全套设计工具，市场普及度高
	Revit插件	鸿业BIMSpace	基于Revit软件平台，包含建筑、结构、给水排水、暖通及电气等功能，可以为用户提供完整的施工图解决方案
		橄榄山快模	基于Revit软件平台，可以快速将DWG格式施工图快速转换成Revit三维模型
		红瓦系列	基于Revit软件平台，便捷的工程管理客户端，简单高效地将全专业CAD图转化为REVIT模型
		isBIM	基于Revit软件平台，它扩展并增强了Revit建模、修改、出图等功能，可以为BIM全过程、全专业提供高效的解决方案
	Bentley系列		Bentley系列软件能够实现各类建筑的设计、建造与运维。它拥有完整的软件体系、统一的数据平台，并能进行项目和相关文档的管理
	ArchiCAD		ArchiCAD简化了建筑的建模和文档过程，自始至终的BIM工作流程，使得模型可以一直使用到最后
	Planbar		Planbar是Nemetschek公司开发的综合软件，包括各专业功能，国内多数预制混凝土企业将其作为深化设计的建模软件

续表

软件分类	软件名称	功能概述
建模软件	Digital Project	强大的3D建筑信息模型和管理工具，是全新的数字化建模软件平台，从设计、项目管理到现场施工，为项目提供完整的全生命周期数字化环境
深化设计软件	Tekla Structure	Trimble公司的钢筋混凝土深化设计软件，具有强大的钢筋编辑功能
	BeePC	基于Revit软件平台，结合图集、项目的内置规则、智能化的批量操作，最终可生成满足工厂要求的项目图纸及构件料表
分析软件	ETABS	系统利用图形化的用户界面来建立一个建筑结构的实体模型对象，通过先进的有限元模型和自定义标准规范接口技术来进行结构分析与设计
	STAAD	本身具有强大的三维建模系统及丰富的结构模板，用户可方便快捷地直接建立各种复杂的三维模型
	PKPM	是一套集建筑设计、结构设计、设备设计、节能设计于一体的大型建筑功能综合CAD系统
项目管理软件	Navisworks	设计和施工管理专业人员使用的一款全面审阅解决方案，用于保证项目顺利进行，软件将精确的错误查找和冲突管理功能与动态的四维项目进度仿真和照片级可视化功能完美结合
	Synchro 4D	工程人员可以利用软件进行施工过程可视化模拟、施工进度计划安排、高级风险管理、设计变更同步、供应链管理以及造价管理
	ProjectWise Navigator	它拥有完整的软件体系、统一的数据平台，并能进行项目和相关文档的管理
	广联达 BIM5D	以BIM平台为核心，集成各专业模型，关联施工过程中的进度、合同、成本、质量、安全、图纸、物料等信息
	Fuzor	包含VR、多人网络协同、4D施工模拟、5D成本追踪几大功能板块，您可以直接加载进度计划表，也可在Fuzor中创建，还可以添加机械和工人，以模拟场地布置及现场物流方案
其他相关软件	Lumion	不同厂商的可视化软件，与Revit可以进行实时交互，提供三维可视化表达场景
	Twinmotion	
	Enscape	
	ARCHIBUS	包括了资产设施管理相关的广泛内容，提供了完整配套的集成软件产品，有效管理不动产、设施、设备、基础建设等有形资产，是全球最强大的被广泛使用的TIFM系统

BIM软件既是工具又是实施BIM的基础，尤其是BIM建模软件，是整个项目BIM流程的核心与前提，在项目初始阶段选择合适恰当的工具是十分必要的。对于装配式混凝土建筑领域，本手册仅选取几款建模软件进行简要介绍。

2. Revit

Autodesk 公司的 Revit 产品（图 1-2），是目前行业内最为成熟、使用最为广泛的 BIM 软件平台，包括 Revit Architecture（建筑设计建模）、Revit Structure（结构设计建模）、Revit MEP（机电管综设计建模）。具体功能特点如表 1-8 所示。

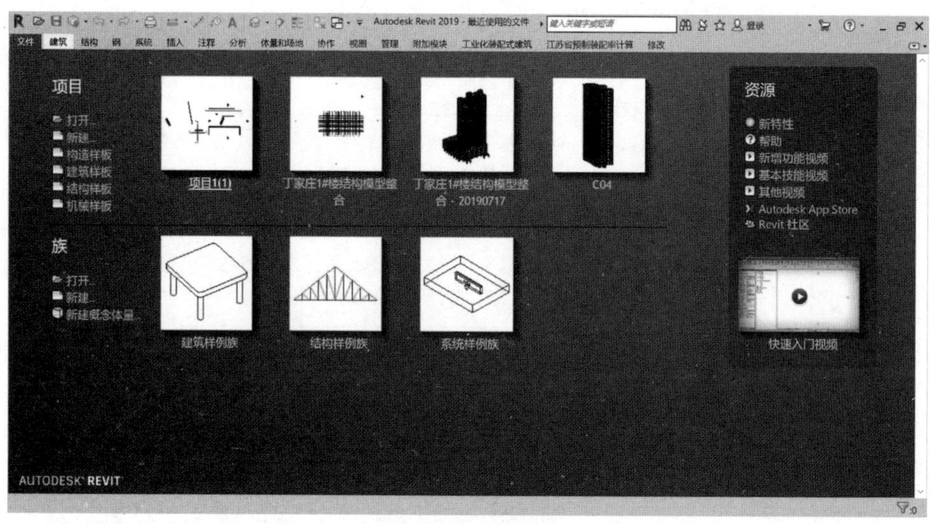

图 1-2　Revit 软件界面

Revit 软件功能特点表　　**表 1-8**

软件名称	特点	描述
Revit	操作简便	操作习惯与 CAD 类似，设计人员便于掌握
	族功能强大	参数化程度高，可充分体现设计人员的设计理念
	明细统计功能完善	明细表功能完善，便于项目管理分析
	兼容性好	与 Autodesk 本公司软件产品的兼容性高，与项目管理软件 NavisWorks 无缝对接
	钢筋功能不断提升	与族功能配合，满足构件深化需求
	API 接口开放	便于进行软件的二次开发，满足个性化定制需求并完善相关功能

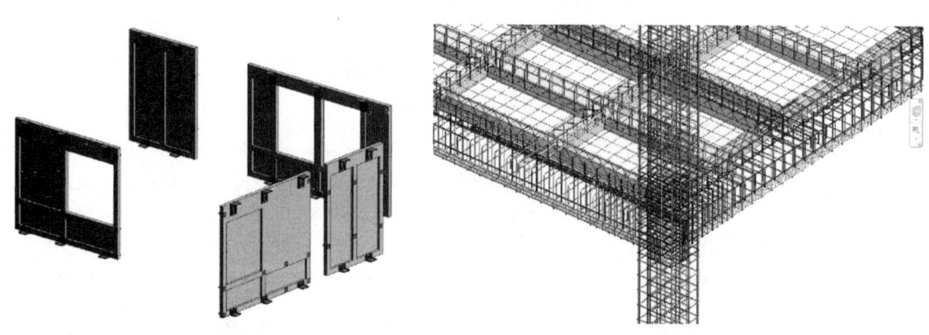

图 1-3　Revit 预制混凝土外墙板模型与钢筋深化模型

Revit 作为常规建模软件，对装配式混凝土建筑的设计建模有非常好的支持度，强大的族功能不仅可以提高 BIM 模型的精细度，还可以提升建模效率（图 1-3）。Revit 族的分类具体如表 1-9 所示。

Revit 族类型分类表 **表 1-9**

族类型	定义
系统族	系统族是在 Autodesk Revit 中预定义的族，包含基本建筑构件，例如墙、楼板等。可以复制和修改现有系统族，但不能创建新系统族
自定义族	自定义族可以通过载入的方式直接从文件夹中调入到项目中，使用族编辑器创建和修改构件，可以复制和修改现有构件族，也可以根据各种族样板创建新的构件族，例如，柱、梁等。标准构件族可以位于项目环境外，且具有 . rfa 扩展名
内建族	内建族是特定项目中的模型构件，也可以是注释构件。只能在当前项目中创建内建族，因此它们仅可用于该项目特定的对象，例如，自定义墙的处理

Revit 作为行业内普及度最高的 BIM 建模软件，相较于其他建模软件而言具有许多优势，并且非常适合用于装配式混凝土建筑设计建模工作，但它也存在一些局限性，如生成的项目文件较大、运行时占用过多的电脑资源、复杂形体建模功能有待提高等。

3. Tekla

Tekla 软件全称 Tekla Structures，前身是由芬兰 Tekla 软件公司研发的钢结构详图设计软件 Xsteel，后期为了拓展业务范围，增加了预制混凝土结构设计建模的相关功能，该软件相关业务于 2011 年被美国 Trimble 公司收购（图 1-4）。

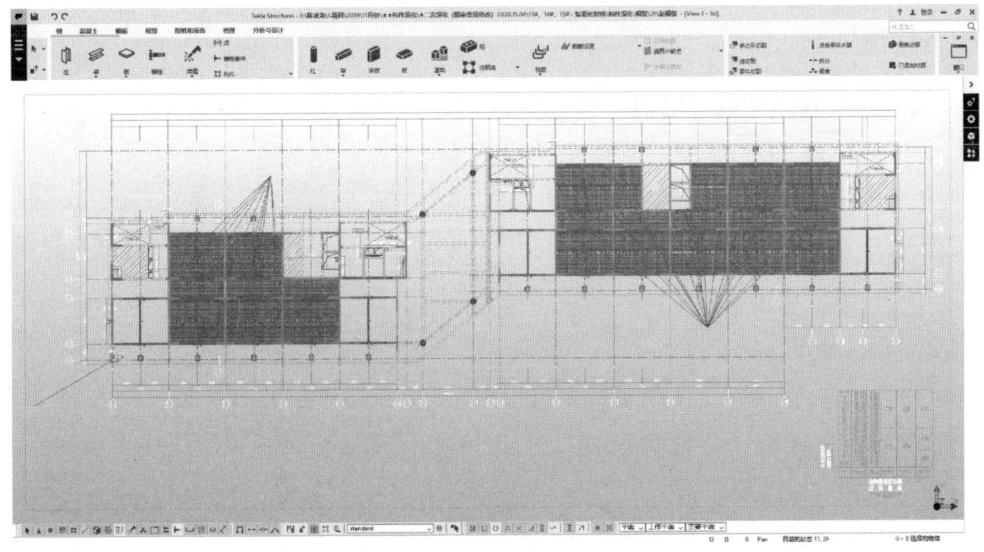

图 1-4　Tekla Structures 软件界面

Tekla 软件功能特点表 **表 1-10**

软件名称	特点	描述
Tekla	钢筋功能强大	钢筋可按照尺寸、大小、实际位置自由创建，十分便捷
	模型文件尺寸小	带有大量钢筋模型所生成的文件容量较小，计算机运行流畅
	细部设计工具完善	高效率的布置钢筋接头、吊钩等构件
	自动生成 BOM 表	BOM 清单自动生成，便于工程管理

Tekla 软件侧重于结构深化设计层面的建模工作，在模型渲染、漫游等可视化内容的表达上相对较弱（图 1-5）。

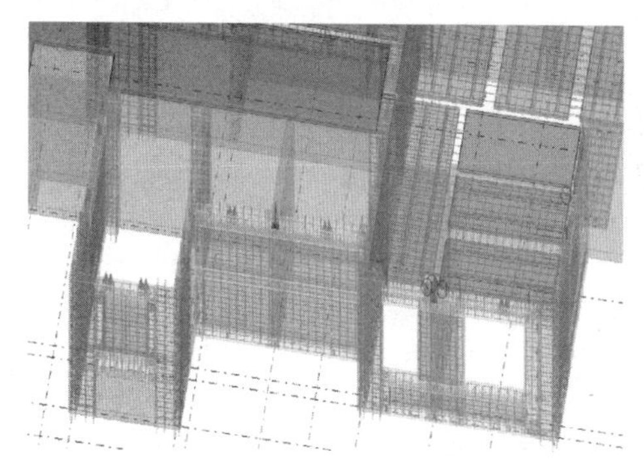

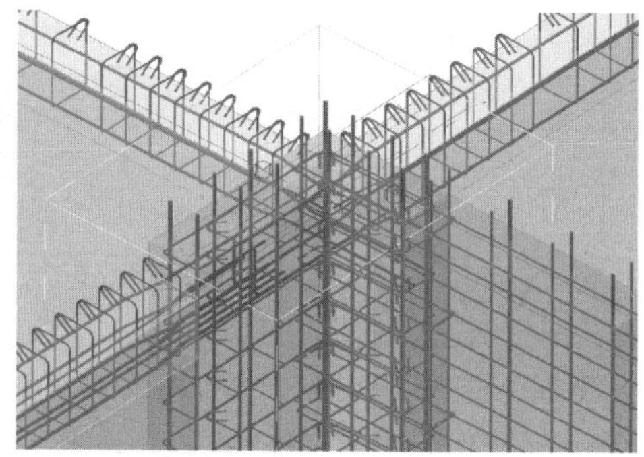

图 1-5　Tekla 钢筋深化模型

4. Planbar

Planbar 是 Nemetschek 公司旗下两大核心 BIM 产品之一。Nemetschek 公司是全球领先的 AEC 市场 BIM 软件供应商，Planbar 软件是该公司为预制混凝土行业专门开发的设计建模软件（图 1-6），该公司为预制构件生产厂和设计院提供全方位的软件技术支持，服务范围从初始成本估算到生产、运输、安装。Planbar 具体功能特点如表 1-11 所示。

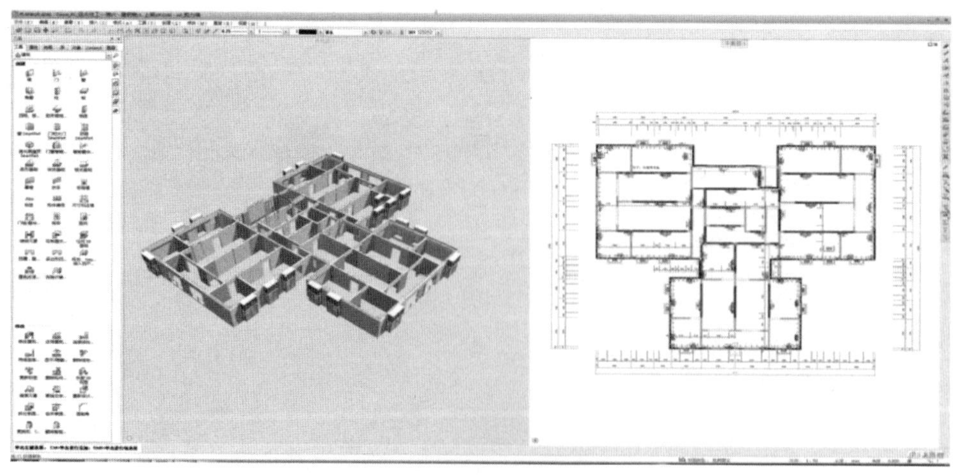

图 1-6　Planbar 软件界面

（图片来源于网络）

Planbar 软件功能特点表　　表 1-11

软件名称	特点	描述
Planbar	出图高效	2D/3D 同平台工作，构件快速建模，一键批量出图
	适用于大项目	处理大项目数据与图纸时稳定并高效
	与生产线衔接程度高	提供全球绝大多数自动化流水线生产数据，钢筋加工设备数据

Planbar 相较于其他 BIM 专项建模软件而言，其最大的优势是为构件生产商提供构件与钢筋的生产数据，将生产数据以 Unitechinik 和 PXML 等格式导出后传递到中控系统，实现与自动化生产流水线的无缝对接（图 1-7）。Planbar 软件相对于其他同类型软件资费较高、普及度较低、学习资料较匮乏。

图 1-7　使用 Planbar 生产数据的工厂流水线

（图片来源于网络：https：//show. precast. com. cn/index. php? homepage=neimei&file=sell&itemid=78）

5. Rhinoceros

Rhinoceros（简称 Rhino）是美国 Robert McNeel & Assoc. 公司开发的 PC 上强大的专业 3D 造型软件，它可以广泛地应用于三维动画制作、工业制造、科学研究以及机械设计等领域。在 BIM 领域，Rhino 也有广泛的应用，尤其配合 Grasshopper（简称 GH）可视化编程插件使用，可以实现许多复杂构件的建模并且能够大幅度提升建模效率（图 1-8、图 1-9）。

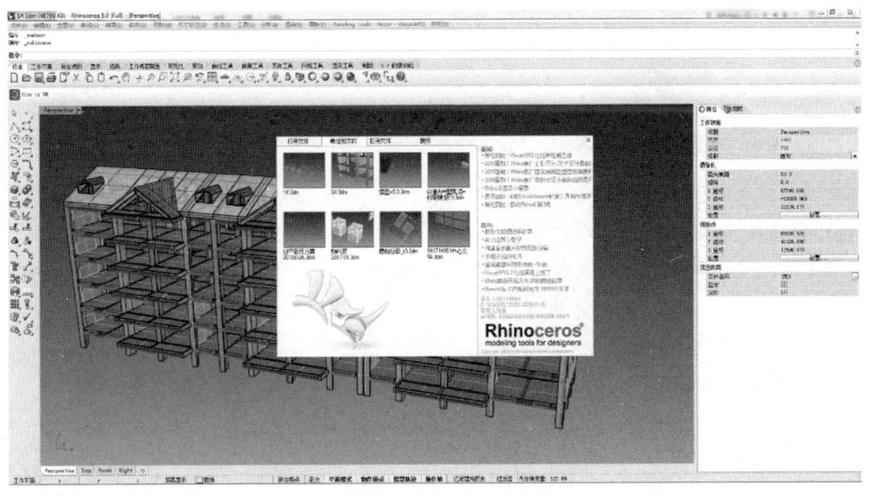

图 1-8　Rhino 软件界面

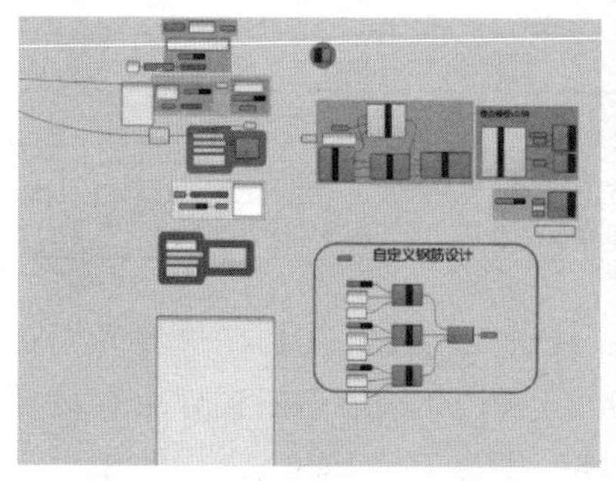

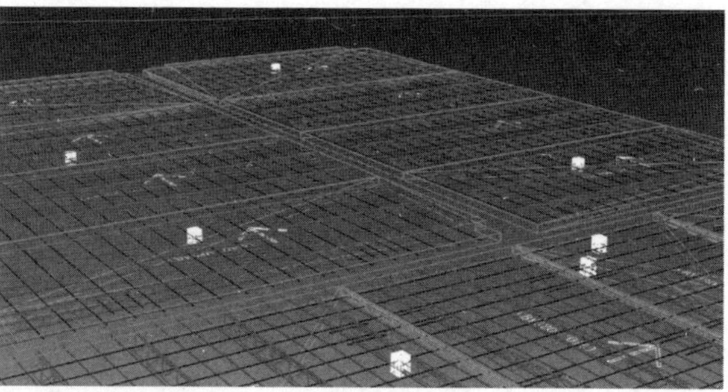

图 1-9　基于 GH 的叠合板构件电池图与生成的工艺模型

Rhino 软件的开源性较好，在 Rhino 基础上进行二次开发，目前可以解决装配式建筑设计的诸多问题，在 Rhino 软件上进行参数化设计，将数据传递给制造端、工程端。Rhnio 软件的特点如表 1-12 所示。

Rhino 软件功能特点表　　**表 1-12**

软件名称	特点	描述
Rhnio	简单易学	可直接导入 AutoCAD 快捷键，便于上手
	适用曲面及大场景建模	模型解析能力良好，可以适用于大场景的建模，尤其曲面建模能力突出
	扩展性好	开放的可视化编程插件 GH，并且市面上针对 Rhnio 的插件种类相对齐全

6. Solidworks

Solidworks 是达索系统（Dassault Systemes）下的子公司，专门负责研发与销售机械设计软件的视窗产品。Solidworks 软件是基于 Windows 平台且以自身为核心的 CAD/CAE/CAM/PDM 桌面应用集成系统，包括结构优化分析、工程数据管理等，亦可实现动态装配过程模拟，它采用基于特征的实体建模，参数化程度很高，软件功能强大，易学易用，不仅在工业设计领域，在装配式建筑领域也有良好的应用（图 1-10）。

Solidworks 具备机械设计软件精确的特点，Solidworks 建模思路是将零件建立完成后再将零件装配成装配体。应用机械设计的思路，能够满足装配式建筑构件生产阶段的信息模型应用需求，实现构件生产的零件化，并由标准化零件组装整体，而不是先把装配体做完，然后将装配体拆成零件。对于装配式建筑而言，建筑本身就是装配体，其中的建筑构件就是零件，因此装配式建筑的信息模型应用要遵循由建筑构件组成建筑本体的建模逻辑。

1.2.2　BIM 硬件环境

BIM 软件运行所需的硬件环境，以 Revit 软件为例做简要说明。首先，Revit 软件执行单线程绘图运算，因此部分服务器 CPU 反而比家用 CPU 表现差，因此 CPU 尽量选择核心频率高的规格；其次，Revit 对显卡要求相对较低，但如果性能

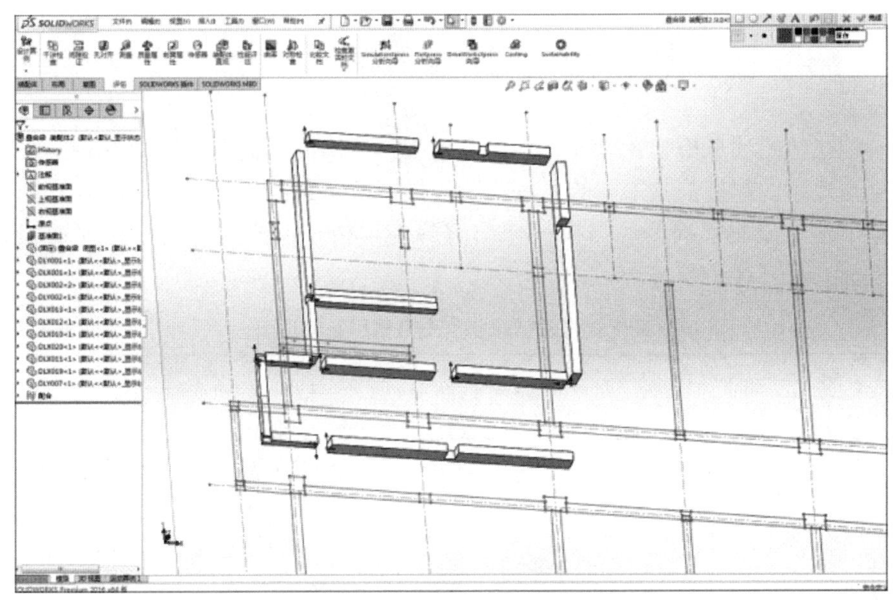

图 1-10 Solidworks 软件界面

过低，会导致生成图形过慢，有出现错误弹窗的概率；最后，软件运行对内存要求较高。综合以上因素，给出几种配置以供用户选择（表 1-13～表 1-15）。

软件运行最低配置表 **表 1-13**

硬件名称	配置要求
CPU	I3 处理器或同级别的 AMD 处理器
显卡	集成显卡
内存	4G
硬盘	C 盘空间至少 100G

软件运行推荐配置表 **表 1-14**

硬件名称	配置要求
CPU	I5 处理器或同级别的 AMD 处理器
显卡	GTX2060 或同级别的 AMD 显卡
内存	8～16G
硬盘	C 盘空间至少 100G

软件运行最佳配置表 **表 1-15**

硬件名称	配置要求
CPU	I7 处理器、至强 E3 处理器或同级别的 AMD 处理器
显卡	GTX2070 或同级别 AMD 显卡
内存	8～16G
硬盘	C 盘空间至少 100G

1.3 装配式建筑信息模型

装配式建筑信息模型在设计、生产、施工、运维的全流程应用中，每个阶段对于信息与模型的解析都是不同的，每个阶段模型所承载的信息量也有差异，因此在开篇章节对全流程中的信息与模型作出解释与辨析，以便读者更好地理解相关概念，读懂文章（表 1-16）。

装配式建筑信息模型章节索引及描述表 **表 1-16**

<table>
<tr><th colspan="2">三级标题</th><th rowspan="2">三级表格索引</th><th rowspan="2">具体描述</th></tr>
<tr><th>题名</th><th>概要</th></tr>
<tr><td colspan="2" rowspan="5">1.3.1 模型精细度
将装配式建筑模型分为三种类型进行分析对比，并为后续模型的应用需求提供基础</td><td>表 1-17 NBIMS 模型分级表</td><td>介绍通用模型分级标准，明确建模的精细程度</td></tr>
<tr><td>表 1-18 模型单元的分级</td><td>介绍国标规范中对信息模型单元的等级划分要求</td></tr>
<tr><td>表 1-19 模型精细度基本等级划分</td><td>介绍国标规范中对信息模型精细度的等级划分要求</td></tr>
<tr><td>表 1-20 几何表达精度的等级划分</td><td>介绍国标规范中对信息模型几何表达精度的等级划分要求</td></tr>
<tr><td>表 1-21 设计制造过程中的模型精细度表</td><td>主要介绍对于装配式建筑模型的基本需求模型的精细程度的界定方法。通过不同模型的应用情况，形成不同模型的建模要求</td></tr>
<tr><td colspan="2" rowspan="3">1.3.2 信息深度
通过介绍不同模型所附着信息的特点和类型，建立后续应用的基础</td><td>表 1-22 信息深度等级的划分</td><td>介绍国标规范中对信息深度的等级划分要求</td></tr>
<tr><td>表 1-23 模型中不同阶段信息应用需求表</td><td>装配式建筑模型在不同模型阶段对其实施阶段的信息基本需求介绍</td></tr>
<tr><td>表 1-24 预制叠合楼板各阶段信息表</td><td>通过以某一种模型信息介绍其在模型建立前的状态到构件模型再到工艺模型的信息表达方式</td></tr>
</table>

1.3.1 模型精细度

对于模型的理解有很多种，本手册的理解是基于物体的多边形表示，通常用计算机或其他视频设备进行显示。显示的物体可以是现实世界的实体，也可以是虚构的物体（图 1-11）。

针对 BIM 模型在各个阶段不同的数据信息需求，需制定不同的模型精细度等级要求，美国国家 BIM 标准（NBIMS）提出了五级划分：概念级、模糊几何级、精确几何级、加工级、竣工级。五级划分阐述了从设计、生产、施工到运维全过程的模型精细度（表 1-17）。

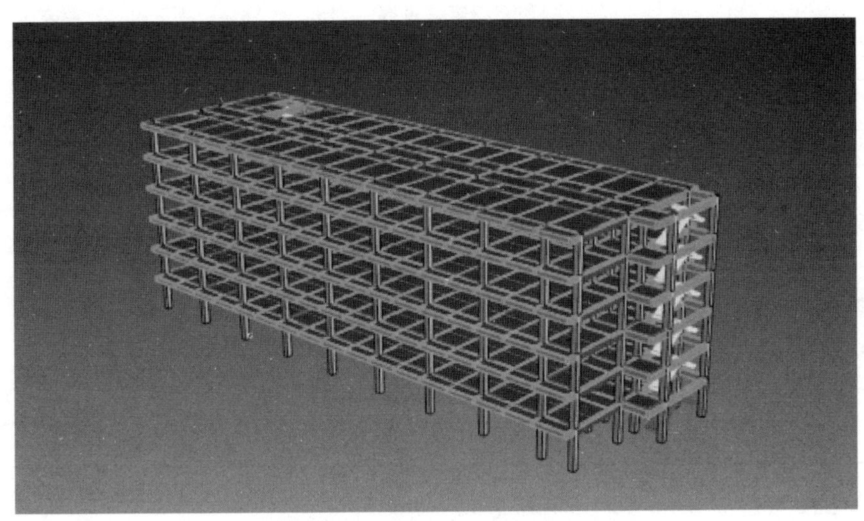

图 1-11　三维模型

NBIMS 模型精细度等级表　　**表 1-17**

详细等级(LOD)	内容
100	概念化模型,用于建筑整体的体量分析
200	近似构件,用于方案设计或扩初设计,包含模型的数量、大小、形状、位置以及方向等
300	精确构件(施工图以及深化施工图),模型需要满足施工图以及深化施工图的模型要求,能够进行模型之间的碰撞检查等需要
400	加工模型,用于与专业承包商或者制造商通信的加工或者制造项目的构件模型精细度
500	竣工模型,通常包含了大量建造过程中模型信息,用于交付给业主进行建筑运维的模型

目前，住房和城乡建设部于 2018 年颁布了《建筑信息模型设计交付标准》GB/T 51301—2018，其中对模型等级、模型精细度都做出了相关要求，建筑信息模型所包含的模型单元应分级建立，可嵌套设置，分级表应符合如表 1-18 所示的规定。

模型单元的分级　　**表 1-18**

模型单元分级	模型单元用途
项目级模型单元	承载项目、子项目或局部建筑信息
功能级模型单元	承载完整功能的模块或空间信息
构件级模型单元	承载单一的构配件或产品信息
零件级模型单元	承载从属于构配件或产品的组成零件或安装零件信息

建筑信息模型包含的最小模型单元应由模型精细度等级衡量，模型精细度基本等级划分应符合如表 1-19 所示的规定。

模型精细度基本等级划分 **表 1-19**

等级	英文名	代号	包含的最小模型单元
1.0 级模型精细度	Levelof Model Definition 1.0	LOD1.0	项目级模型单元
2.0 级模型精细度	Levelof Model Definition 2.0	LOD2.0	功能级模型单元
3.0 级模型精细度	Levelof Model Definition 3.0	LOD3.0	构件级模型单元
4.0 级模型精细度	Levelof Model Definition 4.0	LOD4.0	零件级模型单元

该规范对模型的内容、模型之间的关系以及模型的几何表达精度都做出了要求（表 1-20）[1-3]。

几何表达精度的等级划分 **表 1-20**

等级	英文名	代号	几何表达精度要求
1 级几何表达精度	Level 1 of geometric detail	G1	满足二维化或者符号化识别需求的几何表达精度
2 级几何表达精度	Level 2 of geometric detail	G2	满足空间占位、主要颜色等粗略识别需求的几何表达精度
3 级几何表达精度	Level 3 of geometric detail	G3	满足建造安装流程、采购等精细识别需求的几何表达精度
4 级几何表达精度	Level 4 of geometric detail	G4	满足高精度渲染展示、产品管理、制造加工装备等高精度识别需求的几何表达精度

装配式建筑项目中，需要结合国家规范以及具体需求，形成适用于装配式建筑的模型及信息的相关要求。项目中对信息模型的应用情况，在下文中将进行相关解析。装配式建筑构件生产阶段，对于模型及信息的要求比较复杂，具体体现在生产过程中需要提供构件生产计划，生产计划中的构件信息来自于构件清单，而构件清单的内容来自于设计阶段（表 1-21）。

设计制造过程中的模型精细度表 **表 1-21**

模型类别	包含内容	具体描述
构件模型	预制模型	预制混凝土梁柱板构件模型
	现浇模型	现浇混凝土模型
	成品部件模型	成品厨卫、栏杆、板材等
	设备模型	电气、空调等设备模型
工艺模型	钢筋模型	预制或者现浇钢筋模型
	预埋件模型	预制或者现浇构件中的预埋件模型
	物料模型	混凝土、保温层等物料模型
建筑模型	构件模型	所有构件模型的模型内容
	其他模型	其他根据需要建立的模型

对于生产阶段所使用的模型，我们称之为“工艺模型”，也是最精细的模型，这类模型中包含了装配式建筑构件所有相关模型内容，比如钢筋模型、预埋件模型等。

工艺模型的形成是有一定基础的，而这样的基础是通过一类中继类型的模型，我们称之为“构件模型”。构件模型相对于工艺模型要简单一些，构件模型可以生成工艺模型，同时构件模型也属于“建筑模型”，构件模型是基于构件法建筑设计理念的基本模型表达形式。

装配式建筑的核心模型就是构件模型，因此首先需要建立的模型就是构件模型，选用的工具是多样的，比如，Solidworks、Revit 及 Rhino 等。

以 solidworks 为例，建立的构件模型包含了三个内容：第一，构件模型的实体；第二，构件模型的物理属性；第三，构件模型的一些基本属性（图 1-12、图 1-13）。

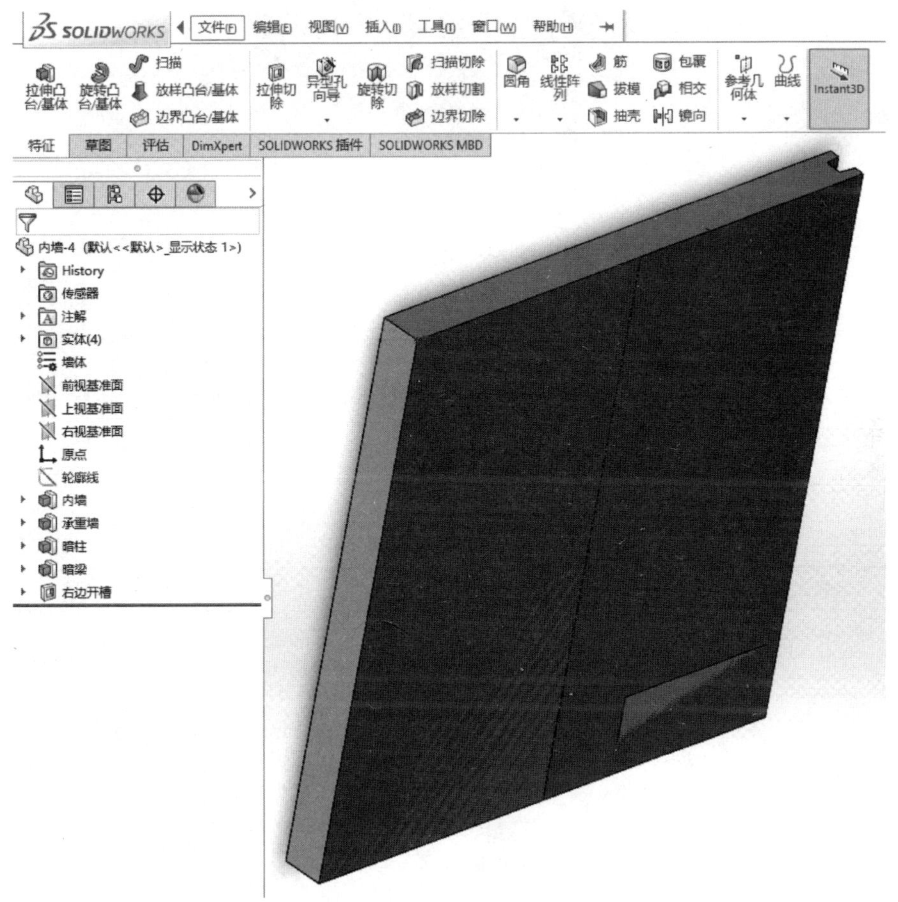

图 1-12　实体构件模型

构件模型是工艺模型形成的基础，工艺模型提供了构件生产所需要的属性信息，模型是整个构件工艺设计过程的基础。建立完整的工艺设计流程及方法，为后期制造管理系统（MES）、工程项目管理系统（PMS）等平台类 BIM 软件提供了形体基础。

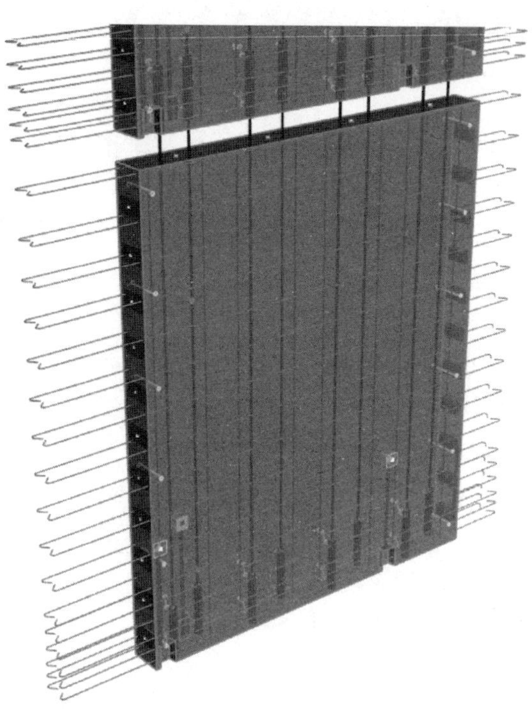

图 1-13 带钢筋的构件模型

1.3.2 信息深度

建筑信息模型，核心是信息。国标规范《建筑信息模型设计交付标准》GB/T 51301—2018 中对模型单元的属性信息内容、分类及深度等级做出了规定（表 1-22）。

信息深度等级的划分 **表 1-22**

等级	英文名	代号	几何表达精度要求
1 级信息深度	level 1 of information detail	N1	包括模型单元的身份描述、项目信息、组织角色等信息
2 级信息深度	Level 2 of information detail	N2	包括和补充 N1 等级信息、增加实体系统关系、组成及材质，性能或属性等信息
3 级信息深度	Level 3 of information detail	N3	包括和补充 N2 等级信息，增加生产信息、安装信息
4 级信息深度	Level 4 of information detail	N4	包括和补充 N3 等级信息，增加资产信息和围护信息

模型固然重要，但是对于模型后期的应用而言，信息更重要，为后续数据的处理提供了基础，装配式建筑构件工艺设计中必然少不了这些信息（表 1-23）。

模型中不同阶段信息应用需求表 **表 1-23**

模型等级	信息需求
构件模型	建立构件模型
	反映其工艺模型需求
	延续建筑模型的项目信息
工艺模型	反映工艺构件信息
	统计物料信息
	提供生产设备所需信息
建筑模型	提供项目信息
	提供施工生产信息
	反映建筑构件关系信息

基于 rhino 的工艺设计系统中，有团队开发了一款专门用于添加模型信息的插件——“BIM 属性”，在新的 rhino 版本中提供了官方的属性工具，用于显示或者编辑模型的属性（图 1-14）。

不同的模型类型有不同的属性类型。

通过这样的属性归类方式，再通过参数化设计方法可以快速建立构件模型。当建立了完整的构件信息后，便可以实现构件模型的表现。下面将以梁构件模型作参考，说明构件阶段所需要的信息内容（表 1-24）。

建模类型	构件-楼板
⊟ 构件-楼板	
混凝土强度	C30
标高(m)	0
厚度(mm)	60
倒角	S0#X5/X5
受力形式	单向
受力方向	X
板型	桁架
网片钢筋	6@500/6@200#f#160, 160/150, 150#1...
桁架钢筋	600#A80
人工编号	
墙情况	1
预埋情况	1
缺角位置	0
吊筋旋转角度	0
马镫筋旋转角度	90
方向旋转	0
弯钩钢筋位置	0
预应力分线容差	100
预应力钢筋数量	14
预应力钢筋直径	5
网片钢筋设置	横纵

图 1-14 属性信息

预制叠合楼板各阶段信息表 **表 1-24**

属性状态	属性名称	属性值
线状态属性	混凝土强度	C30
	标高(mm)	2.79
	厚度(mm)	60+70
	受力形式	单向/双向
	受力方向	X/Y
	板型	桁架/预应力
	网片钢筋	500mm×200mm×6mm×6mm×f 号 160,160 号 150,150 号 160,160
	桁架钢筋	600 号 A80
	人工编号	
构件模型状态属性	图块引例模型	
	受力形式	单向/双向
	受力方向	X/Y
	板型	桁架/预应力
	网片钢筋	150mm×200mm×8mm×8mm×f 号−20,−20 号 100,100 号 100,100
	桁架钢筋	600 号 A80
	带编号图块引例模型	
	SN 码	S041801002010501020
	PN 码	041801002010501020
	构件名称	LBX0604(020)
	设计版本	L01W01G01
	引用情况	1F-LBX0604(020)
	类型标识	设计—楼板
	受力形式	单向
	受力方向	X
	板型	桁架
	网片钢筋	200mm×200mm×8mm×8mm×f 号−20,−20 号 100,100 号 100,100
	桁架钢筋	600 号 A80
工艺模型状态属性	多重曲面模型	
	物料编码	101070900003
	物料名称	混凝土
	物料规格	C40,自制混凝土
	计量单位	m^3
	数量	0.3198

续表

属性状态	属性名称	属性值
工艺模型状态属性	父级编码	41801002010506000
	父级名称	LBX0101
	质量(kg)	808.256755
	体积(m^3)	0.3198
	密度(kg/m^3)	2500
	类型	叠合楼板
	物料分类	耗料
	网格模型	
	构件编码	41801002010506000
	构件类型	桁架叠合板
	构件名称	LBX0101
	构件尺寸(mm)	2820×60×1880
	质量(kg)	844.96
	净体积(kg)	0.3181
	包装盒体积(kg)	0.3181
	净面积(kg)	0.169
	轮廓面积(m^2)	0.169
	重心	{1410.0，−940.0，31.0}
	钢筋模型	
	物料编码	101090300003
	物料名称	热轧带肋钢筋
	物料规格	热轧带肋钢筋,HRB400 C8mm
	计量单位	kg
	数量	1.191644
	父级编码	41801002010506000
	父级名称	LBX0101
	长度(mm)	3020
	体积(m^3)	0.000152
	钢筋描述编码	8.0#3020
	序号	G1
	钢筋直径(mm)	8/10 等
	密度(kg/m^3)	7850
	类型	横向网片钢筋/纵向钢筋/吊点加固筋/预应力钢筋/吊环
	物料分类	钢筋

对于建模方式而言，梁的构件模型具有其他相关属性，主要包含了9类属性，这9类属性主要是识别这根预制梁在构件模型阶段的所需要的基本信息。9类属性中可以再分成两大类：一类是编码类；另一类是后续所要的信息类。编码类是为了辨别构件重复的情况，所在楼层的情况，以及当前的设计版本；信息类是为了实现后续工艺模型所需要的信息，例如，高度是指现浇层+预制层的厚度，类型主要表示当前梁的类型，主梁与次梁的节点类型是不一样的，所以需要进行表示，而配筋信息是相对比较复杂的内容，这里面的内容通常是实现工艺模型自动生成的关键。

工艺模型阶段的信息类型非常丰富。工艺模型是一个汇总，其中也包含了很多细分模型类型。基本包括了构件模型、物料模型、钢筋模型、机电模型，除构件模型外其他三类模型会进一步进行细分，主要是针对不同类型的具体模型。需要说明的是工艺模型中的构件模型是构件模型在前期的一种延续，但是又有区别，其目的就是为了保留原构件模型的模型数据。对于物料模型、钢筋模型、机电模型，都是根据工艺模型的需要进行设置的。

物料模型通常是指消耗物品，有形体的模型，例如，混凝土、套筒、吊钉等。

钢筋模型顾名思义就是钢筋的模型，这里根据不同的钢筋类型进行区分。

机电模型即预埋在预制构件内的机电类模型，例如，电盒、线管等。

下面分别对细分后的模型信息进行解析，首先是工艺模型中的构件模型。

工艺模型与构件模型的区别在于，前者是后者生成的，而后者中的配筋的信息已经变成了钢筋模型，所以不需要再次体现，新增加了一些与生产工艺相关的内容。例如尺寸、体积、质量、面积、重心等信息。这样的信息在后者的构件模型是不需要的。比较明显的，诸如包围盒体积，这样的体积一般用不到，如图1-15所

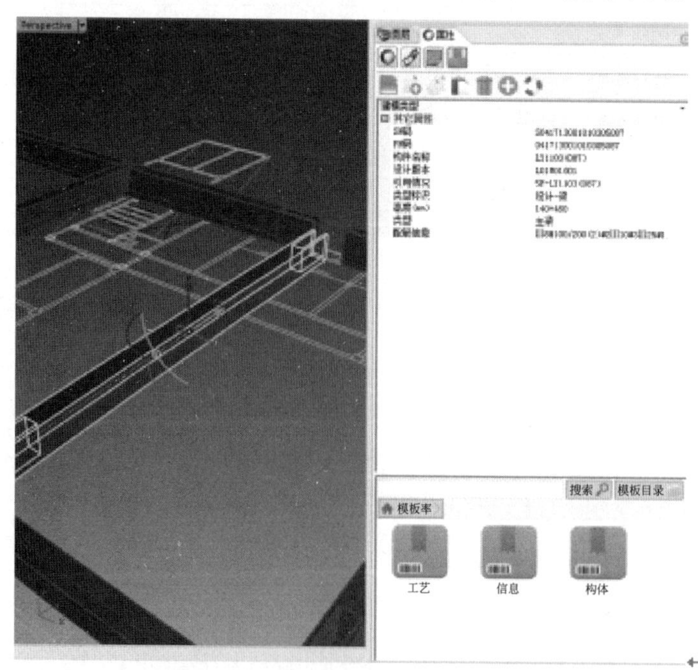

图1-15　预制梁构件包含的信息

示的预制柱中，因其净体积与包围盒体积是一样的，所以没有问题，但会有一些异形的构件，就需要这样的包围盒排布构件模具在模台上所占的空间。净面积、外边面积同样具有这样的作用。模台是平面的，而模台的利用率决定了生产效率，总的构件与模台的接触面积可以通过算法计算出模台的利用率。

工艺模型中的物料模型，以混凝土物料为例，必须知道混凝土的基本信息，诸如混凝土的强度、体积、密度、分类等（图 1-16）。

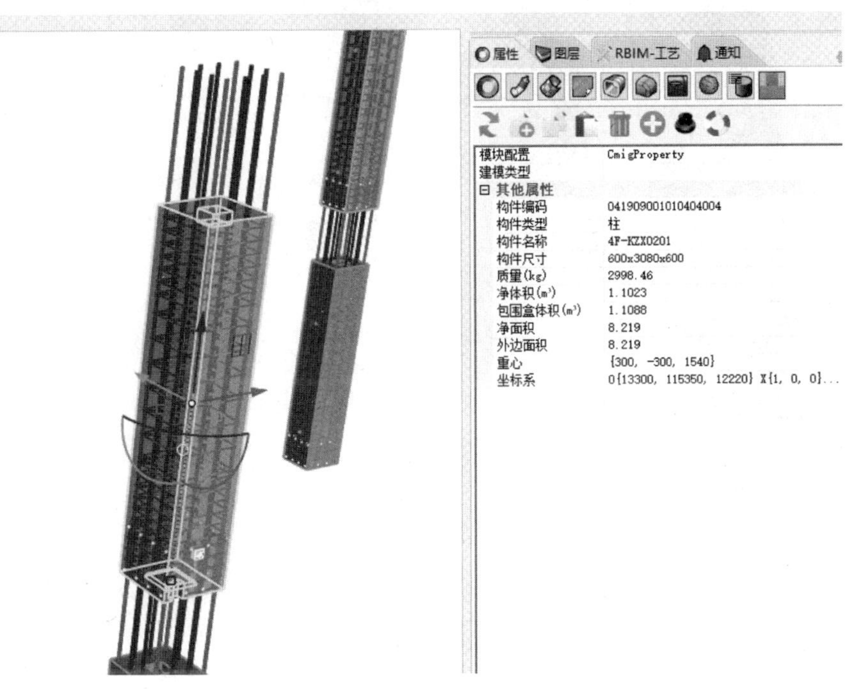

图 1-16 预制柱工艺模型中的构件模型及物料模型信息

钢筋模型其实也是物料的一种，但是对于预制构件而言，钢筋涉及前期复杂的加工过程，比如网片需要网片机进行焊接，而提供给网片机的数据其实是一段解释钢筋焊接的代码。对于箍筋同样也是这样的。如图 1-17 所示的箍筋信息中，一般信息如长度、体积、直径等已经表示了。同时还有一条关键的信息，即钢筋描述编码，对于这样的编码，人们可以直接读取，同时机器进行钢筋生产时，可以通过 MES 系统进行转化，这样便可以传递给生产钢筋的相关设备。

机电模型是预埋件的一类，将其单独列出是因其属于另一个专业，相对于其他预埋件而言，大多数都可以实现全自动生成。而机电的自动预埋相当困难，目前只能实现半自动预埋（图 1-18）。

而建筑模型的信息，则来自于构件模型和工艺模型，建筑自身其实并不带有信息，主要是建筑项目的位置、地形信息、客户信息等，可以通过信息化平台来实现，且相对于构件模型和工艺模型，建筑模型信息不管从内容还是形式都要简化很多。

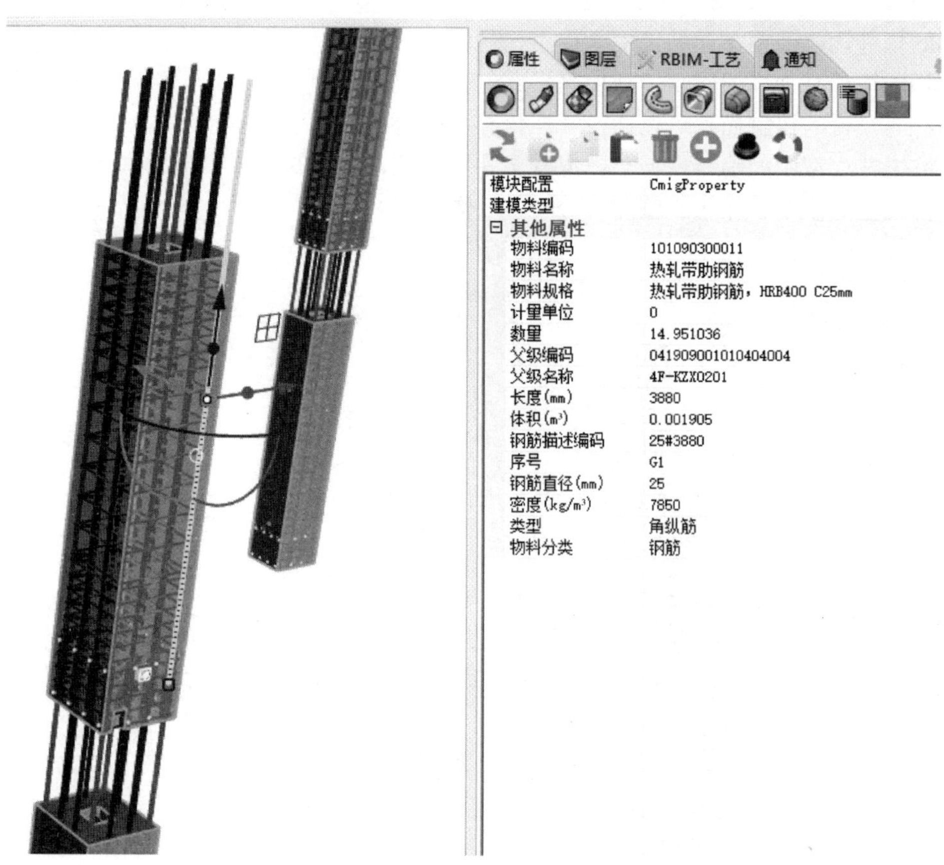

图 1-17　钢筋模型中的箍筋信息

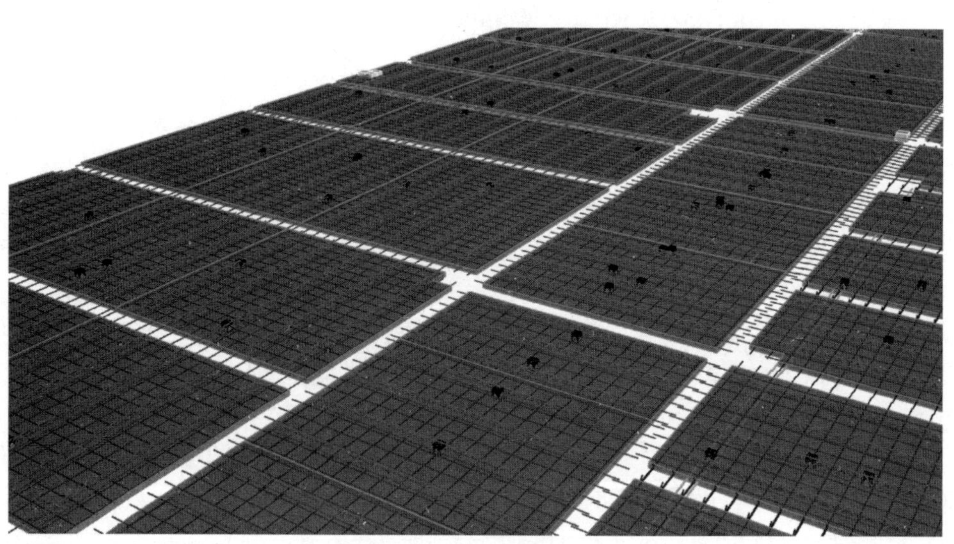

图 1-18　机电预埋模型图

1.4 本章小结

本章主要通过阐述国内外 BIM 技术应用的现状，从中总结经验与不足，针对 BIM 技术在装配式建筑行业的应用中所反映出的诸多问题，提出“一模到底”的 BIM 正向设计方法，并且在开篇章节对 BIM 应用软件与硬件环境，以及对模型与信息的概念做出了辨析，明确了不同阶段下的模型中所含的信息类型，对后续设计阶段、生产阶段、施工阶段以及运维阶段的 BIM 建模工作起到参照与引导作用。

第二章　设计阶段 BIM 技术应用

【章节导读】

装配式建筑标准化的构件设计、精细化的工厂生产以及精益化的工程管理等特点可以充分发挥 BIM 技术数据集成与信息协同的优势，整合装配式建筑全产业链，实现装配式建筑从设计、生产、施工到运维全过程、全方位的信息化集成应用，从而提高装配式建筑全过程的运作效率与项目质量。目前，装配式建筑 BIM 应用尚存在不足之处，有装配式建筑自身层面的问题，如设计之初没有考虑装配式建筑的设计原理，后期二次拆分构件；也有 BIM 技术应用层面的问题，如 BIM 全过程重复建模，无法做到“一模到底”。解决这些问题的方法就是要引导行业进行 BIM 正向设计，力求 BIM 技术贯穿设计—生产—施工—运维的全过程。BIM 正向设计需要借助理论方法指导装配式建筑的前端设计，形成标准化和产品化的设计思路，并且要制定一系列规则来规范 BIM 建模与协同工作。理论、方法以及规则的确立是 BIM 正向设计在装配式建筑应用过程中顺利推进的保证（表 2-1）。

设计阶段 BIM 技术应用章节框架索引及概要表　　**表 2-1**

<table>
<tr><th colspan="2">二级标题</th><th rowspan="2">二级表格索引</th><th colspan="2">三级标题</th><th rowspan="2">三级表格索引</th></tr>
<tr><th>题名</th><th>概要</th><th>题名</th><th>概要</th></tr>
<tr><td colspan="2" rowspan="11">2.1　装配式建筑标准化与模块化设计
提出 BIM 正向设计的基本理论方法，建立标准化的 BIM 建模规则</td><td rowspan="11">表 2-2　装配式建筑标准化与模块化设计章节技术索引及描述表</td><td colspan="2" rowspan="4">2.1.1　构件分类与分件设计方法
以构件法建筑设计为基础，建立构件分类与分件的设计方法</td><td>表 2-3　装配式建筑中构件分类设计方法的意义</td></tr>
<tr><td>表 2-4　装配式建筑中构件分件设计方法的意义</td></tr>
<tr><td>表 2-5　装配式混凝土建筑构件分类表</td></tr>
<tr><td>表 2-6　装配式混凝土建筑构件类别编号表</td></tr>
<tr><td colspan="2">2.1.2　标准化构件
标准化构件是标准化设计的核心</td><td></td></tr>
<tr><td colspan="2">2.1.3　标准化与模块化设计
在设计前端，建立标准化的设计思想</td><td></td></tr>
<tr><td colspan="2">2.1.4　构件编码系统
制定构件编码规则，赋予构件个体身份信息</td><td>表 2-7　构件编码字段释义表</td></tr>
<tr><td colspan="2" rowspan="4">2.1.5　BIM 建模规则
以 Revit 为例，建立模型创建规则</td><td>表 2-8　Revit 建模通用规则表</td></tr>
<tr><td>表 2-9　结构系统建模规则表</td></tr>
<tr><td>表 2-10　围护系统建模规则表</td></tr>
<tr><td>表 2-11　内装修系统建模规则表</td></tr>
</table>

续表

<table>
<tr><th colspan="2">二级标题</th><th rowspan="2">二级表格索引</th><th colspan="2">三级标题</th><th rowspan="2">三级表格索引</th></tr>
<tr><th>题名</th><th>概要</th><th>题名</th><th>概要</th></tr>
<tr><td colspan="2" rowspan="11">2.2 协同设计与数据
交换从协同设计的角度，统一设计团队的协同工作规则</td><td rowspan="11">表 2-12 协同设计与数据交换章节索引及描述表</td><td colspan="2">2.2.1 基于 BIM 的协同设计应用
主要阐述各设计专业内以及各流程阶段之间的协同</td><td></td></tr>
<tr><td colspan="2">2.2.2 BIM 软件版本控制
从 BIM 应用软件的角度，提出团队协同的基本要求</td><td></td></tr>
<tr><td colspan="2" rowspan="2">2.2.3 协同工作模式
对比现有的两种协同工作模式，并分析两者的适用性</td><td>表 2-13 导入与链接方式对比表</td></tr>
<tr><td>表 2-14 中心文件模式与文件链接模式分类表</td></tr>
<tr><td colspan="2" rowspan="5">2.2.4 BIM 命名规则
强调 BIM 命名规则的重要性，分别列举构件、项目以及图纸的命名规则</td><td>表 2-15 自定义族文件命名规则表</td></tr>
<tr><td>表 2-16 系统族命名规则表</td></tr>
<tr><td>表 2-17 项目文件分类及命名规则表</td></tr>
<tr><td>表 2-18 图纸命名规则表</td></tr>
<tr><td>表 2-19 命名规则对 BIM 全流程的影响汇总表</td></tr>
<tr><td colspan="2" rowspan="2">2.2.5 数据交互格式
阐述 BIM 数据的常用交互格式，对比原生交互与 IFC 交互格式的适用条件</td><td>表 2-20 数据交互方式分类表</td></tr>
<tr><td>表 2-21 IFC4 格式定义对象及数量统计表</td></tr>
<tr><td colspan="2" rowspan="5">2.3 BIM 在装配式建筑中的应用策略
从项目准备，确定 BIM 目标，到制定计划及计划执行详细讲解 BIM 在装配式建筑中的应用</td><td rowspan="5">表 2-22 BIM 在装配式建筑中的应用策略章节索引及描述表</td><td colspan="2" rowspan="4">2.3.1 项目准备
阐述为使 BIM 目标实现，前期的准备工作</td><td>表 2-23 BIM 应用目标优先级示例</td></tr>
<tr><td>图 2-8 BIM 应用在装配式设计各个阶段的应用目标示例</td></tr>
<tr><td>表 2-24 BIM 团队需具备的能力</td></tr>
<tr><td>表 2-25 BIM 应用经济比较示例</td></tr>
<tr><td colspan="2">2.3.2 项目执行计划
阐述项目计划所需条件，组成及执行程序</td><td>表 2-26 实施 BIM 计划所需条件</td></tr>
</table>

续表

<table>
<tr><th colspan="2">二级标题</th><th rowspan="2">二级表格索引</th><th colspan="2">三级标题</th><th rowspan="2">三级表格索引</th></tr>
<tr><th>题名</th><th>概要</th><th>题名</th><th>概要</th></tr>
<tr><td colspan="2" rowspan="23">2.4 BIM技术在设计各阶段的应用
提出BIM在方案设计阶段、初步设计阶段、施工图阶段、构件深化设计阶段的具体应用</td><td rowspan="23">表2-27 BIM在设计各阶段的应用章节索引及描述表</td><td colspan="2" rowspan="7">2.4.1 方案设计阶段
在方案设计阶段，建立符合精细度的BIM模型，并利用BIM技术为设计方案进行综合分析。同时，对比传统技术和BIM技术的两种工作模式的优缺点，列明BIM技术常用的软件，为方案设计阶段的BIM应用提供参考</td><td>表2-28 方案设计阶段模型精细度等级表</td></tr>
<tr><td>表2-29 方案设计阶段具体应用点</td></tr>
<tr><td>表2-30 倾斜摄影建模与BIM建模分析</td></tr>
<tr><td>表2-31 方案比选阶段BIM应用点分析</td></tr>
<tr><td>表2-32 传统二维交通疏解与基于BIM技术的三维交通疏解对比</td></tr>
<tr><td>表2-33 建筑性能分析表</td></tr>
<tr><td>表2-34 方案设计阶段模型建立操作表</td></tr>
<tr><td colspan="2" rowspan="8">2.4.2 初步设计阶段
在初步设计阶段，建立符合精细度的BIM模型，阐述各专业协同设计的规则、规定、职责划分和基本流程；列举各专业初设阶段基于BIM模型统计的工程量；提出本阶段净高分析工作任务，总结各建筑空间净高限值；说明预制构件分类标准、拆分考虑因素以及预制构件所需参数</td><td>表2-35 初步设计阶段精细度等级表</td></tr>
<tr><td>表2-36 初步设计阶段具体应用点</td></tr>
<tr><td>表2-37 BIM模型协同工作区规定</td></tr>
<tr><td>表2-38 BIM协同设计文件权限管理示例</td></tr>
<tr><td>表2-39 剪力墙拆分</td></tr>
<tr><td>表2-40 楼板拆分</td></tr>
<tr><td>表2-41 梁拆分</td></tr>
<tr><td>表2-42 初步设计阶段模型建立及参数加载的操作表</td></tr>
<tr><td colspan="2" rowspan="8">2.4.3 施工图设计阶段
在施工图设计阶段，建立符合精细度的BIM模型，阐述管线综合的主要任务、注意事项以及基本原则；列举出预制构件的类型说明、集成应用加分项和预制装配率计算方法；对比传统二维施工图和BIM生成施工图的优缺点；提出常见BIM模型模拟动画的种类及用途</td><td>表2-43 施工图设计阶段模型精细度等级表</td></tr>
<tr><td>表2-44 施工图设计阶段具体应用点</td></tr>
<tr><td>表2-45 模型综合设计步骤及注意事项</td></tr>
<tr><td>表2-46 机电管线综合深化基本原则</td></tr>
<tr><td>表2-47 建筑空间净高分析步骤及注意事项</td></tr>
<tr><td>表2-48 BIM生成施工图应用表</td></tr>
<tr><td>表2-49 BIM生成施工图操作表</td></tr>
<tr><td>表2-50 施工图设计阶段模型建立及参数加载的操作表</td></tr>
</table>

续表

二级标题		二级表格索引	三级标题		三级表格索引
题名	概要		题名	概要	
2.4 BIM技术在设计各阶段的应用	提出BIM在方案设计阶段、初步设计阶段、施工图阶段、构件深化设计阶段的具体应用	表2-27 BIM在设计各阶段的应用章节索引及描述表	2.4.4 构件深化设计阶段	在构件深化设计阶段，建立符合精度要求的BIM预制构件模型，列举基于BIM模型统计的预制构件工程量和常见预制构件碰撞情况	表2-51 构件深化设计阶段模型精细度等级表 表2-52 构件深化阶段具体应用点 表2-53 常见预制构件分析部位 表2-54 基于Navisworks的碰撞检查方法表 表2-55 深化设计阶段模型建立操作表
2.5 建造仿真与设计参数	从设计师的角度去关注建造流程，重新审视装配式建筑设计	表2-56 建造仿真与设计参数章节索引及描述表	2.5.1 施工模拟	简要分析施工模拟在实际项目中所体现的价值	表2-57 施工模拟对实际项目的具体价值体现总结表 表2-58 常见施工模拟演示模式表
			2.5.2 模拟对比验证	建造过程不仅要正向地进行构件追踪，还要将状态信息回溯到BIM模型	表2-59 实现基于Revit插件的模拟对比步骤表
			2.5.3 BIM技术与高新技术的结合应用	概述BIM技术与其他几种高新技术的集成应用	表2-60 BIM技术与其他技术集成应用汇总表
2.6 集成化平台应用	简述集成化平台的建设内容，并列举某平台案例，介绍其在装配式建筑项目中的作用	表2-61 集成化平台应用章节索引及描述表	2.6.1 BIM平台建设内容	集成化平台是装配式建筑实现BIM全流程应用的基础	表2-62 企业级与政府级平台功能表
			2.6.2 某市政府级集成化应用平台	以某市政府级集成化应用平台为例，简介此类平台的具体功能	表2-63 某市装配式建筑信息服务与监管平台BIM端应用表 表2-64 某市装配式建筑信息服务与监管平台Web端应用表
2.7 预制构件库	简述两种常用的预制率及预制装配率的计算方法，并对常用构件(剪力墙、板、梁、柱)的参数设置及计算书进行示例	表2-65 预制构件库的要求及示例章节索引及描述表	2.7.1 预制率及预制装配率要求简述	简述两种常用的预制率及预制装配率的计算方法，并对公式中涉及的参数加以说明	表2-66 构件精准尺寸关键参数列表 表2-67 构件库共享参数设置方式
			2.7.2 常用构件的参数设置及示例	预制剪力墙，板，梁，柱参数设置示例及计算书示例	表2-68 预制剪力墙参数设置及示例 表2-69 预制柱参数设置及示例 表2-70 预制梁参数设置及示例 表2-71 预制板参数设置及示例

续表

二级标题		二级表格索引	三级标题		三级表格索引
题名	概要		题名	概要	
2.8 设计阶段范例展示			2.8.1 南京市栖霞区丁家庄二期保障性住房 A27 地块项目	介绍项目 BIM 技术在设计阶段应用案例	表 2-72 丁家庄保障性住房 A27 地块项目设计阶段 BIM 应用情况汇总表
			2.8.2 镇江恒大华府项目	介绍镇江恒大华府项目 BIM 技术在设计阶段应用案例	表 2-73 镇江恒大华府项目设计阶段 BIM 应用情况汇总表
			2.8.3 禄口街道肖家山及省道 340 拆迁安置房(经济适用房)项目	介绍肖家山拆迁安置房项目 BIM 技术在设计阶段应用案例	表 2-74 禄口肖家山及省道 340 拆迁安置房项目设计阶段 BIM 应用情况
			2.8.4 G22 地块项目	介绍 G22 地块项目 BIM 技术在设计阶段应用案例	表 2-75 G22 地块项目设计阶段 BIM 应用情况

2.1 BIM 与标准化建筑设计

装配式建筑 BIM 技术应用始于建筑设计阶段，设计阶段 BIM 技术应用的水平及深度会直接影响装配式项目的建造质量、建造效率以及建造成本，提高设计阶段 BIM 技术的应用水平对于提高整个项目的综合效益具有重要意义。

标准化与模块化的设计理念可以从设计的源头控制建筑构件的种类与数量，从而尽量减少开模的种类，优化生产线，在提高效率的同时降低模具摊销，降低成本。而标准化与模块化设计理念的基础是对建筑构件以及构件分类的清楚认知（表 2-2）。

装配式建筑标准化与模块化设计章节索引及描述表 **表 2-2**

三级标题		三级表格索引	具体描述
题名	概要		
2.1.1 构件分类与分件设计方法	以构件法建筑设计为基础，建立构件分类与分件的设计方法	表 2-1 装配式建筑中构件分类设计方法的意义	以“构件法建筑设计”为基础，从构件分类的角度，介绍其在协同设计、构件编码以及统计管理层面的意义
		表 2-2 装配式建筑中构件分件设计方法的意义	构件分件设计以三级装配理论为基础，能够提升建造效率与建造安全性
		表 2-5 装配式混凝土建筑构件分类表	以构件分类设计的方法，将装配式建筑构件进行分类，并列举常用构件类型
		表 2-6 装配式混凝土建筑构件类别编号表	对装配式混凝土建筑构件类别进行编号，为后续构件类别编码提供依据

续表

三级标题		三级表格索引	具体描述
题名	概要		
2.1.2 标准化构件	标准化构件是标准化设计的核心		建立标准化构件的概念，结构构件、外围护构件、内维护构件等都应遵循相应的标准化设计原则
2.1.3 标准化与模块化设计	在设计前端，建立标准化的设计思想		建立由标准化构件到标准化户型或空间，再到标准化楼层或单体，最终到标准化楼栋的标准化设计逻辑方法
2.1.4 构件编码系统	制定构件编码规则，赋予构件个体身份信息	表 2-7 构件编码字段释义表	以南京平台编码规则为例，介绍编码规则规定的各个字段含义
2.1.5 BIM 建模规则	制定构件编码规则，并以 Revit 为例，建立模型创建规则	表 2-8 Revit 建模通用规则表	以南京平台建模规则为例，以 Revit 软件为基础，列举通用的建模规则
		表 2-9 结构系统建模规则表	参照南京平台建模规则，以结构系统中的预制柱、预制剪力墙、叠合板、预制梁为例，描述 Revit 建模规则
		表 2-10 围护系统建模规则表	参照南京平台建模规则，以外围护系统中的预制混凝土外挂墙板、PCF 板、预制阳台隔板为例，描述 Revit 建模规则
		表 2-11 内装修系统建模规则表	参照南京平台建模规则，以内装修系统中的内隔墙、集成卫生间与集成厨房、装配式吊顶与干式铺装为例，描述 Revit 建模规则

2.1.1 构件分类与分件设计方法

“构件法建筑设计”认为，所有建筑都是可以由标准和非标准的构件通过一定的原理组合而成。建筑本质上是由结构构件、外围护构件、内装修构件、设备管线构件、环境构件等组合形成的“构件集合体”。其中，“构件”是建筑物质构成的基本元素，是第一性的，也是可见、可操控的。在此基础上，建筑设计有了根基和依据，设计不再仅仅基于个人或小团体的主观专业技能或工程经验，而是理性的、可预测的，甚至是可量化的，设计不再“只可意会，不可言传”。同时，“构件法建筑设计”并不否定建筑的多元性。多样性的建筑空间、建筑性能、建筑功能和建筑风格体现在对构件组合方式的变化和对构件文化属性的添加上，而对建筑设计的把控可以被转换、分解和量化为对构件组合变化的论证和对构件属性添加的推算[2-1]。

1. 构件分类设计

构件分类设计方法是以“构件法建筑设计”为基础，对组成建筑的基本元素

（构件）根据其功能特征和装配特性进行不同分类，根据构件的基本功能特征可分为结构构件组、围护构件组、性能构件组、装饰构件组、环境构件组等基本构件组。各构件组之间相互独立，互不交叉，减少相互连接的节点，提高建筑的可靠性；同时，各个构件功能独立也可保证构件功能长久可靠（表 2-3）。

装配式建筑中构件分类设计方法的意义 **表 2-3**

意义	具体内容
适合协同设计	对项目的建筑构件进行统筹设计与研发，设计团队互相协调，清楚地划分协同设计的工作界面，可以实现同步、推进、高效率地完成协同设计工作
奠定编码基础	以构件作为最基本的要素，形成层级明晰的装配式建筑构件分类表，这是对构件编码，实现追踪、定位、管理的基础
便于统计管理	构件分类方法与 BIM 项目管理模式相契合，便于精确地进行物料、工程量、成本的统计管理

2. 构件分件设计

构件分件的基础是构件三级装配的理论，建筑构件根据构件装配信息进行分类，即将构件按照构件加工和装配位置的不同分为三级，进而完成构件特性和建造逻辑的分类：一级构件为小构件，在工厂进行生产装配，减少现场工作量；二级和三级构件都为大构件，在工地工厂和工位完成装配，减少高空作业量，降低现场安全隐患，同时提高现场建造装备和工具使用效率。

构件分件设计方法根据建造基本原理对构件进行设计以加快建造速度，提高建造效率，实现安全、快速、可靠、低碳的建造（表 2-4）。

装配式建筑中构件分件设计方法的意义 **表 2-4**

意义	具体内容
提高建造效率	尽可能将构件在工厂与工地工厂内进行组装，可以减小对施工现场的建造装备与工具的依赖度，进而提升建造效率
提高建造安全性	将大量构件在工厂或者工地工厂完成组装，可减少高空作业量，从而降低施工现场的安全隐患，提高建造安全性

3. 装配式混凝土建筑构件分类与编号

以“构件法”为基础的构件分类与构件思想是运用 BIM 技术进行建筑项目信息管理的核心思想。使用构件思想对构件组进行编号分类管理，是 BIM 建筑项目管理全生命周期的基础，对于 BIM 系统的建筑构件信息采集与输入、物料及工程量统计、建筑施工、运维以及全生命周期的信息管理具有重要的意义。

根据构件分类与构件分件的思想，将装配式建筑的全部构件分为结构系统、外围护系统、设备与管线系统、内装系统，据此总结出装配式建筑构件分类表（表 2-5、表 2-6）。

装配式混凝土建筑构件分类表 表 2-5

<table>
<tr><th colspan="2">预制装配式构件类型</th><th>序号</th><th colspan="2">构件名称</th></tr>
<tr><td rowspan="26">装配式建筑结构系统构件</td><td rowspan="9">竖向构件</td><td>1</td><td rowspan="5">预制剪力墙</td><td>预制剪力墙</td></tr>
<tr><td>2</td><td>预制夹心保温剪力墙</td></tr>
<tr><td>3</td><td>预制双面叠合剪力墙</td></tr>
<tr><td>5</td><td>预制组合成型钢筋类构件剪力墙</td></tr>
<tr><td>6</td><td>其他</td></tr>
<tr><td>7</td><td rowspan="4">预制柱</td><td>预制实心柱</td></tr>
<tr><td>8</td><td>预制抽芯柱</td></tr>
<tr><td>9</td><td>预制组合成型钢筋类构件柱</td></tr>
<tr><td>10</td><td>其他</td></tr>
<tr><td rowspan="17">水平构件</td><td>1</td><td rowspan="6">预制梁</td><td>预制实心梁</td></tr>
<tr><td>2</td><td>预制叠合梁</td></tr>
<tr><td>3</td><td>预制 U 型梁</td></tr>
<tr><td>4</td><td>预制 T 型梁</td></tr>
<tr><td>5</td><td>预制组合成型钢筋类构件梁</td></tr>
<tr><td>6</td><td>其他</td></tr>
<tr><td>7</td><td rowspan="7">预制楼板</td><td>预制实心板</td></tr>
<tr><td>8</td><td>预制叠合板</td></tr>
<tr><td>9</td><td>预制密肋空腔楼板</td></tr>
<tr><td>10</td><td>预制阳台板</td></tr>
<tr><td>11</td><td>预制空调板</td></tr>
<tr><td>12</td><td>预制组合成型钢筋类构件板</td></tr>
<tr><td>13</td><td>其他</td></tr>
<tr><td>14</td><td rowspan="4">预制楼梯</td><td>预制折线型楼梯梯段板</td></tr>
<tr><td>15</td><td>预制楼梯梯段板</td></tr>
<tr><td>16</td><td>预制休息平台</td></tr>
<tr><td>17</td><td>其他</td></tr>
<tr><td colspan="2" rowspan="10">装配式建筑外围护系统构件</td><td>1</td><td colspan="2">预制混凝土外挂墙板</td></tr>
<tr><td>2</td><td colspan="2">预制夹心保温外墙板</td></tr>
<tr><td>3</td><td colspan="2">蒸压轻质加气混凝土墙板</td></tr>
<tr><td>4</td><td colspan="2">金属外墙板</td></tr>
<tr><td>5</td><td colspan="2">GRC 外墙板</td></tr>
<tr><td>6</td><td colspan="2">木骨架组合外墙</td></tr>
<tr><td>7</td><td colspan="2">陶板幕墙</td></tr>
<tr><td>8</td><td colspan="2">金属幕墙</td></tr>
<tr><td>9</td><td colspan="2">石材幕墙</td></tr>
<tr><td>10</td><td colspan="2">玻璃幕墙</td></tr>
</table>

续表

预制装配式构件类型	序号	构件名称
装配式建筑外围护系统构件	11	现场组装骨架外墙
	12	屋面系统
	13	预制阳台栏板
	14	预制阳台隔板
	15	预制走廊栏板
	16	装配式栏杆
	17	预制花槽
	18	其他
装配式建筑内装系统构件	1	轻钢龙骨石膏板隔墙
	2	蒸压轻质加气混凝土墙板
	3	钢筋陶粒混凝土轻质墙板
	4	木隔断墙
	5	玻璃隔断
	6	其他
装配式成品房建筑构件	1	集成式卫生间
	2	集成式厨房
	3	预制管道井
	4	预制排烟道
	5	装配式栏杆
	6	其他
装配式模板	1	装配式组合模板

装配式混凝土建筑构件类别编号表 **表 2-6**

构件名称		构件类别编号
结构系统	混凝土剪力墙	JG-HNT-JLQ
	混凝土柱	JG-HNT-Z
	混凝土梁	JG-HNT-L
	叠合板	JG-HNT-DHB
	混凝土楼梯板	JG-HNT-LTB
	密肋空腔楼板	JG-HNT-KQLB
	预制双层叠合剪力墙板	JG-HNT-DHJLQB
	预制混凝土飘窗墙板	JG-HNT-PCQB
	PCF 混凝土外墙模板	JG-HNT-PCFWQMB
	蒸压轻质加气混凝土楼板	JG-HNT-ZYJQLB

续表

构件名称			构件类别编号
外围护系统		混凝土外挂墙板	WWH-HNT-WGQB
		夹芯保温外墙板	WWH-BWWQB
		蒸压轻质加气混凝土外墙板	WWH-JQHNTWQB
		金属外墙板	WWH-JSWQB
		GRC外墙板	WWH-GRCWQB
		木骨架组合外墙	WWH-MGJZHWQ
		陶板幕墙	WWH-TBMQ
		金属幕墙	WWH-JSMQ
		玻璃幕墙	WWH-BLMQ
		石材幕墙	WWH-SCMQ
		现场组装骨架外墙	WWH-ZZGJWQ
		外门窗系统	WWH-WMC
		屋面系统	WWH-WM
		走廊栏板	WWH-ZLLB
		装配式栏杆	WWH-LG
		花槽	WWH-HC
		空调板	WWH-KTB
		阳台板	WWH-YTB
		女儿墙	WWH-NEQ
设备管线系统		给水与排水系统	SBGX-GSPS
		供暖系统	SBGX-GN
		通风系统	SBGX-TF
		空调系统	SBGX-KT
		燃气系统	SBGX-RQ
		电气系统	SBGX-DQ
		智能化系统	SBGX-ZNH
		管道井	SBGX-GDJ
		排烟道	SBGX-PYD
内装系统	装配式内分隔体构件	轻钢龙骨石膏板隔墙	NZ-NFG-QGLGSGBGQ
		蒸压轻质加气混凝土内墙板	NZ-NFG-HNTNQB
		钢筋陶粒混凝土轻质墙板	NZ-NFG-HNTQZQB
		木隔断墙	NZ-NFG-HNTQZQB
		玻璃隔断	NZ-NFG-BLGD

续表

构件名称			构件类别编号
内装系统	装配式吊顶系统		NZ-ZPSDD
	楼地面系统	楼地面干式铺装	NZ-LDM-GSPZ
		架空地板	NZ-LDM-JKDB
	集成式卫生间		NZ-JCWSJ
	集成式厨房		NZ-JCCF
	墙面系统		NZ-QMXT
	装配式墙板(带饰面)		NZ-ZPSQB

2.1.2 标准化构件

建筑是一个复杂的系统，其结构体、围护体、分隔体、装修体和设备体本身就是由各种不同的构件所构成，再加上这五个系统相互之间还要进行关联和连接，使得建筑策划、设计、生产、装配、使用、维修和拆除都越来越复杂。在这种情况下，应当将建筑中的构件进行归并，使尽量多的构件相同或相近，并尽量归并连接方式，可以大大减少构件类型，方便设计、生产、装配等各个环节。

为了平衡建筑工业化大生产中构件少和建筑多样性之间的矛盾，在建筑设计中可以考虑将构件区分为标准构件与非标准构件。需要说明的是，建筑标准构件与非标准构件并不存在不可逾越的鸿沟。例如，当标准构件生产到最后几步时，如果将每个构件单独加工处理，即可在同一基础之上获得各不相同的非标准构件，既可以保障大的尺度上的一致性，又能得到各不相同的非标准构件，这样可以大幅降低非标准构件的成本，同时还可以保证构造连接的一致性，是一种较为可行的非标准构件设计生产方法。

对于装配式混凝土建筑来说，结构体的构件设计应尽量遵循标准化的原则，在生产、运输和装配允许的条件下，结构体标准构件应尽量大，以此减少构件数量和构件之间连接节点的数量；围护体的构件设计应在标准化与非标准化之间取得均衡，通过标准构件的不同的排列组合或是特殊造型的非标准构件来满足建筑立面、建筑属性的要求；分隔体的构件设计应尽量符合标准化的要求，减少种类与数量，避免多余的板材切割（图 2-1）。

2.1.3 标准化与模块化设计

装配式建筑标准化设计是指以“构件法建筑设计”为基础，在满足建筑使用功能和空间形式的前提下，以降低构件种类和数量作为标准化设计手段的建筑设计思想。标准化设计是装配式建筑设计的核心思想，它贯穿于设计、生产、施工、运维整个流程。标准化建筑设计旨在提高建造效率、降低生产成本、提高建筑产品质量。

实现装配式建筑标准化设计，前提是要具备“标准化构件”的概念，由标准

图 2-1　标准化的结构柱钢筋笼构件

化构件衍生出标准化空间或标准化户型，再由标准化空间或标准化户型组成标准化单体或标准化楼层，最后形成标准化的楼栋，由标准化构件到标准化建筑是一个逐步递进的过程，建立构件到建筑的逻辑框架是装配式建筑标准化设计的核心要点（图 2-2）。

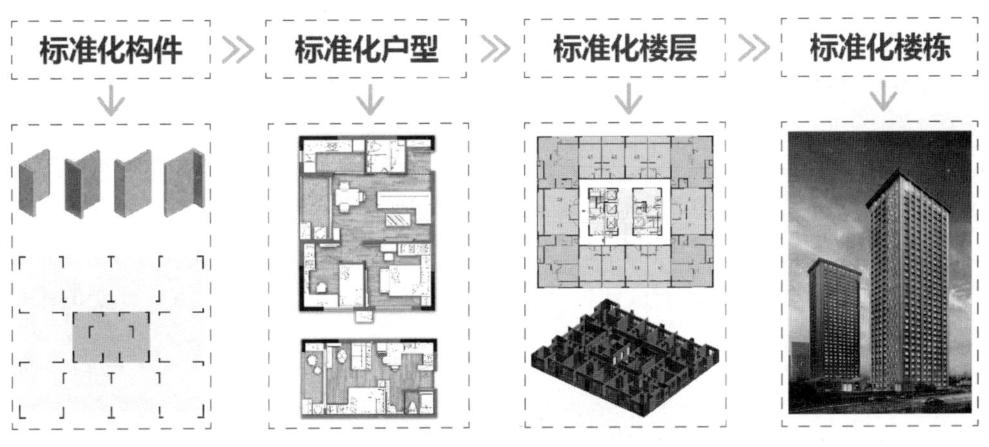

图 2-2　装配式建筑标准化设计方法

模块化设计是实现建筑标准化设计的重要基础。以装配式混凝土住宅建筑为例，通过模块化设计将不同功能空间的模块进行集成组合，以满足住宅全生命周期灵活使用的多种可能。同样标准的建筑单体可以进行横向与竖向的多样化组合，在满足空间、功能的要求之余，丰富装配式建筑的立面效果。

标准化的建筑设计、标准化的构件设计与 BIM 技术相结合，可以通过 BIM 数据库的方式管理各类型标准化模块。通过对标准化构件的梳理，可以进一步提高装配式建筑设计的效率，对于整个装配式项目而言，可以优化成本与工期。BIM 是标准化建筑设计成果承载的容器，而标准化设计是将 BIM 价值最大化体现的方法。

结构构件标准化率是表达项目中结构构件种类和数量之间关系的数值，以百分率的方式体现。它是对建筑设计中结构构件的标准化程度指标的数值体现，是标准化设计的定量控制手段（图 2-3）。结构构件标准化率这一数值是自下而上得到的宏观数据，与具体的建筑构件的状态无关，但与整个构件群体的分布关系产生直接关联[2-2]。

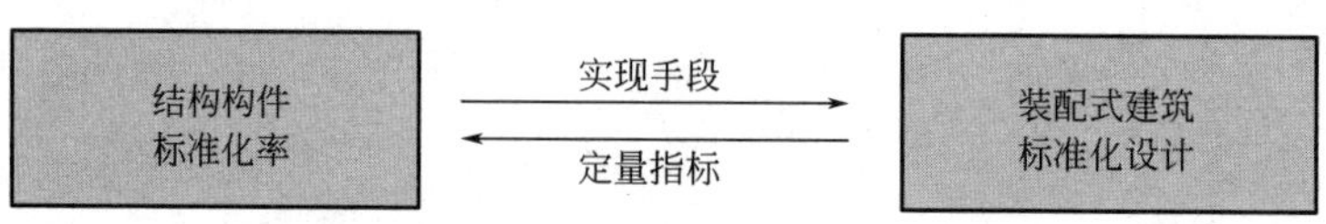

图 2-3　标准化率与标准化设计的关系

2.1.4　构件编码系统

不同类型的构件同处于一个整体系统中，相互之间容易产生混淆，为了识别个体不同的构件，因此需要对其进行命名，并对各相关属性信息进行准确的定义。但是由于相互之间存在信息的交换工作，为了信息处理和接收各方能够正确地理解而不会产生误解，因此需要进行统一的编码系统，由此提高信息的传输效率和准确度。而这一工作应当在设计阶段就得到贯彻执行，这样才能在后续的生产、建造及运维中发挥作用。

信息分类编码是两项相互关联的工作。一是信息分类，二是信息编码，先分类后编码，只有科学实用的分类才可能设计出便于计算机和人识别、处理的编码系统。

一套完善的编码规则是实现信息联动的重要手段，它需要具有唯一性、合理性、简明性、完整性与可扩展性的特点。编码规则的统一是实现装配式建筑全流程信息管理的唯一途径，本手册基于“构件法”思想的构件分类方式，介绍了某市装配式建筑信息服务与监管平台构件编码规则，如图 2-4、图 2-5 所示，柱子的编码

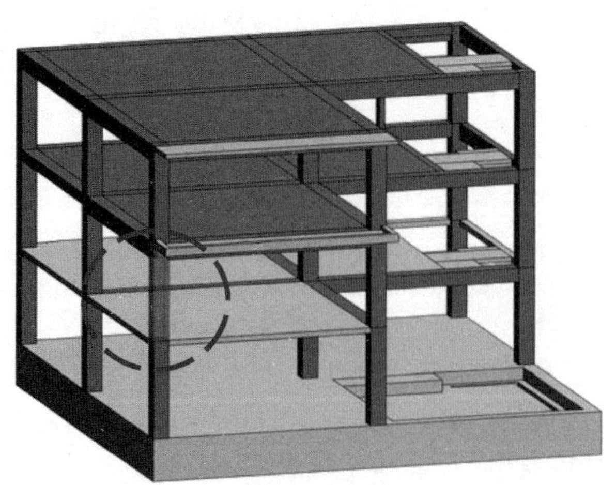

图 2-4　混凝土柱位置三维示意图

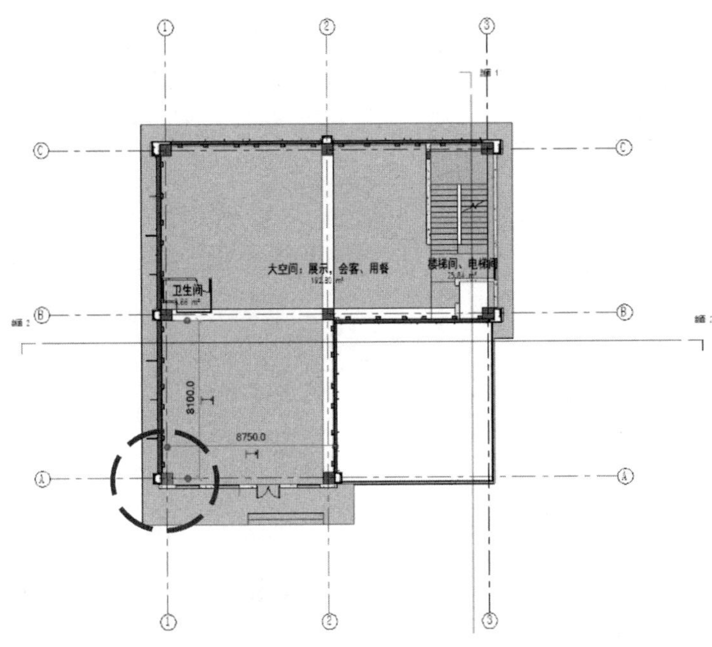

图 2-5　混凝土柱位置平面示意图

为：SDD-20170816—A1—JG-HNT-Z—1/0—A/1—0，如表 2-7 所示，对此段编码的具体含义做出了详细的解释。

构件编码字段释义表　　　　**表 2-7**

字段	示例	含义
项目编号	SDD-20170816	相关建筑的项目编号
楼栋编号	A1	编码构件所在楼栋的编号
构件类型编号	JG-HNT-Z	构件所属类别，如结构体—混凝土—柱
标高编号	1/0.00	构件在 1 层，标高为 0.00
轴线编号	A/1	构件所在横轴为 A 轴，纵轴为 1 轴
位置编号	0	横轴纵轴区间内只有一个柱子

2.1.5　BIM 建模规则

在建立构件编码系统的基础上，要实现对装配式混凝土构件的全流程管理，还需要相应的软件管理平台对构件系统的数据进行处理。以某市政府级集成化应用平台为例，对上传平台的模型数据有一定的要求，因此在模型数据产生的前端要设置相应的建模规则以便可以生成符合平台要求的数据文件。以 Revit 软件为例，针对装配式建筑建模需遵循如表 2-8～表 2-11 所述的建模规则。

Revit 建模通用规则表　　表 2-8

序号	对应元素	规则内容	图例
1	建筑楼层	创建项目时，软件默认会把标高属性栏中的“建筑楼层”勾选上，若创建了辅助标高且不需要导出此标高层的相关信息时，要取消勾选	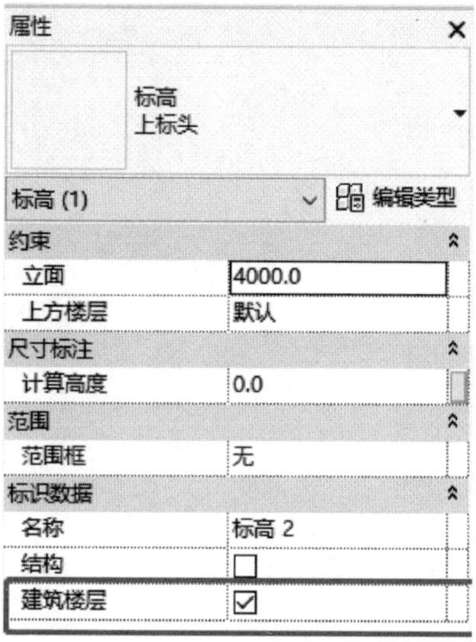 属性 标高 上标头 标高 (1)　编辑类型 约束 立面　4000.0 上方楼层　默认 尺寸标注 计算高度　0.0 范围 范围框　无 标识数据 名称　标高 2 结构 建筑楼层
2	轴网	目前 Revit 预制装配率插件仅识别直线正交轴网，其他例如弧线轴网、圆形轴网等尚不能识别	
3	墙体结构	在绘制剪力墙、填充墙或是内隔墙时，需根据实际情况在左侧属性栏结构选项卡中判断是否勾选“结构”与“结构用途”选项	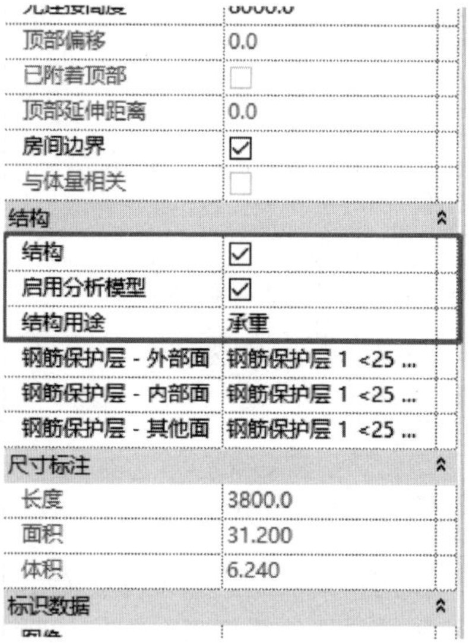 顶部偏移　0.0 已附着顶部 顶部延伸距离　0.0 房间边界 与体量相关 结构 结构 启用分析模型 结构用途　承重 钢筋保护层 - 外部面　钢筋保护层 1 <25 ... 钢筋保护层 - 内部面　钢筋保护层 1 <25 ... 钢筋保护层 - 其他面　钢筋保护层 1 <25 ... 尺寸标注 长度　3800.0 面积　31.200 体积　6.240 标识数据

1. 结构系统建模

结构系统建模主要包括预制柱、预制剪力墙、预制叠合板以及预制梁等（表 2-9）。

结构系统建模规则表　　　　表 2-9

序号	结构构件	建模规则	图例
1	预制柱	(1)选用 Revit 结构柱工具并选择合适的柱族； (2)在属性选项卡中输入截面尺寸、高度并选择结构柱的材质绘制即可	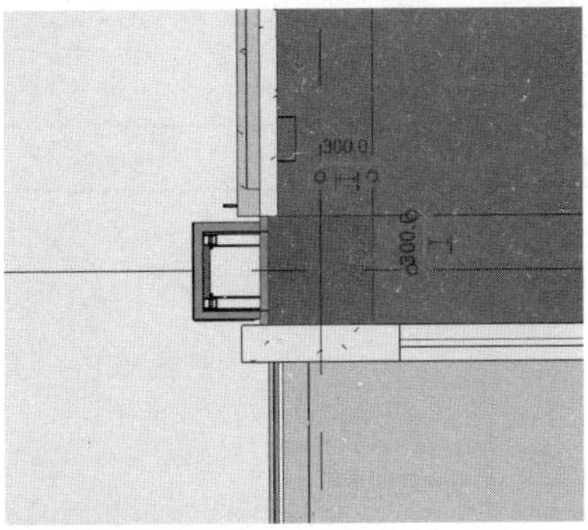
2	预制剪力墙	(1)选用 Revit 墙体工具； (2)在属性选项卡中输入墙体宽度并选择墙体材质绘制即可； (3)如遇到“L”形或“T”形剪力墙时，需要把相连接的墙体创建为一个剪力墙部件	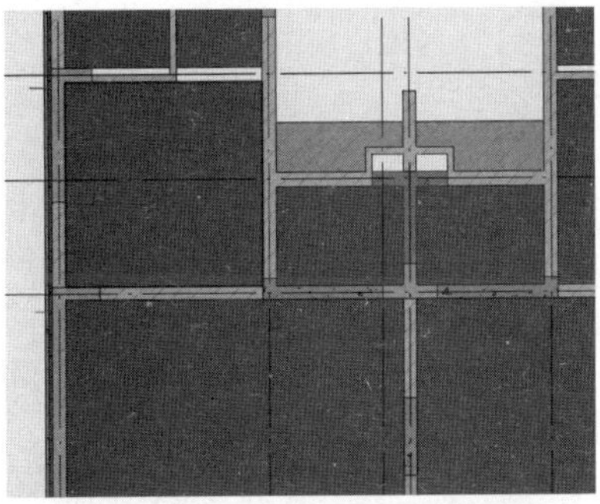
3	预制叠合板	(1)选用 Revit 结构楼板工具； (2)在属性选项卡中输入楼板厚度并选择楼板材质绘制即可； (3)预制部分与现浇部分应分别绘制，以便预制率计算插件读取数据	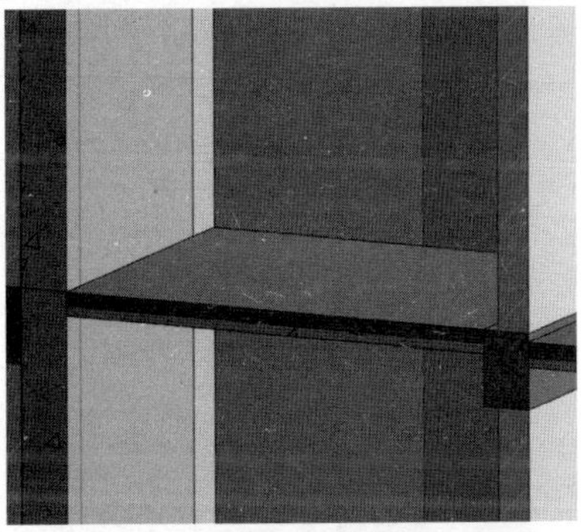
4	预制梁	(1)选用 Revit 梁工具并选择合适的结构梁族； (2)在属性选项卡中输入截面尺寸并选择结构梁材质绘制即可； (3)当遇到叠合梁时，应分别绘制预制部分与现浇部分	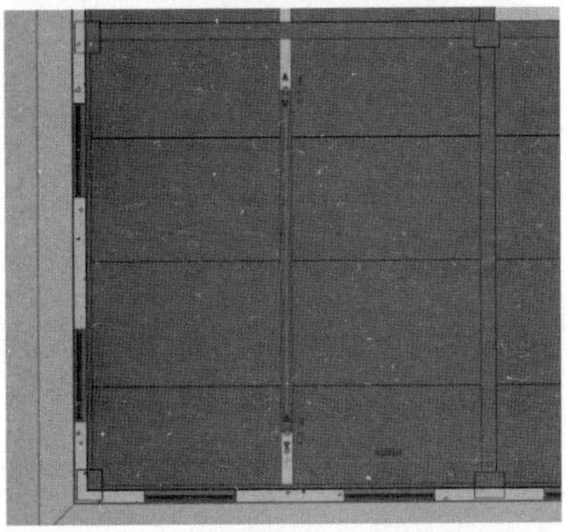

2. 外围护系统建模

围护系统的建模部分包括外围护与内围护两部分，外围护包括各类预制混凝土外墙板、飘窗板、阳台板等；内围护主要是各类预制内隔墙（表 2-10）。

围护系统建模规则表 **表 2-10**

序号	外围护构件	建模要求	图例
1	预制混凝土外挂墙板	（1）选用 Revit 墙体工具或自定义族工具； （2）在属性选项卡中输入墙体宽度或在族编辑环境下设置墙体厚度并设置材质	
2	PCF 板	（1）绘制原理类似叠合板，选用 Revit 墙体工具； （2）在属性选项卡中输入墙体宽度依据每层设置材质分别绘制	
3	预制阳台隔板	（1）选用 Revit 墙体工具； （2）在属性选项卡中输入墙体宽度依据每层设置材质分别绘制； （3）当遇到“L 型”或“T 型”隔板时，需要把相连接的隔板创建为一个隔板部件	

3. 内装修系统建模

内装系统主要包括内隔墙、集成式卫生间、集成式厨房、装配式吊顶及楼地面干式铺装（成品地板等）（表 2-11）。

内装修系统建模规则表　　表 2-11

内装修构件	建模规则
内隔墙(不同材质)	绘制方法可参照外围护系统的建模规则,采用 Revit 墙体工具,分别输入尺寸并选择材质绘制即可
集成卫生间、集成厨房	根据预制装配率计算规则,集成卫生间、集成厨房的面积按照卫生间及厨房的底部投影面积来计算,因此集成卫生间及集成厨房地面采用 Revit 系统族绘制即可
装配式吊顶、干式铺装	装配式吊顶与干式铺装的绘制采用 Revit 吊顶系统族与楼板系统族绘制即可

4. Revit 自定义族

Revit 的自带工具选项卡中的功能并不能应对所有的构件建模工作，Revit 族工具中以“公制常规模型”为代表的自定义族可编辑程度非常高，可以在很多情况下弥补这一缺失（图 2-6）。

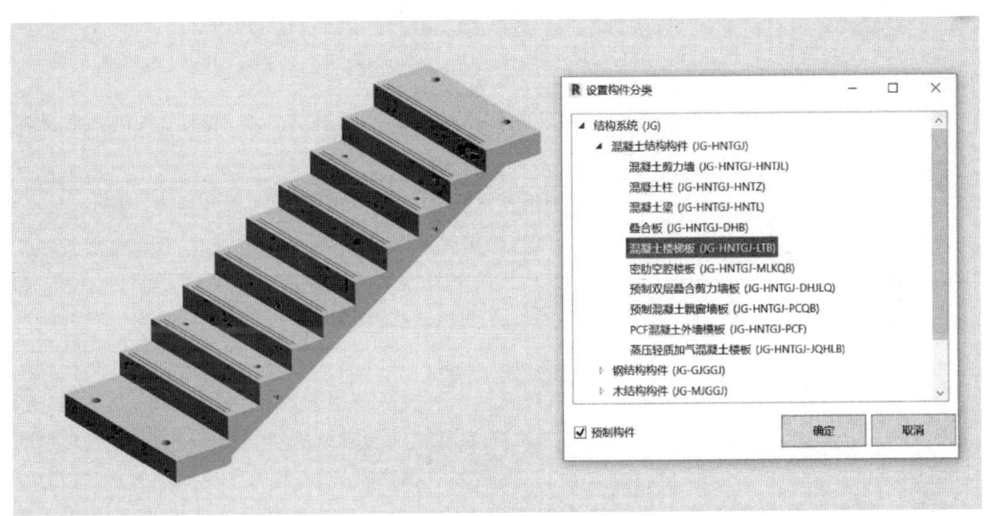

图 2-6　绘制常规模型构件

2.2　协同设计与数据交换

基于 BIM 的装配式建筑协同设计中，存在多种协同模式，包括信息协同、各专业协同以及各流程协同，而这些协同模式依托的基础工具是 BIM 软件，整个协同的过程则是通过数据交换来实现。结合前文介绍的常用 BIM 软件类型，不同公司软件之间的数据交互并非完全畅通。因此，在当前装配式建筑 BIM 应用过程中，在协同设计之初应对 BIM 软件、文件管理及文件命名等与数据交互相关的内容做一些规则限定，以便于整个协同设计过程的流畅运行（表 2-12）。

协同设计与数据交换章节索引及描述表　　表 2-12

三级标题 题名	三级标题 概要	三级表格索引	具体描述
2.2.1　基于 BIM 的协同设计应用	主要阐述各设计专业内以及各流程阶段之间的协同		
2.2.2　BIM 软件版本控制	从 BIM 应用软件的角度，提出团队协同的基本要求		
2.2.3　协同工作模式	对比现有的两种协同工作模式，并分析两者的适用性	表 2-13　导入与链接模式对比表	将文件以导入或者链接的方式作为外部参照，并总结两者差异
		表 2-14　中心文件模式与文件链接模式分类表	从不同角度对比"工作集"模式与文件链接模式的差异性
2.2.4　BIM 命名规则	强调 BIM 命名规则的重要性，分别列举构件、项目以及图纸的命名规则	表 2-15　自定义族文件命名规则表	举例说明 Revit 自定义族 BIM 命名规则
		表 2-16　系统族命名规则表	举例说明 Revit 系统族的 BIM 命名规则
		表 2-17　项目文件分类及命名规则表	举例说明 Revit 项目文件的 BIM 命名规则
		表 2-18　图纸命名规则表	举例说明图纸的 BIM 命名规则
		表 2-19　命名规则对 BIM 全流程的影响汇总表	总结 BIM 命名规则对设计行为、项目数据管理模式、协同工作流程、BIM 交付成果的意义
2.2.5　数据交互格式	阐述 BIM 数据的常用交互格式，对比原生交互与 IFC 交互格式的适用条件	表 2-20　数据交互方式分类表	分别对比原生交互与 IFC 交互方式的文件格式、转换效率以及适应性等方面的内容
		表 2-21　IFC4 格式定义对象及数量统计表	

2.2.1　基于 BIM 的协同设计应用

借助于 BIM 技术的加持，可以在装配式建筑中更好地发挥协同设计的优势，在信息共享的基础上，协同设计主要应用于各设计专业内以及各流程阶段之间。

各设计专业协同。基于 BIM 的装配式建筑协同设计中，所有的设计专业，包括建筑、结构、给水排水、暖通、电气等在 BIM 技术的整合下可以在同一个中央项目文件中进行工作，这可以方便地协调各专业的冲突问题，及时地纠正各专业设计中的空间冲突矛盾，也能确保信息在不同专业之间的有效传递，改善原有的专业间信息孤立的状况，进而实现优化设计的目的（图 2-7）。

设计、生产、施工各流程协同。装配式建筑构件生产单位和施工单位需要在方案设计阶段就介入项目，根据以往的装配式项目经验可以得出，若设计阶段与生

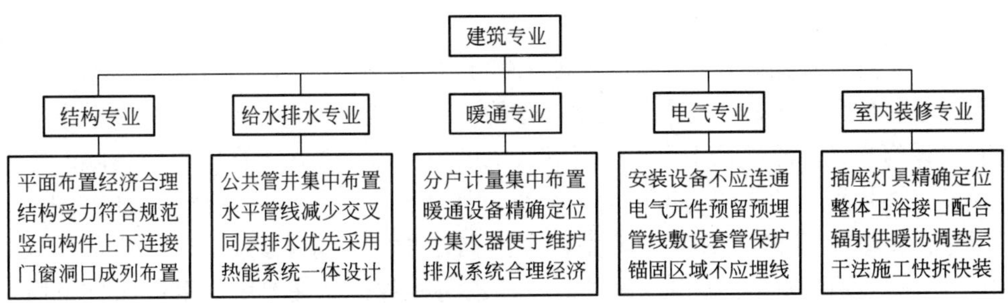

图 2-7　建筑专业与其他各专业之间协同要点

产、施工阶段脱节，会导致建筑构件拆分不合理或是构件在施工过程中存在碰撞无法顺利安装到位等问题。因此，生产单位、施工单位早期介入可以共同探讨加工图纸与施工图纸是否满足生产与建造的要求，同时设计单位可以及时获取生产与施工单位的意见反馈，做出相应的修改变更。建设装配式建筑全生命周期协同平台也是实现各流程协同的重要环节，通过协同平台软件，可以高效地实现不同阶段间的信息协同共享。

2.2.2　BIM 软件版本控制

以 Autodesk Revit 为例，文件模型在高版本的 Revit 中编辑保存后，其无法在低版本的 Revit 软件中打开，存在不兼容的问题。虽然 Revit 本身可以导出第三方数据格式，如 IFC 格式，但不同版本的 Revit 对于 IFC 的支持程度不同（截至本手册写作时，IFC 格式尚不能支持 Revit 所有模型或信息的显示，并且 IFC 格式会导致小部分模型文件信息或数据的丢失，当前 IFC 格式并不能作为一个解决信息传递的根本方法）。

为避免由于文件转换导致的信息丢失及相关的问题，最好的解决方案通常是在装配式建筑项目中规定所有 Revit 软件用户，包括建筑、结构、给水排水、暖通、电气等专业的设计人员都使用同一个 Revit 的软件版本，如果软件需要更新升级，务必确保项目所有用户在同一时间升级软件。

2.2.3　协同工作模式

1. “文件链接”模式

以 Autodesk Revit 软件为例，嵌入与引用的工作模式主要是指将参考文件以导入或者链接的方式在模型文件中进行外部参照（表 2-13）

导入与链接模式分类表　　表 2-13

	导入模式	链接模式
定义	可以直接导入 CAD、gbXML、图像等文件格式	链接模式可以链接 CAD、Revit 以及 IFC 等文件格式
对比	(1)首先链接模式不会对 Revit 文件尺寸产生影响，导入模式相当于把模型嵌入到项目文件，会极大增加文件尺寸； (2)其次，以链接的方式进行协同，如果在原文件中做出变更，Revit 文件也会同步更新	

2. “中心文件”管理模式

中心文件管理模式在 Revit 中就是工作集模式，假设甲、乙两人同时工作在同一个中心文件上，甲、乙先分别创建自己的甲工作集和乙工作集。甲将甲工作集的所有者设为自己，乙将乙工作集的所有者也设为自己，并在各自的工作集内创建构件模型。如果甲、乙之间的工作没有交集，那他们的工作就应该按部就班地进行。一旦甲需要修改编辑乙的构件模型，必须向乙发送请求，在乙统一把构件模型“借”出去之前甲都无法编辑该构件。一旦乙将构件模型交给甲，甲将拥有该构件的权限，并能自由编辑该构件，直到甲把构件模型的权限“还”给工作集。

中心文件的管理方式有两种，一是基于本地局域网文件共享模式的中心文件，这种模式适用于设计团队同一地点集中办公，另一种是基于 Revit Server 的远程文件共享，适用于设计团队分布在不同地区的情况。

这种协同工作模式以工作集的形式对中心文件进行划分，项目设计人员在属于自己的工作集中进行设计工作，设计的内容可以及时在本地文件与中心文件进行同步，设计人员之间可以相互借用属于对方的构件模型图元的编辑权限进行交叉设计，实现信息的实时沟通[2-3]。

3. 两种模式的差异性对比

实际应用中可以发现，“文件链接”和“中心文件”两种模式各有优点和缺点，这两种模式的区别是，“中心文件”允许多人同时编辑一个项目模型，而“文件链接”是独享模型。两种模式具体区别如表 2-14 所示。

中心文件模式与文件链接模式分类表 **表 2-14**

	中心文件	文件链接
项目文件	一个中心文件,多个本地文件	主文档与一个或多个文件链接
同步方式	双向,同时更新	单项同步
项目其他成员构件	通过借用后编辑	不可以编辑
工作模板文件	同一模板	可采用不同模板
性能	模型较大时速度慢,对硬件和网络带宽要求高	模型较大时速度相对较快
稳定性	当前版本跨专业协同时稳定性较低	稳定性高
权限管理	需要完善的工作机制、清晰明确的工作界面划分	无权限管理机制
适用情况	专业内部协同,单体内部协同	专业之间协同,各单体之间协同

2.2.4 BIM 命名规则

BIM 命名规则十分重要，每家设计单位都要有自己的命名规则，可以是参考行业内部通用的，也可以是个性化定制的，命名规则都应满足现有国标规范的要求，如《建筑信息模型设计交付标准》GB/T 51301—2018 中关于命名规则的相关内容。规范命名的意义就在于：在整个工程过程中，方便参与工程的各方进行检索文件以利用文件内数据，并最终形成条理清晰，脉络顺畅的数据系统，便于工程实践的进行。

1. 构件命名规则

(1) 自定义族文件命名规则

【专业】—【构件类别】—〖一级子类〗—〖二级子类〗—〖描述〗rfa。具体规则如表 2-15 所示。

自定义族文件命名规则表 **表 2-15**

序号	字段	含义	示例
1	【专业】	用于识别本族文件的专业适用范围,如适用于多专业,则多专业代码之间用下划线"_"连接	例如,建筑专业_ A,结构专业_ S等
2	【构件类别】	为建筑各大类模型构件的细分类别名称	例如,防火门、平开门、人防门等
3	〖一级子类〗	为模型构件细分类别下、进一步细分的一级子类别名称	例如,防火门下的双扇、单扇等
4	〖二级子类〗	模型构件细分类别、一级子类别下,进一步细分的二级子类别名称	例如,双扇防火门下的矩形观察窗居中
5	〖描述〗	必要的补充说明,也可当作〖三级子类〗使用	例如,双扇防火门下的亮窗

注:(1)【】为必选项,〖〗为可选项。

(2)【专业】代码具体内容请参见规范《建筑信息模型设计交付标准》GB/T 51301—2018。

(2) 系统族命名规则

因系统族在 Revit 中只能创建类型,所以只需要标准化类型名称即可。具体规则如表 2-16 所示。

系统族命名规则表 **表 2-16**

序号	构件类型	命名规则	示例
1	墙	【专业】—【功能/定位】—【厚度/网格尺寸】—〖材质/描述〗	A—外部—300mm—干挂石材,其中 A 为建筑专业代码,"外部"为定位,300 为墙体厚度,"干挂石材"为材质及描述
2	楼板	【专业】—【功能/定位】—【厚度】—〖材质/描述〗	A—建筑面层—100mm—水泥砂浆,其中 A 为建筑专业代码,"建筑面层"为其楼板功能,100mm 为板厚,"水泥砂浆"为描述
3	屋顶	【专业】—【功能】—【厚度】—〖材质/描述〗	A—保温屋顶—300—混凝土,其中 A 为建筑专业代码,"保温屋顶"为其功能,300 为板厚,"混凝土"为描述
4	天花板	【专业】—【功能/定位】【厚度/网格尺寸】—〖材质/描述〗	A—办公区—600×600-扣板,其中 A 为建筑专业代码,"办公区"为其功能及定位,600×600 为网格尺寸,"扣板"为样式描述
5	楼梯	【专业】—〖样式/功能/定位〗—【材质】—【板厚】—〖描述〗	A—Q 区办公梯—木质面层—20,其中 A 为建筑专业代码,Q 区办公梯,木质面层为材质,20 为楼梯板厚

注:(1)【】为必选项,〖〗为可选项。

(2)【专业】代码具体内容请参见规范《建筑信息模型设计交付标准》GB/T 51301—2018。

2. 项目命名规则

项目命名的具体规则如表 2-17 所示。

项目文件分类及命名规则表[2-4] **表 2-17**

文件类型	命名逻辑	通用规则
Revit 主文档	按协同设计规则需要命名，易识别、记忆、操作、检索	所有字段仅可使用中文、英文（A—Z，英文或汉语拼音）、下划线、中划线和数字；字段之间应通过中划线“—”隔开，请勿使用空格；在一个字段内，可使用字母大小写方式或下划线“_”来隔开单词；项目子项编号后带“#”字符；使用单字节的点“.”来隔开文件名与后缀，除此以外，该字符不得用于文件名称的其他地方；日期格式：年月日，中间无连接符，例如 20190701；不得修改或删除文件名后缀
Revit 相关文件	Revit 相关文件（DWG、NWC 等）名称与对应的 Revit 主设计文件名称/Revit 图纸名称/Revit 视图名称等保持一致或基本一致，必要时增加“说明注释”关键字、或增加数字序号/版本号、日期等	
其他文件	与 Revit 设计文件相对独立的其他文件，按工作需要命名，易识别、记忆、操作、检索	

注：相关文件具体命名要求请参见规范《建筑信息模型设计交付标准》GB/T 51301—2018。

3. 图纸命名规则

Revit 图纸命名规则和传统 CAD 出图的图纸命名规则相近，命名规律可参照传统 CAD 图纸命名规则执行。

图纸命名规则：【专业设计阶段简称】—【专业】【图纸编号】—【图纸名称】。具体规则如表 2-18 所示。

图纸命名规则表 **表 2-18**

字段	示例
【专业设计阶段简称】	例如，建施、结施、暖施、水施、电施等
【专业】【图纸编号】	例如，A201、A202、A301 等
【图纸名称】	例如，“首层平面图”“1#楼梯首层平面图”等

注：【】为必选项，〖〗为可选项。

BIM 命名规则与设计人员的设计行为、项目数据管理模式、协同工作流程、最终交付的 BIM 成果密切相关，且影响重大（表 2-19）。

命名规则对 BIM 全流程的影响汇总表[2-5] **表 2-19**

影响	内容
设计行为	对设计行为的影响，BIM 设计经常需要在多文件、多专业间进行文件链接、数据信息工作项与传递、数据统计、视图显示及构件样式（涉及建筑设计制图标准等）控制等，那么统一、规范的数据级 BIM 命名规则，将有效提高上述工作的工作效率和成果质量，意义重大
项目数据管理模式	BIM 设计各阶段将产生大量 BIM 项目文件，以及由 BIM 项目文件导出、打印产生的大量相关延伸 BIM 成果文件（BIM 浏览模型、BIM 碰撞报告、BIM 模拟分析报告、PDF 图纸、DWG 图纸等），加上项目前期的基本资料、往来文档、最终交付和归档文件等。高效地存储、共享、管理、检索海量项目文件，BIM 文件级命名规则将起到重要的作用

续表

影响	内容
工作流程	BIM 构件的数据级命名规则、文件级命名规则，对 BIM 设计在多文件、多专业间的文件链接关系、BIM 信息传递、BIM 协同工作流程（包括提资、校审、碰撞检查、施工模拟等）影响重大
BIM 成果	命名规则对 BIM 成果的影响，除 BIM 模型质量、BIM 图纸（信息完整、图面美观等）等的影响外，最重要的影响体现在，由 BIM 模型成果能否高效得到其他需要的、满足需要的 BIM 成果（BIM 浏览模型、BIM 算量统计、CAD 图纸、各项经济技术指标等）

2.2.5 数据交互格式

对于 Revit 软件来说，与其他软件的交互方法无非有两种，一种是基于自身软件的原生交互格式，另一种则是 IFC 格式标准（表 2-20）。

数据交互方式分类表 **表 2-20**

交互方式	文件格式	传递完整度	适用性
原生交互	rvt、rte、rfa、nwc 等格式	无损传输	便于同公司软件间交互
IFC 交互	ifc 格式	可能有损	可以实现跨平台信息交互

1. 原生交互

Revit 原生的交互格式包括项目文件格式 rvt、样本文件格式 rvt、族文件格式 rfa，以及可以为 Autodesk 公司项目管理软件 Navisworks 提供的 nwc 格式。原生交互格式对于 Autodesk 本公司的软件之间的交互应用可以做到信息无损交互，这也是原生交互的优势。

2. IFC 交互

针对 BIM 模型数据如何有效整合并储存，由 Building SMART（https://technical.buildingsmart.org/）组织发起，让所有信息基于一个开放的标准和流程进行协同设计、运营管理。其主要数据交换及单元格式便是 Building SMART 的前身 IAI（International Alliance for Interoperability）于 1997 年所提出的 IFC（Industry Foundation Class）数据标准。

IFC 自 1997 年 1 月发布 IFC 1.0 以来，已经历了 9 个主要的改版，其中 IFC 2×3 是目前市面上大多数 BIM 软件支持的版本。IFC 格式标准为了能够完整地描述工程所有对象，通过面向对象的特性，以继承、多型、封装、抽象、参照等各种不同的关系来描述数据间的关联性。IFC 文件有三种格式，纯文本的 STEP 文件格式、基于 XML 的文件格式和基于 JSON 的文件格式，每种格式还有压缩与非压缩的存储方式。

为明确表达所有工程数据之间的关系，IFC 目前已针对既有对象加以定义，以 IFC4 为例，具体定义对象及数量如表 2-21 所示，使用者可以依照其规定自定义所需的对象，其组合可有效地描述记录所有工程信息。

IFC4 格式定义对象及数量统计表　　表 2-21

格式	定义对象	数量
IFC4	实体(Entity)	766
	定义数据型态(Defined Types)	126
	列举数据型态(Enumeration Types)	206
	选择数据型态(Select Types)	59
	内建函数(Functions)	42
	内建规则(Rules)	2
	属性集(Property Sets)	408
	数量集(Quantity Sets)	91
	独立属性(Individual Properties)	1691

截至 2018 年 6 月正式发布的 IFC 4.1 版本和 2019 年 4 月发布的 IFC 4.2 草案版本，IFC 格式仅能表现及存储与建筑相关的内容，还未包括市政、交通等相关内容。IFC 格式标准的发展可以最大限度地解决不同公司 BIM 软件之间的交互问题，对装配式建筑行业的 BIM 协同应用也具有重大意义。

2.3　BIM 技术在装配式建筑中的整体技术策划

在 BIM 装配式建筑应用中，我们主要从项目目标的确定、项目的执行落实等方面进行阐述。要确定合适的 BIM 应用目标，首先要明确业主的需求，根据业主的需求，结合项目特点，确定 BIM 应用目标，可以根据实际需要，定义多个 BIM 目标，用目标优先级来表示其重要程度。BIM 应用目标明确后，再将目标进行分解，确定在规划、设计、施工、运营等各个阶段需要实现的目标，以此来准备相关的资料，确定使用方法，配备合适的团队。当然，在这个过程中还应考虑风险因素，除此之外，在保证质量和安全的前提下，应尽量缩短工期，降低成本。具体内容如表 2-22 所示。

BIM 在装配式建筑中的整体技术策划章节索引及描述表　　表 2-22

三级标题		三级表格索引	具体描述
题名	概要		
表 2.3.1　项目目标确定	阐述 BIM 目标的确定及前期的准备工作	表 2-23　BIM 应用目标优先级示例	根据业主需求定义目标，若定义多个 BIM 应用目标，可用优先级表示其重要程度
		图 2-8　BIM 应用在各个阶段的应用目标示例	示例 BIM 应用在规划，设计，施工，运营各个阶段的应用目标
		表 2-24　BIM 团队需具备的能力	简述 BIM 项目负责人所需具备的能力
		表 2-25　BIM 应用经济比较示例	通过 BIM 应用的经济比较，直观对比其成本价值

续表

三级标题		三级表格索引	具体描述
题名	概要		
2.3.2 项目执行计划	编写项目计划所需要的条件,项目组成及执行程序	表 2-26 实施 BIM 计划所需条件	简述项目计划组成内容,及所需条件

2.3.1 项目目标确定

在进行目标确认前，需要和业主进行充分沟通，了解业主的需求，在实际工作中，某些业主的需求较多，为满足业主的全部需求，可能会定义多个 BIM 目标。为了区分多个 BIM 目标的重要程度，可以通过定义目标的优先级区分。具体示例如表 2-23 所示。

BIM 应用目标优先级示例 **表 2-23**

优先级（1-3）	BIM 目标描述	可能的 BIM 应用		项目名称
				XXX 住宅 EPC 项目
1-最重要	增值目标			√
2	提升设计质量	模块化设计		√
		高质量施工图	PC 构件组合出图	√
			PC 构件设计出图	√
		施工模拟		√
		预制率计算		√
		生成 BOM 清单		√
		构件跟踪		√
2	提升现场生产效率	设计审查、3D 协调、BIM 平台		
3	为物业运营准备精确 3D 记录模型	可视化应用、3D 协调		
1	提升可持续目标的效率	工程分析、LEED 评估		
3	施工进度跟踪	4D 模型		√
3	定义各阶段相关的问题	4D 模型		√
2	审查设计进度	设计检查		√
1	快速评估设计变更引起的成本变化	工程量统计		√
2	消除现场冲突	3D 协调		√

BIM 应用目标确定后，根据策划、设计、施工、运营各个阶段的设计深度和需求，将目标进行分解，具体示例如图 2-8 所示。

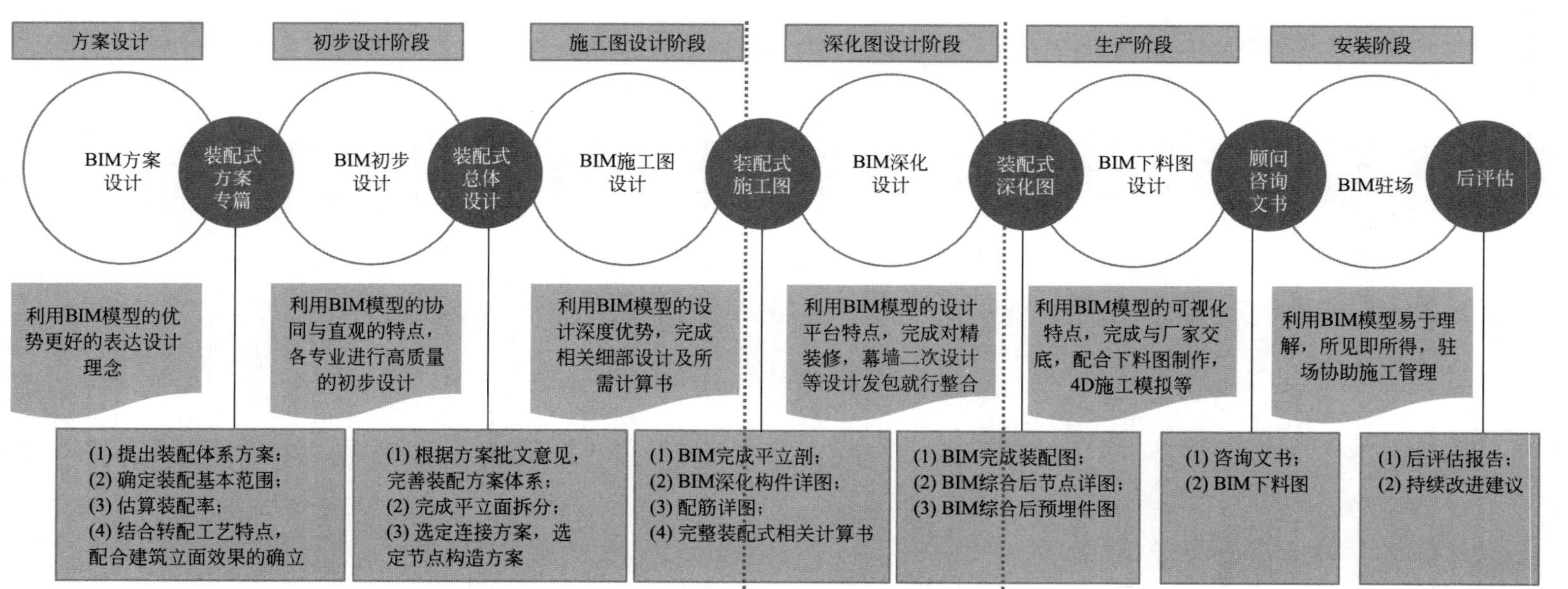

图 2-8　BIM 应用在各个阶段的应用目标示例

根据 BIM 总目标及策划、设计、施工、运营各个阶段的分解目标，以此来配备满足相应能力需求的团队，具体需要具备的能力如表 2-24 所示。

BIM 团队需具备的能力 **表 2-24**

分项条目	描述
资源	确定负责团队是否具有实现 BIM 应用的必备资源(BIM 技术人员、软件、软件使用培训、硬件支持等)
能力	确定团队是否具有成功实施 BIM 应用的操作能力，项目团队应该掌握实施 BIM 应用的所有细节及实施路线(实施方案)
经验	确定团队是否具有实施 BIM 应用的经验，实施 BIM 应用经验对于成功实现 BIM 应用目标至关重要

确定最终的 BIM 应用项，项目团队成员应逐项讨论 BIM 应用的细节，结合项目特点和成本，对每项 BIM 应用进行经济比较，并充分考虑实施的风险。比较示例如表 2-25 所示。

BIM 应用经济比较示例 **表 2-25**

BIM 应用	对项目的价值	负责人	对负责人的价值	能力评价 1～3(1 最低)			实施 BIM 应用所需资源/能力	备注	后续应用
	高/中/低		高/中/低	资源	能力	经验			是/否/可能
BIM 建模	高	设计	中	3	3	3			是
		施工	中	2	2	2			
		运维	高	1	2	1			
净高分析	高	设计	中	3	3	3			否
		施工	中	2	2	2			
		运维	高	1	2	1			
管道综合	高	设计	中	3	3	2			是
		施工	中	2	2	3			
		运维	高	1	2	1			
预制构件深化设计	高	设计	高	3	3	3		对业主有很高的价值	是
		施工	中	2	2	2			
		构件厂	高	3	2	3			
		运维	低	1	1	1			

2.3.2 项目执行计划

为保障 BIM 项目高效和成功实施，需明确项目计划的组成和所需条件，具体条件如表 2-26 所示。

实施 BIM 计划所需条件[2-6] **表 2-26**

计划组成	所需条件
BIM 项目执行计划总论	本部分需要列出制订 BIM 执行计划的原因、实施 BIM 的目的等。项目所有成员都必须对本部分内容充分理解，才能保障 BIM 项目的成功实施
项目信息	审核和记录对将来工作有价值的重要项目信息，包括项目总体信息、BIM 特定的合同要求和主要联系人等。包括：①项目名称、地址；②简要项目描述；③项目阶段和里程碑；④合同类型；⑤合同状态；⑥资金状态
项目关键合同	需要业主、设计师、建造师、供应商等各项目方至少一名主要负责人，及项目经理、BIM 经理、各专业负责人、监理和其他主要相关人员参加，共同制订项目关键合同
项目组的作用和职责	必须明确相关组织的作用与职责。每一项 BIM 应用均须明确相关负责的内容，包括信息交换、支撑条件等
BIM 设计程序	BIM 计划路线图的执行程序
BIM 信息交换	在整个 BIM 计划执行过程中，BIM 团队应对所有信息交换的内容进行书面记录。信息交换需说明各专业所提供的模型、模型详细程度，以及任何对涉及项目的重要贡献。项目模型不必包含项目的所有细节，但项目团队须制订各专业提供模型的最低标准和记录各专业所做出的最大贡献
BIM 数据要求	必须明确业主的要求，LOD 等级、模型精度等
合作程序	明确提出团队合作程序，包括模型管理程序（文件结构、命名规则、文件权限管理等），以及典型会议日程和程序等
模型质量控制程序	保证整个项目所有参与人员应当达到的标准以及监控程序等必要的管理措施
技术基础条件要求	执行项目所需的硬件、软件、网络环境等
模型结构	明确模型结构、文件命名规则、坐标系统、模型标准等
项目交付	明确业主要求的项目交付要求
交付方式	设计—施工方式、设计—投标—施工方式等

2.4 BIM 技术在设计各阶段的应用

本章节涉及的 BIM 设计应用主要在方案阶段、初步设计阶段、施工图设计阶段和构件深化阶段，列明了各设计阶段建立 BIM 模型的精细度等级和具体应用点，介绍了 BIM 技术在倾斜摄影、方案比选、交通疏解以及建筑性能中的应用，利用 BIM 技术展示了拆分构件的方法，同时列举了机电管线综合的深化原则和注意事项，最后列表说明各阶段模型建立的操作步骤以及机电管线综合的深化步骤（表 2-27）。

BIM 技术在设计各阶段的应用章节索引及描述表　　表 2-27

三级标题		三级表格索引	描述描述
题名	概要		
2.4.1　方案设计阶段	建立符合阶段精细度的 BIM 模型，并基于模型进行周边城市环境分析、方案比选、三维交通疏解、建筑性能分析等应用	表 2-28　方案设计阶段模型精细度等级表	举例说明各专业在方案设计阶段模型的建模深度要求
		表 2-29　方案设计阶段具体应用点	列举在方案设计阶段 BIM 技术的具体应用点
		表 2-30　倾斜摄影建模与 BIM 建模分析	列举 BIM 模型和倾斜摄影模型应用点
		表 2-31　方案比选阶段 BIM 应用点分析	列举方案比选阶段运用 BIM 应用点
		表 2-32　传统二维交通疏解与基于 BIM 技术的三维交通疏解对比	列举传统二维交通疏散与基于 BIM 的三维交通疏散的表达方式及优劣对比，并给出结论
		表 2-33　建筑性能分析表	列举基于 BIM 技术的建筑性能分析软件及各个软件的功能介绍
		表 2-34　方案设计阶段模型建立操作表	列举 BIM 方案设计阶段模型建立及参数加载的操作步骤
2.4.2　初步设计阶段	建立符合阶段精细度的 BIM 模型，并基于模型进行各专业协同、工程量计算、空间净高分析、预制构件拆分等应用	表 2-35　初步设计阶段模型精细度等级表	举例说明各专业在初步设计阶段模型的建模深度要求
		表 2-36　初步设计阶段具体应用点	列举在初步设计阶段 BIM 技术的具体应用点
		表 2-37　BIM 模型协同工作区规定	列举协同工作区划分规定及对应职能
		表 2-38　BIM 协同设计文件权限管理示例	列举文件编辑等级及对应的具体权限
		表 2-39　剪力墙拆分	列举剪力墙拆分的方式，并给出图例示意
		表 2-40　楼板拆分	列举楼板拆分的方式，并给出图例示意
		表 2-41　梁拆分	列举梁拆分的方式，并给出图例示意
		表 2-42　初步设计阶段模型建立及参数加载的操作表	列举 BIM 初步设计阶段模型建立及参数加载的操作步骤
2.4.3　施工图设计阶段	建立符合阶段精细度的 BIM 模型，并基于模型进行预制装配率计算、管线综合、生成施工图、模拟动画等应用	表 2-43　施工图设计阶段模型精细度等级表	举例说明各专业在施工图设计阶段模型的建模深度要求
		表 2-44　施工图设计阶段具体应用点	列举在施工图设计阶段 BIM 技术的具体应用点
		表 2-45　机电模型综合设计步骤及注意事项	列举管线综合的深化步骤、注意事项以及提交的成果形式，并给出示例
		表 2-46　机电模型综合设计基本原则	列举管线综合的基本原则及考虑因素，并给出示例

续表

三级标题		三级表格索引	描述描述
题名	概要		
2.4.3 施工图设计阶段 建立符合阶段精细度的BIM模型,并基于模型进行预制装配率计算、管线综合、生成施工图、模拟动画等应用		表2-47 建筑空间净高分析步骤及注意事项	列举净高分析步骤和注意事项,并给出示例
		表2-48 BIM生成施工图应用表	列举BIM生成施工图的优势以及注意点
		表2-49 BIM生成施工图操作表	列举BIM生成施工图的操作步骤
		表2-50 施工图设计阶段模型建立及参数加载的操作表	列举BIM施工图设计阶段模型建立及参数加载的操作步骤
2.4.4 构件深化设计阶段 建立符合阶段精细度的BIM预制构件模型,并基于模型进行工程量统计和预制构件碰撞等应用		表2-51 构件深化设计阶段模型精细度等级表	举例说明预制构件深化阶段模型的建模深度要求
		表2-52 构件深化阶段具体应用点	列举BIM技术在构件深化阶段的应用点
		表2-53 常见预制构件分析部位	列举预制构件碰撞检测分析的部位
		表2-54 基于Navisworks的碰撞检查方法表	列举基于Navisworks的碰撞检查的操作步骤
		表2-55 深化设计阶段模型建立操作表	列举BIM模型在构件深化设计阶段的操作步骤

2.4.1 方案设计阶段

1. 方案设计阶段模型

(1) 交付物类别[2-7]

1) 应具备：建筑信息模型，项目需求书，建筑指标表。

2) 宜具备：工程图纸，建筑信息模型执行计划。

(2) 模型精细度

1) 模型等级：LOD100。

2) 阶段用途：项目规划评审报批、建筑方案评审报批、设计估算[2-8]。

方案设计阶段模型具体精度等级如表2-28所示。

方案设计阶段模型精细度等级表[2-7][2-8] **表2-28**

专业	内容	几何信息(几何表达精度)	非几何信息(信息深度等级)
建筑	基本信息	/	(1)项目标识:项目名称、编号、简称等 (2)建设说明:地点、阶段 (3)建设单位及参与方信息:名称、地址、联系方式【N1】
	技术经济指标	/	建筑总面积、占地总面积、建筑层数、建筑高度、建筑等级、容积率【N1】

续表

<table>
<tr><th>专业</th><th colspan="2">内容</th><th>几何信息（几何表达精度）</th><th>非几何信息（信息深度等级）</th></tr>
<tr><td rowspan="13">建筑</td><td colspan="2">建筑类别与等级</td><td></td><td>建筑类别、等级；消防类别、等级；人防类别、等级；防水防潮等级【N1】</td></tr>
<tr><td rowspan="3">场地</td><td>基本信息</td><td></td><td>水文地质、气候条件、坐标、采用的坐标体系、高程基准等【N1】</td></tr>
<tr><td>现状</td><td>现状道路铺路、现状停车场路面、用地红线高程、正北坐标、建筑地坪【G1】；
现状地形等【G2】</td><td>【N1】</td></tr>
<tr><td>新建</td><td>新建道路、新建停车场、广场、室外活动区、绿地、植物、室外标志牌【G1】</td><td>【N1】</td></tr>
<tr><td rowspan="9">主要建筑构件</td><td>建筑外墙、建筑内墙、建筑柱、屋顶、楼地面、散水与明沟、阳台、露台、压顶</td><td>基层/面层【G2】</td><td>【N2】</td></tr>
<tr><td>门窗</td><td>框材/嵌板【G2】</td><td>【N1】</td></tr>
<tr><td>幕墙</td><td>嵌板【G2】</td><td>【N1】</td></tr>
<tr><td>楼梯</td><td>梯段/平台/梁【G2】
栏杆【G1】</td><td>【N1】</td></tr>
<tr><td>台阶/坡道</td><td>基层/面层【G2】
栏杆【G1】</td><td>【N1】</td></tr>
<tr><td>栏杆</td><td>扶手/栏板/护栏/主要支撑构件【G2】</td><td>【N1】</td></tr>
<tr><td>雨篷</td><td>基层/面层【G2】</td><td>【N1】</td></tr>
<tr><td>其他*</td><td>变形缝/室内构造/装饰设备/灯具/家具室内绿化与内庭/地下防水构造/顶棚/运输系统【G1】/【G2】</td><td>【N1】</td></tr>
<tr><td rowspan="2">给水排水*</td><td colspan="2">系统信息</td><td rowspan="2"></td><td>【N1】</td></tr>
<tr><td colspan="2">设备、管道、管件、管道附件</td><td>【N1】</td></tr>
<tr><td rowspan="2">暖通*</td><td colspan="2">系统信息</td><td rowspan="2"></td><td>【N1】</td></tr>
<tr><td colspan="2">设备、管道、管件、管道附件</td><td>【N1】</td></tr>
<tr><td rowspan="2">电气*、智能化*、动力系统*</td><td colspan="2">系统信息</td><td rowspan="2"></td><td>【N1】</td></tr>
<tr><td colspan="2">设备、管道、管件、管道附件</td><td>【N1】</td></tr>
</table>

注：带*内容详见规范《建筑信息模型设计交付标准》GB/T 51301—2018。

(3) 方案设计阶段具体应用点

方案设计阶段具体应用点如表 2-29 所示。

方案设计阶段具体应用点[2-8] **表 2-29**

模型应用	技术应用点
可视化应用	场地、构件建模还原与模拟,效果表现、虚拟现实等
性能化分析	节能、日照、风环境、热环境等
量化统计	建筑面积明细表统计、总体指标数据表等

2. 周边城市环境分析(BIM+倾斜摄影)

倾斜摄影建模技术是近年来航测领域逐渐发展起来的新技术。采用倾斜摄影技术,可以同时获得同一个位置的多个不同角度、具有高分辨率的影像,采集丰富的地物侧面纹理及位置信息,对于周边环境分析起到重要作用(表 2-30)。

倾斜摄影建模与 BIM 建模分析 **表 2-30**

	倾斜摄影模型	BIM 模型
建筑内部	只有建筑立面及体量信息,无法体现建筑内部布置情况	模型内部情况可以在模型中清晰体现,真实表现设计意图
周边场地	周边实景模型自动生成,建模范围可控,效率极高	需要手动建模,随建模范围增大,效率显著降低
兼容效果	数据文件可以完美兼容,BIM 模型嵌入实景模型中展示效果更加清晰	

BIM 模型+倾斜摄影模型相结合,应用充分,做到了取长补短,对于分析城市天际线、展现周边区位优势、模拟建筑方案元素融合情况、预览项目场地基本情况提供了较大帮助。

3. 建筑方案比选

单体建筑方案 BIM 设计,主要利用 BIM 技术的可视化、仿真性、模拟性等特点进行建筑方案的对比,应用范围广泛(表 2-31)。

方案比选阶段 BIM 应用点分析 **表 2-31**

应用点	应用效果
数据沿用	方案阶段模型具有良好的数据传递性,具备参数化功能,可以实现全设计流程的数据沿用
展示效果	设计效果展示的形式不再局限为效果图的形式,在不提升成本的情况下有了渲染视频、漫游动画等更为丰富的形式以供选择
交通分析	消防车道、货车通道布置方案等竖向交通的设计分析在三维图形的展示下更加直观清晰
空间布置	通过三维可视化的形式对于功能空间合理性分析、可视度视线分析,使得设计成果更加合理与完善
消防疏散	消防登高面展示与紧急疏散模拟等应急方案模拟,基于 BIM 技术可以实现动态的直观展现

建筑方案比选利用BIM技术虽然带来了工作量的增加，但是提前研究复杂部位、关键节点，对于提升设计质量与平直具有重要意义，有利于把握设计重难点，统筹设计进度。

4. 三维交通疏解

项目施工对于周边交通道路有所影响时，运用BIM技术进行三维交通疏解。

方案设计阶段的BIM应用是常见的应用模式，较之传统二维平面疏解方案，三维交通疏解具有更直观、更精确的显著特点（表2-32）。

传统二维交通疏解与基于BIM技术的三维交通疏解对比　　表2-32

传统二维交通疏解分析	基于BIM三维交通疏解分析
道路翻交情况依靠平面图纸表示	三维BIM模型直观显示道路翻交的空间情况，成果形式更加直观
缺少行车流量模拟，只能通过统计数据表达	基于BIM模型制作三维动态车流量模拟配合统计数据，更能反映真实情况
对行车轨迹、行人路径等平面图纸难以表达的信息，分析能力较差，难以周全考虑。	通过三维模拟交通区域的行车流向、行人走行路径和直观反映车流量的运动轨迹及交通畅堵情况，提供更加切合实际的交通疏解方案
疏解方案中对工程范围内环境数据的采集普遍困难，对于周边市政构件的前后变更情况统计分析不到位	采用BIM技术对交通疏解进行模型搭建，根据交通状况和施工场地布置，利用BIM团建自动统计功能导出需要的模型数量、类别。如交通道路、施工场地布置、周边构筑物、围挡、交通指示牌、广告牌、信号灯等在疏解方案中的变更情况能得到精确的体现
交通疏解中涉及市政管线迁改的情况下，二维环境下对地下管线的空间关系较难体现	基于BIM技术的三维交通疏解对于地下空间及市政管线进行建模，综合对比不同迁改方式，基于成本、工期等因素分析出最优方案
基于平面图纸的交通疏解方案专业性较强，相关部门审批环节费时较多，影响项目效率	三维成果更加直观，降低了专业性要求，大大提升了项目审批效率

在项目规模小、工期较短、对周边道路影响较小的情况下，考虑到投入成本，可采用二维疏解分析的方式，而在项目规模较大或对周边道路影响较大、工期较长的情况下，应采用BIM三维疏解分析的方式，以确保分析成果质量。

5. 建筑性能分析

建筑性能分析包括：热环境和能耗分析、日照分析、风环境分析、光环境分析、声环境分析。基于BIM的建筑性能分析软件，有效地提供了建筑物及周边的热环境、光环境和声环境等物理指标的模拟分析，验证建筑物是否按照特定的设计规定和可持续标准建造，最终确定、修改系统参数，甚至系统改造计划，提高整个建筑的性能。如表2-33所示，列出了建筑性能分析的相关内容以及可用软件。

建筑性能分析表[2-9] **表 2-33**

性能分析	分析内容	可用软件
热环境和能耗分析	模拟预测室内温湿度、房间热量、热负荷、冷负荷； 模拟预测采暖空调系统的逐食能耗； 模拟预测建筑物全年环境控制所需能耗	DOE-2 DeST PKPM 斯维尔
日照分析	计算窗口实际的日照时间； 建筑物窗口、外墙面获得的太阳辐射热、天空散射热； 相邻建筑物之间的遮蔽效应	PKPM 天正 斯维尔
风环境分析	室外风环境模拟：改善小区风（流）场的分布，减小涡流和滞风现象，并找出大风情况下可能形成狭管效应的区域； 室内自然风环境模拟：引导室内气流组织有效的自然通风、换气	Fluent PHOENICS 风环境模拟软件斯维尔 PKPM
光环境分析 （初步设计阶段）	建筑物室内照明分析； 天然采光分析	Lightscape Radiance 斯维尔 PKPM
声环境分析 （施工图阶段）	通过声学模拟预测建筑物的声学质量； 对建筑声学改造方案进行可行性预测	ODEON EASE RAYNOISE 斯维尔 PKPM

6. 方案设计阶段模型建立操作表

本小节列举了方案阶段建筑模型从绘制建筑标高线→绘制轴网→绘制墙体→绘制楼板→绘制屋顶的实操流程（表 2-34）。

方案设计阶段模型建立操作表 **表 2-34**

模型类别	建立步骤	图示说明
模型基准	绘制建筑标高线	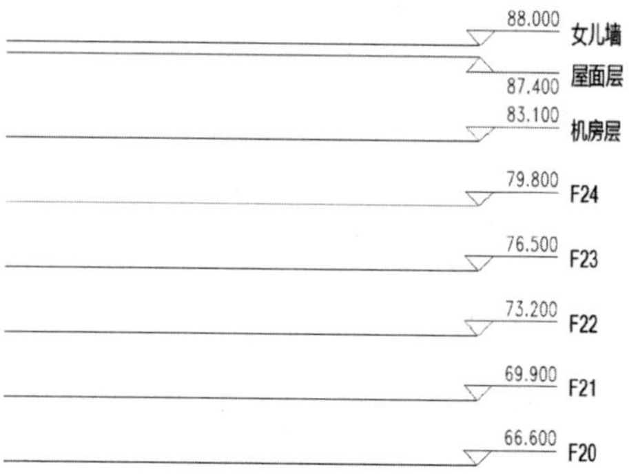 88.000 女儿墙 87.400 屋面层 83.100 机房层 79.800 F24 76.500 F23 73.200 F22 69.900 F21 66.600 F20

续表

模型类别	建立步骤	图示说明
模型基准	绘制轴网	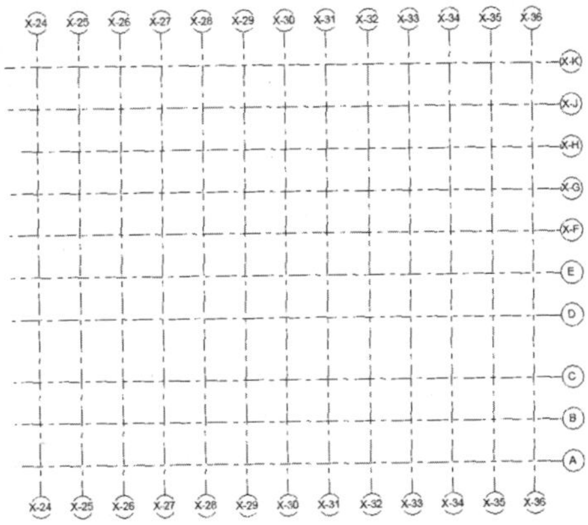
	使用“幕墙”功能，建立外立幕墙大致模型	
	使用“墙”“门”“窗”功能，建立内墙大致模型	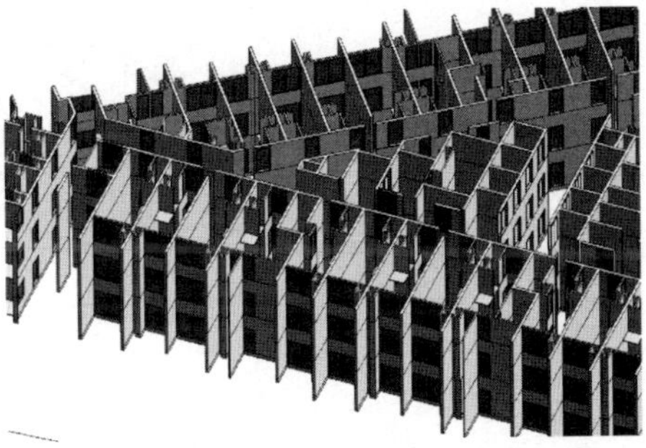
	使用“楼板”功能，建立建筑楼板模型	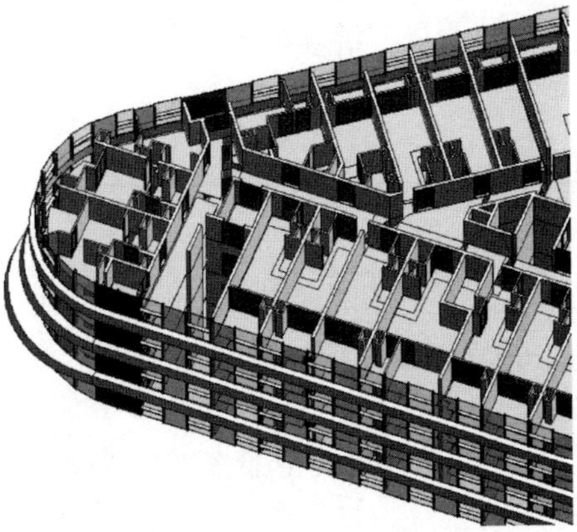

续表

模型类别	建立步骤	图示说明
模型基准	使用“楼梯”功能，建立建筑楼梯模型	
	使用“栏杆”功能，建立栏杆模型	
	使用“墙”“门”“窗”和“楼板”功能，建立屋顶以及出屋面机房部分模型	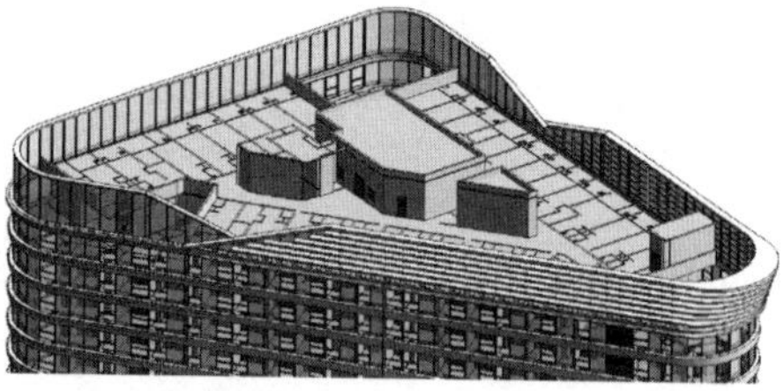

2.4.2 初步设计阶段

1. 建立初设设计阶段模型

(1) 交付物类别[2-7]

1) 应具备：建筑信息模型、项目需求书、建筑指标表、建筑信息模型执行计划。

2) 宜具备：属性信息表、工程图纸、模型工程量清单。

（2）模型精细度

1）模型等级：LOD200。

2）阶段用途：专项评审报批、节能初步评估、建筑造价概算[2-8]。

初步设计阶段精细度等级表（表 2-35）[2-7][2-8]。 **表 2-35**

<table>
<tr><th>专业</th><th colspan="2">内容</th><th>几何信息(几何表达精度)</th><th>非几何信息(信息深度等级)</th></tr>
<tr><td rowspan="12">建筑</td><td colspan="2">基本信息</td><td></td><td>(1)项目标识:项目名称、编号、简称等
(2)建设说明:地点、阶段
(3)建设单位及参与方信息;名称、地址、联系方式【N1】</td></tr>
<tr><td colspan="2">技术经济指标</td><td></td><td>建筑总面积、占地总面积、建筑层数、建筑高度、建筑等级、容积率【N1】</td></tr>
<tr><td colspan="2">建筑类别与等级</td><td></td><td>建筑类别、等级;消防类别、等级;人防类别、等级;防水防潮等级【N1】</td></tr>
<tr><td rowspan="3">场地</td><td>基本信息</td><td></td><td>基准坐标、基准高程地理区位、水文地质、气候条件等【N1】</td></tr>
<tr><td>现状</td><td>现状道路铺路、现状停车场路面、用地红线高程、正北坐标、建筑地坪、现状地形等【G2】</td><td>【N2】</td></tr>
<tr><td>新建</td><td>新建道路、路缘及排水沟、新建停车场路面、路肩及排水沟、广场、人行道、室外活动区、室外标志牌、挡土墙、场地桥梁【G2】
种植灌溉、草坪、植物【G1】</td><td>【N2】</td></tr>
<tr><td rowspan="6">主要建筑构件</td><td>建筑外墙</td><td>基层/面层、保温层【G2】</td><td>【N2】</td></tr>
<tr><td>建筑内墙、建筑柱、屋顶、楼地面、散水与明沟、阳台、露台、压顶</td><td>基层/面层【G2】</td><td>【N2】</td></tr>
<tr><td>门窗</td><td>框材/嵌板【G2】</td><td>【N2】</td></tr>
<tr><td>幕墙</td><td>嵌板、主要支撑构件【G2】</td><td>【N2】</td></tr>
<tr><td>楼梯</td><td>梯段/平台/梁【G2】
栏杆【G1】</td><td>梯段/平台/梁【N2】
栏杆【N1】</td></tr>
<tr><td>台阶/坡道</td><td>基层/面层【G2】
栏杆【G1】</td><td>基层/面层【N2】
栏杆【N1】</td></tr>
</table>

续表

专业	内容		几何信息(几何表达精度)	非几何信息(信息深度等级)
建筑	主要建筑构件	栏杆	扶手/栏板/护栏/主要支撑构件【G1】	【N2】
		雨篷	基层/面层/板材/主要支撑构件【G2】	【N2】
		室内构造	基层/面层/嵌板【G2】	【N2】
		其他*	变形缝/室内构造/装饰设备/灯具/家具室内绿化与内庭/地下防水构造/顶棚/运输系统【G1】/【G2】	【N2】
结构	基本信息			【N1】使用年限、抗震设防烈度、抗震等级、设计地震分组、场地类别、结构安全等级、结构体系
	其他说明			【N1】防火、防腐信息；对采用新技术、新材料的做法说明及构造要求，如耐久性要求、保护层厚度等
	宜具备信息			结构荷载信息(风荷载、雪荷载、温度荷载、楼面恒活荷载)
	主体结构构件	结构梁	【G2】	【N1】
		结构板		
		结构柱		
		结构墙		
		基础	独立基础、条形基础、筏板基础、桩基础、承台、挡土墙【G2】	【N1】
			防水台、锚杆【G1】	
给水排水	系统信息			【N1】
	主要设备*	供水设备	【G2】	【N1】
		加热储热设备	【G1】	
		排水设备	【G1】	
		水处理设备		
		消防设备	【G1】/【G2】	
	管道		【G1】	【N1】
	管道附件		【G1】	【N1】
	卫浴装置		【G1】	【N1】

续表

专业	内容		几何信息（几何表达精度）	非几何信息（信息深度等级）
暖通	系统信息		/	【N1】
	主要设备*	冷热源设备	【G2】	【N1】
		水系统设备	【G1】	
		供暖设备		
		通风、除尘及防烟设备		
		空气调节设备		
	风管		【G1】	【N1】
	主要附件*	阀门	【G1】	【N1】
	风管末端	风口	【G1】	【N1】
电气	系统信息		/	【N1】
	配变电所*	布置	【G1】	【N2】
		配电装置	【G2】	
		变压器		
		低压配电装置		
		电力电容装置		
	自备应急电源*		【G2】	【N2】
智能化*	智能化相关工程和设备		【G1】	【N1】
动力系统*	动力系统相关工程和设备		【G1】/【G2】	【N1】/【N2】

注：带*内容详见规范《建筑信息模型设计交付标准》GB/T 51301—2018。

(3) 初步设计阶段具体应用点

初步设计阶段具体应用点如表 2-36 所示。

初步设计阶段具体应用点[2-8] **表 2-36**

模型应用	技术应用点
可视化应用	场地、构件建模还原与模拟，效果表现、虚拟现实等
性能化分析	节能、日照、风环境、热环境等
量化统计	面积明细表统计、指标数据表等
集成调整	管线综合、空间局部优化等

2. 协同工作区

协同平台应划分不同工作区以满足设计过程中项目成果的编辑、共享、审核、发布、归档等要求（表 2-37）。

BIM 模型协同工作区规定 **表 2-37**

工作区划分	对应职能
项目编辑区	编辑区用于对项目 BIM 文件进行编辑
项目共享区	共享区提供满足一定交互条件的共享文件供项目全体成员参考
质量审核区	审核区是项目成果发布前提供质量体系进行审核的区域
成果发布区	发布区是各设计小组文件的公开发布区域，该区域内发布的文件应已完成质量确认
归档区	归档区存放包括编辑区、共享区、审核区以及发布区需归档的内容

3. 文件权限管理

协同平台应规定 BIM 权限分级。为了更加高效地管理项目，各设计人员应确定文件权限，明确工作范围（表 2-38）。

BIM 协同设计文件权限管理示例 **表 2-38**

文件编辑等级	对应具体权限
Ⅰ级	可以在项目文件处于可编辑状态时对项目文件进行编辑工作（如编辑模型中的构件图元、管理模型链接等）
Ⅱ级	Ⅰ级权限基础上还可以查看协同工作记录，对各Ⅰ级工作组锁定或开放编辑权限（如恢复中心文件历史版本，调整协同平台用户操作权限等）
Ⅲ级	Ⅱ级权限基础上还可以创建新项目协同文件或删除现有项目文件，为最高管理权限（设定项目样板，创建新项目文件）

注：工作范围的权限划分应尽量避免重叠，文件架构、用户、任务发生变化时，应及时调整权限。

4. 构件拆分

（1）剪力墙拆分

剪力墙拆分如表 2-39 所示。

剪力墙拆分 **表 2-39**

剪力墙类型	拆分位置	拆分原则	图例示意
墙身	剪力墙墙身	剪力墙墙身区域采用预制，边缘构件不预制	墙身区域 边缘构件区

续表

剪力墙类型	拆分位置	拆分原则	图例示意
墙身+边缘构件	边缘构件区域	预制外墙较短且全部都是窗或者门洞时，预制外墙可与相邻剪力墙的边缘构件一起预制	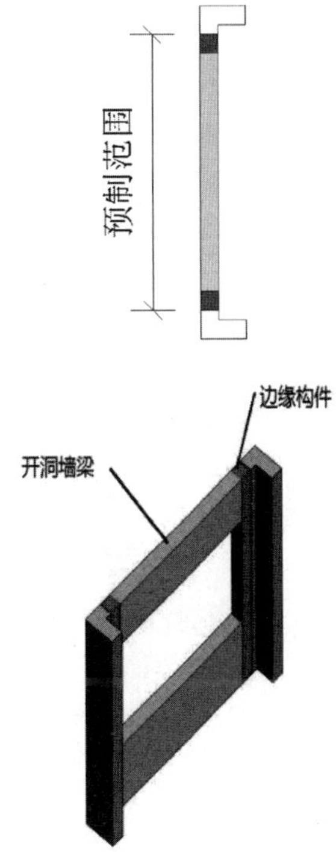
墙身+边缘构件	边缘构件区域	预制墙身太短，剪力墙可以考虑与边缘构件一起预制，减少装配构件个数	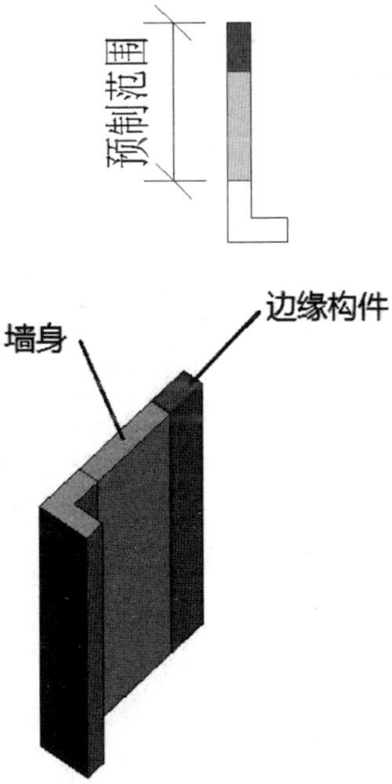

（2）楼板拆分

楼板拆分如表 2-40 所示。

楼板拆分 **表 2-40**

板类型	拼接方式	优缺点	图例示意
单向板	密缝拼接	优点：施工方便，工业化程度高。 缺点：密拼接缝明显	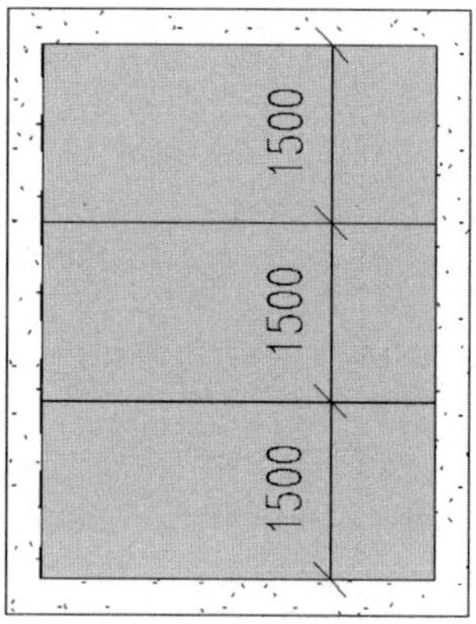 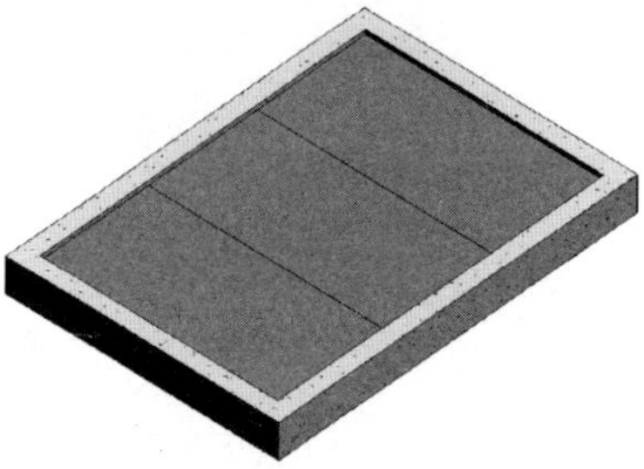 1500 1500 1500
	后浇小接缝 （30～50mm）	优点：工业化程度高，接缝处理较好。 缺点：相较于密拼接缝单向板，施工麻烦	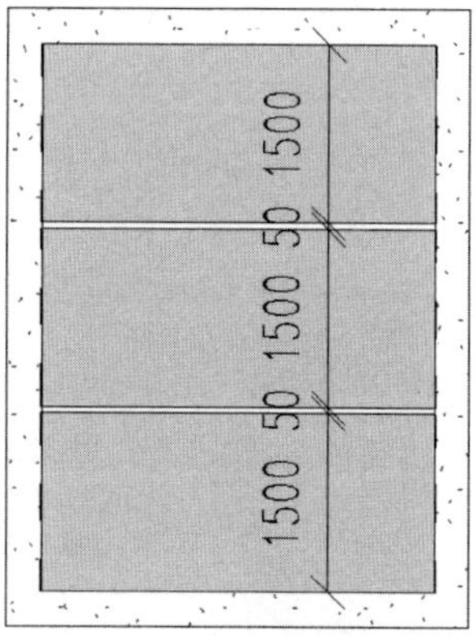  1500 50 1500 50 1500

续表

板类型	拼接方式	优缺点	图例示意
双向板	采用后浇带形式的接缝，后浇带宽度不小于 300mm	优点：拼接接缝不明显。 缺点：相较单向板，施工麻烦，工业化程度低	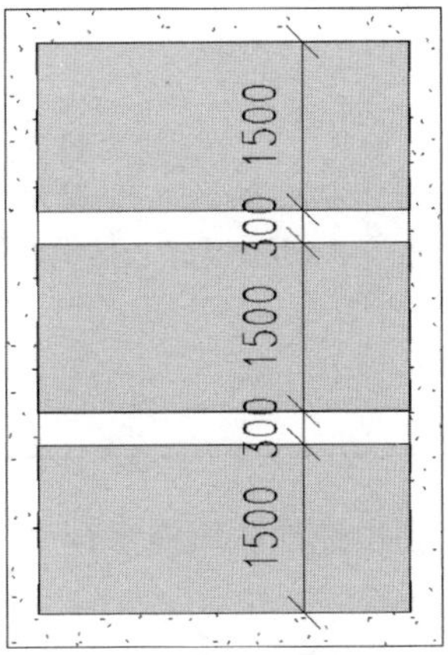  1500 300 1500 300 1500

（3）梁拆分

梁拆分如表 2-41 所示。

梁拆分 **表 2-41**

梁类型	拆分位置	拆分规则	图例示意
单梁拆分	梁端	主梁区域采用预制	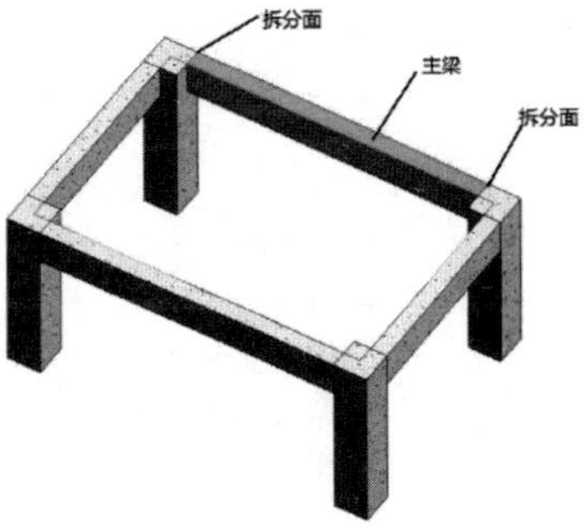 拆分面 主梁 拆分面

续表

<table>
<tr><th>梁类型</th><th>拆分位置</th><th>拆分规则</th><th>图例示意</th></tr>
<tr><td>主次梁拆分</td><td>主次梁交界处</td><td>主次梁交接处，需对主梁进行拆分，主次梁交界区域为现浇区，现浇区长度按主梁底筋搭接长度确定</td><td>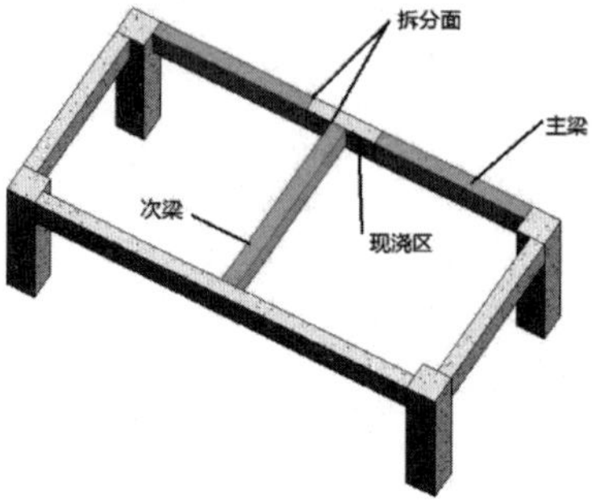</td></tr>
</table>

5. 初步设计阶段模型建立及参数加载操作表

本小节基于方案阶段的模型，继续深化建立初步设计阶段模型，其中列举了初步设计阶段从深化建筑模型→创建结构模型→创建暖通模型/给水排水模型/电气模型的实操流程，包括了各阶段构件的尺寸参数加载方法（表 2-42）。

初步设计阶段模型建立及参数加载的操作表 **表 2-42**

<table>
<tr><th>模型类别</th><th>建立步骤</th><th>图示说明</th></tr>
<tr><td rowspan="3">建筑模型实体（基于方案阶段的建筑模型）</td><td>使用“墙”属性功能，根据命名规则，修改墙命名，并设置墙的基层材质</td><td>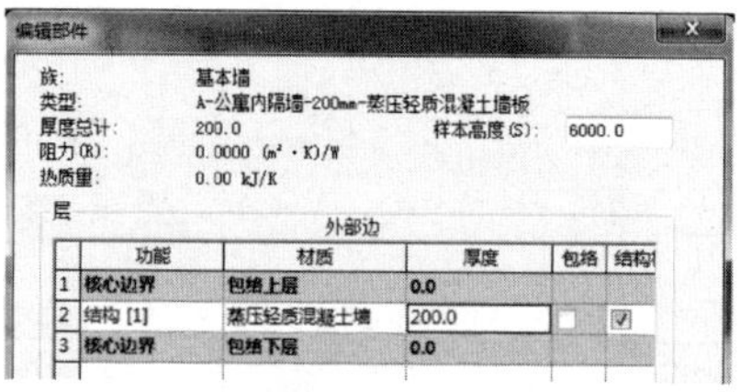</td></tr>
<tr><td>使用“楼板”属性功能，根据上文提到的命名规则，修改楼板命名，并设置楼板的基层材质（楼梯、屋面等命名及材质修改操作步骤相同）</td><td>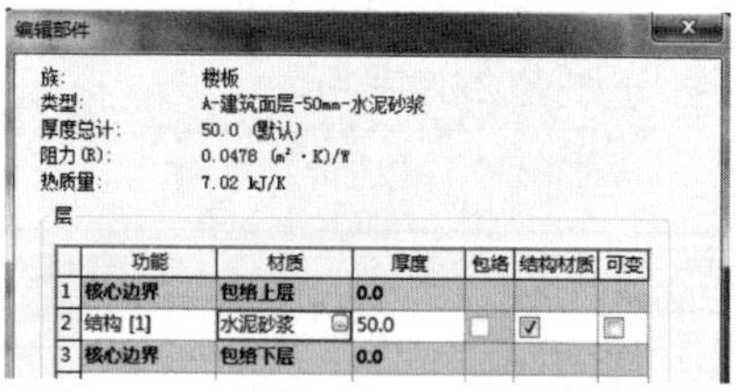</td></tr>
<tr><td>使用“门”属性功能，根据命名规则，修改门命名，并设置楼板的基层材质（窗户命名及材质修改操作步骤相同）</td><td>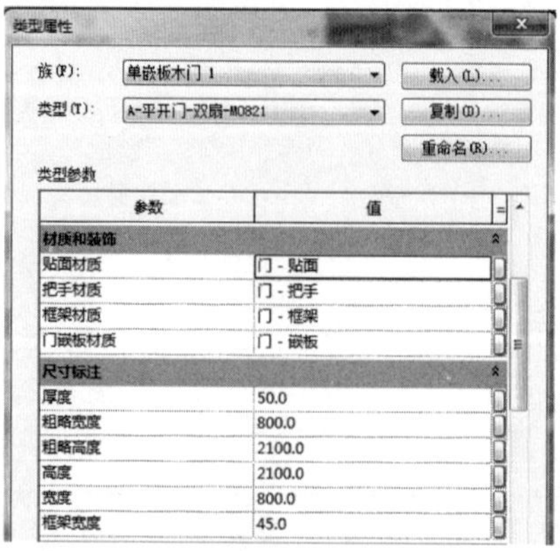</td></tr>
</table>

续表

模型类别	建立步骤	图示说明
建筑模型实体（基于方案阶段的建筑模型）	使用“栏杆”属性功能，根据命名规则，修改栏杆命名	
结构实体（使用结构样板）	使用“基础”功能，放置基础	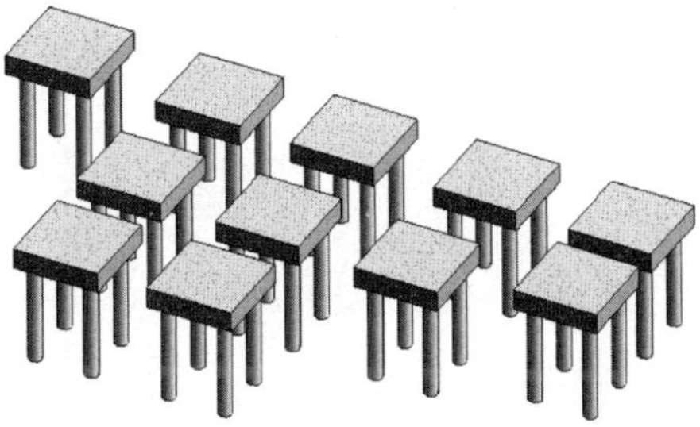
	使用“柱”功能，设置柱子截面尺寸，放置结构柱	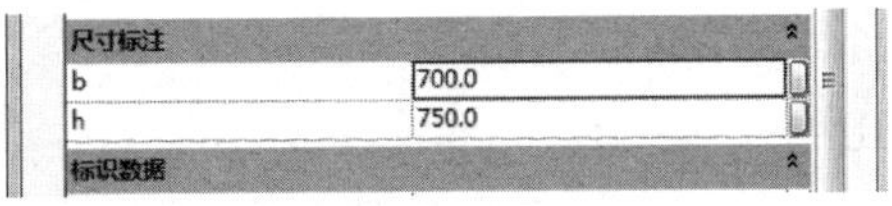 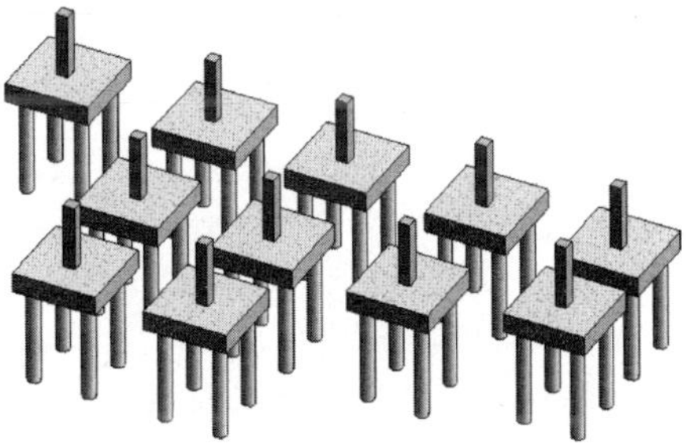
	使用“墙”功能，建立剪力墙模型	

续表

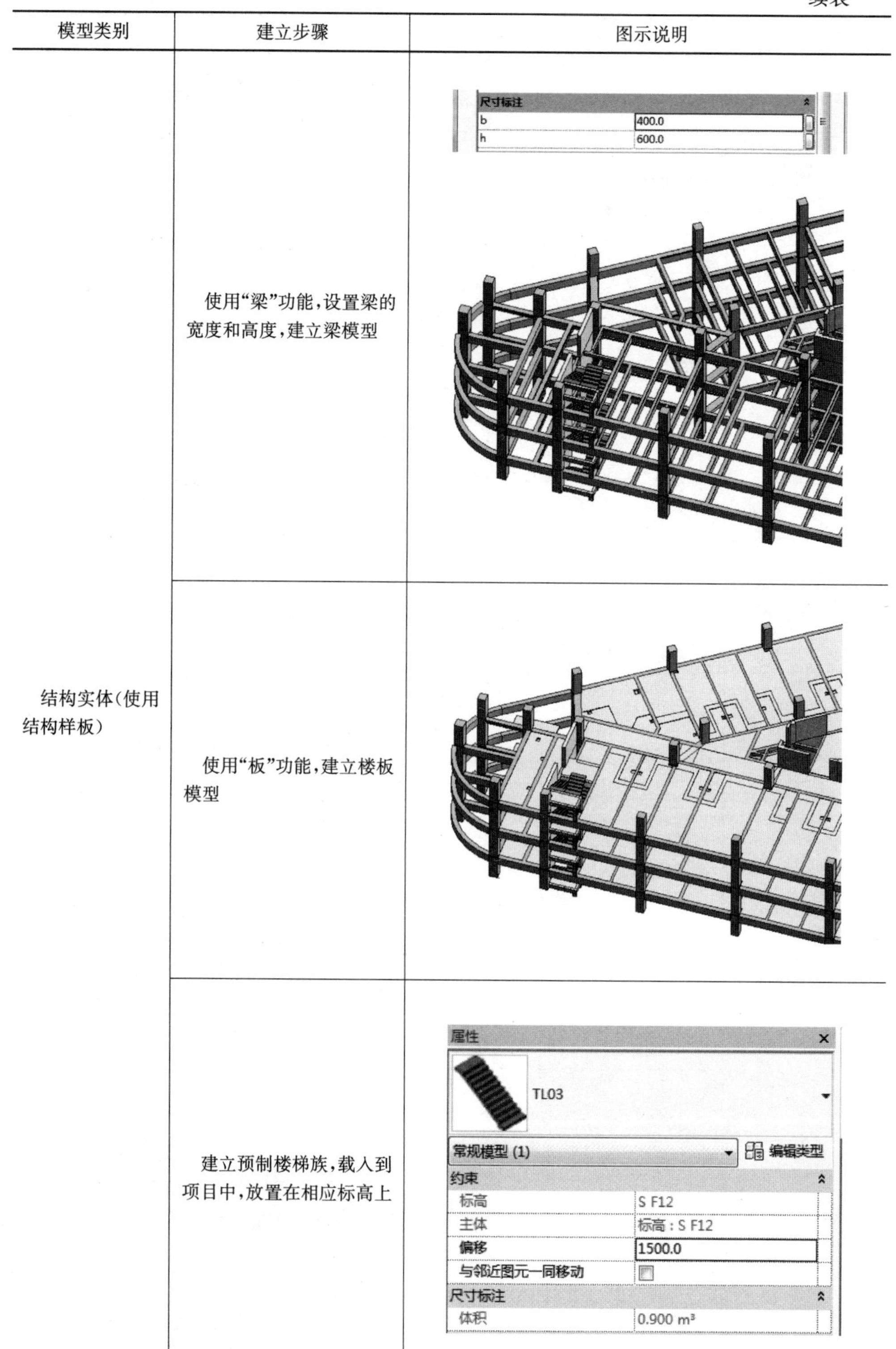

模型类别	建立步骤	图示说明
结构实体（使用结构样板）	使用“梁”功能，设置梁的宽度和高度，建立梁模型	
	使用“板”功能，建立楼板模型	
	建立预制楼梯族，载入到项目中，放置在相应标高上	

续表

模型类别	建立步骤	图示说明
结构实体（使用结构样板）	建立预制楼梯族，载入到项目中，放置在相应标高上	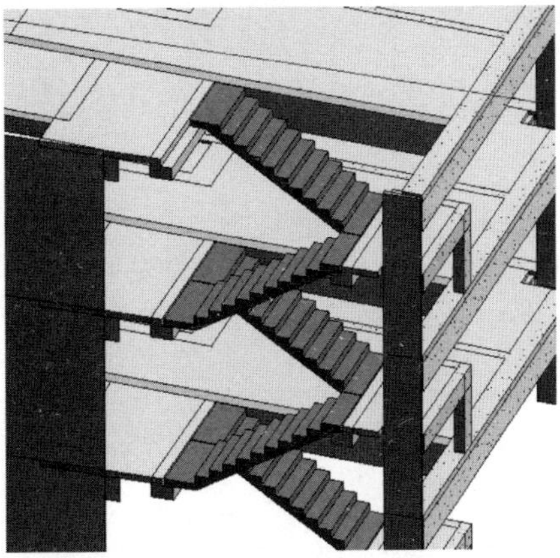
暖通实体模型（使用构造样板）	使用“风管”功能，绘制风管并指定系统	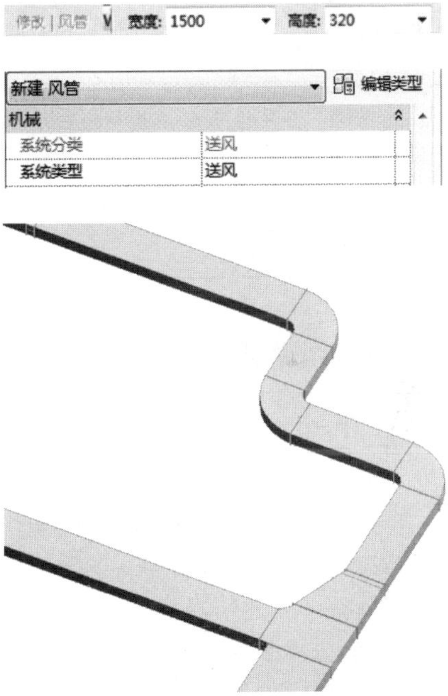
给水排水实体模型（与暖通在一个模型里）	使用“卫浴装置”功能，放置卫生器具	

续表

模型类别	建立步骤	图示说明
给水排水实体模型(与暖通在一个模型里)	使用“管道”功能,建立给水排水管道并指定系统类型	修改 | 管道 直径: 100.0 mm 偏移: 2800.0 mm 机械 系统分类 湿式消防系统 系统类型 湿式消防系统
桥架实体模型(与暖通、给水排水在一个模型里)	使用“电缆桥架”功能,建立强电、弱电、智能化相关桥架	修改 | 电缆桥架 宽度: 400 mm 高度: 150 mm 偏移: 3100.0 mm

2.4.3 施工图设计阶段

1. 建立施工图设计阶段模型

(1) 交付物类别[2-7]

1) 应具备:建筑信息模型,工程图纸,项目需求书,建筑信息模型执行计划,建筑指标表,模型工程量清单。

2) 宜具备:属性信息表。

(2) 模型精细度

模型等级:LOD300。

阶段用途:建筑工程施工许可、施工准备、施工招投标计划、工程预算(表 2-43)[2-8]。

施工图设计阶段模型精细度等级表[2-7][2-8] **表 2-43**

专业	内容	几何信息(几何表达精度)	非几何信息(信息深度等级)
建筑	基本信息		(1)项目标识:项目名称、编号、简称等 (2)建设说明:地点、阶段 (3)建设单位及参与方信息:名称、地址、联系方式【N1】

续表

专业	内容		几何信息(几何表达精度)	非几何信息(信息深度等级)
建筑	技术经济指标			建筑总面积、占地总面积、建筑层数、建筑高度、建筑等级、容积率【N1】
	建筑类别与等级			建筑类别、等级;消防类别、等级;人防类别、等级;防水防潮等级【N1】
	场地	基本信息		基准坐标、基准高程地理区位、水文地质、气候条件等【N1】
		现状	现状道路铺路、现状停车场路面、用地红线高程、正北坐标、建筑地坪、现状地形【G2】。 道路及停车场附件、照明、车辆收费系统、外部停车控制设备【G1】	【N3】
		新建	新建道路、路缘及排水沟、新建停车场路面、路肩及排水沟、广场、人行道及附属设施、室外活动区、室外标志牌、挡土墙、场地桥梁、种植配件【G3】景观配件【G2】。 道路及停车场附件、照明、车辆收费系统、外部停车控制设备、种植灌溉、草坪、植物、园林景观附属物【G1】。 场地附属设施*【G1】/【G2】/【G3】	【N3】
	主要建筑构件	建筑外墙	基层/面层【G3】。 保温层【G2】。 其他构造层、配筋、安装构件、密封材料【G1】	【N3】
		建筑内墙	基层/面层【G3】。 保温层【G2】。 其他构造层、配筋、安装构件、密封材料【G1】	【N3】
		门窗	框材/嵌板【G2】。 通风百叶/观察窗、把手、安装构件【G1】	【N3】

续表

专业	内容		几何信息(几何表达精度)	非几何信息(信息深度等级)
建筑	主要建筑构件	屋顶	基层/面层【G3】。 保温层【G2】。 防水层、保护层、檐口、配筋、安装构件、密封材料【G1】	【N3】
		楼地面	基层/面层【G3】。 保温层、防水层【G2】。 配筋、安装构件【G1】	【N3】
		幕墙	嵌板【G3】。 主要支撑构件【G2】。 支撑构配件、密封材料、安装构件【G1】	【N3】
		楼梯	梯段/平台/梁【G3】。 栏杆【G2】。 防滑条、配筋、安装构件【G1】	【N3】
		台阶/坡道	基层/面层【G3】。 栏杆、其他构造层【G2】。 防滑条、配筋、安装构件、密封材料【G1】	【N3】
		散水与明沟	基层/面层【G3】。 其他构造层【G2】。 配筋、安装构件【G1】	【N3】
		栏杆	扶手/栏板/护栏【G3】。 主要支撑构件【G2】。 支撑构件配件、安装构件、密封材料【G1】	【N3】
		雨篷	基层/面层/板材【G3】。 主要支撑构件【G2】。 支撑构件配件、安装构件、密封材料【G1】	【N3】
		阳台、露台、压顶	基层/面层/板材【G3】。 主要支撑构件【G2】。 支撑构件配件、安装构件、密封材料【G1】	【N3】
		其他*	变形缝/室内构造/装饰设备/灯具/家具室内绿化与内庭/地下防水构造/顶棚/运输系统【G1】/【G2】/【G3】	【N3】

续表

<table>
<tr><th>专业</th><th colspan="2">内容</th><th>几何信息(几何表达精度)</th><th>非几何信息(信息深度等级)</th></tr>
<tr><td rowspan="8">结构</td><td colspan="2">基本信息</td><td></td><td>【N1】使用年限、抗震设防烈度、抗震等级、设计地震分组、场地类别、结构安全等级、结构体系</td></tr>
<tr><td colspan="2">其他说明</td><td></td><td>【N1】防火、防腐信息；对采用新技术、新材料的做法说明及构造要求，如耐久性要求、保护层厚度等</td></tr>
<tr><td colspan="2">宜具备信息</td><td></td><td>【N1】结构荷载信息(风荷载、雪荷载、温度荷载、楼面恒活荷载)</td></tr>
<tr><td rowspan="5">主体结构构件</td><td>结构梁</td><td rowspan="4">【G2】</td><td rowspan="4">【N2】</td></tr>
<tr><td>结构板</td></tr>
<tr><td>结构柱</td></tr>
<tr><td>结构墙</td></tr>
<tr><td>基础</td><td>独立基础、条形基础、筏板基础、桩基础、承台、挡土墙、防水台、锚杆</td><td>【N2】</td></tr>
<tr><td rowspan="10">给水排水</td><td colspan="2">系统信息</td><td></td><td>【N2】</td></tr>
<tr><td rowspan="5">主要设备*</td><td>供水设备</td><td>【G2】</td><td rowspan="5">【N2】</td></tr>
<tr><td>加热储热设备</td><td>【G1】/【G2】</td></tr>
<tr><td>排水设备</td><td>【G1】</td></tr>
<tr><td>水处理设备</td><td>【G1】</td></tr>
<tr><td>消防设备</td><td>【G1】/【G2】</td></tr>
<tr><td colspan="2">管道</td><td>【G2】</td><td>【N1】</td></tr>
<tr><td colspan="2">管道附件*</td><td>【G2】</td><td>【N1】</td></tr>
<tr><td colspan="2">卫浴装置</td><td>【G2】</td><td>【N2】</td></tr>
<tr><td colspan="2">构筑物</td><td>【G2】</td><td>【N2】</td></tr>
<tr><td rowspan="7">暖通</td><td colspan="2">系统信息</td><td></td><td>【N2】</td></tr>
<tr><td rowspan="5">主要设备*</td><td>冷热源设备</td><td>【G2】</td><td rowspan="5">【N2】</td></tr>
<tr><td>水系统设备</td><td rowspan="4">【G2】</td></tr>
<tr><td>供暖设备</td></tr>
<tr><td>通风、除尘及防烟设备</td></tr>
<tr><td>空气调节设备</td></tr>
<tr><td colspan="2">风管</td><td>【G2】</td><td>【N2】</td></tr>
</table>

续表

专业	内容		几何信息(几何表达精度)	非几何信息(信息深度等级)
暖通	主要附件*	阀门	【G2】	【N2】
	风管末端	风口	【G2】	【N2】
电气	系统信息			【N2】
	配变电所	布置	【G1】	【N2】
		配电装置	【G2】	
		变压器		
		低压配电装置		
		电力电容装置		
	自备应急电源*/低压配电*/电气照明*/建筑物防雷、接地和特殊场所的安全防护*		【G2】	【N2】
	配电线路及管路敷设		线槽布线、电缆桥架布线、封闭式母线布线、电线电缆配线管≥D70【G2】。 电线电缆配线管≤D50、电缆电线敷设器材、支吊架	【N2】
智能化*	智能化相关工程和设备		【G1】	【N1】
动力系统*	动力系统相关工程和设备		【G1】/【G2】	【N1】/【N2】

注：带 * 内容详见规范《建筑信息模型设计交付标准》GB/T 51301—2018。

(3) 施工图设计阶段具体应用点

施工图设计阶段具体应用点如表 2-44 所示。

施工图设计阶段具体应用点[2-8] **表 2-44**

模型应用	技术应用点
可视化应用	场地、构件建模还原与模拟，效果表现、虚拟现实等
性能化分析	节能、日照、风环境、光环境、声环境、热环境、交通疏散、抗震等
量化统计	面积明细表统计、材料设备清单统计表、指标数据表等
集成调整	碰撞检测、管线综合、空间局部优化等

2. 模型综合设计

现阶段建筑、结构、机电各专业图纸分开设计，管线及其支吊架错综复杂，管线相互碰撞无法安装的情况时有发生。施工中常常出现安装不规范、返工浪费、使用不便、观感较差等现象。在施工图阶段利用 BIM 进行模型综合深化，相比二维软件能更直观、高效地对各专业管线进行合理排布，达到节省层高，减少翻弯，降低成本，提高观感的目的。

(1) 模型综合设计步骤及注意事项

模型综合设计步骤及注意事项如表 2-45 所示。

模型综合设计步骤及注意事项 **表 2-45**

序号	深化步骤	注意事项	提交成果	示例
1	总结图面问题，接收设计反馈，修改初设阶段模型	及时提交并接收反馈，为管线综合做好准备	图面问题报告	问题1：风管缺尺寸 基本信息 问题编号 JD-D-01 发起时间 2019-09 问题分析 问题位置 地下一层 1-2/J-L 问题性质 图纸完整性 问题分类 暖通 图纸编号 暖施-68-0 问题描述 图示位置风管无标注。 优化建议 请设计师核对 平面图 （此处插入问题位置图纸截图） 设计回复
2	(1)按管线综合基本原则进行管线综合深化，进行管线水平竖向定位方案比较，选定最合理方案； (2)根据问题反馈修改模型，校核方案可行性	(1)管线综合深化时要综合考虑管线安装操作空间、支吊架空间、施工顺序、检修放线空间以及分期安装设备管线的预留空间； (2)重点难点区域需会同设计施工等各相关方协商解决方案，确保方案合理性	(1)管线综合分析报告； (2)调整征询报告	问题5：地下一层机电碰撞及调整建议 基本信息 问题编号 M-05 发起时间 2019-05 建模依据 图纸版本 施工图 图纸编号 地下一层各专业图纸(I) 问题分析 问题位置 (I-2~I-4)/(I-E~I-H) 问题性质 冲突碰撞 问题分类 喷淋、风管、柱帽 核查项目 喷淋、桥架与暖通的碰撞 问题描述 喷淋风管与柱帽碰撞。 截图 优化建议 调整风管，避开柱帽，喷淋主管翻弯避让。 修改后截图 设计回复
3	预留预埋定位，导出图纸，指导预留预埋	需报结构专业审核穿梁套管的设置是否满足结构规范	预留预埋套管图纸	FA EA 防水套管 159 CL=-800 防水套管 159 CL=-800 防水套管 159 CL=-800 防水套管 114 CL=-800 防水套管 159 CL=-800 3850 300 5300 300 530

续表

序号	深化步骤	注意事项	提交成果	示例
4	导出管线综合平面图、各专业分平面图、剖面图、大样图及三维示意图	标注至少包含系统类型，尺寸、标高	管线综合图纸	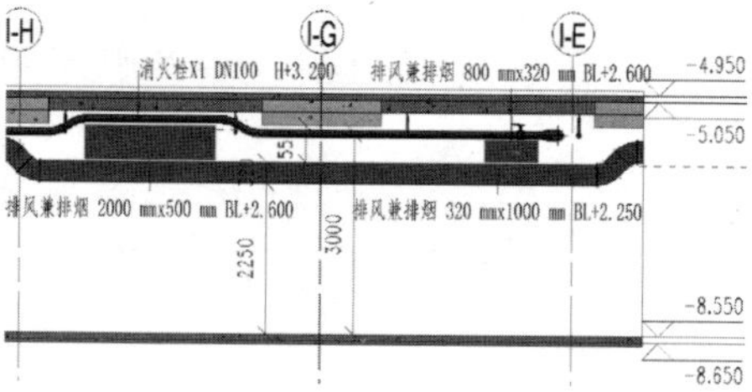
5	提供深化后模型，指导施工，为后期的运维管理提供数据基础。并可根据需要为各参与方提供可视化、信息化的协同平台，促进信息共享	可根据需要提供轻量化模型	模型及轻量化模型	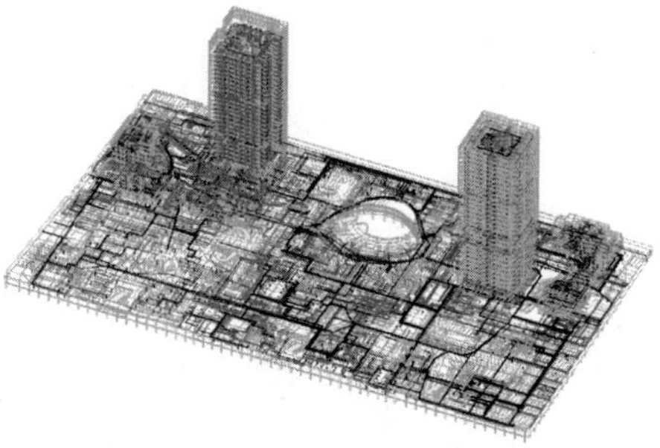

(2) 模型综合设计基本原则

模型综合深化要满足设计及施工规范，同时要满足使用要求，兼顾施工方便、节省成本及美观性。所以一般要求遵守以下基本原则，但特殊情况要根据实际状况综合考虑，灵活应用基本原则，不需硬套原则（表 2-46）。

机电管线综合深化基本原则[2-10] **表 2-46**

序号	基本原则	考虑因素	示例
1	预留支吊架空间、安装操作空间、检修空间	安装使用方便	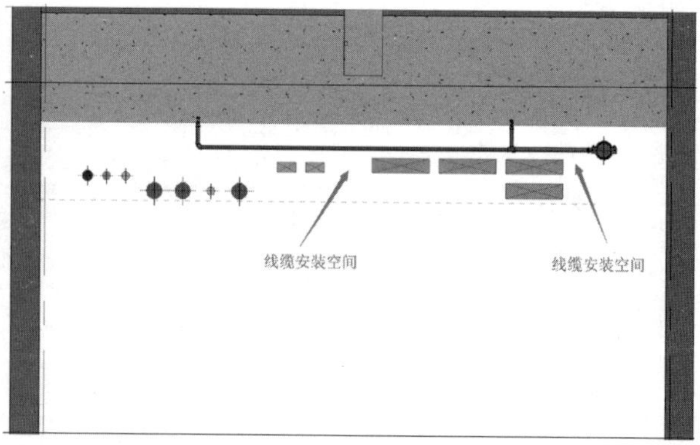

续表

序号	基本原则	考虑因素	示例
2	水管避让风管、小管避让大管、有压管避让无压管、低压管避让高压管、金属管避让非金属管、附件少的管道避让附件多的管道、常温管避让高温低温管道	节约成本及施工规范要求	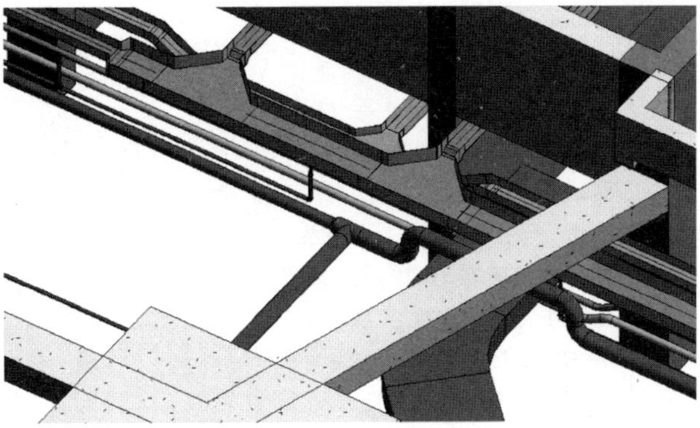
3	各种管线在同一处布置时，应尽可能做到呈直线、互相平行、不交错，紧凑安装，干管上引出的支管尽量从上方(或下方)安装，高度、方位尽量保持一致	节约成本及美观性	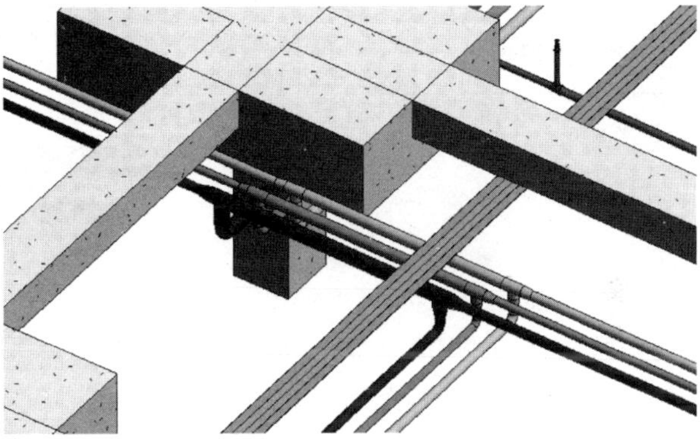
4	穿梁管道的套管设置需满足结构规范要求	安全性	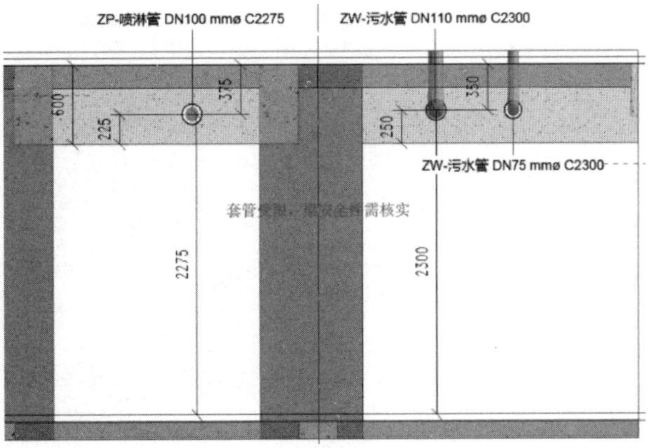 ZP-喷淋管 DN100 mmø C2275 ZW-污水管 DN110 mmø C2300 ZW-污水管 DN75 mmø C2300 600　375　225　250　350　2275　2300

续表

序号	基本原则	考虑因素	示例
5	设计无特殊说明的桥架，其上方最少要预留100mm放线及盖板空间，通信桥架与其他桥架水平间距尽量不小于300mm，垂直间距宜不小于300mm；桥架不宜布置在水管正下方及热水管线、蒸气管线正上方；由变电所出至各主要分区的电力干线桥架，由进线机房出至各主要分区的智能干线桥架，应优先布置，大尺寸桥架应尽量减少翻弯	安装方便、防干扰、防止漏电事故	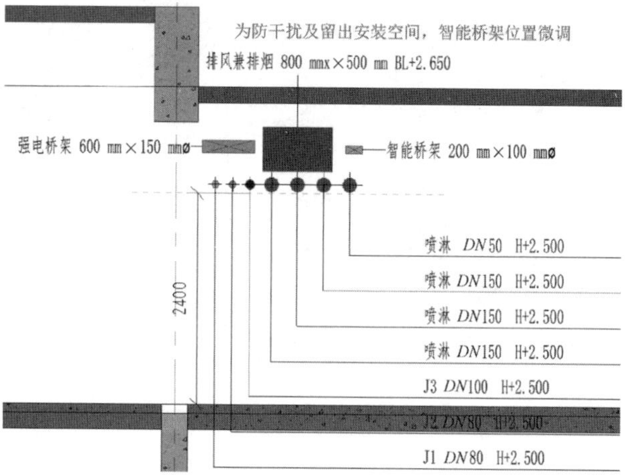
6	排烟风口应位于储烟仓内且风口底烟层厚度满足设计要求	规范要求	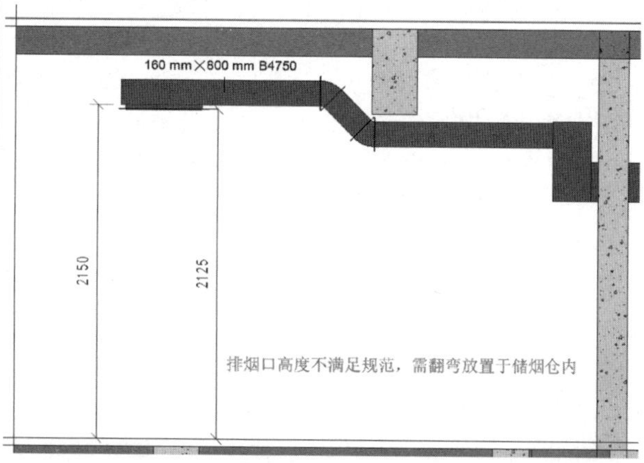
7	管线遇卷帘门尽量绕行，如需穿越卷帘门上方，应预留出合理的空间	规范要求	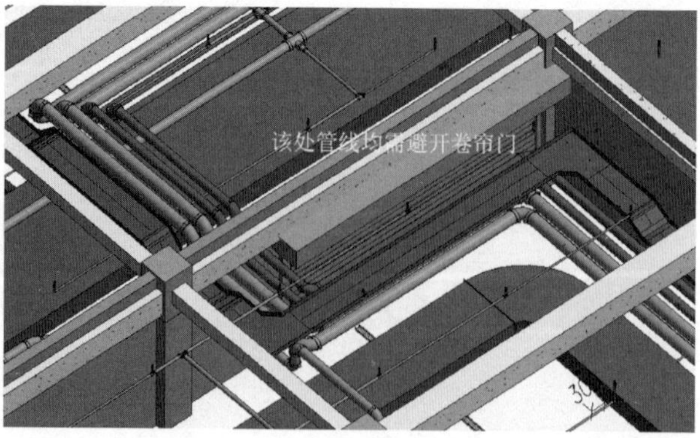

续表

序号	基本原则	考虑因素	示例
8	喷头、电气、风口点位宜与装修设计点位一致	美观性	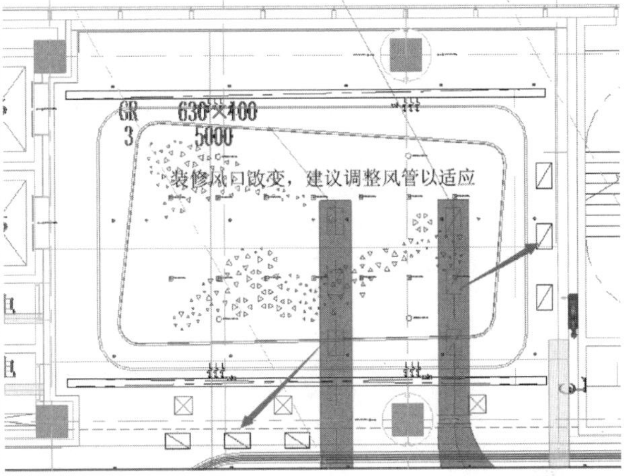
9	给水与污水管路间距需满足规范要求。给水排水管道不应穿越变配电房、电梯机房、通信机房等	规范要求	

3. 建筑空间净高分析

建筑中空间较低或较狭窄的区域、管线较密集的区域，以及管道进出管道井、进出机房的区域等，极容易出现净高不足的情况，如果在土建基本完成，安装施工过程中才发现问题，可能最优调整方案已无条件实施，甚至需要返工，所以有必要在设计阶段应用 BIM 进行净高分析，尽早发现问题，便于设计师及时调整设计（表 2-47）。

4. 生成施工图

为满足施工的具体要求，将建筑、结构、暖通、给水排水、电气等专业编制成完整的可供进行施工和安装的设计文件，包含完整反映建筑物整体及各细部构造和结构的图样（表 2-48、表 2-49）。

建筑空间净高分析步骤及注意事项[2-11]　表 2-47

<table>
<tr><th>序号</th><th>分析步骤</th><th>注意事项</th><th>示例</th></tr>
<tr><td>1</td><td>了解净高要求</td><td>(1)收集各建筑空间的使用净高要求；
(2)查找各建筑空间的规范净高要求</td><td> 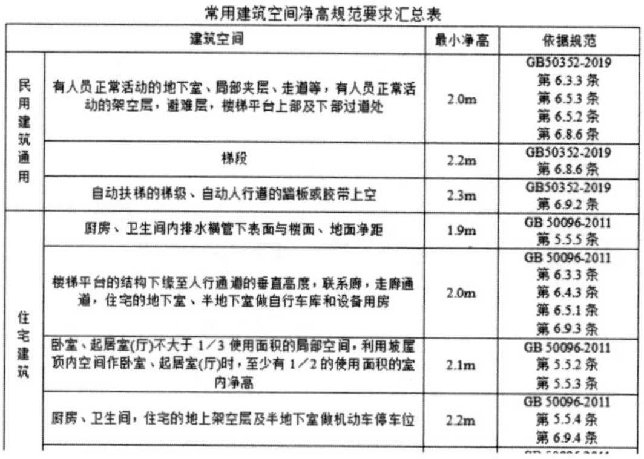常用建筑空间净高规范要求汇总表
<table>
<tr><th colspan="2">建筑空间</th><th>最小净高</th><th>依据规范</th></tr>
<tr><td rowspan="3">民用建筑通用</td><td>有人员正常活动的地下室、局部夹层、走道等，有人员正常活动的架空层，避难层，楼梯平台上部及下部过道处</td><td>2.0m</td><td>GB50352-2019
第 6.3.3 条
第 6.5.3 条
第 6.5.2 条
第 6.8.6 条</td></tr>
<tr><td>梯段</td><td>2.2m</td><td>GB50352-2019
第 6.8.6 条</td></tr>
<tr><td>自动扶梯的梯级、自动人行道的踏板或胶带上空</td><td>2.3m</td><td>GB50352-2019
第 6.9.2 条</td></tr>
<tr><td rowspan="4">住宅建筑</td><td>厨房、卫生间内排水横管下表面与楼面、地面净距</td><td>1.9m</td><td>GB 50096-2011
第 5.5.5 条</td></tr>
<tr><td>楼梯平台的结构下缘至人行通道的垂直高度，联系廊，走廊通道，住宅的地下室、半地下室做自行车库和设备用房</td><td>2.0m</td><td>GB 50096-2011
第 6.3.3 条
第 6.4.3 条
第 6.5.1 条
第 6.9.3 条</td></tr>
<tr><td>卧室、起居室(厅)不大于 1／3 使用面积的局部空间，利用坡屋顶内空间作卧室、起居室(厅)时，至少有 1／2 的使用面积的室内净高</td><td>2.1m</td><td>GB 50096-2011
第 5.5.2 条
第 5.5.3 条</td></tr>
<tr><td>厨房、卫生间，住宅的地上架空层及半地下室做机动车停车位</td><td>2.2m</td><td>GB 50096-2011
第 5.5.4 条
第 6.9.4 条</td></tr>
</table></td></tr>
<tr><td>2</td><td>利用机电管线综合深化后的模型进行净高分析：①利用插件初步分析；②利用三维视图及剖面视图复核</td><td>(1)室内净高应按楼地面完成面至吊顶、楼板、梁底面或机电设备及支吊架底面之间的垂直距离计算；
(2)集中设备用房的走道、风管进出风机房处、有过长的重力管道处、上层有集水坑处、防火卷帘处、楼梯间、管廊等位置需重点分析</td><td> 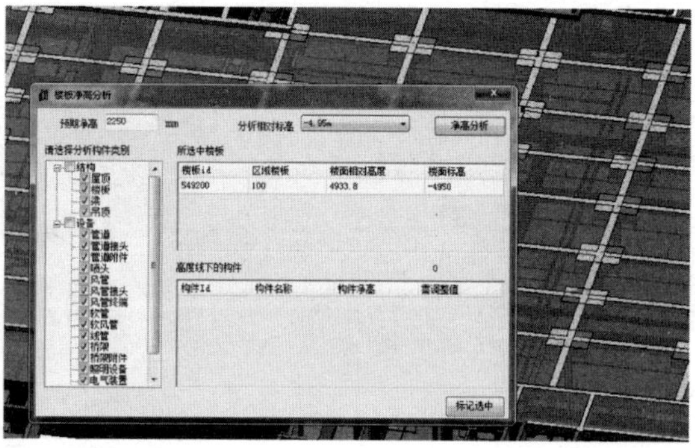</td></tr>
<tr><td>3</td><td>生成净高分析图</td><td>(1)对各功能区进行填充及净高标示；
(2)标示要对应净高分析报告中的表格编号</td><td>2.85m—表8　地下一层净高分析图　2.2m—表9　2.25m—表10　2.2m—表11</td></tr>
</table>

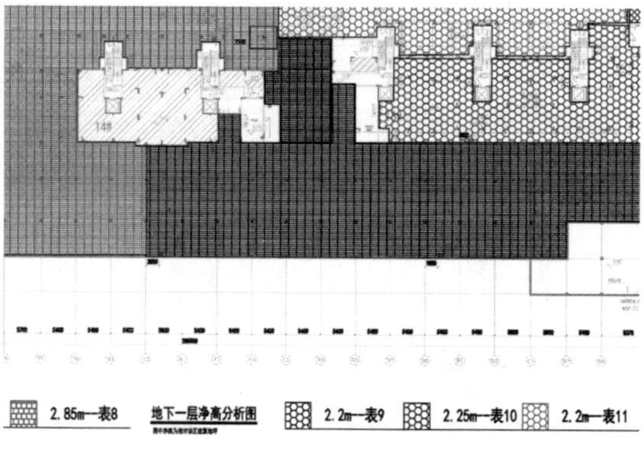

续表

序号	分析步骤	注意事项	示例
4	生成净高分析报告	报告中关于各标示区的报表需至少包含： (1)分析区域的填充截图，便于查找净高分析图相应位置； (2)分析区域内最低净高位置的综合平面图、三维图、剖面图	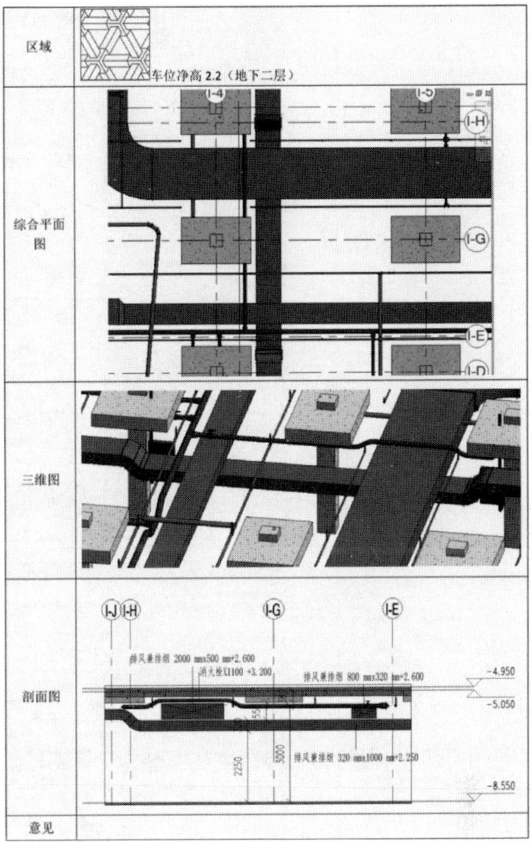 区域：车位净高 2.2（地下二层） 综合平面图 三维图 剖面图 意见
5	接收设计反馈，按意见修改模型	核实调整方案可行性，是否满足净高要求。如不满足，重复第三、四步	

BIM 生成施工图应用表[2-8] **表 2-48**

	优势	注意点
BIM 生成施工图	(1)二维图纸基于模型，模型修改，图纸自动修改，保证一致性和准确性； (2)图纸直观，复杂节点可在二维图纸中附上三维模型； (3)与其他专业协同，模型图纸应实时更新，避免修改错漏	(1)施工图的生成应基于模型，图纸的提交内容应与模型成果保持一致。图纸中有设计内容修改时，应先修改模型再生成图纸； (2)对于设计内容不易通过二维图纸清晰表达的情况，宜在二维图纸上附模型视图，所附模型视图与二维图纸表达不应有冲突； (3)BIM 生成的二维图纸中文字、线型、线宽、符号、图例、标注等应符合国家相关制图标准

BIM 生成施工图操作表　　表 2-49

操作步骤	图示说明
1. 选择导出文件格式	
2. 设置导出 CAD 文件时各模型类别所属的图层	
3. 设置导出的 CAD 文件名以及文件类型	

5. 施工图设计阶段模型建立及参数加载的操作表

本小节基于初步设计阶段的模型，继续细化模型中构件尺寸，同时添加构件相关信息。其中，列举了施工图设计阶段建筑、结构专业添加材质信息、细部尺寸的方法，以及暖通、给水排水专业和电气专业添加设备，并将管道与设备连接的操作（表 2-50）。

施工图设计阶段模型建立及参数加载的操作表　　表 2-50

模型类别	建立步骤	图示说明
结构实体模型	使用“柱”属性功能，根据命名规则，修改结构柱的命名，设定材质	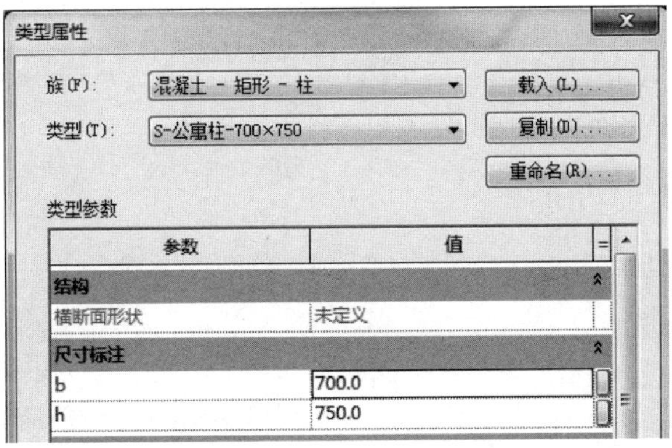 类型属性 族(F): 混凝土 - 矩形 - 柱　载入(L)... 类型(T): S-公寓柱-700×750　复制(D)... 重命名(R)... 类型参数 参数 / 值 结构 横断面形状　未定义 尺寸标注 b　700.0 h　750.0 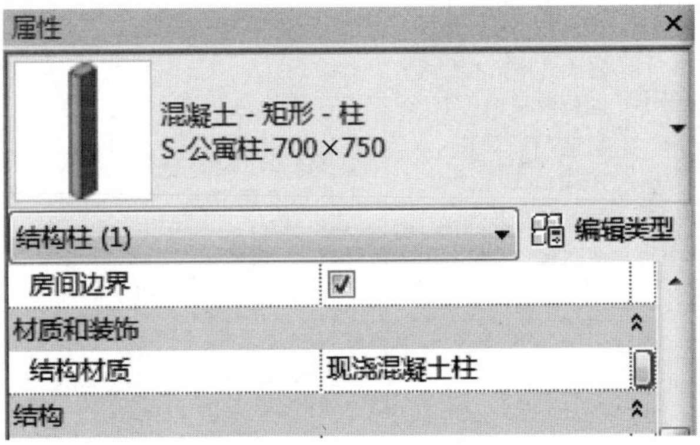 属性 混凝土 - 矩形 - 柱 S-公寓柱-700×750 结构柱 (1)　编辑类型 房间边界 材质和装饰 结构材质　现浇混凝土柱 结构
	使用“梁”属性功能，根据命名规则，修改结构梁的命名，设定材质，区分“预制梁”和“现浇梁”，并在初步设计模型的基础上修改，绘制预制梁	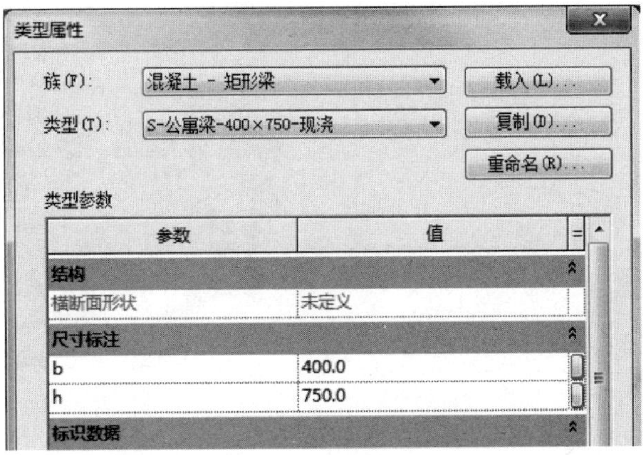 类型属性 族(F): 混凝土 - 矩形梁　载入(L)... 类型(T): S-公寓梁-400×750-现浇　复制(D)... 重命名(R)... 类型参数 参数 / 值 结构 横断面形状　未定义 尺寸标注 b　400.0 h　750.0 标识数据

续表

模型类别	建立步骤	图示说明
结构实体模型	使用“梁”属性功能，根据命名规则，修改结构梁的命名，设定材质，区分“预制梁”和“现浇梁”，并在初步设计模型的基础上修改，绘制预制梁	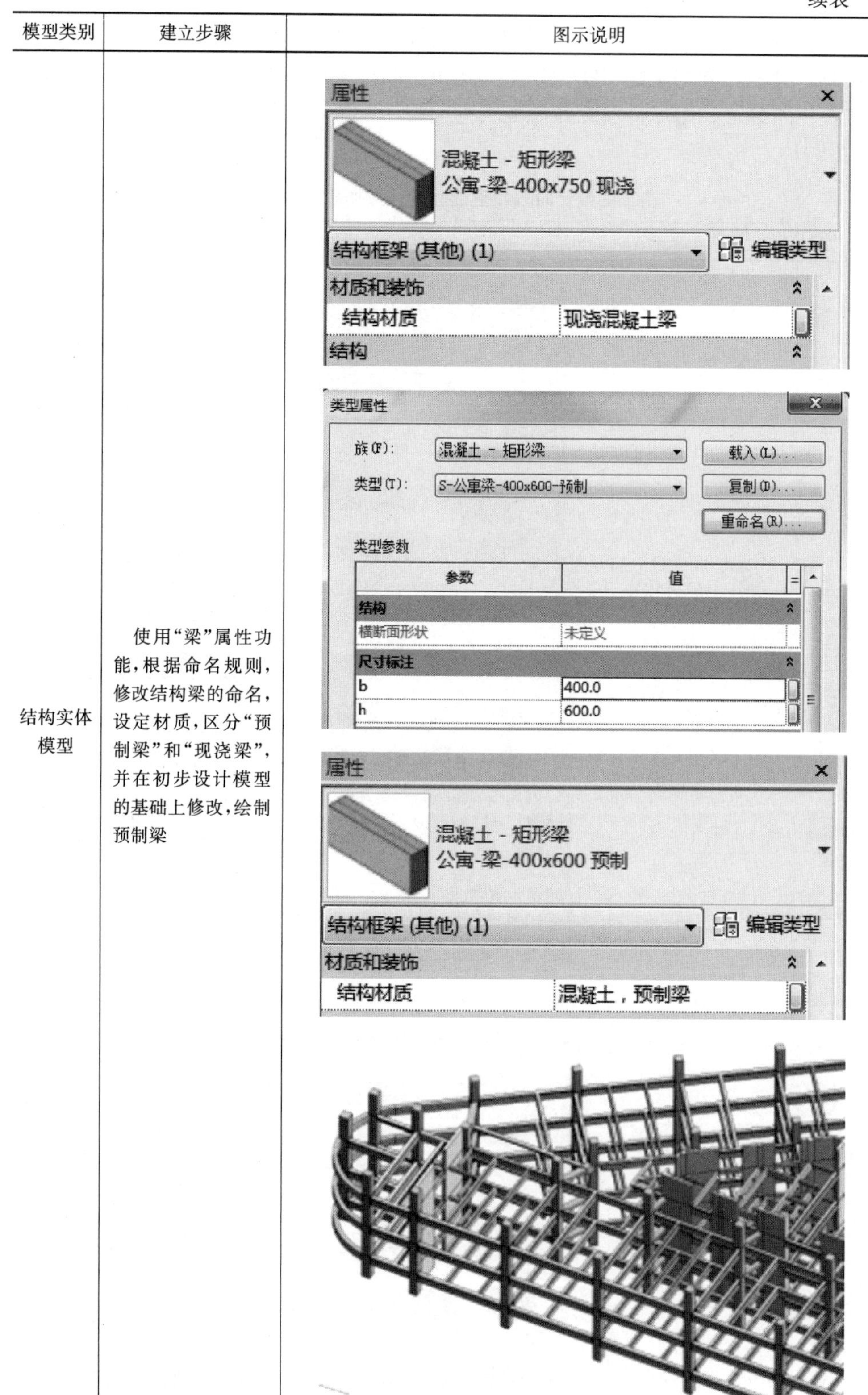

续表

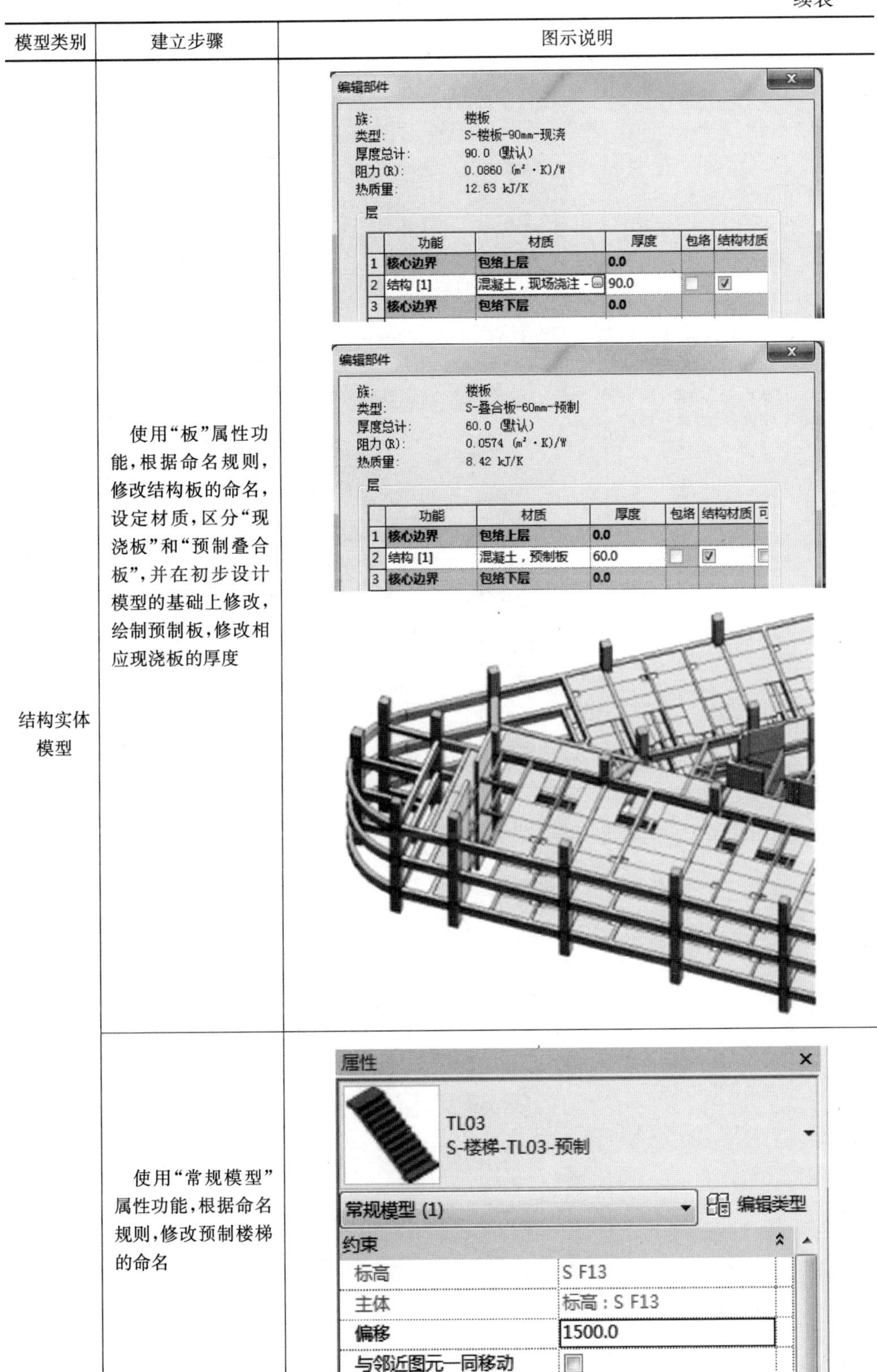

模型类别	建立步骤	图示说明
结构实体模型	使用“板”属性功能，根据命名规则，修改结构板的命名，设定材质，区分“现浇板”和“预制叠合板”，并在初步设计模型的基础上修改，绘制预制板，修改相应现浇板的厚度	
	使用“常规模型”属性功能，根据命名规则，修改预制楼梯的命名	

续表

模型类别	建立步骤	图示说明
暖通实体模型	根据命名规则，修改风管命名，同时使用“风管附件”或“机械设备”功能，放置暖通设备，并与风管连接	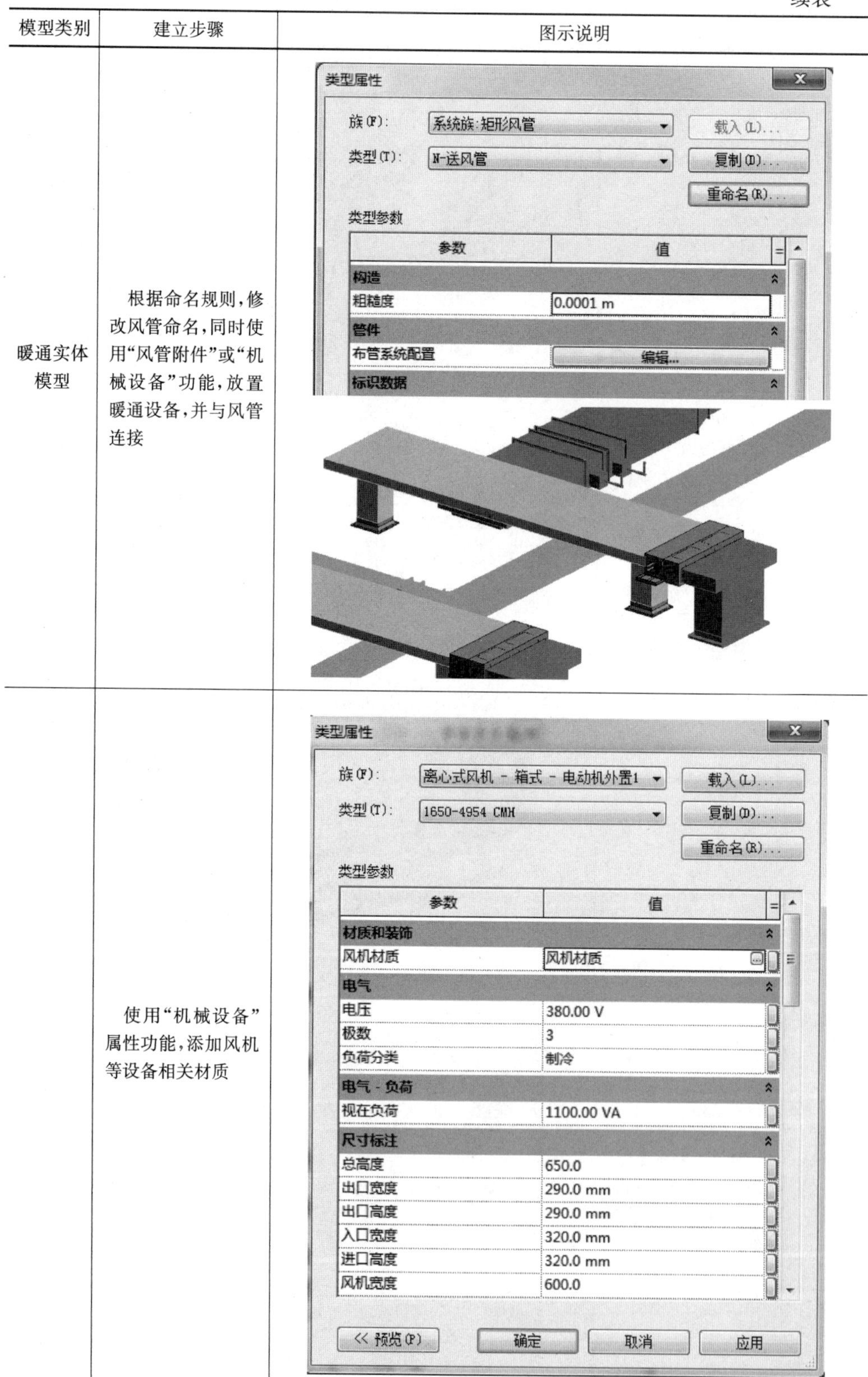
	使用“机械设备”属性功能，添加风机等设备相关材质	

续表

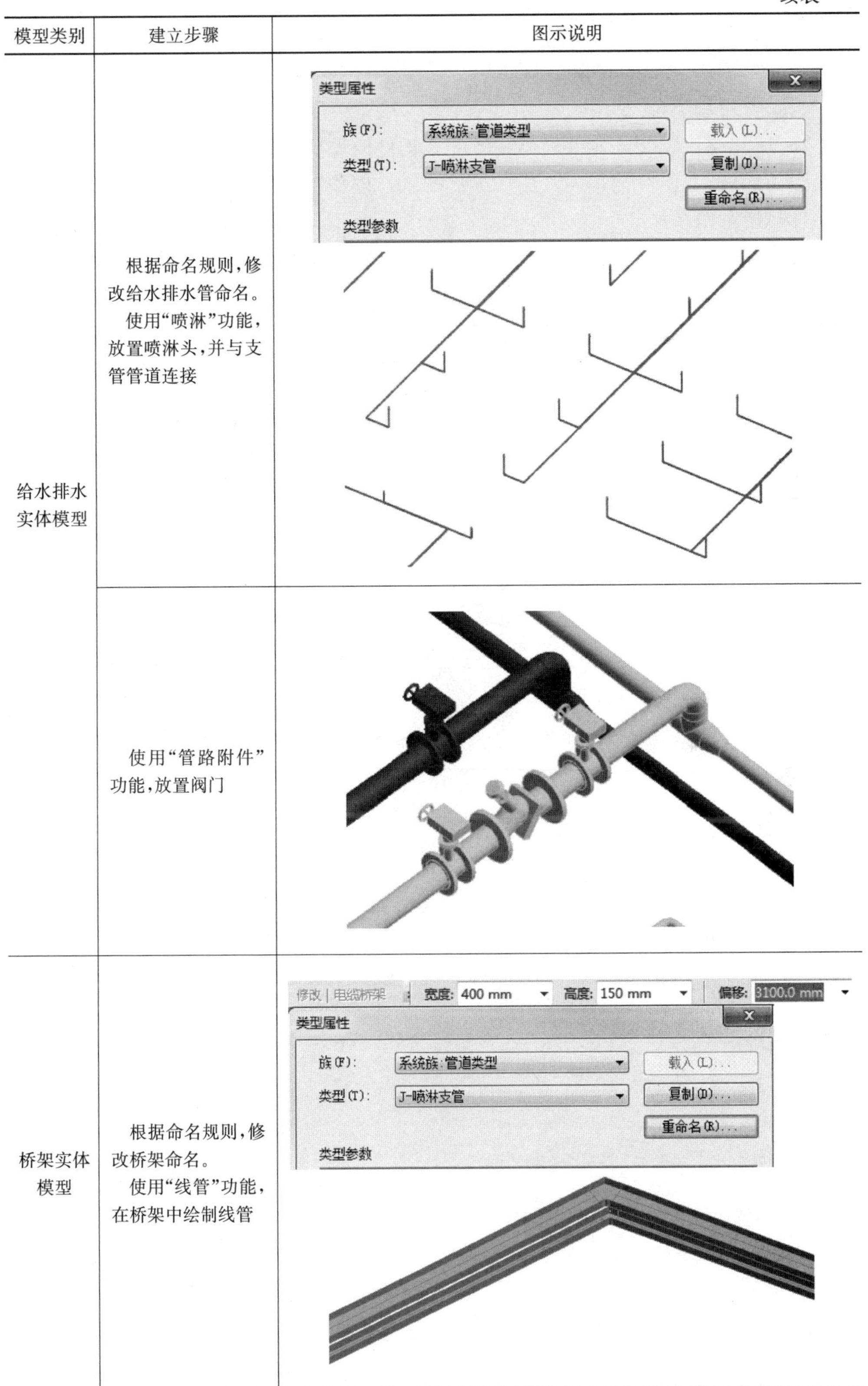

模型类别	建立步骤	图示说明
给水排水实体模型	根据命名规则，修改给水排水管命名。 使用“喷淋”功能，放置喷淋头，并与支管管道连接	
	使用“管路附件”功能，放置阀门	
桥架实体模型	根据命名规则，修改桥架命名。 使用“线管”功能，在桥架中绘制线管	

2.4.4 构件深化设计阶段

1. 建立构件深化设计阶段模型

(1) 交付物类别

1) 应具备：装配式构件模型，装配式构件模型执行计划。

2) 宜具备：属性信息表，构件深化图纸，模型工程量清单。

(2) 模型精细度

阶段用途：施工招投标计划、工程预算、模具生产、预制构件生产（表 2-51）。

构件深化设计阶段模型精细度等级表 **表 2-51**

专业	构件类型	几何信息	非几何信息
预制构件	桁架钢筋混凝土叠合板	精准尺寸与位置	构件材质、混凝土强度等级、钢筋型号、体积、重量、轴网信息、标高信息、位置信息；宜具备：构件生产厂商编码
		钢筋	
		预留线盒	
		预留套管或洞口	
		埋件	
	预制剪力墙板	精准尺寸与位置	构件材质、混凝土强度等级、钢筋型号、体积、重量、轴网信息、标高信息、位置信息；宜具备：构件生产厂商编码
		钢筋	
		预留线盒	
		预留线管	
		安装手孔	
		模板孔	
		埋件	
		灌浆孔、出浆孔	
		预留套管或洞口	
	预制叠合梁	精准尺寸与位置	构件材质、混凝土强度等级、钢筋型号、体积、重量、轴网信息、标高信息、位置信息；宜具备：构件生产厂商编码
		钢筋	
		预留线管	
		模板孔	
		键槽	
		埋件	
	预制板式楼梯	精准尺寸与位置	构件材质、混凝土强度等级、钢筋型号、体积、重量、轴网信息、标高信息、位置信息；宜具备：构件生产厂商编码
		钢筋	
		埋件	
		防滑槽(如果有)	
		销键预留洞	
	预制阳台板	精准尺寸与位置	构件材质、混凝土强度等级、钢筋型号、体积、重量、轴网信息、标高信息、位置信息；宜具备：构件生产厂商编码
		钢筋	
		埋件	
		预留套管或洞口	
		预留线盒	

续表

专业	构件类型	几何信息	非几何信息
预制构件	预制空调板	精准尺寸与位置	构件材质、混凝土强度等级、钢筋型号、体积、重量、轴网信息、标高信息、位置信息； 宜具备：构件生产厂商编码
		钢筋	
		埋件	
		预留套管或洞口	
	预制女儿墙	精准尺寸与位置	构件材质、混凝土强度等级、钢筋型号、体积、重量、轴网信息、标高信息、位置信息； 宜具备：构件生产厂商编码
		钢筋	
		埋件	
		灌浆孔、出浆孔	
		镀锌扁钢	

(3) 构件深化阶段具体应用点

构件深化阶段具体应用点如表 2-52 所示。

构件深化阶段具体应用点　　表 2-52

模型应用	技术应用点
可视化应用	吊装模拟、效果表现
性能化分析	无
量化统计	构件数量统计、钢筋用量统计、构件混凝土用量统计
集成调整	预制构件钢筋碰撞检测、吊装顺序优化

2. 预制构件碰撞检查

预制构件在工厂事先加工生产，若在设计过程中未考虑构件与构件之间的碰撞问题，可能会导致构件在现场无法安装的问题，不仅浪费成本，还会对工期造成极大影响。所以，有必要在构件深化阶段应用 BIM 进行碰撞检查，尽早发现问题，便于设计调整方案（表 2-53、表 2-54）。

常见预制构件分析部位　　表 2-53

序号	位置描述	具体问题描述
1	叠合板与预制梁	叠合板出筋与预制梁箍筋间碰撞
2	叠合板与叠合板	双向板接缝处钢筋间碰撞
3	预制梁与预制梁	预制梁底筋间碰撞
4	预制梁与预制柱	预制梁底筋与预制柱纵筋碰撞
5	预制剪力墙与预制剪力墙	预制剪力墙水平分布筋间碰撞
6	现浇层与预制层转换层插筋	现浇层插筋预留位置不准确
7	预制楼梯与梯梁插筋	梯梁插筋预留位置不准确
8	预制梁与剪力墙	预制梁底筋与剪力墙纵筋间碰撞

基于 Navisworks 的碰撞检查方法表 **表 2-54**

操作步骤	图示说明
模型导出	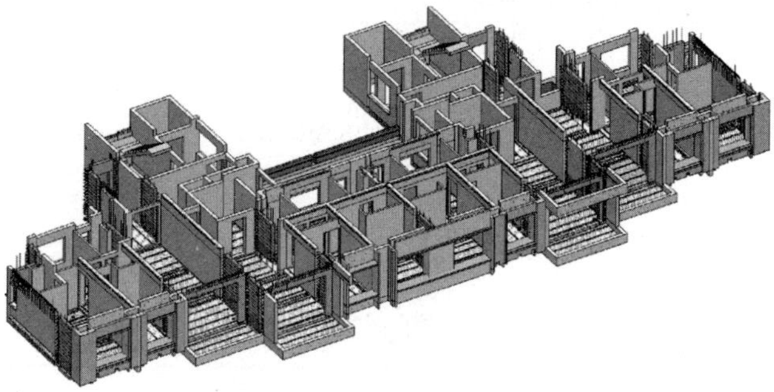
模型导入	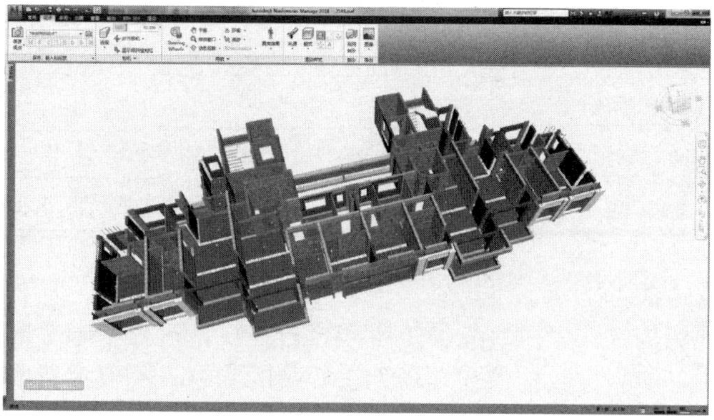
添加测试指令	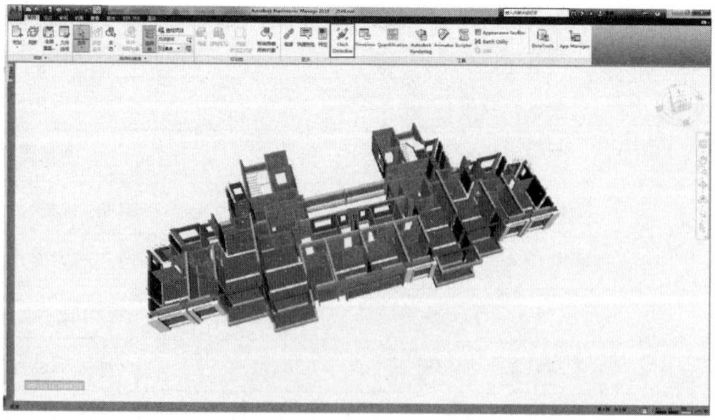

续表

操作步骤	图示说明
添加测试指令	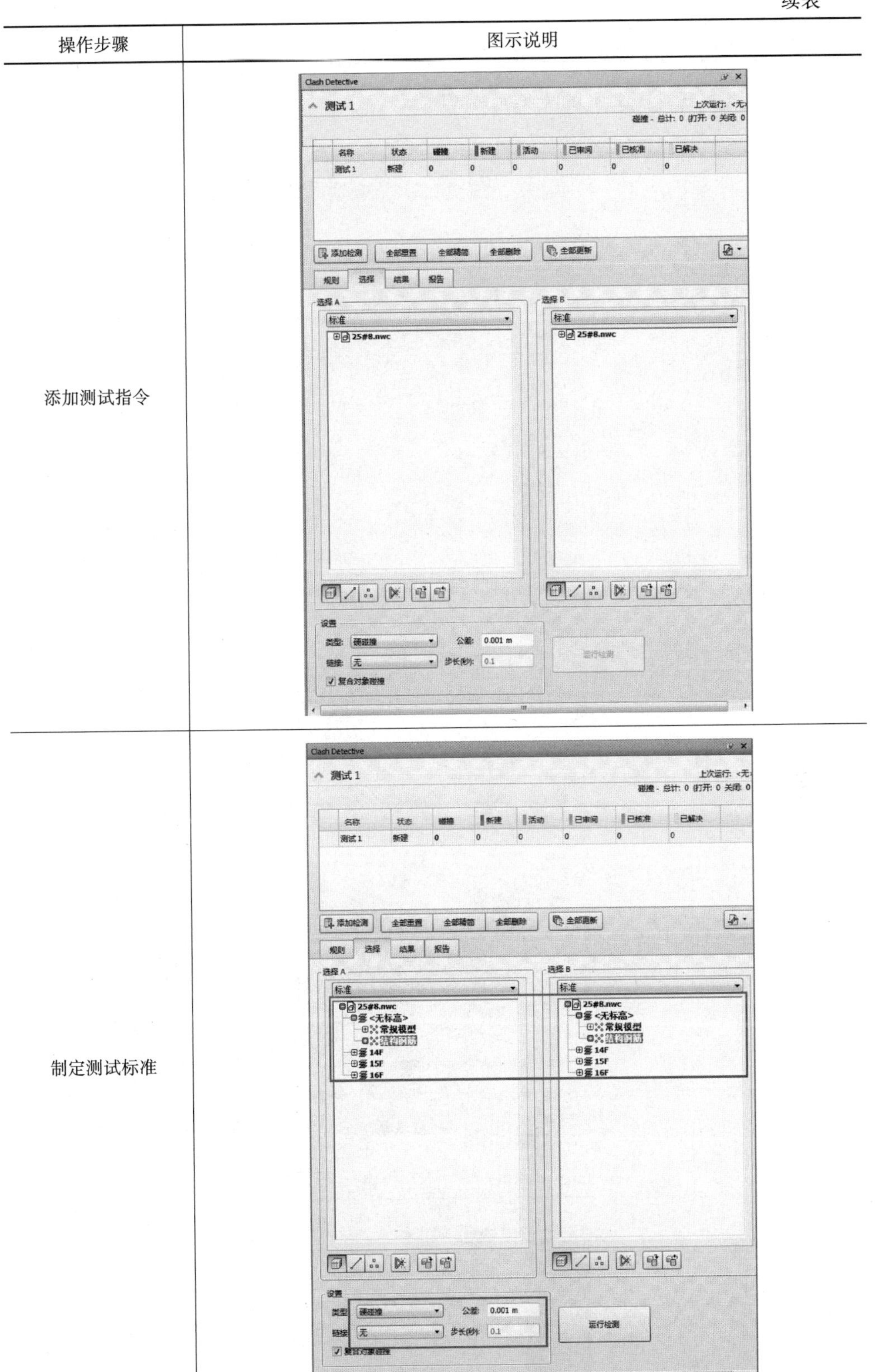
制定测试标准	

续表

<table>
<tr><th>操作步骤</th><th>图示说明</th></tr>
<tr><td>运行碰撞检测指令</td><td>
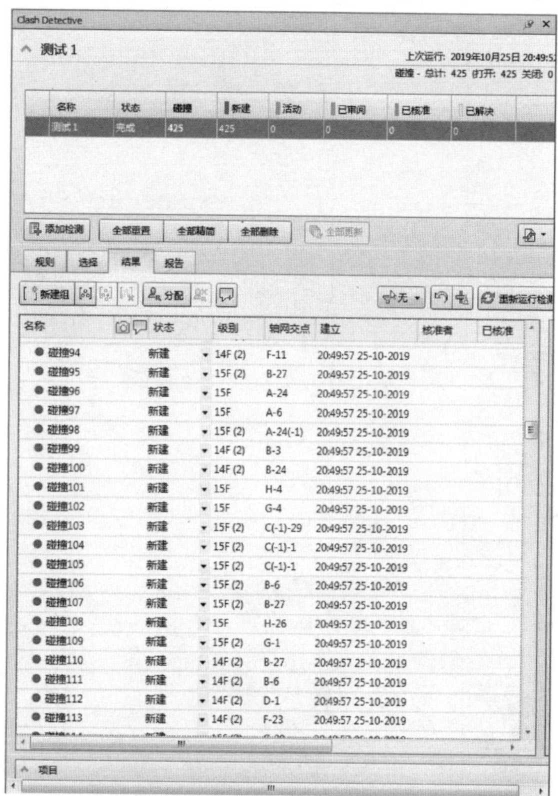

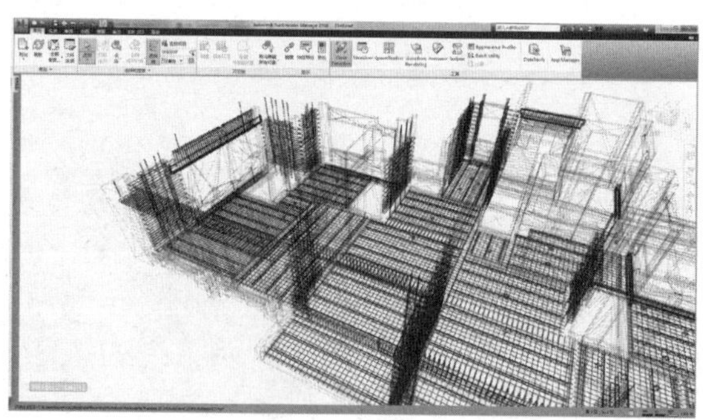
</td></tr>
<tr><td>导出碰撞报告</td><td>
AUTODESK® NAVISWORKS® 碰撞报告

<table>
<tr><th rowspan="2">测试 1</th><th>公差</th><th>碰撞</th><th>新建</th><th>活动的</th><th>已审阅</th><th>已核准</th><th>已解决</th><th>类型</th><th>状态</th></tr>
<tr><td>0.001m</td><td>303</td><td>303</td><td>0</td><td>0</td><td>0</td><td>0</td><td>硬碰撞</td><td>确定</td></tr>
</table>

<table>
<tr><th></th><th></th><th></th><th></th><th>项目 1</th><th>项目 2</th></tr>
<tr><th>图像</th><th>碰撞名称</th><th>网格位置</th><th>碰撞点</th><th>项目 ID</th><th>项目 ID</th></tr>
<tr><td></td><td>碰撞1</td><td>Q-7 : 15F</td><td>x:-5.272、y:10.291、z:44.101</td><td>元素 ID: 888862</td><td>元素 ID: 888865</td></tr>
<tr><td></td><td>碰撞2</td><td>Q-23 : 15F</td><td>x:13.028、y:10.290、z:44.101</td><td>元素 ID: 889301</td><td>元素 ID: 889298</td></tr>
</table>
</td></tr>
</table>

续表

操作步骤	图示说明
通过碰撞报告中的元素ID，定位到模型的中碰撞区域，并整理编制问题汇总报告	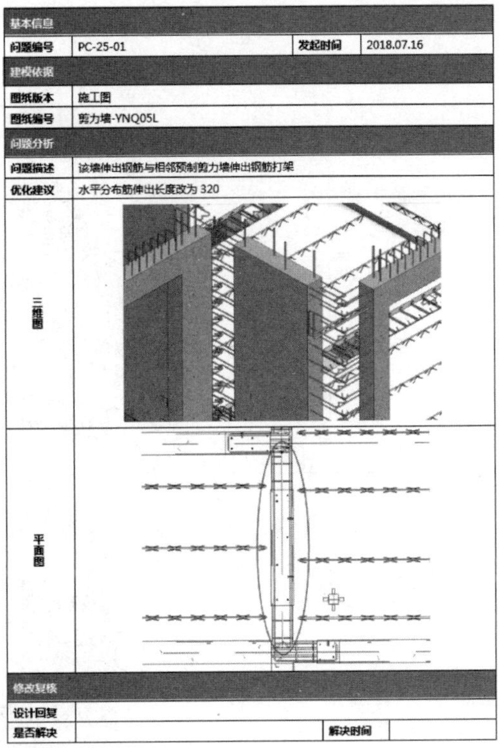 基本信息 问题编号 PC-25-01 发起时间 2018.07.16 建模依据 图纸版本 施工图 图纸编号 剪力墙-YNQ05L 问题分析 问题描述 该墙伸出钢筋与相邻预制剪力墙伸出钢筋打架 优化建议 水平分布筋伸出长度改为 320 三维图 平面图 修改复核 设计回复 是否解决 解决时间

3. 深化设计阶段模型建立操作表

本手册列举了预制墙和预制板从创建实体→创建钢筋→布置预留预埋→生成预制构件深化图纸的实操流程（表 2-55）。

深化设计阶段模型建立操作表 **表 2-55**

模型类别	建立步骤	图示说明
预制剪力墙	创建墙体模型	

续表

模型类别	建立步骤	图示说明
预制剪力墙	创建预制剪力墙钢筋并布置灌浆套筒	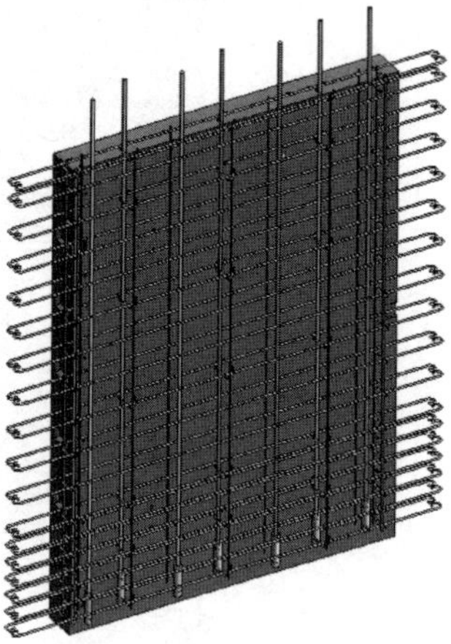
	预留预埋(模板孔、斜撑孔、线盒、手孔等)	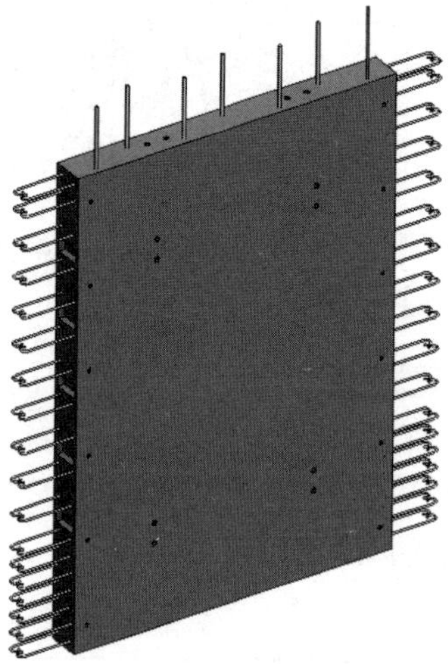
	创建模型视图,并生成预制构件深化图纸	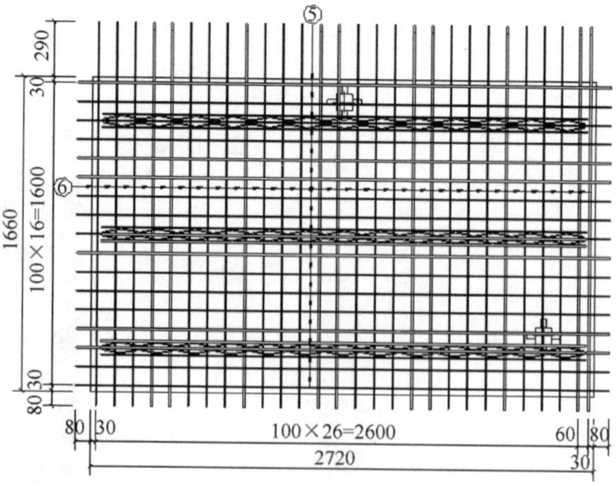 290 30 1660 100×16=1600 30 80 ⑤ ⑥ 80 30 100×26=2600 60 80 2720 30 板配筋图

续表

模型类别	建立步骤	图示说明
预制叠合板	创建楼板模型	
	创建预制叠合板钢筋模型	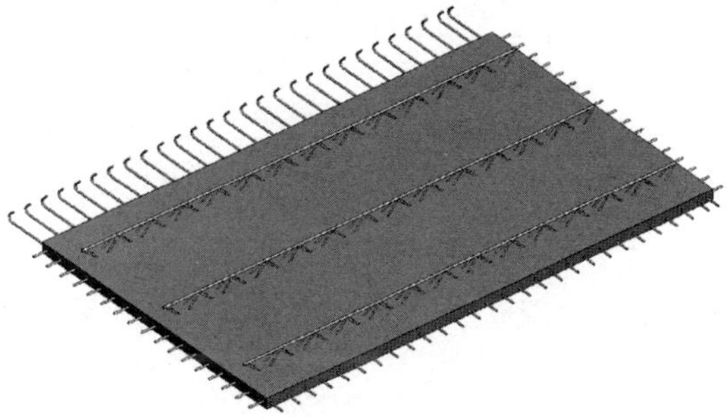
	预留预埋(线盒、洞口、套管、止水节等)	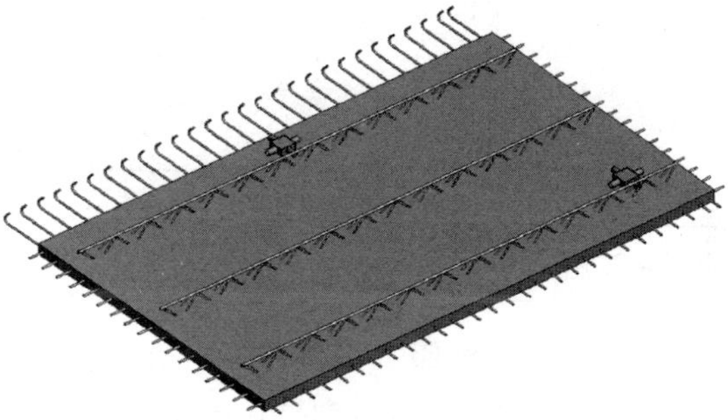
	创建模型视图并生成构件深化图纸	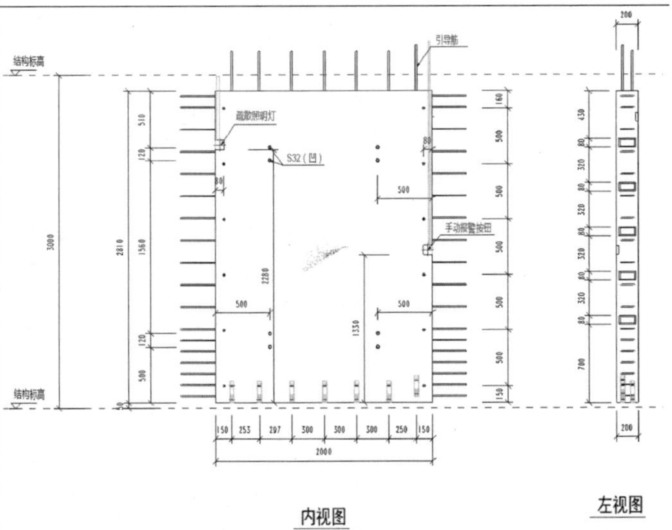 内视图　左视图

2.5 建造过程模拟

装配式建筑项目中，设计师不仅要关注在设计端如何利用构件分类组合原理进行装配式建筑设计，同时还应具备建造的相关知识，充分理解由虚拟设计转化为实体建筑的实现过程，从建造的角度重新审视设计的合理性，从而进一步优化装配式建筑设计（表 2-56）。

建造过程模拟章节索引及描述表 **表 2-56**

三级标题		三级表格索引	具体描述
题名	概要		
2.5.1 施工模拟	简要分析施工模拟在实际项目中所体现的价值	表 2-57 施工模拟对实际项目的具体价值体现总结表 表 2-58 常见施工模拟演示模式表	施工模拟在实际工程中的价值主要体现在先模拟后施工、协调工程进度与项目资源、预测安全风险等方面
2.5.2 模拟对比验证	建造过程不仅要正向地进行构件追踪，还要将状态信息回溯到 BIM 模型	表 2-59 实现基于 Revit 插件的模拟对比步骤表	分步骤说明如何通过基于 Revit 插件的项目进度功能，完成手机扫描构件码回溯到 BIM 模型的过程。实现建造与虚拟建造的耦合
2.5.3 BIM 技术与其他技术的集成应用	概述 BIM 技术与其他几种高新技术的集成应用	表 2-60 BIM 技术与其他技术集成应用汇总表	简要介绍了 BIM 技术与云计算、物联网、GIS、虚拟现实、3D 打印等技术集的集成应用

2.5.1 施工模拟

施工模拟就是基于 BIM 模拟技术，在模拟可视化三维环境中对工程项目的建造过程按照施工组织设计进行模拟，根据模拟结果调整施工顺序，以得到最优的施工方案。施工模拟通过结合 BIM 技术与仿真技术进行，具有数字化的施工模拟环境、各种施工环境、施工机械以及施工人员等都以模型的形式出现，以此仿真实际施工现场的施工布置、资源消耗等。施工模拟过程中建立的施工场地、机械、人员、材料模型都是依照真实状况模拟的，所得出的施工模拟结果对真实建造具有很高的指导与参考价值[2-12]（表 2-57）。

施工模拟对实际项目的具体价值体现总结表 **表 2-57**

价值	内容
先模拟后施工	在实际施工前对施工方案进行模拟论证，可观测整个施工过程，对不合理的部分进行修改
协调工程进度与项目资源	实际施工的进度与所需的资源受多方面因素的影响，经过施工模拟，可以更好地协调整体施工进度，优化资源配置
预测安全风险	经过施工模拟，可提前发现施工过程中可能出现的安全问题，并制定方案规避风险

将三维空间信息与时间信息整合在一个可视的 4D（3D＋时间）模型中，可以直观、精确地反映整个建造过程。4D 施工模拟技术可以在项目建造过程中合理制定施工计划、精确掌握施工进度、科学布置施工场地以及优化施工资源配置，从而达到缩短工期、降低成本、提高质量的目的。

在 4D 模拟的基础上加入成本分析维度的模拟就形成了 5D 模拟，再加入建筑性能的分析就形成了 6D 模拟，以此类推，基于 BIM 理论上可以形成 nD 的模拟。当前，市面上的 4D、5D 模拟软件已经日趋完善，nD 模拟的概念也在不断发展、扩充（表 2-58）。

常见施工模拟演示模式表 **表 2-58**

类别	概述与图示	
总体施工进度模拟	概述	基于 BIM 的模拟建造技术的进度管理通过反复的施工过程模拟，使其在施工阶段可能出现的问题利用模拟环境提前发现问题，并逐一做出修改，提前制定应对计划，使进度计划和施工方案达到最优，再用以指导实际的施工，从而保证项目施工的顺利完成。施工模拟应用于设计—建造一体化的整个阶段，真正地做到前期指导施工、过程把控施工、结果校核施工，实现项目的精细化管理
	图示	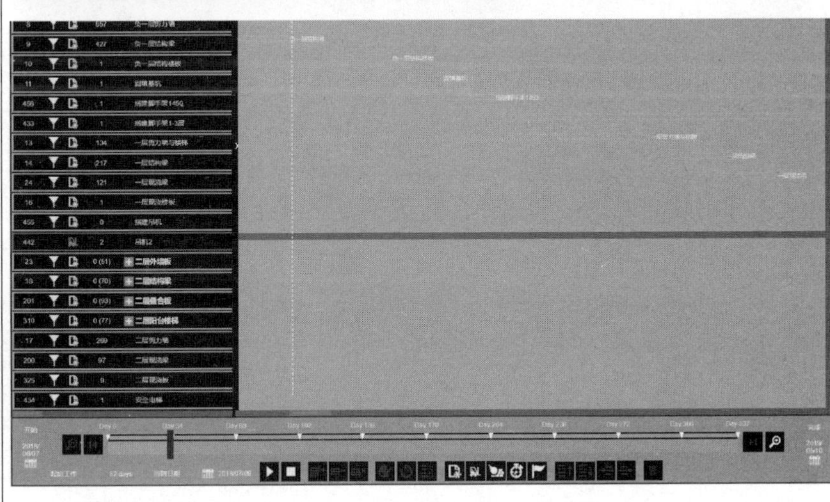

续表

类别	概述与图示	
总体施工进度模拟	图示	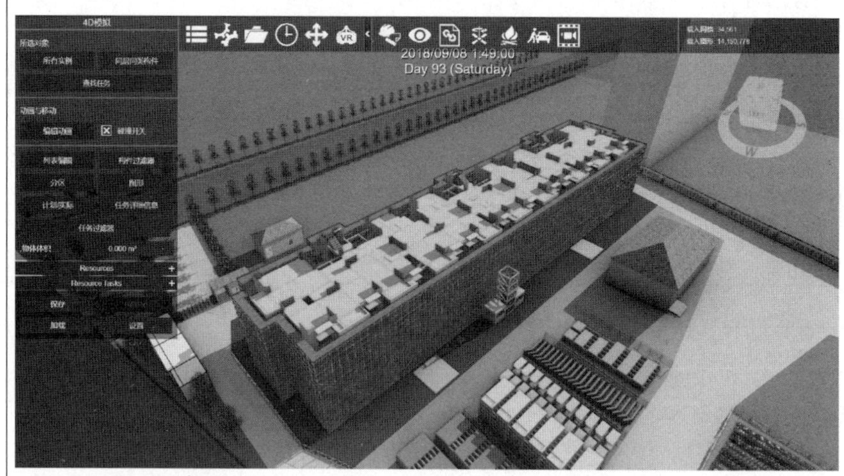 

续表

类别		概述与图示
局部装配工艺模拟	概述	针对装配式建筑项目施工中的重点难点以及装配工序，运用BIM技术三维模型进行真实模拟，从中找出实施方案中的不足，并对实施方案进行修改，同时可以模拟多套施工方案并进行比选，从中选取最佳施工方案。在施工过程中，通过施工方案、工艺的三维模拟，给施工操作人员进行可视化交底，降低施工难度，确保工程质量与安全
	图示	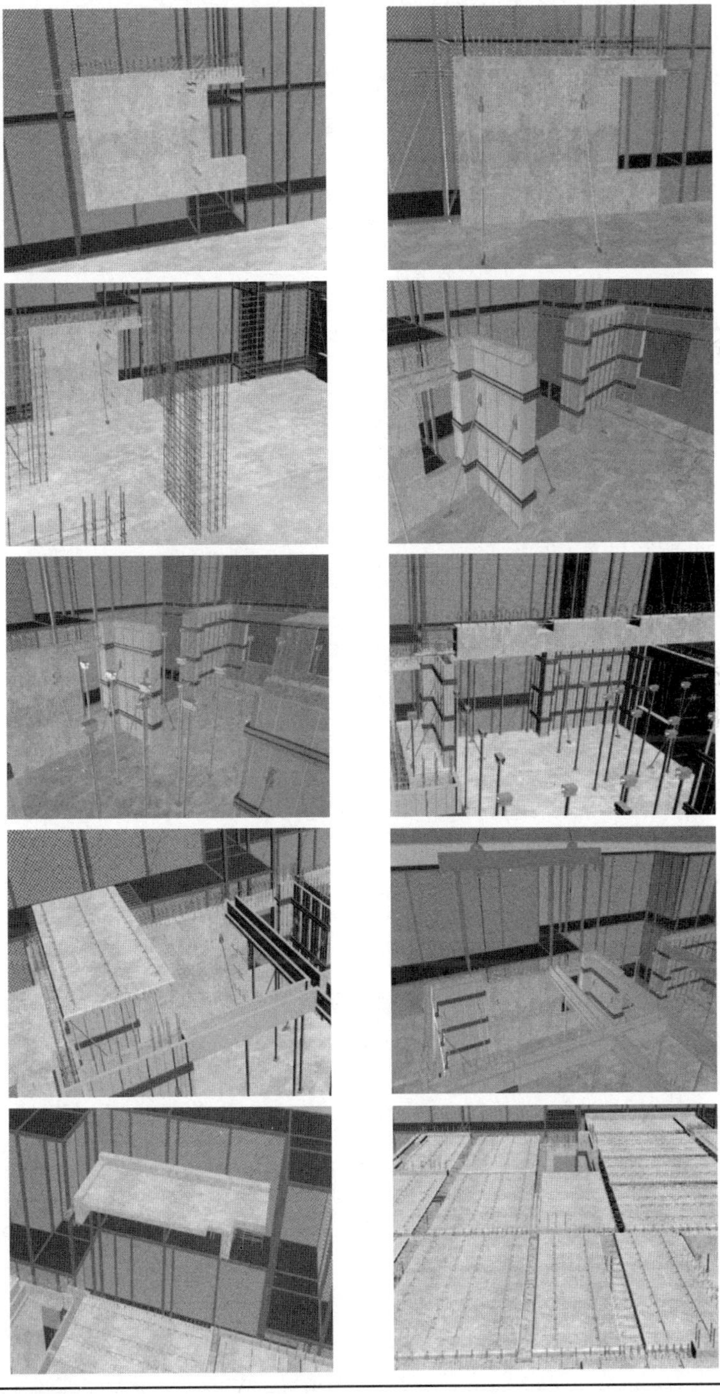

2.5.2 模拟对比验证

在装配式建筑设计—建造一体化阶段的 BIM 应用中，构件信息不仅要以二维码或 RFID 芯片为载体的方式赋予构件个体，实现构件从设计—生产—装配的追踪流程，还要在施工完成后，将构件装配完成信息反馈给设计端，形成 BIM 信息的闭合回路，真正实现模拟设计与真实建造对比与优化。

以南京市装配式建筑信息服务与监管平台配套 BIM 插件为例，通过手机 APP 扫描构件二维码，将构件状态上传至信息平台，这些信息数据不仅可以在信息平台的 Web 端体现，也可以通过 Revit 插件的项目进度选项卡功能实现实际项目信息回溯到 BIM 模型的过程（表 2-59）。

实现基于 Revit 插件的模拟对比步骤表 **表 2-59**

序号	步骤	图示
1	若要在 BIM 模型中查看项目进度，需要先将当前项目文件关联系统平台中的项目。在 Revit 插件中点击设置项目按钮，在弹出的对话框中输入项目名称（全称或关键词）并按回车或点击搜索按钮，然后在列表中选择正确的项目与楼栋并点击确定	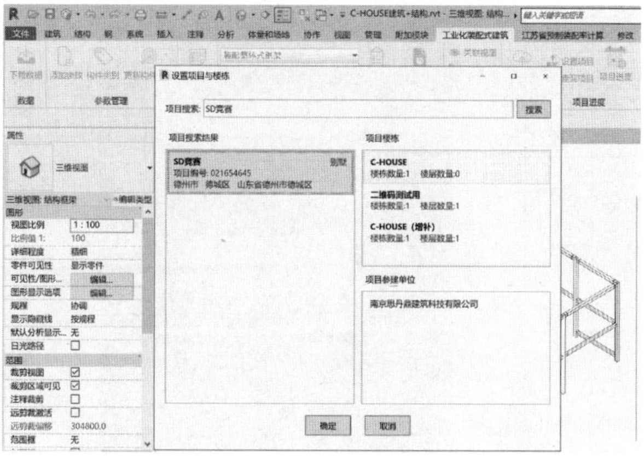
2	在项目列表中还可以双击项目名称，跳转至系统平台查看项目详情	

续表

序号	步骤	图示
3	关联项目后，点击项目进度按钮，弹出一个日期选择对话框，且下方列出了构件各阶段状态的图例，如右侧图所示，我们选择了"7月10日"，右侧Revit模型部分构件由无色变为褐色，表示该构件已经安装完成，直观地反映出项目的进度	

2.5.3 BIM技术与其他技术的集成应用

BIM技术与其他高新技术的集成应用是一个必然的趋势，如表2-60所示，仅举例说明了几种集成技术应用的方式，BIM技术与其他技术的集成应用的发展与完善，不仅会拓展BIM技术在模拟建造领域的应用，对整个建筑行业发展来说也是一次重要的契机与挑战。

BIM技术与其他技术集成应用汇总表[2-13]　　**表2-60**

类别	应用
BIM+云计算	云计算是一种基于互联网的计算方式，以这种方式共享的软硬件和信息资源可以按需提供给计算机和其他终端使用。BIM与云计算集成应用，是利用云计算的优势将BIM应用转化为BIM云服务。基于云计算强大的计算能力与存储能力，可将BIM应用中计算量大、存储量大的数据信息同步到云端，同时方便用户随时随地获取数据及服务
BIM+物联网	物联网是通过射频识别、红外感应器、全球定位系统、激光扫描器等信息传感设备，按约定的协议将物品与互联网相连接进行信息交换和通信，以实现智能化识别、定位、跟踪、监控和管理。BIM与物联网集成应用，实质上是建筑全过程信息集成与融合。BIM技术发挥上层信息集成、交互、展示和管理的作用，而物联网技术则承担底层信息感知、采集、传递、监控的功能，实现模拟化信息管理与实体环境硬件之间的有机融合
BIM+GIS	地理信息系统(GIS)是用于管理地理空间分布数据的计算机信息系统，以直观的地理图形方式获取、存储、管理、计算、分析和显示与地球表面位置相关的各种数据。BIM与GIS集成应用，是通过数据集成、系统集成或应用集成来实现的，可在BIM应用中集成GIS，也可以在GIS应用中集成BIM，目前二者的集成应用在城市规划、城市交通分析、城市微环境分析、住区规划、数字防灾、既有建筑改造等领域，在建模质量、分析精度、决策效率、成本控制水平等方面都有明显提升

续表

类别	应用
BIM+虚拟现实	虚拟现实技术(VR)是仿真技术与计算机图形学人机接口技术、多媒体技术、传感技术、网络技术等多种技术的集合,用户通过硬件设备在虚拟空间中通过视觉、听觉、触觉等各个感官系统进行逼真的体验。BIM与VR,包括AR(增强现实)、MR(混合现实)等技术的集成应用为用户提供了全新的交互方式,可以提高施工模拟的真实性,更好地进行项目成本管控
BIM+3D打印	3D打印技术是快速成型技术的一种,基于3D模型数据,实现三维制造的技术,分为增材打印与减材打印。BIM与3D打印技术的集成应用,主要是在设计阶段利用3D打印机将BIM模型微缩打印出来,供方案展示、审查和进行模拟分析;在建造阶段采用3D打印机直接将BIM模型打印成实体构件和整体建筑,部分代替传统施工工艺来实现建造过程。总体可概括为基于BIM与3D打印的整体建筑、复杂构件与施工方案实物展示模型

2.6 集成化平台应用

对于装配式建筑行业的发展而言，BIM技术的推广应用只是初级阶段，要统筹装配式建筑产业链的方方面面仅靠BIM软件本身无法实现，针对装配式建筑建设全过程的信息化建设，使装配式建筑在设计、生产、施工到运维的全过程中，实现构件的标准化设计、精益化生产、精细化管理的目的，通过建设BIM集成化管理平台是解决各阶段衔接问题的有效途径。建立集成化管理平台对于促进装配式建筑产业的健康发展有着重要意义（表2-61）。

集成化平台应用章节索引及描述表 **表2-61**

三级标题		三级表格索引	具体描述
题名	概要		
2.6.1 BIM平台建设内容	集成化平台是装配式建筑实现BIM全流程应用的基础	表2-62 企业级与政府级平台功能列表	BIM集成化平台目前主要有企业级平台与政府级平台两大类,概括性地总结了这两类平台的功能特点
2.6.2 某市装配式建筑信息服务与监管平台	以某市集成化应用平台为例,简介此类平台的具体功能	表2-63 某市装配式建筑信息服务与监管平台BIM端应用表	以某市集成化平台为例,介绍了与此平台配套使用的BIM端Revit插件具体功能概况
		表2-64 某市装配式建筑信息服务与监管平台Web端应用表	以某市集成化平台为例,介绍了此平台Web端的具体功能概况。具体包括信息服务、信息监管等功能模块

2.6.1 BIM平台建设内容

目前，BIM集成化地应用平台大致分为企业级与政府级两类，其功能有交叉的部分，但侧重点又各不相同（表2-62）。

企业级与政府级平台功能表　　表 2-62

平台类型	平台功能
企业级平台	(1)对设计单位而言,平台功能应涵盖多专业协同,将 BIM 模型上传到平台后,模型在 Web 端可以以三维可视化的方式进行交互,方便设计单位与施工单位、建设单位等其他参与单位之间的沟通; (2)对建设单位而言,包括施工进度、排产进度的查询以及合同管理、支付管理与 BIM 的结合; (3)对生产单位而言,根据平台显示的项目进度、现场进度来制定生产计划,驻场监理可通过平台上传质检记录; (4)对施工单位而言,在施工现场,将安装、质检的记录上传平台,实现安全质量的管理
政府级平台	(1)对于政府级平台来说,没有必要管理到全流程的细枝末节,而应该更加关注项目的整体进度、构件的质量追溯以及产业链的信息服务; (2)具体功能涵盖新闻公告的发布,政府部门间项目信息的公开、BIM 模型数据的上传,政府部门可以跟踪构件的生产、施工、安装、质检的过程,同时也包括构件二维码的生成,基于 BIM 的企业构件库和标准构件库; (3)实现与项目现场智慧工地、政府其他部门的平台以及与省级等更高级别平台的数据对接,形成下游、中游及上游三条数据链

2.6.2　某市政府集成化应用平台

BIM 集成化管理平台不仅要为装配建筑产业链的各参与方提供信息服务，还要作为相关政府部门监管装配式建筑质量的工具。以 BIM 技术为基础，基于“项目管理”与“构件追踪”，实现全产业链信息互通、各相关部门信息共享、全过程轨迹跟踪、全方位质量监管。

通过统一的构件编码规则、构建全产业链通用构件库与产业结构优化、基于物联网的构件全流程追踪与质量追溯、基于大数据的统计与分析应用以及预制装配率的自动计算与设计优化五大技术途径来实现 BIM 集成化管理平台的建设。

1. BIM 端

BIM 端应用指的是与该系统平台配套使用的基于 Revit 软件开发的插件程序，该 Revit 插件是沟通装配式建筑 BIM 模型与系统平台的桥梁，通过该基于 Revit 软件插件将 BIM 模型中的信息数据自动导入至系统平台，真正地实现 BIM 模型与系统平台的无缝衔接，真正地做到平台数据来源于 BIM 模型，从装配式建筑信息服务与监管的角度出发，真正地体现 BIM 模型的价值（图 2-9）。

该 Revit 插件主要包括数据、参数管理、参数明细、统计计算、视图与图纸、导出、项目进度等若干个功能模块（图 2-9）。具体功能如表 2-63 所示。

2. Web 端

平台首页的上方分布了信息服务、地块信息、项目信息、名录库、构件库、产业地图以及信息监管等功能模块，页面中部分为行业新闻与通知公告快捷浏览版块，页面下方则为示范项目、示范基地的快捷浏览界面以及工具下载版块（图 2-10）。具体各板块功能简介如表 2-64 所示。

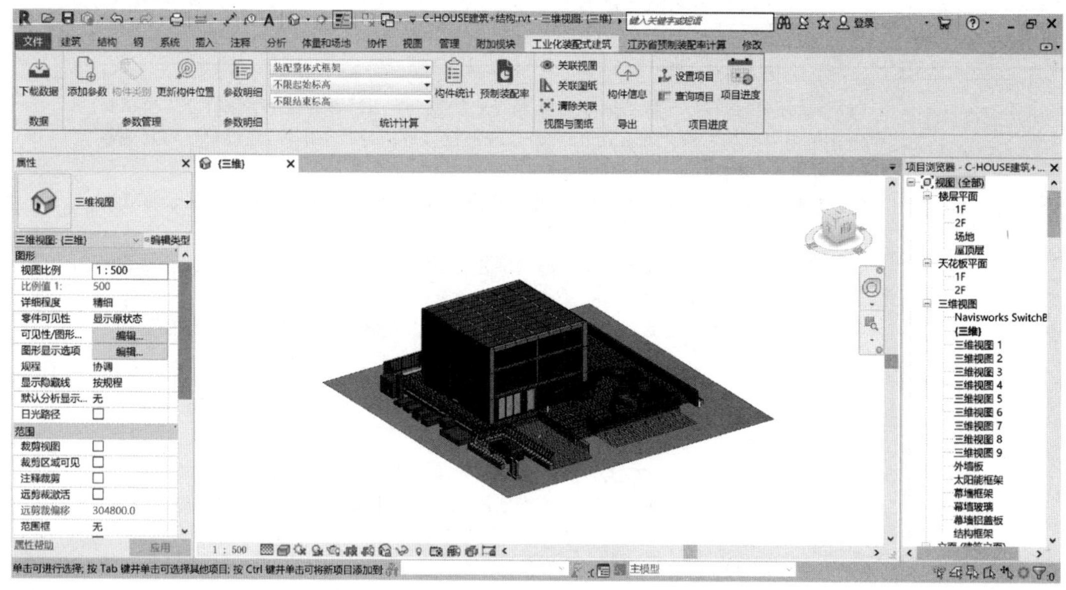

图 2-9　BIM 端插件界面

某市装配式建筑信息服务与监管平台 BIM 端应用表　　表 2-63

功能模块	操作步骤与图示	
数据	操作步骤	数据功能模块主要包括的是“下载数据”功能按钮，作用是将该市系统平台系统服务器后台设置的 BIM 参数下载至当本地计算机。插件安装完成之后必须先下载数据，数据只需下载一次即可
	图示	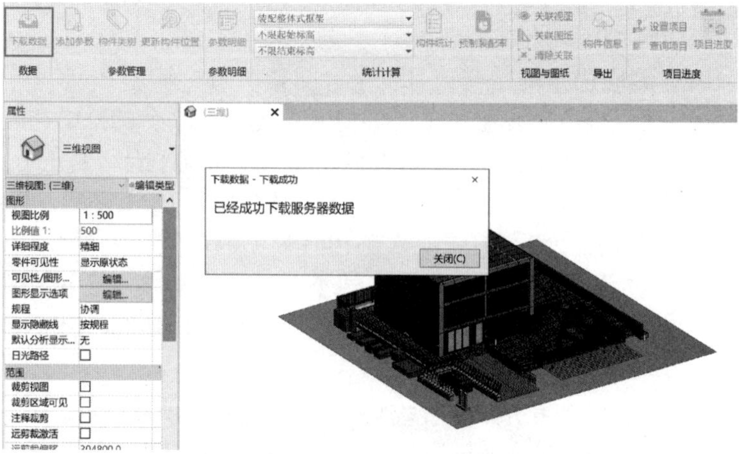

续表

<table>
<tr><th>功能模块</th><th colspan="2">操作步骤与图示</th></tr>
<tr><td rowspan="2">参数管理</td><td>操作步骤</td><td>下载参数之后，就需要应用参数管理功能区的功能。该功能区的三个功能按钮分别为：添加参数、构件类别以及更新构件位置。
添加参数——点击“添加参数”按钮，即可把下载的 BIM 参数自动地添加给 BIM 模型构件。添加参数分为两种情况：一是在项目环境下可以直接点击“添加参数”按钮给构件添加参数；二是要给项目中的自定义族添加参数，需要分别进入每个自定义族的编辑环境下添加参数。
构件类别——点击“构件类别”按钮，为项目中所选择的系统族与部件设置构件类别，以及设置所选构件是否为预制构件。对于自定义族同样是在族编辑环境下指定该族的构件类别。对系统族与部件指定后，还需在属性栏中对相应的族实例指定其是否为预制。
更新构件位置——在项目环境下点击更新构件位置按钮，插件会更新所有设置了构件类别的预制构件的空间位置参数（包括标高、轴网及位置）进行自动更新，赋予构件准确的空间定位信息</td></tr>
<tr><td>图示</td><td>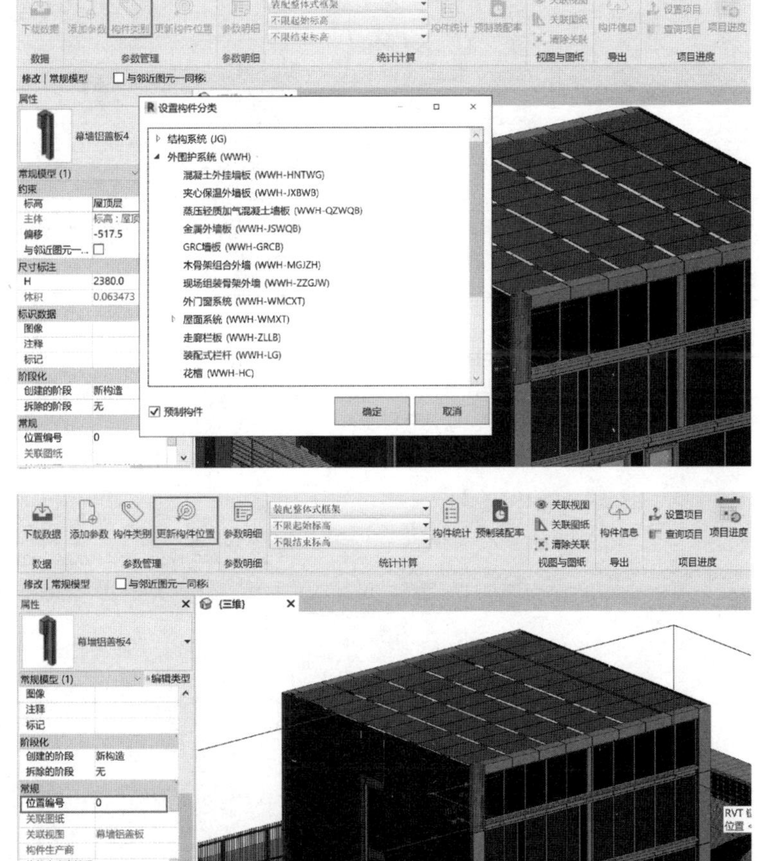
</td></tr>
</table>

续表

功能模块	操作步骤与图示	
参数明细	操作步骤	参数明细功能，便于查询构件参数信息，包括构件分类、面积、体积等，同时可以导出为 Excel 表格，方便数据整理。 参数明细窗口中可以通过勾选预制构件选项，过滤项目中的预制构件与全部构件，此外还可以使用参数分组，以分层级形式显示构件的参数明细，窗口中的所有单元格参数值都可以直接双击修改。并且如同 Revit 自带明细表功能一般，点击所选单元格即等同于选择了相关构件，从而可以对模型进行再编辑
	图示	
统计计算	操作步骤	统计计算选项卡包括“构件统计”与“预制装配率计算”两部分。点击构件统计，可以直观地浏览各类别预制构件的详细信息，包含数量、体积以及标准化率等数据信息，左侧的下拉菜单可以自定义选择该项目的建筑类型，以及过滤选择出所需统计标高范围的构件。 插件可根据《江苏省装配式建筑综合评定标准》DB32/T 3753—2020 中所做要求进行指标的自动计算，最后得出装配式建筑项目楼栋整体预制装配率数据指标，并且可以以表格的形式生成计算报告
	图示	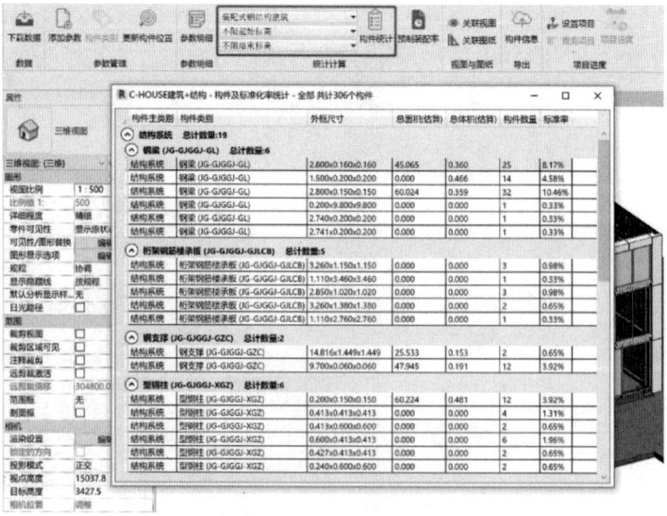

续表

<table>
<tr><th>功能模块</th><th colspan="2">操作步骤与图示</th></tr>
<tr><td>统计计算</td><td>图示</td><td> 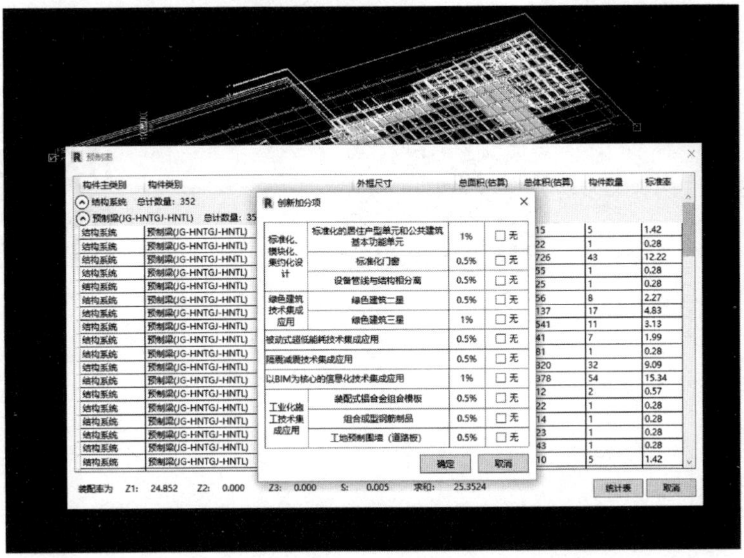</td></tr>
<tr><td rowspan="2">视图与图纸</td><td>操作步骤</td><td>视图与图纸选项卡包括“关联视图”与“关联图纸”两个功能按钮，关联视图是为了后期打印构件二维码时，方便辨别构件空间位置，从而确保准确地将二维码粘贴于所对应的构件之上。
具体操作步骤为：确定构件所要显示的三维视图，利用视图可见性窗口中的过滤器将各类构件分别设置可见性，而后进入该视图，选中所要显示的构件，点击关联视图，并勾选左侧属性栏“裁剪视图”与“裁剪区域可见”，视图视角、方向及视图样式需根据当前视图中所需要展示的构件进行手动调整。同一构件可关联多个视图，视图的图片可在平台中构件实例的详细页面查看。平台中的二维码打印页面只会显示第一个被关联的视图，视图名称修改后需要重新关联视图</td></tr>
<tr><td>图示</td><td> 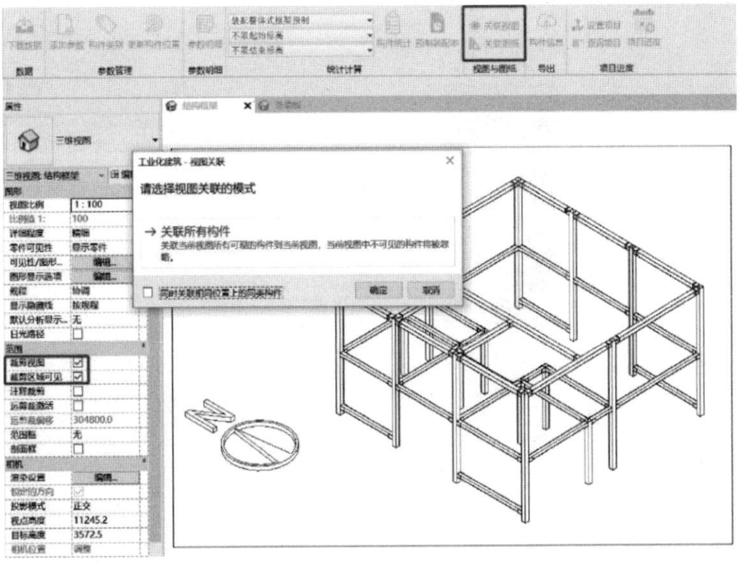</td></tr>
</table>

续表

功能模块	操作步骤与图示	
视图与图纸	图示	[89]-[C-HOUSE]-[JG-GJGGJ-GL]-[2F/2.425]-[A,3;B,4]-[H0V0] 生产编码：JGL01-3480(23) 当前状态：安装完成*  [89]-[C-HOUSE]-[JG-GJGGJ-GL]-[2F/2.425]-[B,3;C,4]-[0] 生产编码：JGL02-3080(24) 当前状态：安装完成*
导出	操作步骤	导出选项卡只有一个构件信息按钮，即将 BIM 模型的构件信息以数据库格式(.db)以及压缩包格式(.zip)导出，压缩包格式包含图片以及数据库，只有关联了视图以后，才能够导出压缩包格式。此两种文件格式是 BIM 模型与信息平台之间信息交流的媒介。若同时导出两种格式文件，只需向系统平台上传 .zip 格式文件；若没有导出 .zip 文件格式，则需要向系统平台上传 .db 文件。请不要自行修改导出的压缩包内的文件
	图示	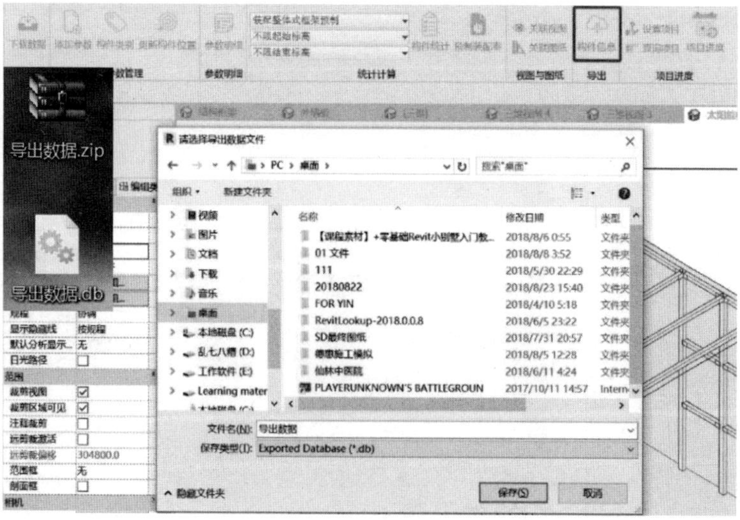 导出数据.zip 导出数据.db 请选择导出数据文件 文件名(N)：导出数据 保存类型(T)：Exported Database (*.db) 保存(S) 取消

续表

<table>
<tr><th>功能模块</th><th colspan="2">操作步骤与图示</th></tr>
<tr><td rowspan="2">项目进度</td><td>操作步骤</td><td>若要在 BIM 模型中查看项目进度，需要先将当前项目文件关联到系统平台中的项目。点击设置项目按钮，在弹出的对话框中输入项目名称（全称或关键词）并按回车或点击搜索按钮，然后在列表中选择正确的项目与楼栋并点击确定。
在项目列表中还可以双击项目名称，跳转至系统平台查看项目详情。
关联项目后，点击项目进度按钮，弹出一个日期选择对话框，且下方列出了构件各阶段状态的图例，如下图所示，我们选择了“7 月 10 日”，右侧 Revit 模型部分构件由无色变为了褐色，表示该构件已经安装完成，直观地反映了项目进度</td></tr>
<tr><td>图示</td><td>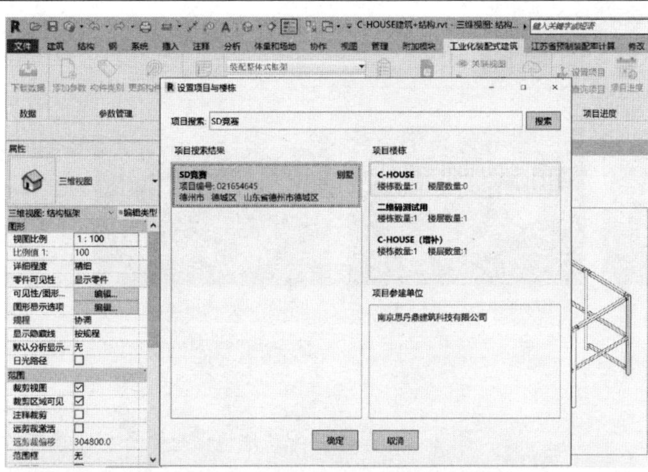

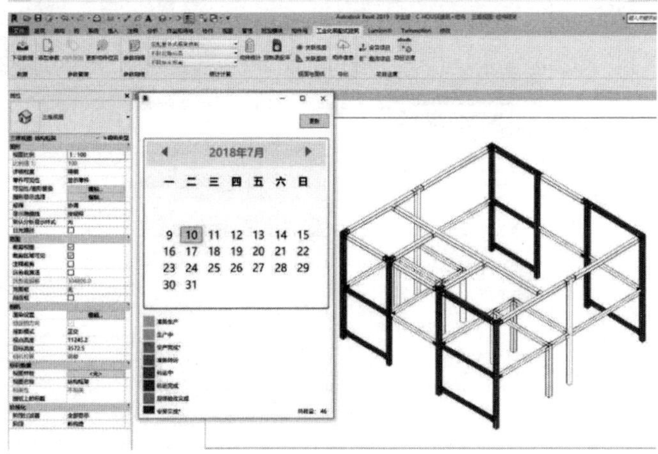
</td></tr>
</table>

图 2-10　某市装配式建筑信息服务与监管平台

某市装配式建筑信息服务与监管平台 Web 端应用表　　　　表 2-64

<table>
<tr><th>功能模块</th><th colspan="2">操作步骤与图示</th></tr>
<tr><td rowspan="2">信息服务</td><td>操作步骤</td><td>输入网址 http://zhuangpei. net. cn，进入网页端，在信息服务模块下包括政策法规、行业新闻、通知公告等具体功能选项。以政策法规为例，可以查看省内关于装配式建筑的政策、法规等相关条文规定</td></tr>
<tr><td>图示</td><td>
</td></tr>
</table>

续表

功能模块	操作步骤与图示	
地块信息	操作步骤	地块信息模块通过搜索地块名称、区域、区域类型以及出让时间等内容来查看市内装配式建筑地块信息
	图示	
项目信息	操作步骤	项目信息选项卡，可根据项目名称、项目类型、项目地址等查询方式查看具体的装配式建筑项目，进入具体项目，可以查看项目基本信息，如项目所在位置、项目建设规模、装配式建筑相关信息等具体内容
	图示	

续表

功能模块	操作步骤与图示	
项目信息	图示	（见下）

首页 信息服务 地块信息 项目信息 名录库 试点示范 构件库 产业地图 项目管理 用户登录

项目详细信息

南京市NO.2017G29地块项目D地块

项目基本信息

项目名称：南京市NO.2017G29地块项目D地块
项目代码：2017-320113-70-03-346385
项目编码：3201131709150102
项目类型：住宅
项目地址：江苏省南京市栖霞区宣春街
建设单位：南京华铎房地产开发有限公司
项目建设状态：在建
实际开工时间：2018-12-15
实际竣工时间：2020-10-15
项目地块编号：NO.2017G29
子地块：R2
项目简介：工程名称：NO.2017G29地块项目(D地块)
建设单位：南京华铎房地产开发有限公司
设计单位：南京长江都市建筑设计股份有限公司
监理单位：南京德阳工程监理咨询有限公司
施工单位：南京大地建设集团有限责任公司
工程地点：南京市栖霞区黄河路南侧，栖霞大道北侧
工程范围：施工总承包
建筑面积：63172平方米
主要结构类型：剪力墙结构
建筑层数、高度：地下1层、地上8层、9层、11层，建筑总高分别为23.75m、26.7m、32.6m

效果图.jpg

项目所在位置

项目建设规模

项目建设属性：成品住房 - 非政府投资项目
地上建筑面积：43992 m^2
装配式建筑面积：43642.81 m^2
成品房建筑面积：43642.81 m^2
项目建设内容：无/未填写

总建筑面积：63172 m^2
地下建筑面积：19180 m^2
装配式建筑面积比例：99.21 %
成品房套数：362 套

装配式建筑相关信息

项目参建单位

施工单位： 南京大地建设集团有限责任公司
监理单位： 南京德阳工程监理咨询有限公司
建设单位： 南京华铎房地产开发有限公司
设计单位： 南京长江都市建筑设计股份有限公司

装配式建筑楼栋详情

名称	楼层数	建筑高度	装配式建筑面积	体系类型	指标类型	指标参数
> 1#	8	23.75 m	4731.09 m^2	装配整体式框架	三板使用率	三板率 60%
> 2#	9	26.7 m	5307.42 m^2	装配整体式框架	三板使用率	三板率 60%
> 3#	9	26.7 m	7291.48 m^2	装配整体式框架	三板使用率	三板率 60%
> 4#	9	26.7 m	7291.26 m^2	装配整体式框架	三板使用率	三板率 60%
> 5#	11	32.6 m	10862 m^2	装配整体式框架	三板使用率	三板率 60%
> 6#	11	32.6 m	8159.56 m^2	装配整体式框架	三板使用率	三板率 60%

<table>
<tr><th>功能模块</th><th colspan="2">操作步骤与图示</th></tr>
<tr><td rowspan="2">名录库</td><td>操作步骤</td><td>名录库主要包括省级装配式构件生产基地、监理企业、设计企业、全过程工程咨询试点企业、工程总承包试点企业、登记构件生产商、示范项目、示范基地以及平台企业等名目，可以通过搜索名称、类型等内容查询具体企业信息</td></tr>
<tr><td>图示</td><td>
</td></tr>
<tr><td rowspan="2">构件库</td><td>操作步骤</td><td>构件库包括两部分功能，一是通用构件库；二是企业构件库。两个构件库都是以结构系统、外围护系统、设备管线系统以及内装修系统来区分构件，通用构件库主要包括标准做法的构件，企业构件库主要包括企业自主定制的构件</td></tr>
<tr><td>图示</td><td>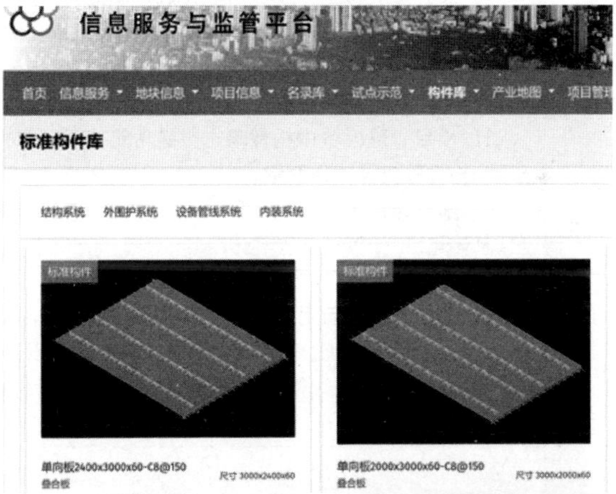

</td></tr>
</table>

续表

<table>
<tr><th>功能模块</th><th colspan="2">操作步骤与图示</th></tr>
<tr><td rowspan="2">产业地图</td><td>操作步骤</td><td>产业地图包括企业分布、地块分布以及项目分布等地图，用户可自主查询相应的信息</td></tr>
<tr><td>图示</td><td> 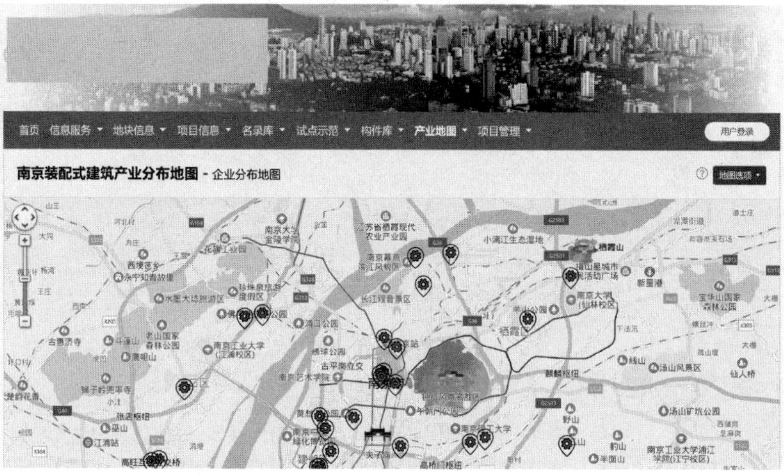</td></tr>
<tr><td rowspan="2">信息监管</td><td>操作步骤</td><td>在项目监管模块中点我的项目功能选项，用户在完成登录后，会进入系统后台，可以通过项目名称、项目类型以及项目地址搜索用户自己的项目，也可以通过添加新项目按钮继续添加新的装配式项目。
通过项目管理模块中构件动态跟踪功能选项，用户可以进入项目构件列表，查询项目进度、构件种类及构件明细。
进入构件详情菜单，用户可以详细地查看项目基本信息、建设规模、建设手续、参建单位、总体进度、楼栋进度等具体内容。
项目管理下的构件二维码打印功能，可以通过选择具体项目、构件类别、楼栋、标高等内容筛选由平台自动生成的构件二维码以及构件在模型中所处位置的简图。统计分析功能包含地块数据统计分析、项目数据统计分析以及构件数据分析。以项目统计分析为例，用户可以通过选择频率、周期、统计数据类型进行具体的数据统计</td></tr>
<tr><td>图示</td><td> </td></tr>
</table>

续表

<table>
<tr><th>功能模块</th><th colspan="2">操作步骤与图示</th></tr>
<tr><td>信息监管</td><td>图示</td><td>
</td></tr>
</table>

续表

<table>
<tr><th>功能模块</th><th colspan="2">操作步骤与图示</th></tr>
<tr><td>信息监管</td><td>图示</td><td>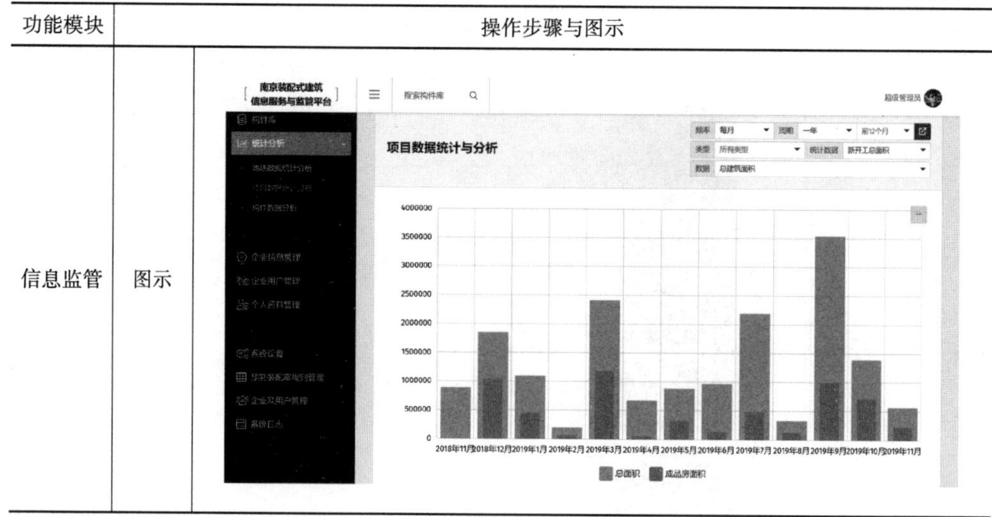
</td></tr>
</table>

2.7 BIM 构件库

为了满足江苏预制装配率及“三板”应用比例计算细则的要求，在 BIM 建模的过程中应对模型参数进行必要的设置。这些必要的参数设置需要符合江苏省《单体建筑中“三板”应用总比例计算方法》《江苏省装配式建筑综合评定标准》DB32/T 3753—2020 中计算方法的相关规定，以便建模过程中及建模后进行快速统计，并输出统计结果。本章节就两个常用公式进行简单介绍，并列举常用构件的参数设置示例（表 2-65）。

预制构件库的要求及示例章节索引及描述表　　　　表 2-65

<table>
<tr><th colspan="2">三级标题</th><th rowspan="2">三级表格索引</th><th rowspan="2">具体描述</th></tr>
<tr><th>题名</th><th>概要</th></tr>
<tr><td colspan="2" rowspan="2">2.7.1　预制率及预制装配率要求简述
简述两种常用的预制率及预制装配率的计算方法，并对公式中涉及的参数加以说明</td><td>表 2-66　构件精准尺寸关键参数列表</td><td>列表构件关键参数，并做简单说明</td></tr>
<tr><td>表 2-67　构件库共享参数设置方式</td><td>设置构件库构件的参数</td></tr>
<tr><td colspan="2" rowspan="4">2.7.2　常用构件的参数设置及示例
预制剪力墙、板、梁、柱参数设置示例及计算书示例</td><td>表 2-68　预制剪力墙参数设置及示例</td><td>预制剪力墙参数设置及计算书示例</td></tr>
<tr><td>表 2-69　预制柱参数设置及示例</td><td>预制柱参数设置及计算书示例</td></tr>
<tr><td>表 2-70　预制梁参数设置及示例</td><td>预制梁参数设置及计算书示例</td></tr>
<tr><td>表 2-71　预制板参数设置及示例</td><td>预制板参数设置及计算书示例</td></tr>
</table>

2.7.1 构件库建立方法

1. 构件精准尺寸关键参数

为了满足江苏预制装配率及“三板”应用比例计算细则的要求，在 BIM 建模的过程中应对模型参数进行必要的设置。这些必要的参数设置需要符合江苏省《单体建筑中“三板”应用总比例计算方法》[2-14]《江苏省装配式建筑综合评定标准》DB32/T 3753—2020[2-15] 中计算方法的相关规定，以便建模过程中及建模后进行快速统计，并输出统计结果（表 2-66）。

构件精准尺寸关键参数列表 **表 2-66**

	长	宽	高(厚)	表面积	体积	备注
预制柱	●	●	●	—	●	—
预制梁	●	●	●	—	●	—
预制叠合板	●	●	●	●	●	—
预制密肋空腔楼板	●	●	●	●	●	表面积为投影面积
预制阳台板	●	●	●	●	●	—
预制空调板	●	●	●	●	●	—
预制楼梯板	●	●	●	●	●	表面积为投影面积
混凝土外挂墙板	●	●	●	●	●	长度方向一侧表面积
预制女儿墙	●	●	●	—	●	—
预制外剪力墙	●	●	●	—	●	—
预制夹心保温外墙板	●	●	●	●	●	长度方向一侧表面积
预制双层叠合剪力墙板	●	●	●	—	●	—
预制内剪力墙板	●	●	●	—	●	—
PCF 混凝土外挂墙板	●	●	●	●	●	长度方向一侧表面积
预制混凝土飘窗板	●	●	●	—	●	—
单元式幕墙	●	—	●	—	●	长度方向一侧表面积
蒸压轻质加气混凝土墙板	●	—	●	—	●	长度方向一侧表面积
GRC 墙板	●	—	●	—	●	长度方向一侧表面积
玻璃隔断	●	—	●	—	●	长度方向一侧表面积
木隔断墙	●	—	●	—	●	长度方向一侧表面积
轻钢龙骨石膏板隔墙	●	—	●	—	●	长度方向一侧表面积
钢筋陶粒混凝土轻质墙板	●	—	●	—	●	长度方向一侧表面积
蒸压轻质加气混凝土外墙系统	●	—	●	—	●	长度方向一侧表面积
集成式厨房	●	●	—	●	—	表面积为投影面积
集成式卫生间	●	●	—	●	—	表面积为投影面积
装配式吊顶	●	●	—	●	—	表面积为投影面积
楼地面干式铺装	●	●	—	●	—	表面积为投影面积

续表

	长	宽	高(厚)	表面积	体积	备注
装配式墙板(带饰面)	●	●	—	●	—	表面积为投影面积
装配式栏杆	●	—	●	●	—	表面积为投影面积

注：●表示“存在”；—表示“不存在”。

2. 构件库共享参数设置方式

按照2.1.3章节构件编码系统相关要求，当前项目中所有模型构件均应含有“构件分类编码”参数项，此参数非BIM工具自带参数项，需要另行添加设置。参数设置的方法为：在BIM模型中增加共享参数，将“构件分类编码”设置为模型类型参数，参数设置具体要求如表2-67所示。

构件库共享参数设置方式 **表2-67**

采用方式		共享参数
参数数据	名称	构件分类编码
	规程	公共
	参数类型	文字
	参数分组方式	标识数据
	参数对象	类别
族类别		所有建筑构件类别(构件类别栏)

3. 参数设置方法

除注释图元、视图图元外，所有类别的模型族均应增加“构件分类编码”参数，具体族类别如图2-11、图2-12所示。

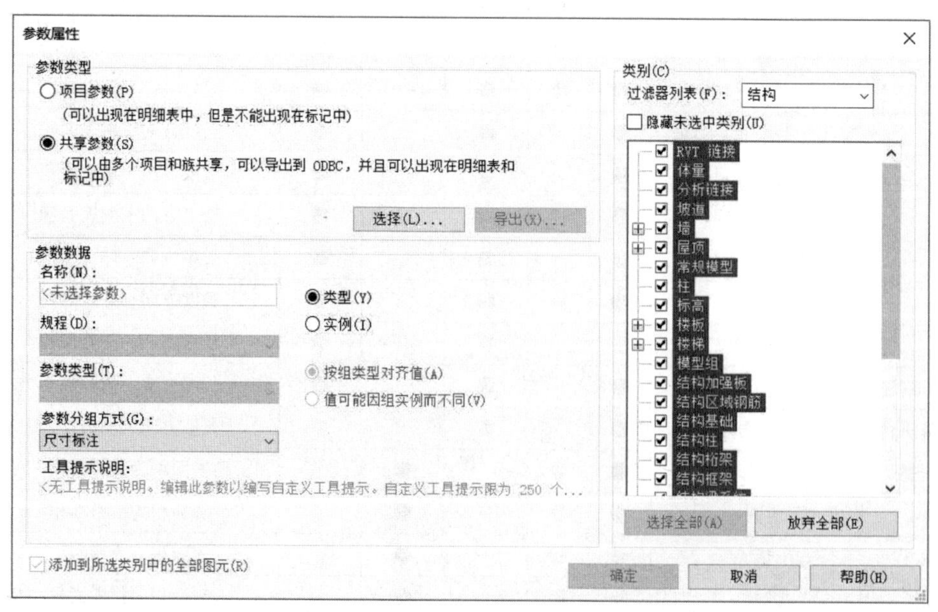

图2-11 添加构件分类编码参数

图 2-12　勾选参数类别

2.7.2　常用构件的参数设置及示例

下面将对几种常用的构件，进行参数设置及计算书示例，依次为预制剪力墙、预制柱、预制梁、预制板等，具体如表 2-68～表 2-71 所示。

预制剪力墙参数设置及示例　　**表 2-68**

	示例
参数设置	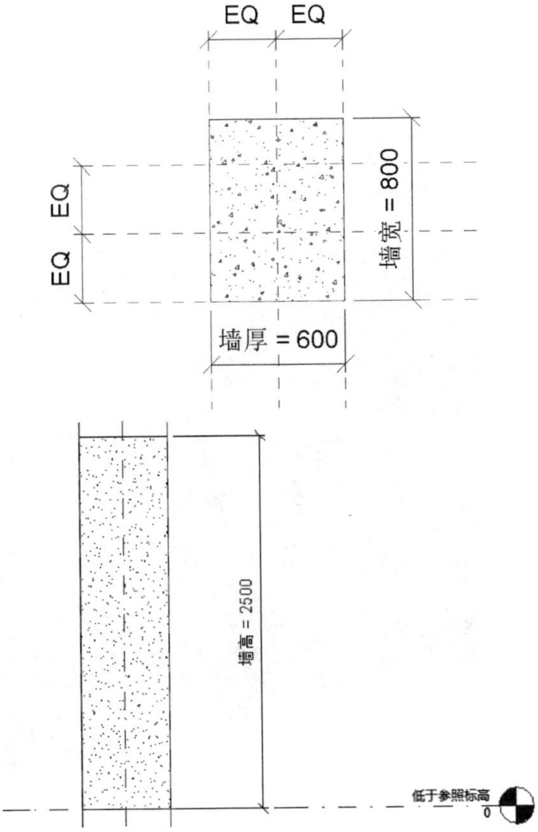 EQ EQ EQ EQ 墙宽 = 800 墙厚 = 600 墙高 = 2500 低于参照标高 0

续表

	示例
属性设置	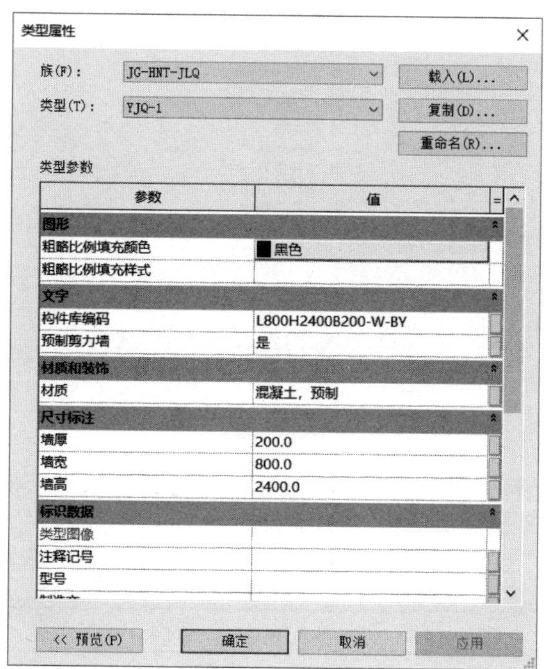 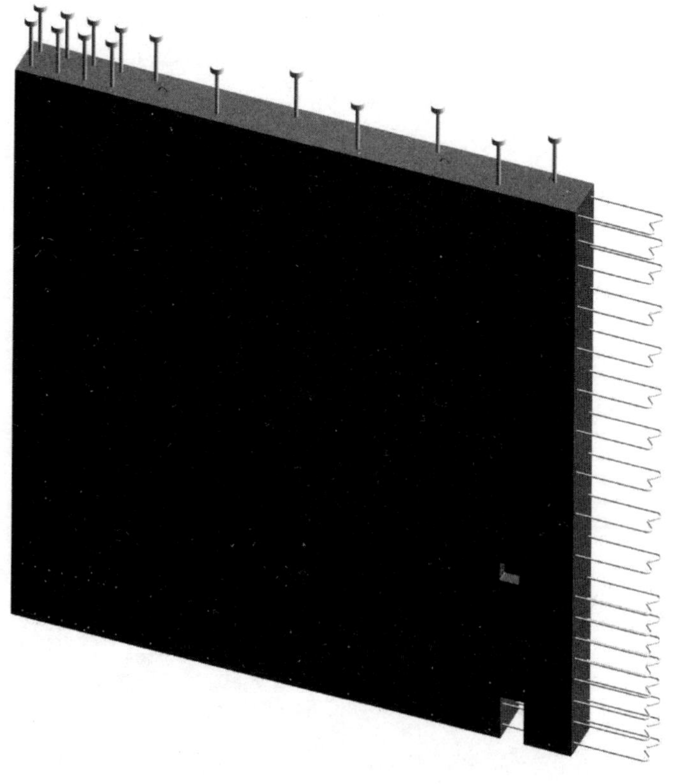

续表

预制装配率计算书示例——剪力墙									
底部标高	族	类型	构件库编码	预制剪力墙	合计	墙高(mm)	墙厚(mm)	墙宽(mm)	材质：体积
2F	JG-HNT-JLQ	YJQ-1	L800H2400B200-W-BY	是	2	2400	200	800	0.77m^3
2F	JG-HNT-JLQ	YJQ-2	L1500H2400B200-N	是	2	2500	200	1500	1.50m^3
总计：4									2.27m^3

预制柱参数设置及示例 **表 2-69**

	示例
参数设置	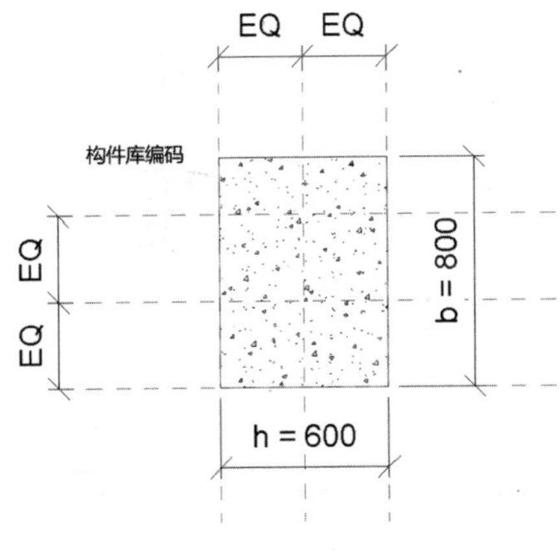

续表

	示例
属性设置	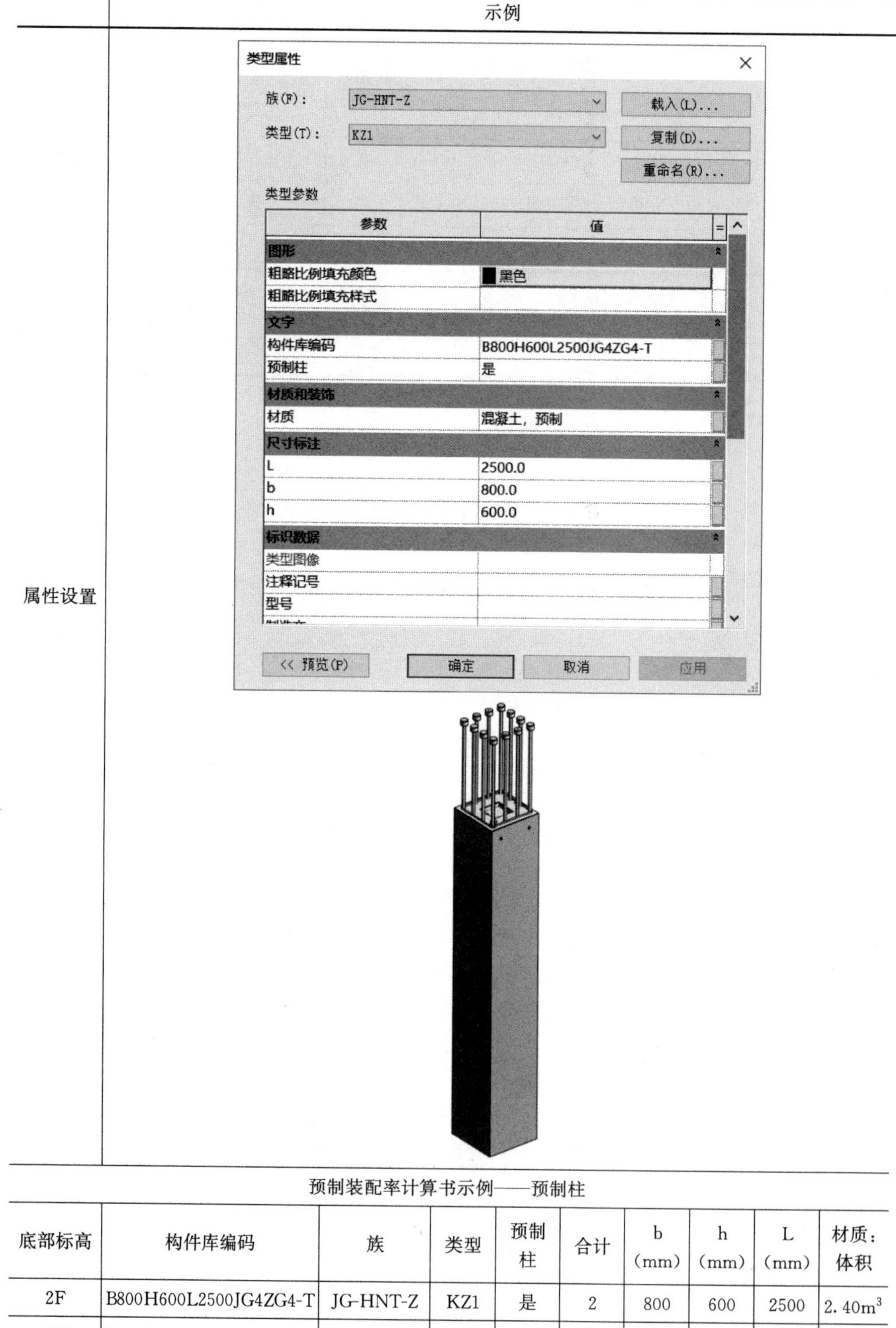

预制装配率计算书示例——预制柱

底部标高	构件库编码	族	类型	预制柱	合计	b (mm)	h (mm)	L (mm)	材质：体积
2F	B800H600L2500JG4ZG4-T	JG-HNT-Z	KZ1	是	2	800	600	2500	2.40m³
2F	B600H600L2500JG4ZG4-T	JG-HNT-Z	KZ2	是	2	600	600	2500	1.80m³
总计：4									4.20m³

预制梁参数设置及示例 **表 2-70**

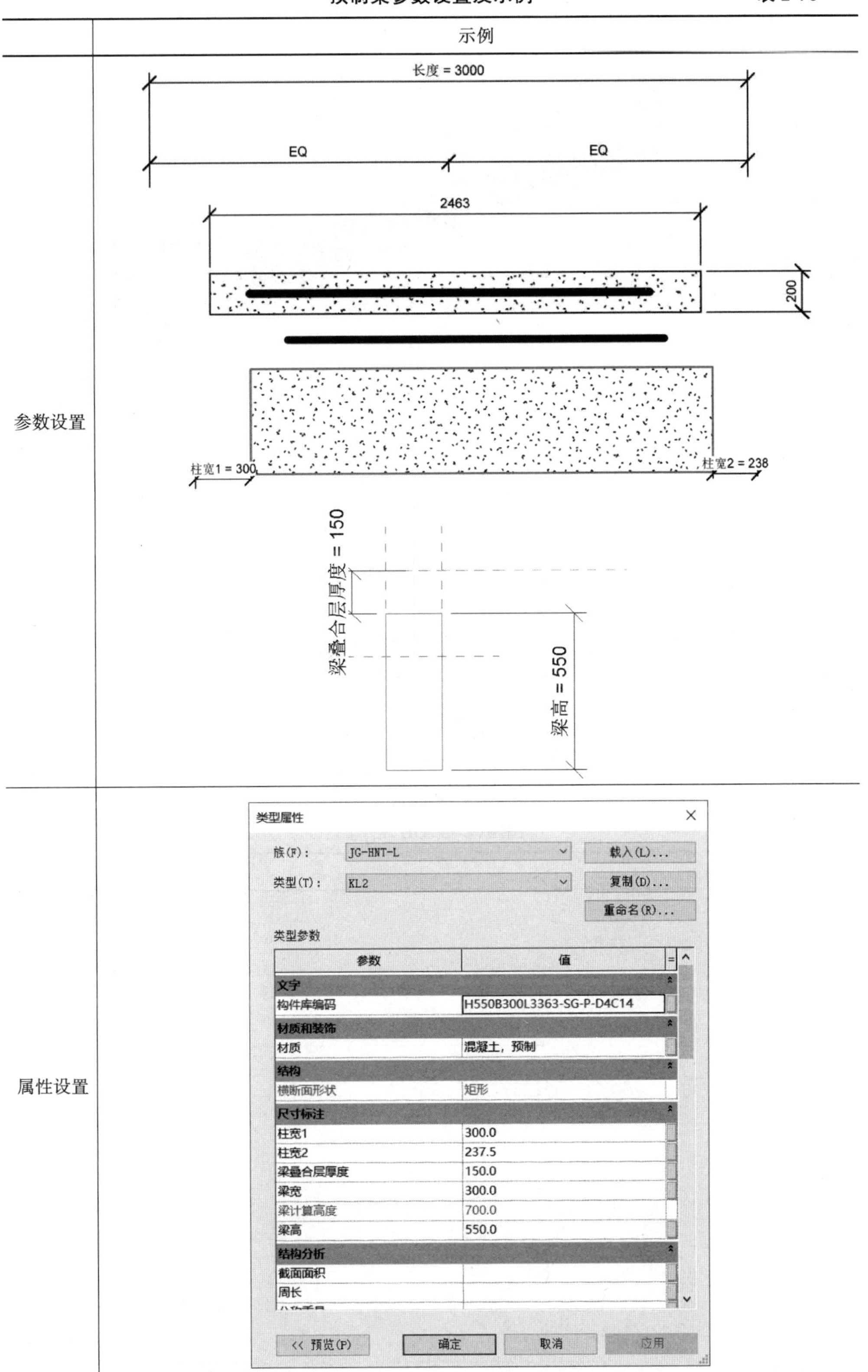

续表

	示例
属性设置	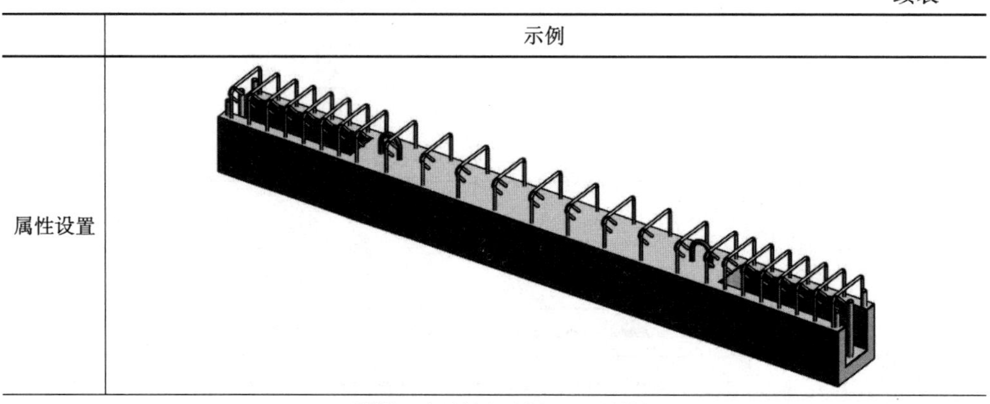

预制装配率计算书示例——预制梁

参照标高	族	类型	构件库编码	材质：名称	合计	梁高(mm)	梁宽(mm)	梁长(mm)	材质：体积
2F	JG-HNT-L	2F-KL2	H550B300L3363-SG-P-D4C14	混凝土，预制	1	550	300	3263	0.54m^3
2F	JG-HNT-L	KL1	H300B200L3325-SG-P-D4C14	混凝土，预制	2	300	200	3600	0.43m^3
2F	JG-HNT-L	KL2	H550B300L3363-SG-P-D4C14	混凝土，预制	1	550	400	3263	0.72m^3
2F	JG-HNT-L	KL3	H300B200L3700-SG-P-D4C14-Y4C14	混凝土，预制	2	300	200	3700	0.44m^3
总计：6									2.13m^3

预制板参数设置及示例 **表 2-71**

	示例
参数设置	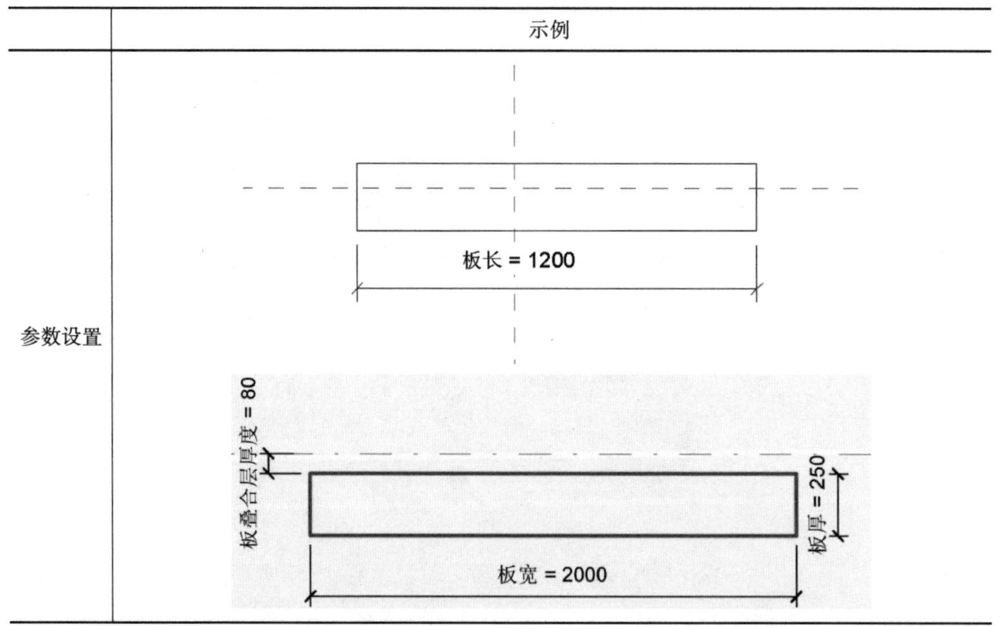

续表

	示例 
属性设置	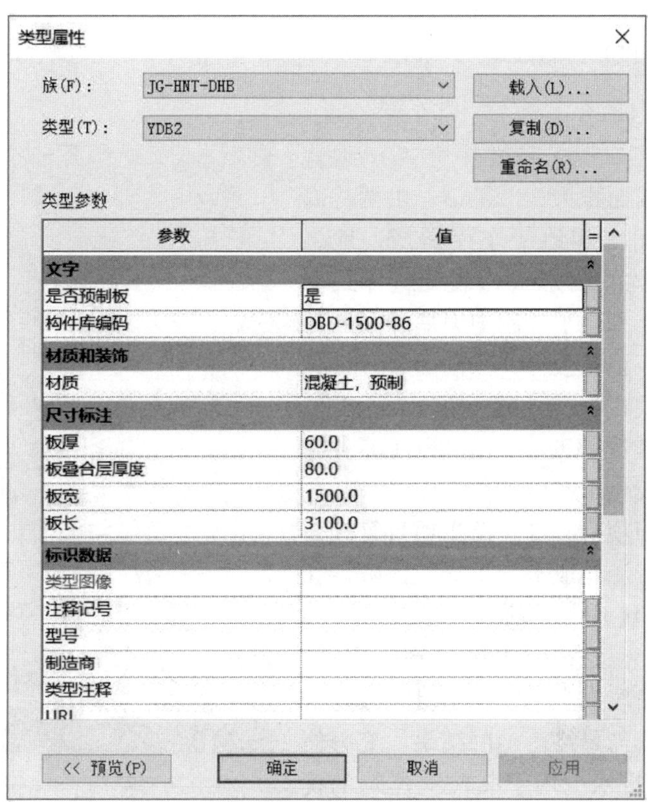 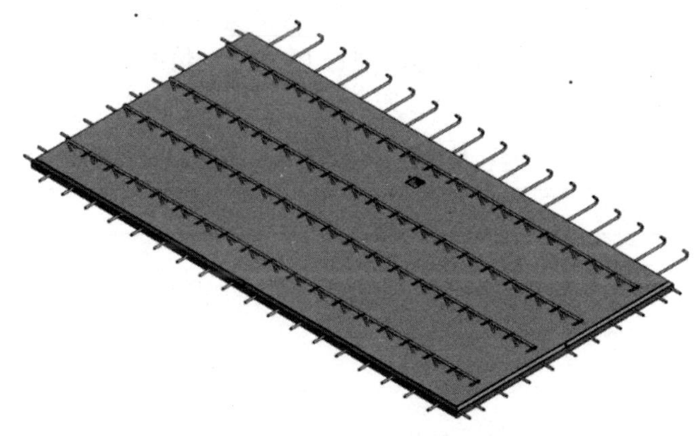

预制装配率计算书示例——预制板

标高	族	类型	构件库编码	是否预制板	合计	板厚	板宽（mm）	板长（mm）	表面积	体积
3F	JG-HNT-DHB	YDB1	DBD-1200-86	是	3	60	1200	3100	$4m^2$	$0.67m^3$
3F	JG-HNT-DHB	YDB2	DBD-1500-86	是	1	60	1500	3100	$5m^2$	$0.28m^3$
总计：4										$0.95m^3$

2.8 设计阶段范例展示

2.8.1 南京市栖霞区丁家庄二期保障性住房 A27 地块项目

1. 项目简介

丁家庄二期保障性住房 A27 地块项目总建筑面积为 $52357m^2$，由两栋高层住宅、裙房和地下车库组成，地上 30 层，主体结构形式为装配整体式剪力墙结构，采用了预制剪力墙、预制保温外墙板、预制楼梯、预制叠合板、预制阳台板及栏板、隔板，共计 7 种 6132 件，预制装配率 60.67%，为江苏省建筑产业现代化示范项目。

为保障项目质量、提高项目管理效率、节约资源与成本，丁家庄保障性住房 A27 地块项目（简称：A27 项目）将 BIM 技术贯穿应用到设计、生产、施工三个阶段之中。回顾项目实际建造的整个过程与最终落地的结果，充分体现了 BIM 技术应用于装配式建筑的优势，形成了良好的示范效应（图 2-13）。

图 2-13 项目效果图

2. 丁家庄保障性住房 A27 地块项目 BIM 应用情况

项目 BIM 应用情况如表 2-72 所示。

丁家庄保障性住房 A27 地块项目设计阶段 BIM 应用情况汇总表 **表 2-72**

实施阶段	应用分项	详细描述
初步设计	应用目标	制定 BIM 实施流程，确定团队人员架构与应用需求，在完成项目 BIM 实施方案的基础上，展开 BIM 建模等相关工作
	应用内容	(1)依据项目工程图纸与建模规则的要求，创建初步 BIM 模型，包括建筑、结构专业模型； (2)依据设计意图，分别创建预制构件模型
	相关成果	(1)创建项目 Revit 结构模型，区分预制与非预制部分的建模，分别建立了预制剪力墙、预制保温外墙板、预制楼梯、预制叠合板、预制阳台板及栏板、隔板的 Revit 构件模型

实施阶段	应用分项	详细描述
初步设计	相关成果	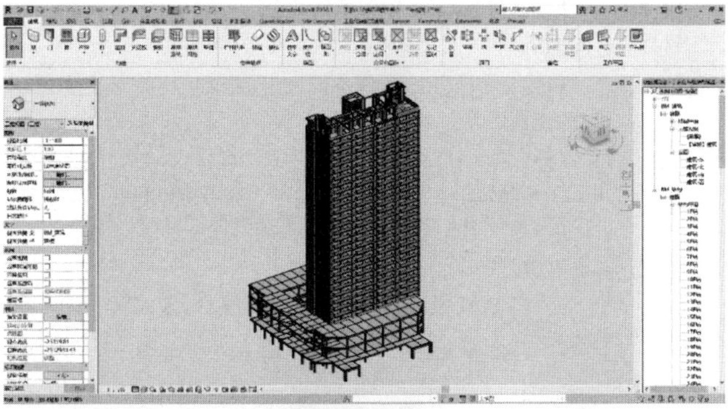 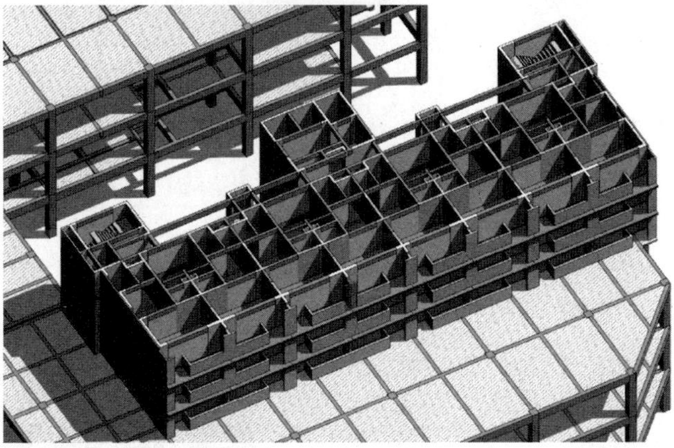 (2)借助于南京市装配式建筑信息服务与质量监管平台的配套 Revit 插件，可以为构件添加轴网、标高、位置等参数，这是整个 BIM 流程对于构件的质量追踪的源头 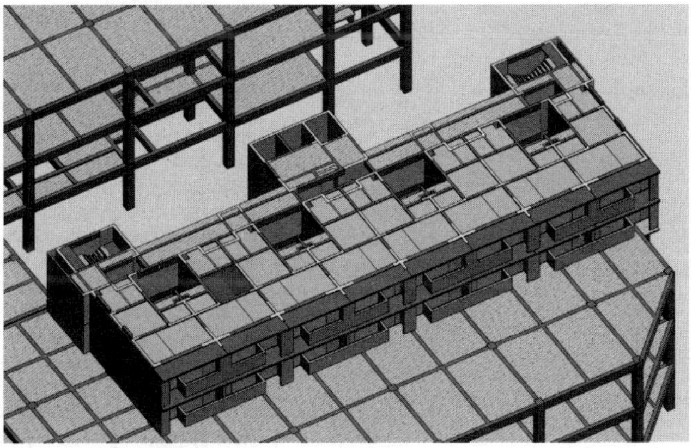 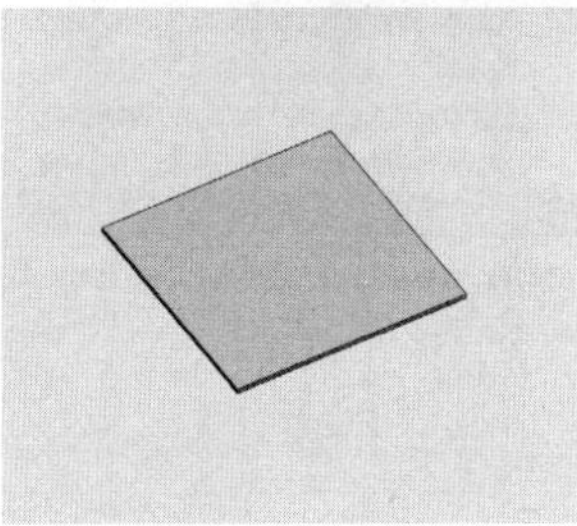 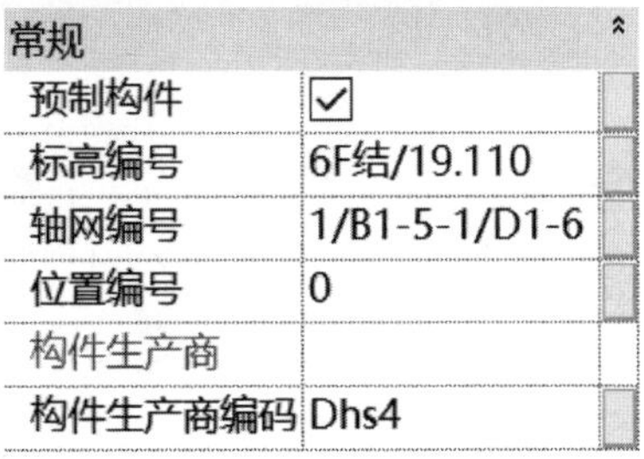 常规 预制构件 ☑ 标高编号 6F结/19.110 轴网编号 1/B1-5-1/D1-6 位置编号 0 构件生产商 构件生产商编码 Dhs4

续表

实施阶段	应用分项	详细描述
施工图设计	应用目标	以项目初步设计阶段 BIM 模型为基础，继续深化各专业 BIM 模型，生成并导出相关图纸成果，并将 BIM 模型信息与平台对接
	应用内容	(1)以初步 BIM 模型为基础，不断深化相关专业模型，并建立业主与 BIM 团队稳定的交流机制； (2)依据 BIM 模型生成的碰撞检测报告，与业主协商优化设计，确定最终项目方案； (3)BIM 模型生成并导出建筑、结构专业的施工图与节点详图，提交给业主； (4)基于 BIM 模型，导出相关明细统计表，可以进行一个初步的算量工作，便于设计师更好地把控项目； (5)将 BIM 模型信息上传至南京平台，形成对项目预制构件的平台化管理
	相关成果	(1)深化各专业 BIM 模型，创建相关专业施工图与节点详图 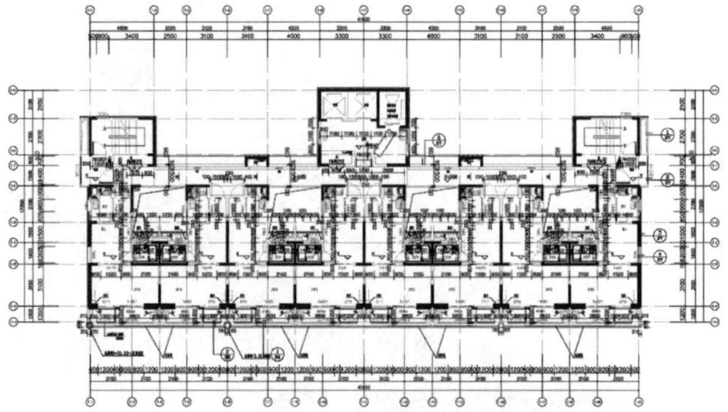 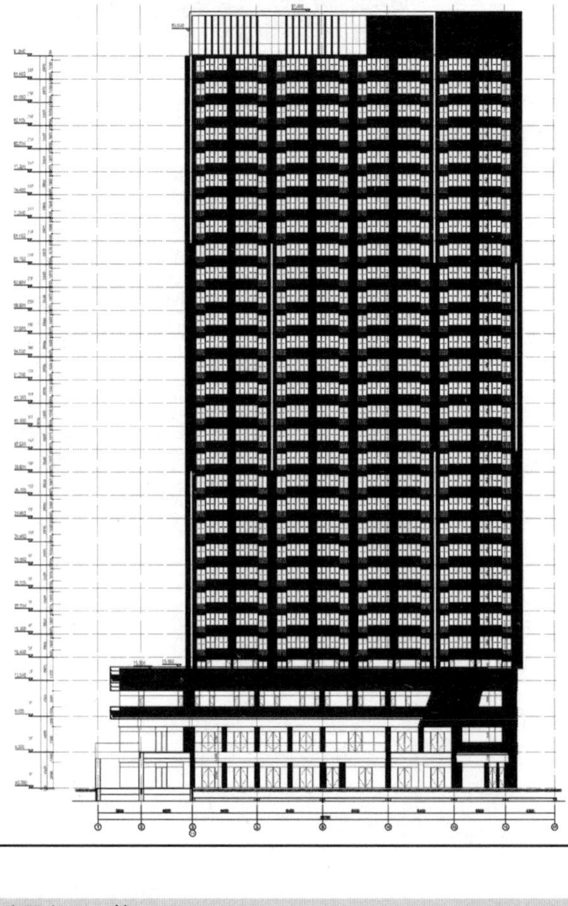

续表

实施阶段	应用分项	详细描述
施工图设计	相关成果	(2)BIM模型生成相关明细统计表

(2)BIM模型生成相关明细统计表

族类型名称	面积(如果适用)	体积	长度(x)	宽度(y)	高度(z)	构件主类	构件分类	标高编号	轴网编号	位置编号
预制阳台隔板-150cm(外部)	1.36	0.2	0.15	1.3	1.13	外围护系统	阳台板(WWH-YTB)	5F结/16.320	1/1-A1-1-1-A1-2	0
预制阳台隔板-150cm(外部)	3.1	0.46	2.815	0.15	1.13	外围护系统	阳台板(WWH-YTB)	5F结/16.320	1/1-A1-1-1-A1-3	0
预制阳台隔板-150cm(外部)	1.36	0.2	0.15	1.3	1.13	外围护系统	阳台板(WWH-YTB)	5F结/16.320	1/1-A1-5-1-A1-6	0
预制阳台隔板-150cm(外部)	3.1	0.46	2.815	0.15	1.13	外围护系统	阳台板(WWH-YTB)	5F结/16.320	1/1-A1-4-1-A1-6	0
预制阳台隔板-150cm(外部)	1.36	0.2	0.15	1.3	1.13	外围护系统	阳台板(WWH-YTB)	5F结/16.320	1/1-A1-10-1-A1-11	0
预制阳台隔板-150cm(外部)	3.1	0.46	2.815	0.15	1.13	外围护系统	阳台板(WWH-YTB)	5F结/16.320	1/1-A1-8-1-A1-11	0
预制阳台隔板-150cm(外部)	1.36	0.2	0.15	1.3	1.13	外围护系统	阳台板(WWH-YTB)	5F结/16.320	1/1-A1-6-1-A1-7	0
预制阳台隔板-150cm(外部)	3.1	0.46	2.815	0.15	1.13	外围护系统	阳台板(WWH-YTB)	5F结/16.320	1/1-A1-6-1-A1-8	0
预制阳台隔板-150cm(外部)	1.36	0.2	0.15	1.3	1.13	外围护系统	阳台板(WWH-YTB)	5F结/16.320	1/1-A1-20-1-A1-21	0
预制阳台隔板-150cm(外部)	3.1	0.46	2.815	0.15	1.13	外围护系统	阳台板(WWH-YTB)	5F结/16.320	1/1-A1-19-1-A1-21	0
预制阳台隔板-150cm(外部)	1.36	0.2	0.15	1.3	1.13	外围护系统	阳台板(WWH-YTB)	5F结/16.320	1/1-A1-16-1-A1-17	0
预制阳台隔板-150cm(外部)	3.1	0.46	2.815	0.15	1.13	外围护系统	阳台板(WWH-YTB)	5F结/16.320	1/1-A1-16-1-A1-18	0
预制阳台隔板-150cm(外部)	1.36	0.2	0.15	1.3	1.13	外围护系统	阳台板(WWH-YTB)	5F结/16.320	1/1-A1-11-1-A1-12	0
预制阳台隔板-150cm(外部)	3.1	0.46	2.815	0.15	1.13	外围护系统	阳台板(WWH-YTB)	5F结/16.320	1/1-A1-11-1-A1-14	0
预制阳台隔板-150cm(外部)	1.36	0.2	0.15	1.3	1.13	外围护系统	阳台板(WWH-YTB)	5F结/16.320	1/1-A1-15-1-A1-16	0
预制阳台隔板-150cm(外部)	3.1	0.46	2.815	0.15	1.13	外围护系统	阳台板(WWH-YTB)	5F结/16.320	1/1-A1-14-1-A1-16	0
预制阳台隔板-150cm(外部)	1.36	0.2	0.15	1.3	1.13	外围护系统	阳台板(WWH-YTB)	4F结/13.420	1/1-A1-1-1-A1-2	0
预制阳台隔板-150cm(外部)	3.1	0.46	2.815	0.15	1.13	外围护系统	阳台板(WWH-YTB)	4F结/13.420	1/1-A1-1-1-A1-3	0
预制阳台隔板-150cm(外部)	1.36	0.2	0.15	1.3	1.13	外围护系统	阳台板(WWH-YTB)	4F结/13.420	1/1-A1-5-1-A1-6	0
预制阳台隔板-150cm(外部)	3.1	0.46	2.815	0.15	1.13	外围护系统	阳台板(WWH-YTB)	4F结/13.420	1/1-A1-4-1-A1-6	0
预制阳台隔板-150cm(外部)	1.36	0.2	0.15	1.3	1.13	外围护系统	阳台板(WWH-YTB)	4F结/13.420	1/1-A1-10-1-A1-11	0
预制阳台隔板-150cm(外部)	3.1	0.46	2.815	0.15	1.13	外围护系统	阳台板(WWH-YTB)	4F结/13.420	1/1-A1-8-1-A1-11	0
预制阳台隔板-150cm(外部)	1.36	0.2	0.15	1.3	1.13	外围护系统	阳台板(WWH-YTB)	4F结/13.420	1/1-A1-6-1-A1-7	0
预制阳台隔板-150cm(外部)	3.1	0.46	2.815	0.15	1.13	外围护系统	阳台板(WWH-YTB)	4F结/13.420	1/1-A1-6-1-A1-8	0
预制阳台隔板-150cm(外部)	1.36	0.2	0.15	1.3	1.13	外围护系统	阳台板(WWH-YTB)	4F结/13.420	1/1-A1-20-1-A1-21	0
预制阳台隔板-150cm(外部)	3.1	0.46	2.815	0.15	1.13	外围护系统	阳台板(WWH-YTB)	4F结/13.420	1/1-A1-19-1-A1-21	0
预制阳台隔板-150cm(外部)	1.36	0.2	0.15	1.3	1.13	外围护系统	阳台板(WWH-YTB)	4F结/13.420	1/1-A1-16-1-A1-17	0
预制阳台隔板-150cm(外部)	3.1	0.46	2.815	0.15	1.13	外围护系统	阳台板(WWH-YTB)	4F结/13.420	1/1-A1-16-1-A1-18	0
预制阳台隔板-150cm(外部)	1.36	0.2	0.15	1.3	1.13	外围护系统	阳台板(WWH-YTB)	4F结/13.420	1/1-A1-11-1-A1-12	0
预制阳台隔板-150cm(外部)	3.1	0.46	2.815	0.15	1.13	外围护系统	阳台板(WWH-YTB)	4F结/13.420	1/1-A1-11-1-A1-14	0
预制阳台隔板-150cm(外部)	1.36	0.2	0.15	1.3	1.13	外围护系统	阳台板(WWH-YTB)	4F结/13.420	1/1-A1-15-1-A1-16	0
预制阳台隔板-150cm(外部)	3.1	0.46	2.815	0.15	1.13	外围护系统	阳台板(WWH-YTB)	4F结/13.420	1/1-A1-14-1-A1-16	0

(3)使用Revit插件导出BIM模型数据信息，并将其上传至南京平台

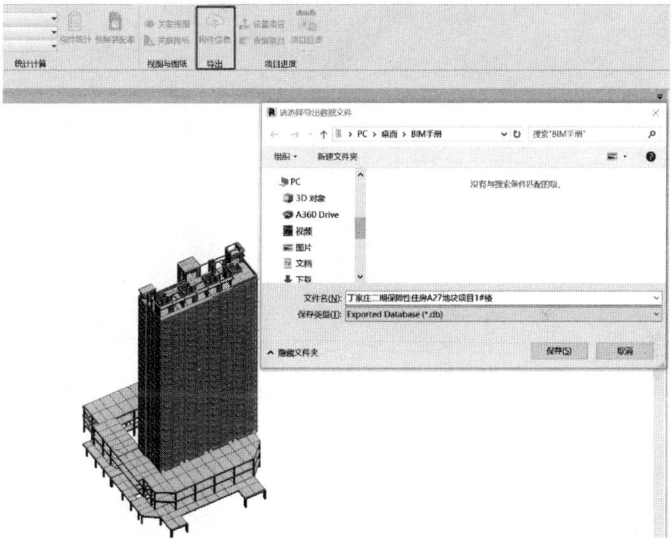

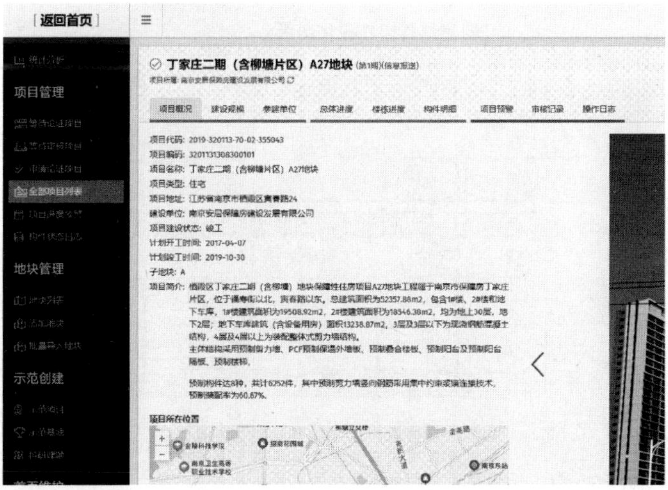

续表

实施阶段	应用分项	详细描述
构件深化设计	应用目标	在施工图深度基础上继续深化 BIM 模型，将相关成果与构件厂对接，达到模具生产与构件生产的要求
	应用内容	（1）深化 BIM 模型，生成构件加工级别的模型； （2）基于 BIM 模型，创建预制构件深化图纸
	相关成果	（1）预制构件深化模型 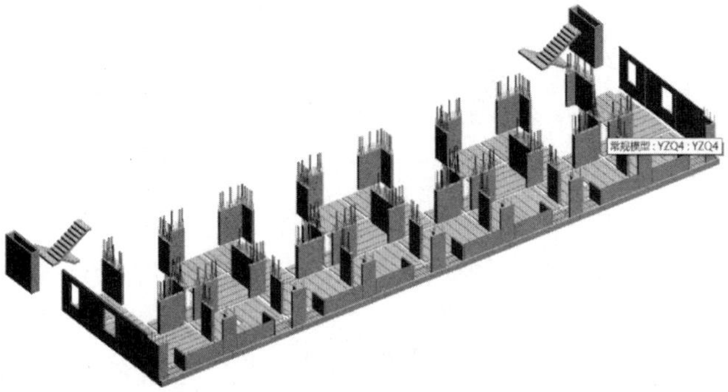 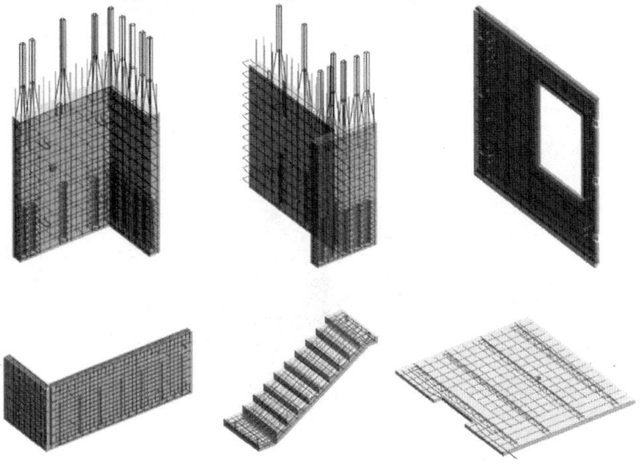 （2）创建预制构件深化图纸 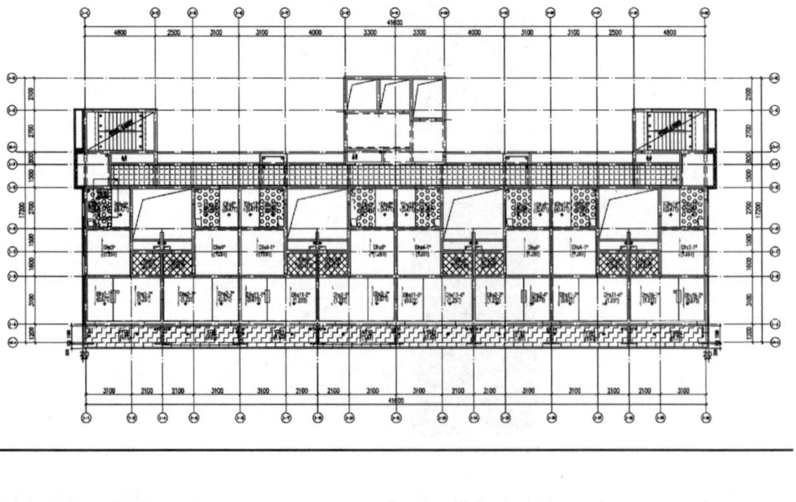

续表

实施阶段	应用分项	详细描述
构件深化设计	相关成果	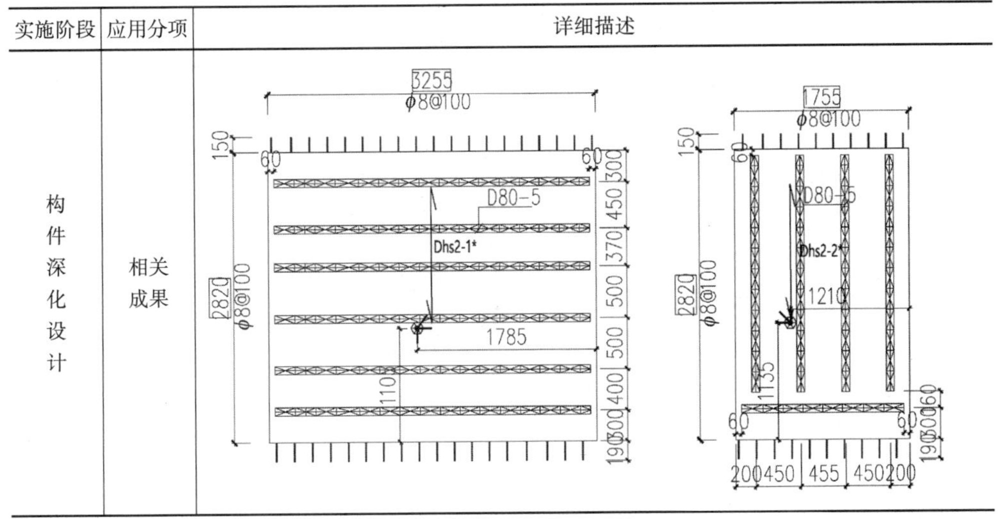

2.8.2　镇江恒大华府项目

1. 项目简介

镇江恒大华府项目总建筑面积 136086.91m^2，其中住宅建筑面积共 98998.22m^2。主体结构形式为装配整体式剪力墙结构，采用了预制叠合板、预制填充墙、预制剪力墙、预制飘窗、预制楼梯。

为保证项目质量、提高项目管理效率，本项目将 BIM 技术贯穿到设计、生产、施工三个阶段之中，充分发挥 BIM 的优势及作用，起到了良好的示范效应（图 2-14）。

图 2-14　项目效果图

2. 镇江恒大华府项目设计阶段 BIM 应用情况

项目 BIM 应用情况如表 2-73 所示。

镇江恒大华府项目设计阶段 BIM 应用情况汇总表　　表 2-73

<table>
<tr><th>实施阶段</th><th>应用分项</th><th>详细描述</th></tr>
<tr><td rowspan="3">施工图设计</td><td>应用目标</td><td>在施工图设计阶段，进入 BIM 实施应用，展开 BIM 模型搭建、构件重量分析、预制构件碰撞检查、问题报告汇总等相关工作</td></tr>
<tr><td>应用内容</td><td>依据项目工程图纸与建模规则的要求，创建施工图阶段 BIM 模型，包括建筑、结构、设备、预制构件等专业模型。
1. 构件数量统计；
2. 预制构件碰撞检查；
3. 预制构件预留洞口分析及优化；
4. 施工洞口、预留埋件分析及优化；
5. 辅助现场塔吊布置；
6. 深化出图</td></tr>
<tr><td>相关成果</td><td>1. 模型展示
2. 预制构件碰撞检查
预制构件碰撞检查表
<table>
<tr><th>楼栋号</th><th>叠合板</th><th>预制剪力墙</th><th>预制填充墙</th><th>预制飘窗</th><th>预制盖板</th><th>预制楼梯</th><th>预制栏板</th></tr>
<tr><td>17、19号楼</td><td>690</td><td>280</td><td>308</td><td>48</td><td>48</td><td>92</td><td>0</td></tr>
<tr><td>18号楼</td><td>1104</td><td>546</td><td>308</td><td>48</td><td>48</td><td>92</td><td>0</td></tr>
<tr><td>20、22号楼</td><td>920</td><td>440</td><td>276</td><td>176</td><td>176</td><td>92</td><td>92</td></tr>
<tr><td>21、23号楼</td><td>720</td><td>338</td><td>195</td><td>64</td><td>64</td><td>60</td><td>101</td></tr>
<tr><td>24号楼</td><td>874</td><td>560</td><td>276</td><td>96</td><td>96</td><td>92</td><td>88</td></tr>
<tr><td>25号楼</td><td>632</td><td>420</td><td>196</td><td>168</td><td>168</td><td>60</td><td>52</td></tr>
<tr><td>26号楼</td><td>894</td><td>588</td><td>252</td><td>288</td><td>288</td><td>92</td><td>88</td></tr>
</table></td></tr>
</table>

续表

实施阶段	应用分项	详细描述
施工图设计	相关成果	3. 预制构件数量统计 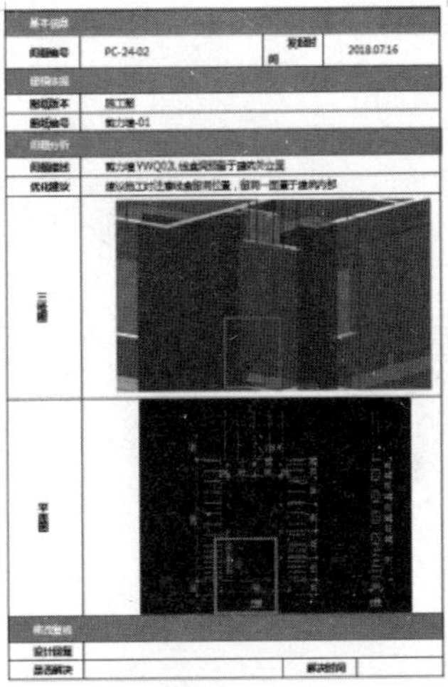 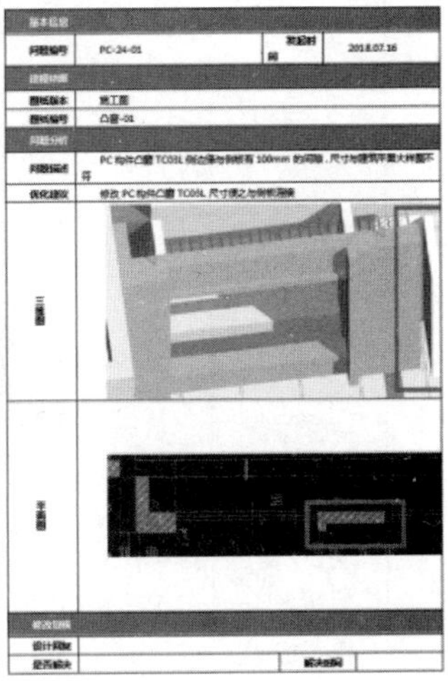 4. 预留洞口分析及优化 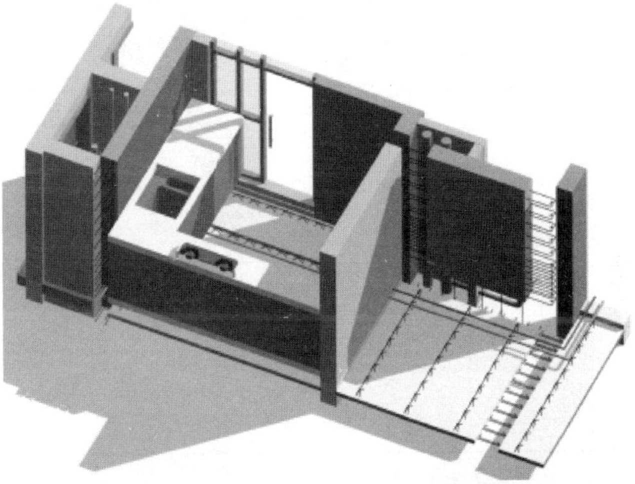 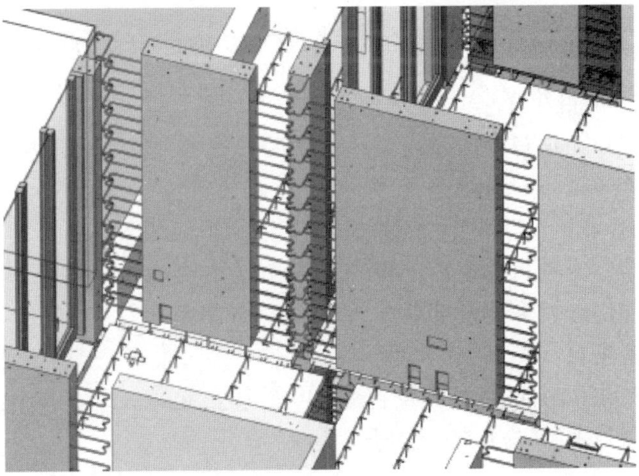

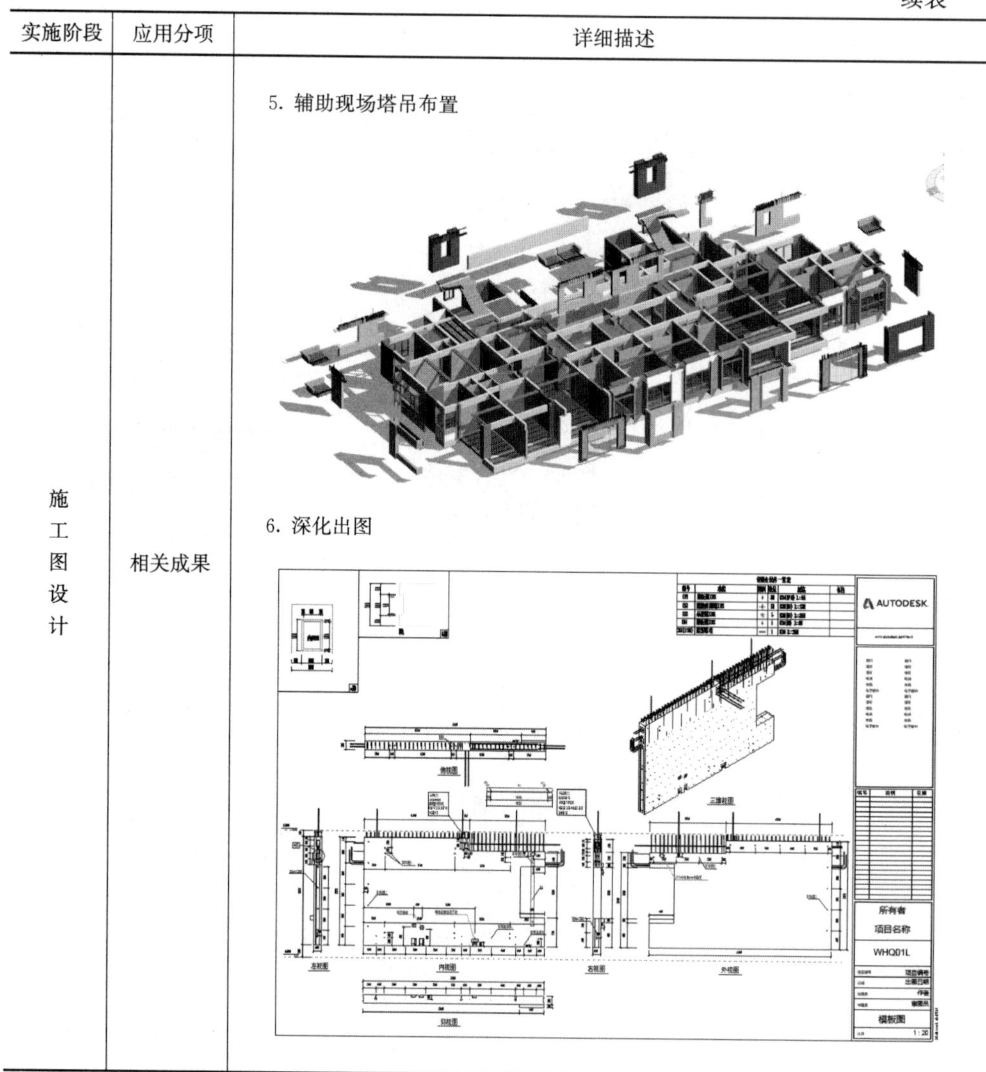

续表

实施阶段	应用分项	详细描述
施工图设计	相关成果	5. 辅助现场塔吊布置 6. 深化出图

2.8.3 禄口街道肖家山及省道340拆迁安置房（经济适用房）项目

1. 项目简介

禄口街道肖家山及省道340拆迁安置房（经济适用房）项目，位于南京市禄口大街东侧，永欣大道南侧，湖泰路西侧，肖山路北侧。项目总建筑面积为151961.46m^2，其中实施装配式建筑的范围为22栋，预制率为32.85%，装配率为64.1%。本项目也是江苏省内首家由设计院为主导的EPC工程总承包项目，同时也是住房和城乡建设部装配式建筑EPC示范项目和2018年度江苏省建筑产业现代化示范项目（图2-15）。

2. 禄口街道肖家山及省道340拆迁安置房（经济适用房）项目BIM应用情况

项目BIM应用情况如表2-74所示。

禄口中学（在建）
商业
禄
欣
大
道
湖
泰
路
口
大
肖
山
路
禄口街道肖家山及省道340拆迁安置房(经济适用房)项目1:1000

图 2-15　项目效果图

禄口肖家山及省道 340 拆迁安置房项目设计阶段 BIM 应用情况　　表 2-74

实施阶段		应用分项	详细描述
设计阶段	施工图设计	应用目标	在完成项目初步设计阶段的基础上，进入 BIM 施工图阶段设计应用，展开 BIM 建模工作
		应用内容	(1)依据项目设计意图与建模规则的要求，创建施工图 BIM 模型，包括建筑、结构专业模型。 (2)碰撞检查、净高分析，完成建筑专业施工图设计，并进行预制构件的深化设计
		相关成果	 全专业建模 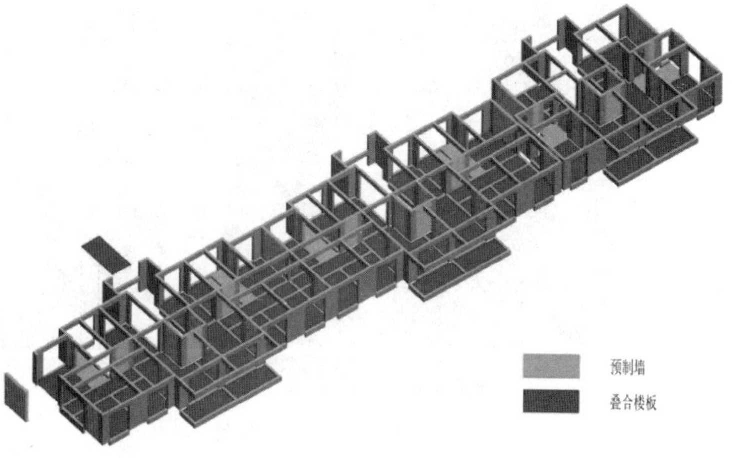 预制墙 叠合楼板

续表

实施阶段		应用分项	详细描述
设计阶段	施工图设计	相关成果	典型问题碰撞报告——地上机电 污水管与给水管发生碰撞　解决后

续表

实施阶段		应用分项	详细描述
设计阶段	施工图设计	相关成果	**设计优化** 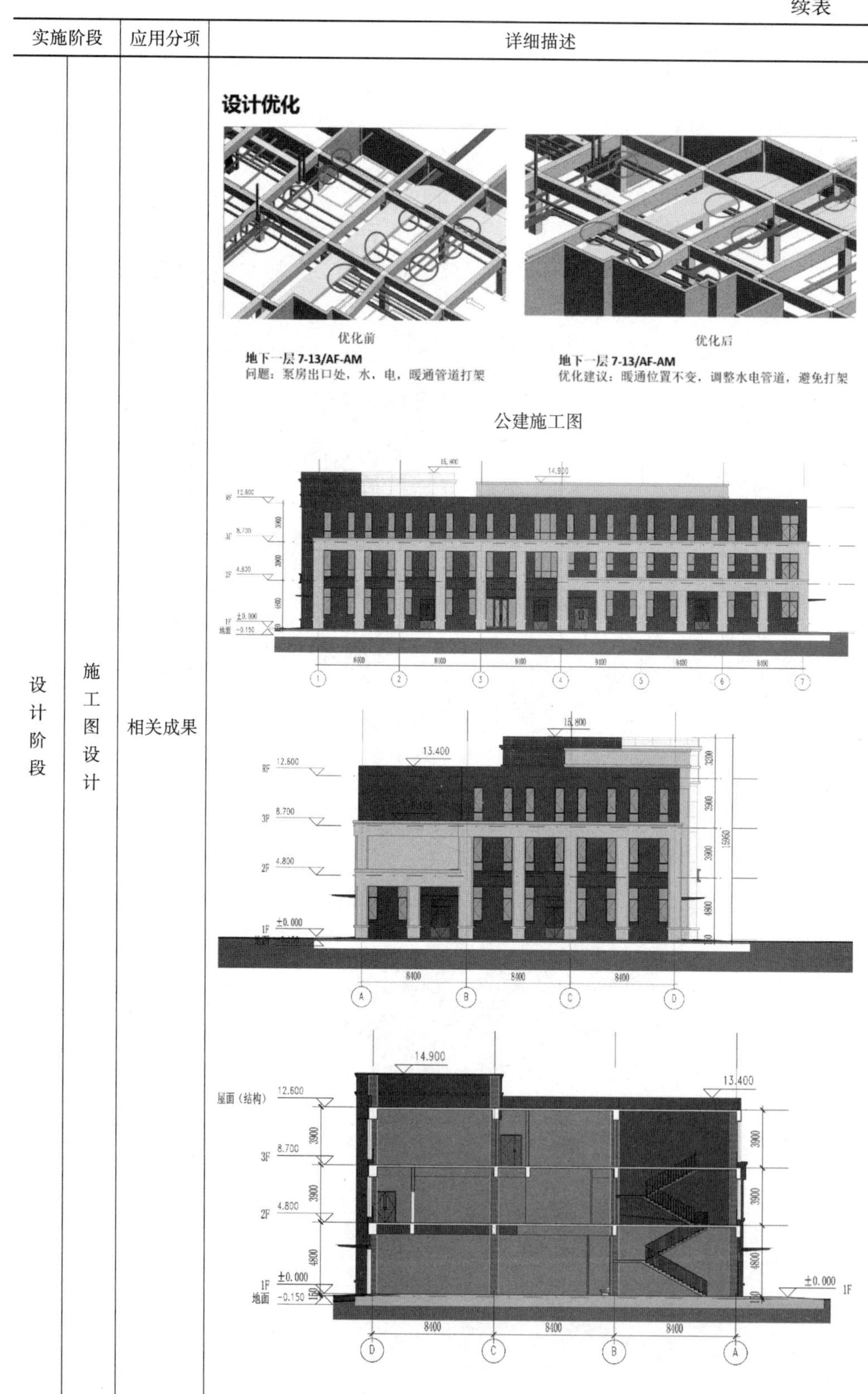 优化前 **地下一层 7-13/AF-AM** 问题：泵房出口处，水，电，暖通管道打架 优化后 **地下一层 7-13/AF-AM** 优化建议：暖通位置不变，调整水电管道，避免打架 公建施工图

续表

实施阶段		应用分项	详细描述
设计阶段	施工图设计	相关成果	 预制构件深化 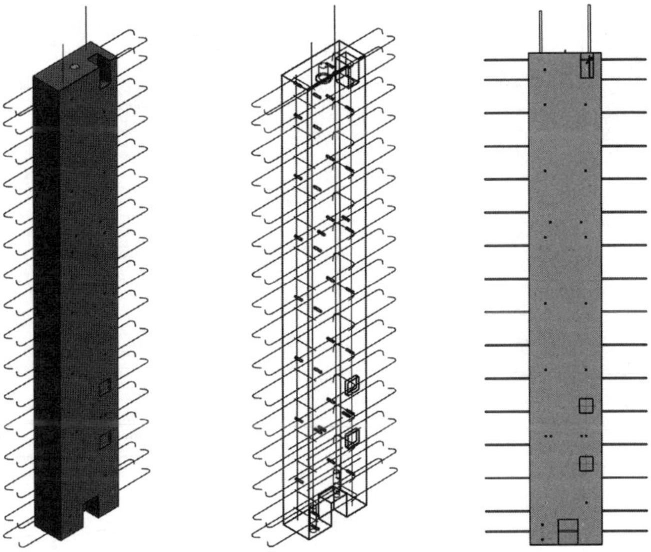 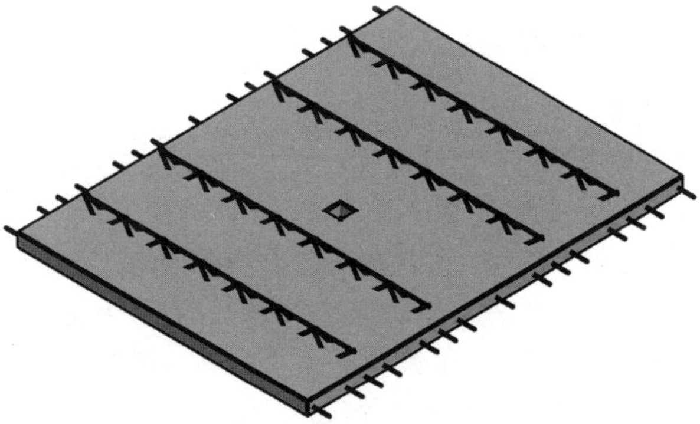

续表

实施阶段		应用分项	详细描述
设计阶段	施工图设计	相关成果	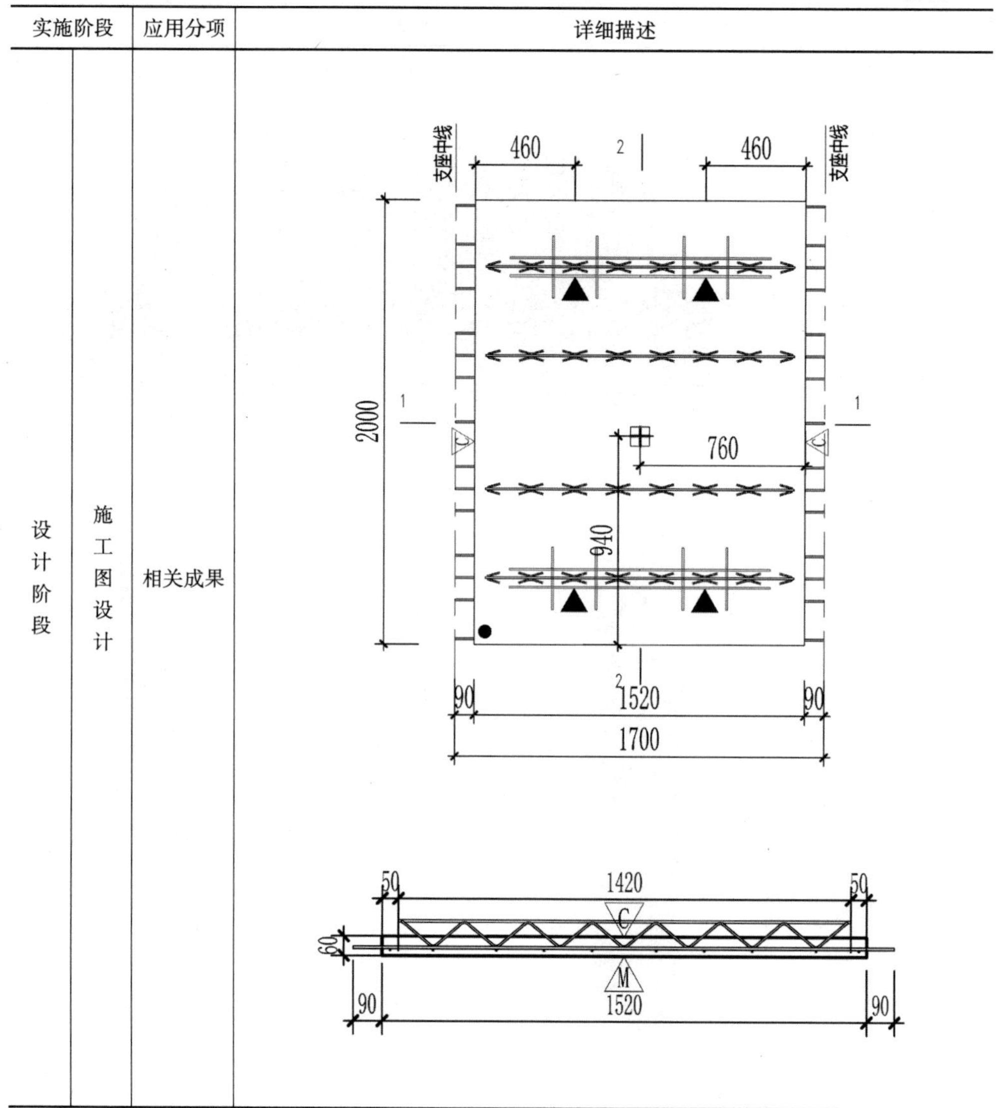

2.8.4　G22 地块项目

1. 项目简介

G22 地块项目位于上坊板块，属南部新城中青龙山国际生态新城片区，区域内多为安置房。周边目前仅有社区商业、巨诚超市，但距离江宁万达广场仅 3.8km（车程约 20min）。目前，片区内已有上坊小学及上坊中学，西侧规划小学预计为琅琊路分校，同时区域内还规划有 3 所小学、1 所中学、5 所幼儿园。周边还有江宁第二人民医院、江宁中医院等医疗资源配备（图 2-16）。

2. G22 地块项目 BIM 应用情况

项目 BIM 应用情况如表 2-75 所示。

图 2-16　项目效果图

G22 地块项目 BIM 应用情况　　表 2-75

实施阶段		应用分项	详细描述
设计阶段	施工图设计	应用目标	在完成项目初步设计阶段的基础上，进入 BIM 施工图阶段设计应用，展开 BIM 建模，完成预制率计算，出具预制率计算书的工作
		应用内容	（1）依据项目设计意图与建模规则的要求，创建施工图 BIM 模型，包括建筑、结构专业模型； （2）依据设计意图，分别创建预制构件模型
		相关成果	创建项目 Revit 结构模型，区分预制与非预制部分的建模，分别建立了预制楼梯、预制叠合板、预制阳台板及栏板、隔板的 Revit 构件模型

续表

<table>
<tr><th colspan="2">实施阶段</th><th>应用分项</th><th>详细描述</th></tr>
<tr><td>设计阶段</td><td>施工图设计</td><td>相关成果</td><td></td></tr>
<tr><td colspan="2" rowspan="3">生产阶段</td><td>应用目标</td><td>1. 在施工图确定的预制范围的基础上进行预制构件深化设计；
2. BIM 模型生成图纸，供总包和构件厂进行生产与构件的预埋预留</td></tr>
<tr><td>应用内容</td><td>1. 构件深化模型；
2. 预拼装校核构件深化设计</td></tr>
<tr><td>相关成果</td><td>1. 创建相应的预制构件（含钢筋板）</td></tr>
</table>

续表

实施阶段	应用分项	详细描述
生产阶段	相关成果	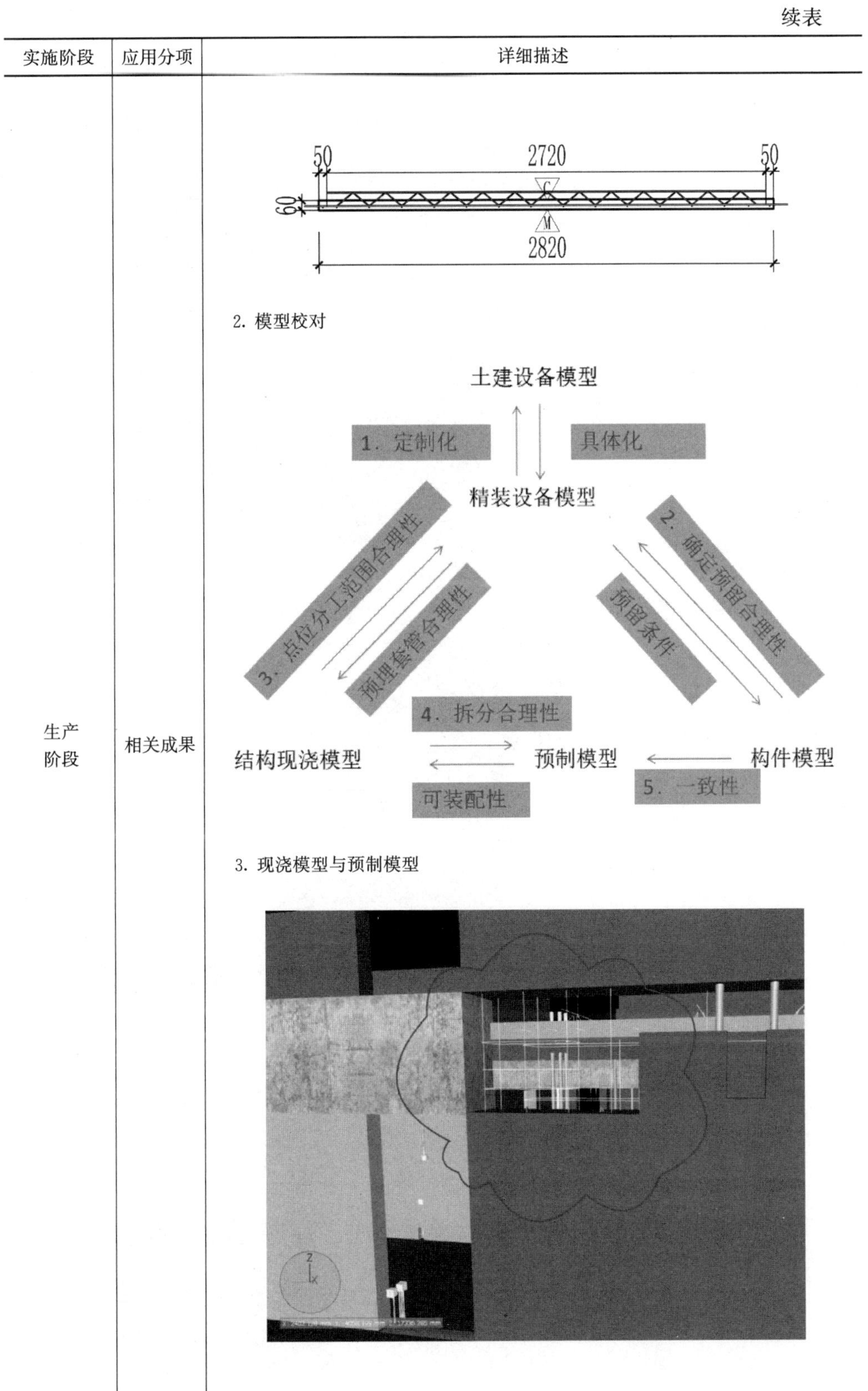 2. 模型校对 3. 现浇模型与预制模型

续表

实施阶段	应用分项	详细描述
生产阶段	相关成果	 4. 现浇模型与精装设备的校对  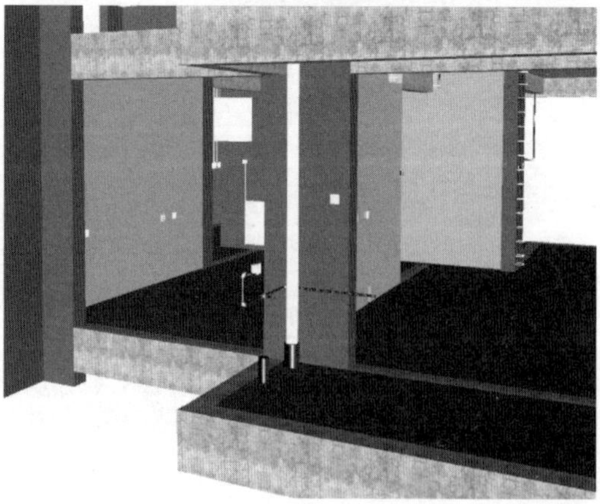

续表

实施阶段	应用分项	详细描述
生产阶段	相关成果	5. 出图 01装配式混凝土结构专项说明（一） La... 2018/4/2 16:26 WPS PDF 文档 2,277 KB 02装配式混凝土结构专项说明（二） La... 2018/4/2 16:27 WPS PDF 文档 1,960 KB 03节点详图（一） Layout1 (1).pdf 2018/4/2 16:31 WPS PDF 文档 1,034 KB 04节点详图（二） Layout1 (1).pdf 2018/4/2 16:46 WPS PDF 文档 704 KB 05工厂用预埋件 Model (1).pdf 2018/4/2 16:47 WPS PDF 文档 277 KB 6#板合并.pdf 2018/4/2 16:10 WPS PDF 文档 8,988 KB 6#楼目录.pdf 2018/4/2 16:54 WPS PDF 文档 256 KB 6#楼目录封面.pdf 2018/4/2 10:11 WPS PDF 文档 105 KB 6#墙合并.pdf 2018/4/2 15:46 WPS PDF 文档 27,398 KB 12#13#-YT1.pdf 2018/4/2 15:05 WPS PDF 文档 281 KB 12#13#-YT2.pdf 2018/4/2 15:17 WPS PDF 文档 467 KB GJ-A-01.pdf 2018/4/2 10:22 WPS PDF 文档 363 KB GJ-A-02.pdf 2018/4/2 10:22 WPS PDF 文档 355 KB P1、P2模板及配筋图.pdf 2018/4/2 14:41 WPS PDF 文档 265 KB P3模板及配筋图.pdf 2018/4/2 14:44 WPS PDF 文档 200 KB P4模板及配筋图.pdf 2018/4/2 14:45 WPS PDF 文档 185 KB P5模板及配筋图.pdf 2018/4/2 14:46 WPS PDF 文档 190 KB

2.9 本章小结

本章节主要是介绍 BIM 技术在装配式建筑设计阶段的应用，作为 BIM 技术应用于装配式建筑全流程的起始端，设计阶段的应用对后续阶段的应用起到统领引导的作用。首先，作为 BIM 应用的理论基础，提出基于“构件法”的构件分类与构件分件设计方法，并阐述了 BIM 与标准化、模块化设计的关系，在此基础上确定构件编码系统与建模规则；其次，在 BIM 应用前端确立协同设计方式与数据交换规则，并对项目进行 BIM 应用的整体技术策划；再者，对 BIM 技术在方案设计阶段、初步设计阶段、施工图设计阶段以及构件深化设计阶段的具体应用做详细描述；最后，设计阶段的 BIM 应用还需要包括建造模拟的相关内容，以及 BIM 集成化平台与 BIM 构件库的相关内容。

第三章　生产阶段 BIM 技术应用

【章节导读】

生产阶段的 BIM 技术应用主要介绍装配式建筑构件工艺设计之后，与制造工厂数据通信以及转换的方式，详细阐述了制造工厂信息模型应用及生产类管理平台应用方法。该章节首先从生产阶段导入的基本条件进行介绍，通过对导入条件的图纸、模型以及信息（物料清单）的导入内容进行阐述，介绍了模具及工装设计方法，信息在工艺生产方案中的应用情况，以及模型与工厂智能化设备联动的信息化的管理方式，最后介绍信息在具体生产执行及物流转运中的应用方法（表 3-1）。

生产阶段 BIM 技术应用章节框架索引及概要表　　表 3-1

<table>
<tr><th colspan="2">二级标题</th><th rowspan="2">二级表格索引</th><th colspan="2">三级标题</th><th rowspan="2">三级表格索引</th></tr>
<tr><th>题名</th><th>概要</th><th>题名</th><th>概要</th></tr>
<tr><td colspan="2" rowspan="7">3.1　导入条件</td><td rowspan="7">表 3-2　导入条件章节索引及描述表</td><td colspan="2">3.1.1　项目信息：装配式建筑构件生产所需的基础数据</td><td>表 3-3　项目导入信息表</td></tr>
<tr><td colspan="2" rowspan="4">3.1.2　图纸模型：介绍构件所需模型以及信息</td><td>表 3-4　模型分级及主要内容</td></tr>
<tr><td>表 3-5　基于 Solidworks 的构件模型建立方法表</td></tr>
<tr><td>表 3-6　工艺模型创建方法表</td></tr>
<tr><td>表 3-7　主数据信息内容表</td></tr>
<tr><td colspan="2">3.1.3　BOM：介绍生产过程重要的基础数据</td><td>表 3-8　BOM 表格实例</td></tr>
<tr style="display:none"></tr>
<tr><td colspan="2" rowspan="5">3.2　模具与工装</td><td rowspan="5">表 3-9　模具工装技术应用点索引表</td><td colspan="2" rowspan="4">3.2.1　模具设计：介绍模具设计方法</td><td>表 3-10　参数化模具设计的基础数据条件</td></tr>
<tr><td>表 3-11　模具物料库示意</td></tr>
<tr><td>表 3-12　无源参数化模具设计步骤（以叠合楼板为例）</td></tr>
<tr><td>表 3-13　有源参数化模具设计步骤（以预制墙板为例）</td></tr>
<tr><td colspan="2">3.2.2　工装选配及安拆：介绍模具的配置以及安装拆除方法的模拟</td><td>表 3-14　工装选配及安装流程（以预制墙板模具为例）</td></tr>
</table>

续表

二级标题		二级表格索引	三级标题		三级表格索引
题名	概要		题名	概要	
3.3 工艺方案		表 3-15 工艺方案技术应用点索引表	3.3.1 生产方案:介绍 BIM 技术在生产方案中的应用		表 3-16 工艺质量控制点表
					表 3-17 物料控制表
					表 3-18 模具计划需求表
					表 3-19 工装需求计划表
			3.3.2 生产线选择及生产布置:介绍生产线的特点及布置情况		表 3-20 生产线介绍表
					表 3-21 双循环流水线配置表
					表 3-22 固定台模线配置表
					表 3-23 人员配置表(人)
3.4 物料准备		表 3-27 物料准备技术应用点索引表	3.4.1 物料编码:介绍物料编码方式		表 3-25 物料编码基本分类表
					表 3-26 物料编码解释表
			3.4.2 物料 MES 管理:介绍物料的 MES 管理关系		/
3.5 生产执行		表 3-27 生产执行应用点索引表	3.5.1 生产流程:主要内容为使用 BIM 技术进行预制构件深化设计,形成构件生产信息模型和生成数据库,然后制订生产计划并进行生产		表 3-28 数据收集及导入生产执行表
					表 3-29 物料采购执行表
					表 3-30 生产计划生成执行表
					表 3-31 自动化生产执行表
			3.5.2 质量管理:介绍通过 RFID 技术对构件生产过程中的信息进行实时跟踪记录,并与生产管理系统互动,从而实现生产管理者对构件生产进行科学管控		表 3-32 生产过程管理执行表
					表 3-33 隐蔽质量管理流程表
					表 3-34 成品质量管理表
					表 3-35 芯片植入位置规范表
3.6 物流转运		表 3-36 物流转运 BIM 技术应用索引表	3.6.1 构件存放:根据构件数据库中提取相关参数确定构件存储位置、存储方式、存储工具,结合 RFID 技术将存储信息上传至管理系统		表 3-37 存储场地及存储辅料计算表
					表 3-38 存储工装及器具表
					表 3-39 各构件存储方式表
					表 3-40 存储管理表
					表 3-41 辅料操作及构件堆放流程表
			3.6.2 构件运输:介绍了运输架的设计、运输方式的选择以及运输路线的优化,结合管理系统做好构件运输记录		表 3-42 运输架设计表
					表 3-43 运输方式分类表
					表 3-44 预制构件合理运输距离分析表
					表 3-45 平台发货流程表

续表

<table>
<tr><th colspan="2">二级标题</th><th rowspan="2">二级表格索引</th><th colspan="2">三级标题</th><th rowspan="2">三级表格索引</th></tr>
<tr><th>题名</th><th>概要</th><th>题名</th><th>概要</th></tr>
<tr><td colspan="2" rowspan="2">3.7 生产阶段示范案例</td><td rowspan="2"></td><td colspan="2">3.7.1 南京市栖霞区丁家庄二期保障性住房A27地块项目：介绍BIM技术在A27项目生产阶段应用案例</td><td>表3-46 丁家庄保障性住房A27地块项目生产阶段BIM应用情况汇总表</td></tr>
<tr><td colspan="2">3.7.2 浦口树屋十六栋项目：介绍BIM技术在树屋十六栋项目施工阶段应用案例</td><td>表3-47 浦口树屋十六栋项目生产阶段BIM应用情况汇总表</td></tr>
<tr><td colspan="2" rowspan="3">3.8 附件</td><td></td><td colspan="2">3.8.1 物料库</td><td>表3-48 物料库示范表</td></tr>
<tr><td></td><td colspan="2">3.8.2 物料模型库</td><td>表3-49 物料模型库示范表</td></tr>
<tr><td></td><td colspan="2">3.8.3 模具库</td><td>表3-50 模具库示范表</td></tr>
</table>

3.1 导入条件

BIM技术在装配式建筑构件生产前期需要将生产所需的信息根据制造业的生产需求进行导入，导入的条件主要包含三个方面：项目信息、工艺图纸、生产物料清单（BOM），如表3-2所示。

导入条件章节索引及描述表 **表3-2**

<table>
<tr><th colspan="2">三级标题</th><th rowspan="2">三级表格索引</th><th rowspan="2">具体描述</th></tr>
<tr><th>题名</th><th>概要</th></tr>
<tr><td colspan="2">3.1.1 项目信息
装配式建筑构件生产所需的基础数据</td><td>表3-3 项目导入信息表</td><td>介绍了制造工厂生产所需的信息</td></tr>
<tr><td colspan="2" rowspan="4">3.1.2 图纸模型
介绍构件所需模型以及信息</td><td>表3-4 模型分级及主要内容</td><td>模型分级以及分级后的模型所包含的内容</td></tr>
<tr><td>表3-5 基于Solidworks的构件模型建立方法表</td><td>通过Solidworks建立构件模型的方法</td></tr>
<tr><td>表3-6 工艺模型创建方法表</td><td>通过Rhino建立工艺模型的方法</td></tr>
<tr><td>表3-7 主数据信息内容表</td><td>介绍不同类型模型所附带的信息如何进行配置以及与工厂生产的关系</td></tr>
<tr><td colspan="2">3.1.3 BOM
介绍生产过程重要的基础数据</td><td>表3-8 BOM表格实例</td><td>介绍物料清单与物料库以及物料清单与信息模型的关系</td></tr>
</table>

3.1.1 项目信息

导入项目信息是构件生产的必要条件，作为制造工厂，首先需要了解项目的基本信息，并由专人进行项目信息的收集与识别，并形成项目导入的信息表，如表3-3所示，其次针对导入的项目信息进行分析评估，判断是否能够满足后续生产需求以及是否能够满足导入项目的需求。

项目导入信息表 **表 3-3**

项目导入信息表					编号：	
					填表人：	
序号	项目信息内容	是否已收集	收集文件	责任人	收集时间	更新时间
1	项目规模					
2	构件类型					
3	装配时间					
4	装配顺序					
5	项目施工进度					
6	物流运输方式					
7	发运距离					
8	道路情况					

具有客户关系管理系统（CRM）或者制造生产执行系统（MES）的构件生产企业，构件导入的信息形式通常为表单，其基本导入内容与表 3-3 类似。

下面以某构件生产企业的信息化管理系统中“市场拓展”模块作为案例进行说明。市场拓展模块的入口为客户，在系统中需要先建立客户库，再通过市场人员对客户关系的数据与信息进行维护（图 3-1、图 3-2）。

图 3-1 客户关系维护流程

图 3-2 市场拓展模块

客户库以及企业库是提供项目清单的基础，也是提供装配式项目信息导入的条件。信息化的方式实现项目的信息导入，如图 3-3 所示。

该平台并非仅为构件制造服务，因此在导入信息中还包含了项目设计、施工等信息。完成项目信息导入后，为了满足构件的生产需要，还需要进行图纸模型、物料清单（BOM）的导入。

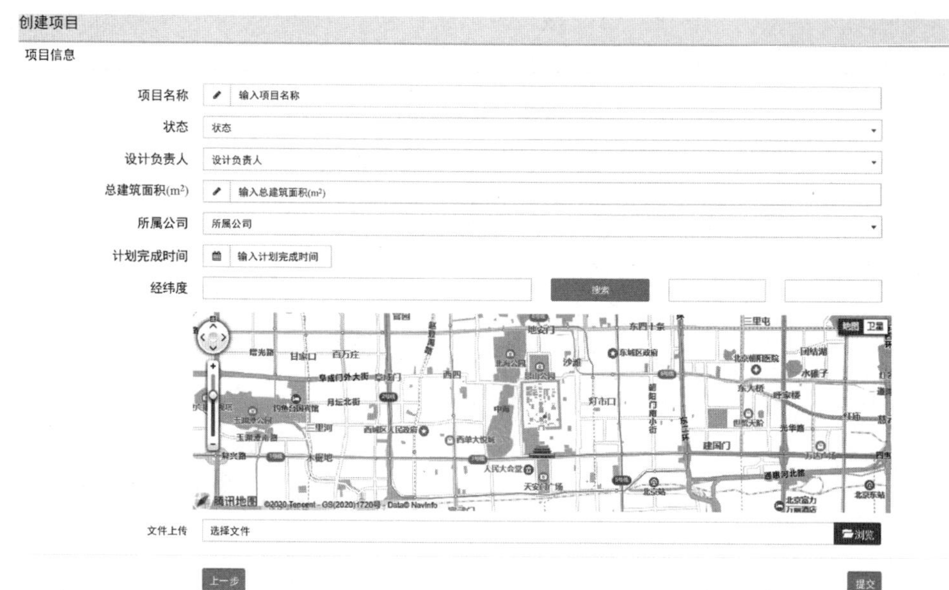

图 3-3　信息化平台创建项目表单

3.1.2　图纸模型

装配式构件信息模型的设计，首先要提供高精度的生产模型，而图纸和物料清单是通过模型导出的附属产物。在本手册 1.3 章节对装配式建筑的信息模型已作了详细的辨析。本章节主要介绍信息模型在构件生产阶段应用的基本条件。

1. 模型

装配式建筑构件工艺图纸，通常的理解仅仅是平面化的图纸。在生产阶段平面化的图纸所反映的信息是不够的，因此应以模型为主导，其他附属图纸、信息、清单等作为模型附件，由模型自动获取。因此，对原有信息模型的要求不仅是提供通常意义上的建筑或者结构模型，而需要提供更精细的模型。

由美国建筑师协会（AIA）提出的建筑信息模型（BIM）的建筑模型细致程度标准，英文称为 Level of Details 或者 Level of Development，简称 LOD，就是描述了一个模型单元从最低级的近似概念化程度到加工以及竣工交付的模型标准。LOD 从 100～500 分为 5 个级别，如表 1-17 所示。

LOD 模型分级标准帮我们理解不同模型在建筑的生命周期中的应用阶段，也是 BIM 设计中建模的基本标准。从表 1-17 中我们可以看到，装配式建筑的构件工艺生产过程中所需的模型为加工模型，即 LOD400 的标准。

在 LOD 标准的基础上，根据实际装配式建筑构件设计生产施工中的经验总结，我们将装配式建筑的模型分为三种类型，即建筑模型、构件模型、工艺模型，如图 3-4 所示，为模型之间的关系。

图 3-4　模型之间的关系

（1）模型精细度评价标准

装配式建筑构件的工艺模型即反映生成工艺的模型，同时包含构件的所有生成所需信息、模型实体，可以通过该模型满足图纸生产、信息生成、生产组织及生产模拟的需求。

工艺模型在 LOD 的标准中应为 LOD400，而 LOD 的标准模型标准是通过 100 发展到 500 的过程。装配式构件工艺模型如果按 100 发展到 400 的发展迭代过程，其工作量非常大，所以我们需要换一种设计思路。对于装配式建筑而言，其基础是建筑的构件。LOD 的设计起点是形体与体量，而装配式建筑的设计起点应该是建筑构件，再将这些构件装配为建筑。因此，在建立工艺模型之前需要先建立构件模型，装配式建筑的构件模型就是预制构件模型，在构件模型的基础上再去创建工艺模型，如表 3-4 所示，根据装配式建筑的模型分级方法进行详细的内容介绍。

模型分级及主要内容 **表 3-4**

名称	二级分类	主要内容
构件模型	预制模型	预制混凝土梁柱板等构件模型
	现浇模型	现浇混凝土模型
	成品部件模型	成品厨卫、栏杆、板材等
	设备模型	电气、暖通、给水排水等设备模型
工艺模型	钢筋模型	预制或者现浇钢筋模型
	预埋件模型	预制或者现浇构件中的预埋件模型
	物料模型	混凝土、保温层等物料模型
建筑模型	构件模型	所有构件模型的模型内容
	其他模型	其他根据需要建立模型

（2）构件模型

广义而言，包括建筑的所有，甚至建筑本身对于城市也是一个建筑构件。狭义的构件模型，仅指建筑中包含的各类可以进行构件化的构件模型。对于装配式建筑，预制构件、现浇构件、钢结构构件、设备构件等，这些构件装配为建筑。如图 3-5 所示以预制构件为例对构件模型进行说明：

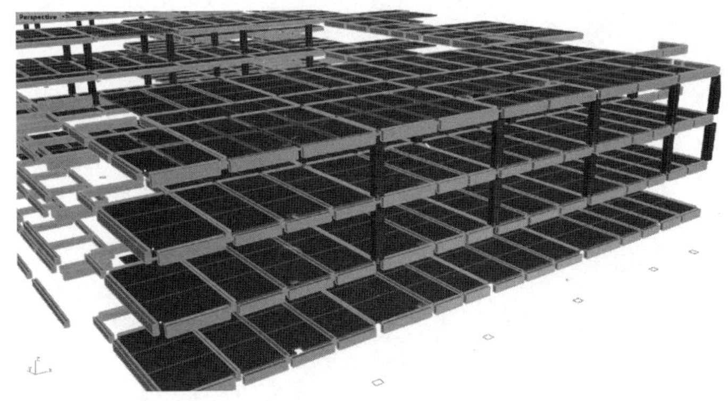

图 3-5　构件模型图

如图 3-5 所示，为 Solidworks 建立的预制墙板的构件模型，该模型中包含：墙体模型、外页模型、内部暗梁、暗柱模型等。

在介绍建立构件模型之前先解释关于坐标系的设置，我们所在的实际世界有很多标准的坐标系，在虚拟的模型空间内也存在很多种坐标系，模拟空间的坐标系主要有两种坐标系，一种为世界坐标系，另一种为本地坐标系，如图 3-6 所示。这两种坐标系我们都需要用到，还需要理解的一个概念，在模拟环境中，世界坐标系有一个原点，标识原点的 xyz 坐标，在顶视图我们可以看到 xy 坐标。根据实际构件模型建立的方法，以及实际生活体验，我们总结了构件模型建立的“第四象限原理”，如图 3-7 所示。该方法可以实现构件模型的本地坐标系和世界坐标系的原点融合，为后续建立装配体提供基础。下面结合常用预制构件的构件模型建立方法进行进一步解释。

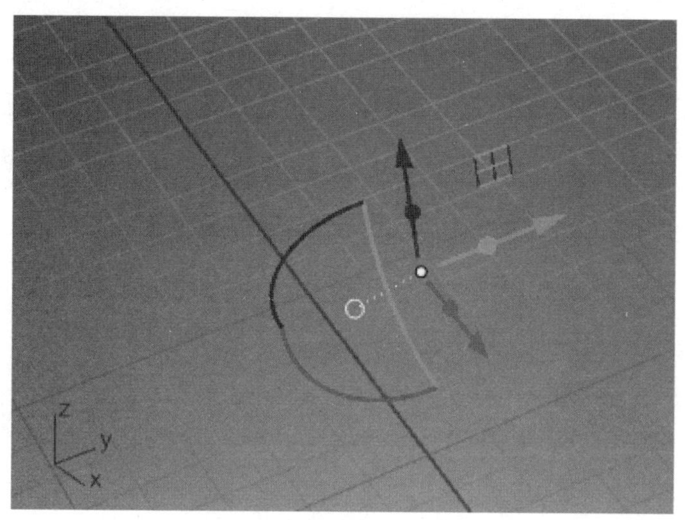

图 3-6　世界坐标系和本地坐标系

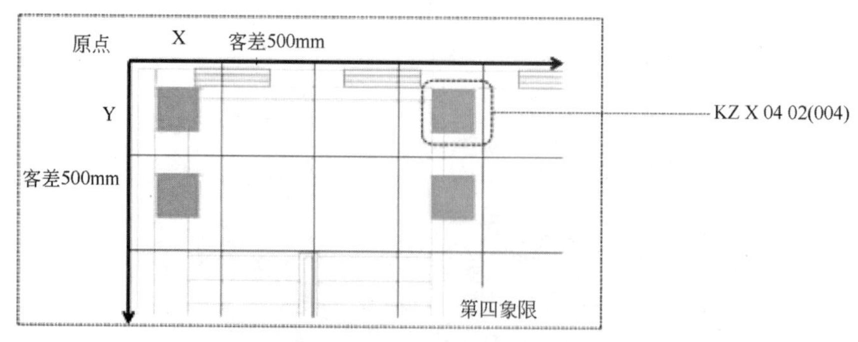

图 3-7　“第四象限”编码方式示意

基于不同构件相同的创建方法通过与前端设计模型的对接形成构件模型创建流程，如图 3-8 所示。

构件包含预制构件和现浇构件，其构件模型建立方式相似，而对于装配式建筑

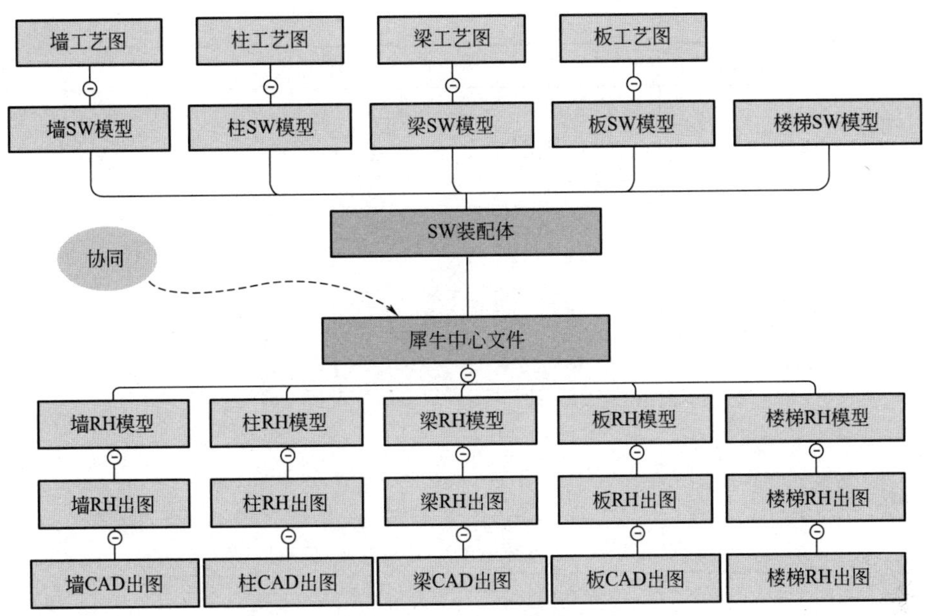

图 3-8　构件模型创建流程图

生产环节，主要是针对预制构件的构件模型建立方法进行介绍。

首先需要在 xy 坐标系中建立矩形并限位，通过一定的操作建立实体，初始模型建立完成。其后需要将模型根据设计进行裁剪，比如缺口、倒角等。建立的构件模型保存为零件。

在建立单独一块预制构件的 Solidworks 零件体模型的过程中，需要注意必须把原点设立在草图的中心点位置。

如表 3-5 所示，详细介绍了多种预制构件建立方法。

基于 Solidworks 的构件模型建立方法表　　**表 3-5**

构件类型	建立步骤	图示说明
楼板	创建构件模型	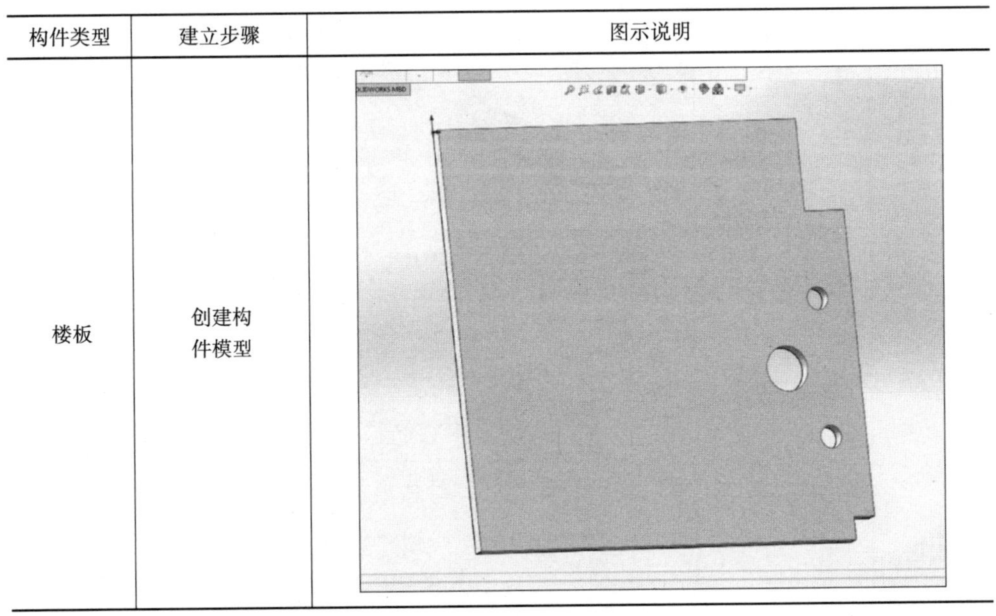

续表

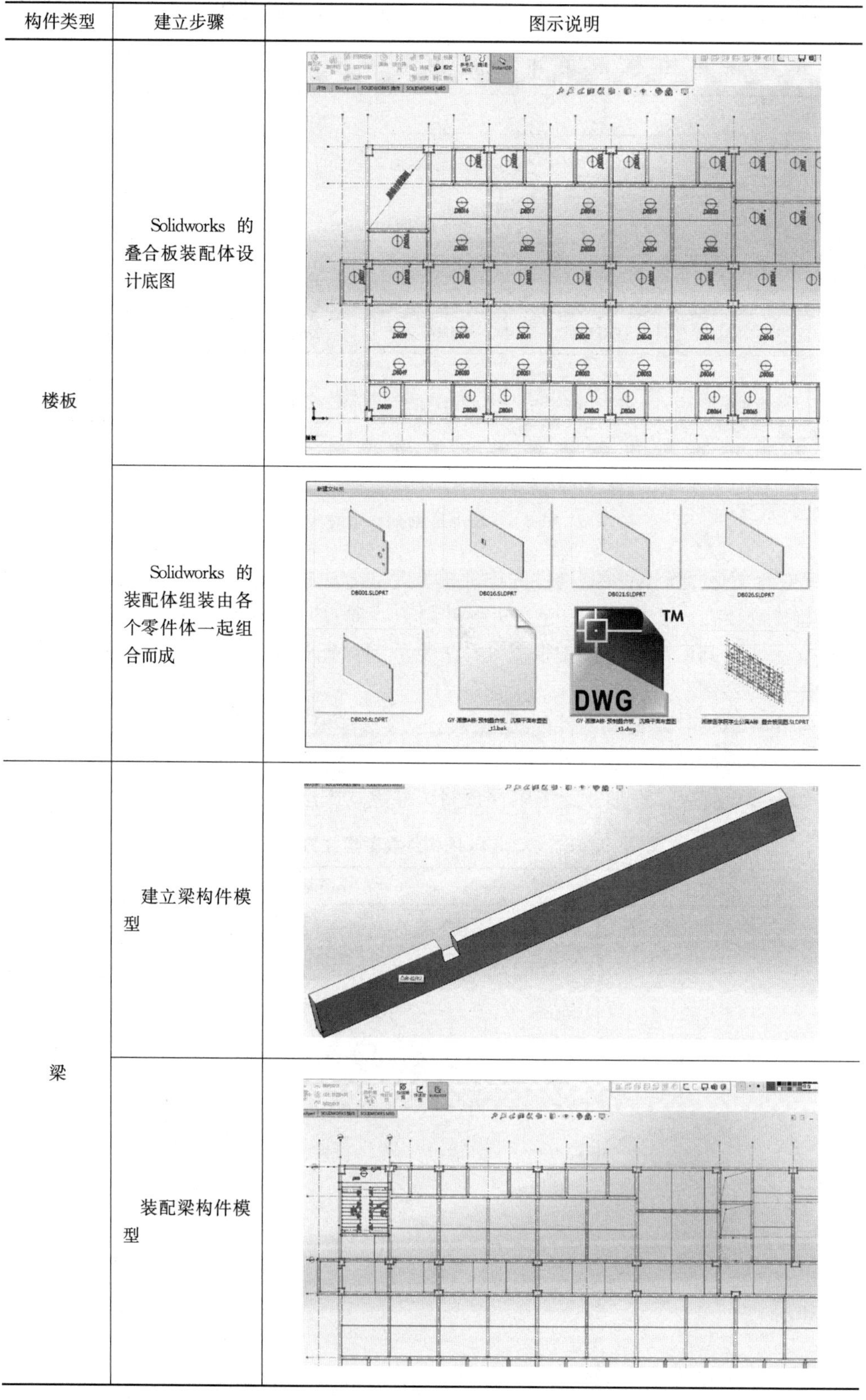

构件类型	建立步骤	图示说明
楼板	Solidworks 的叠合板装配体设计底图	
	Solidworks 的装配体组装由各个零件体一起组合而成	
梁	建立梁构件模型	
	装配梁构件模型	

续表

构件类型	建立步骤	图示说明
梁	装配为装配体	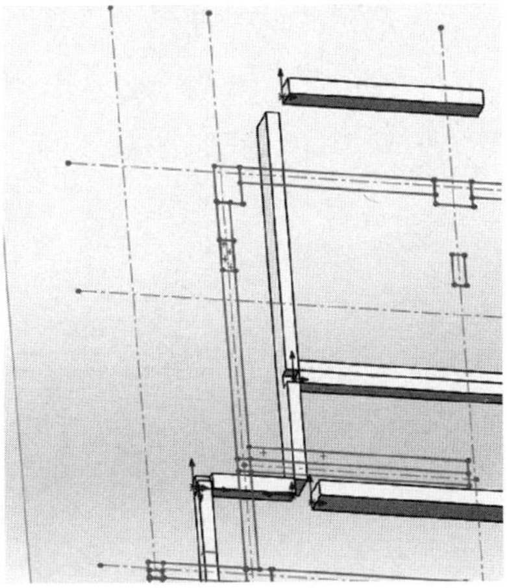
墙	建立 Solidworks 墙板零件	
	建立墙板底图零件	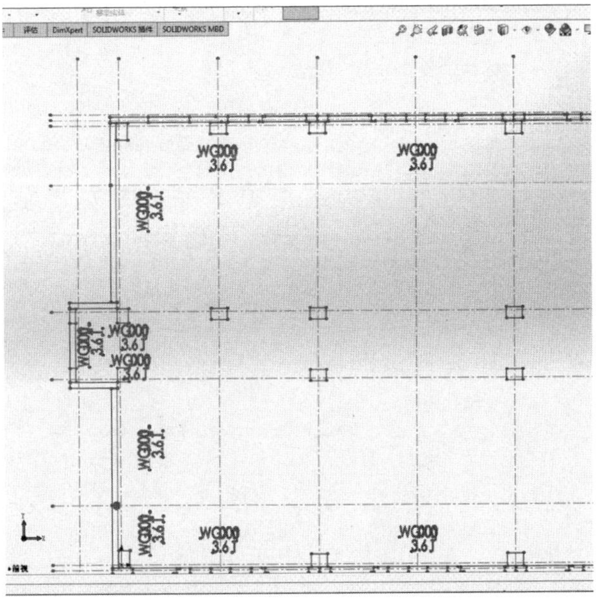

续表

构件类型	建立步骤	图示说明
墙	建立 Solid-works 的装配体组装由各个零件体一起组合而成	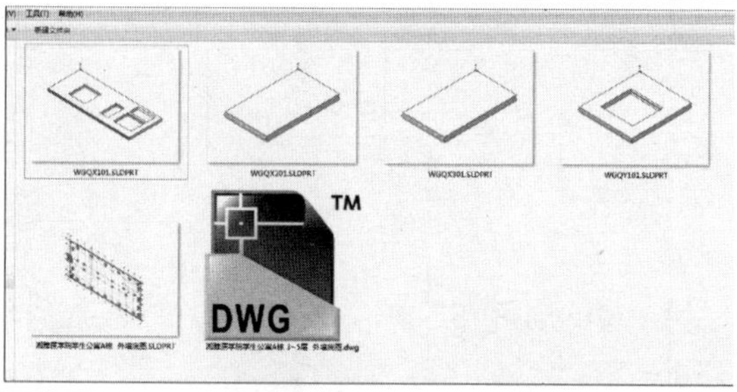
	以底图零件装配模型实体	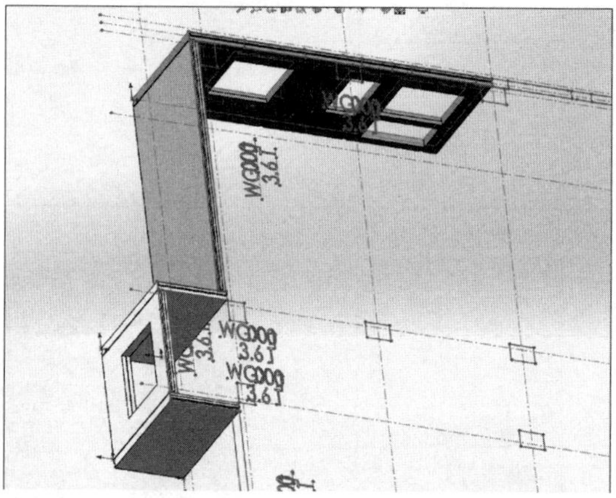
柱	构件柱模型的建立是基于前视图，并将构件创建在第四象限并选择绘制平面	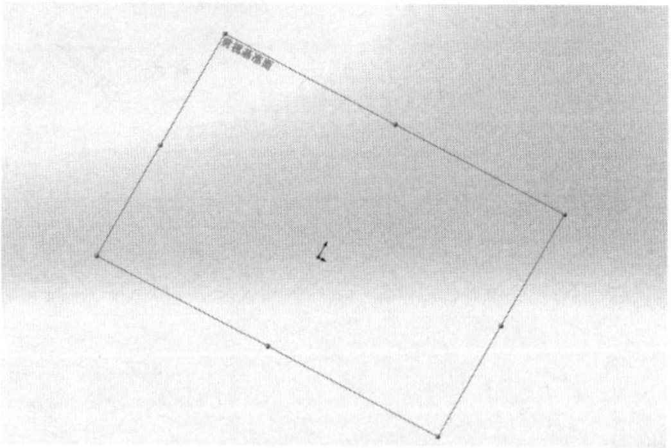
	创建矩形	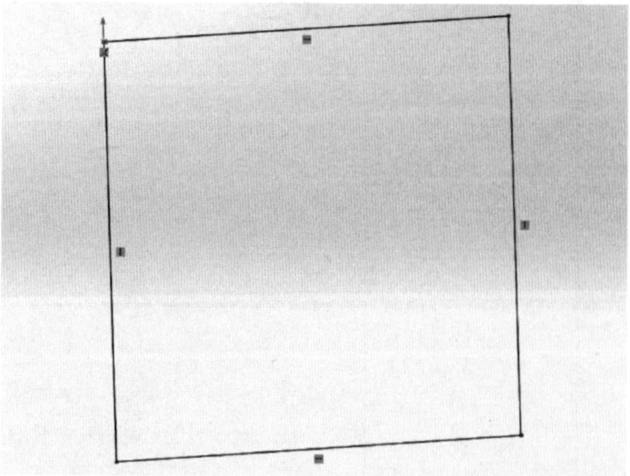

续表

构件类型	建立步骤	图示说明
柱	设计矩形的尺寸	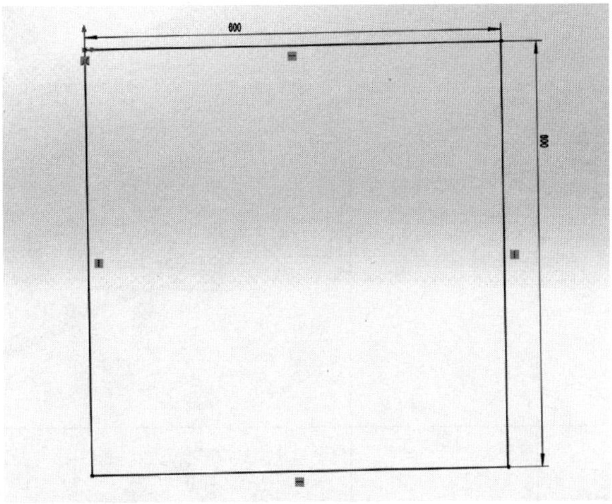
	建立拉伸凸体	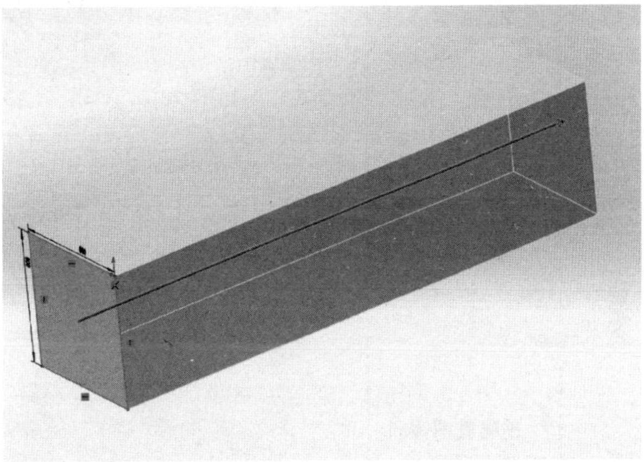
	创建底图零件	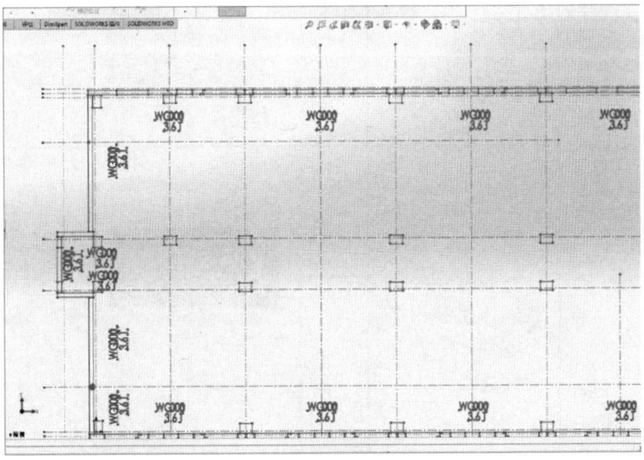

续表

构件类型	建立步骤	图示说明
柱	最终进行构件柱装配体搭建	
楼梯	建立楼梯零件模型	
	创建底图零件模型	
	Solidworks 的装配体组装由各个零件体一起组合而成	

续表

构件类型	建立步骤	图示说明
楼梯	装配为局部单元	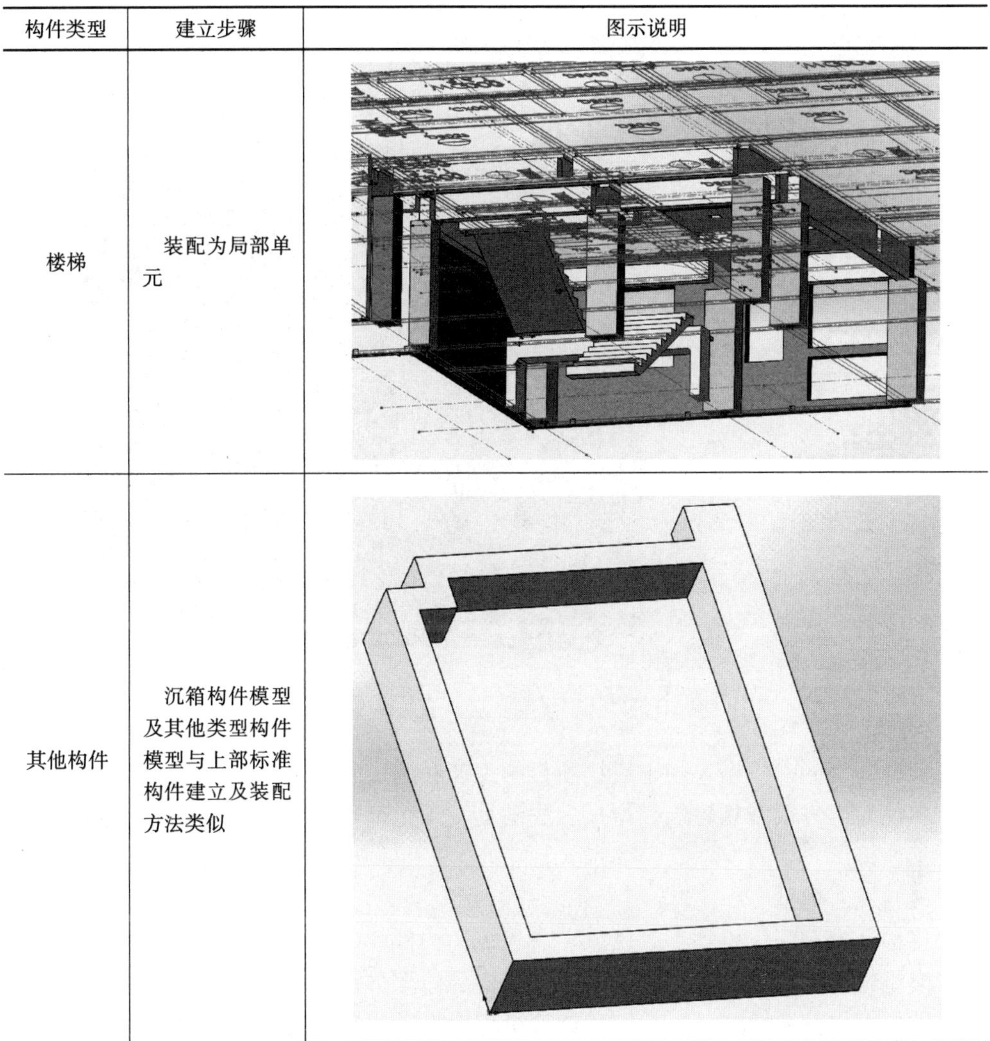
其他构件	沉箱构件模型及其他类型构件模型与上部标准构件建立及装配方法类似	

Solidworks 的总装配体设计，由结构图纸平面布置图经过删减和优化形成装配体底图，把每一个构件建立成一个零件体，然后在装配体当中进行约束、定位，形成一个建筑部件的完整装配体；再在各装配体的基础上形成一个总装配体，即建筑模型。

（3）建筑模型

在建立所有的构件模型后需要将零件模型进行装配，装配成建筑整体，对于装配式建筑而言主要就是预制构件的装配，对于其他构件而言也有现浇装配体以及设备装配体等，如图 3-9 所示，为装配完成的建筑装配体。

在构件模型中已做说明，在建立建筑模型之前需要以原来装配式施工图底图的零件为基准进行装配。

建筑模型需要在 Solidworks 中进行构件模型之间的检查工作。本节所介绍的建筑模型其本质其实是由构件模型装配而成的建筑模型，与设计章节中最终进入施工

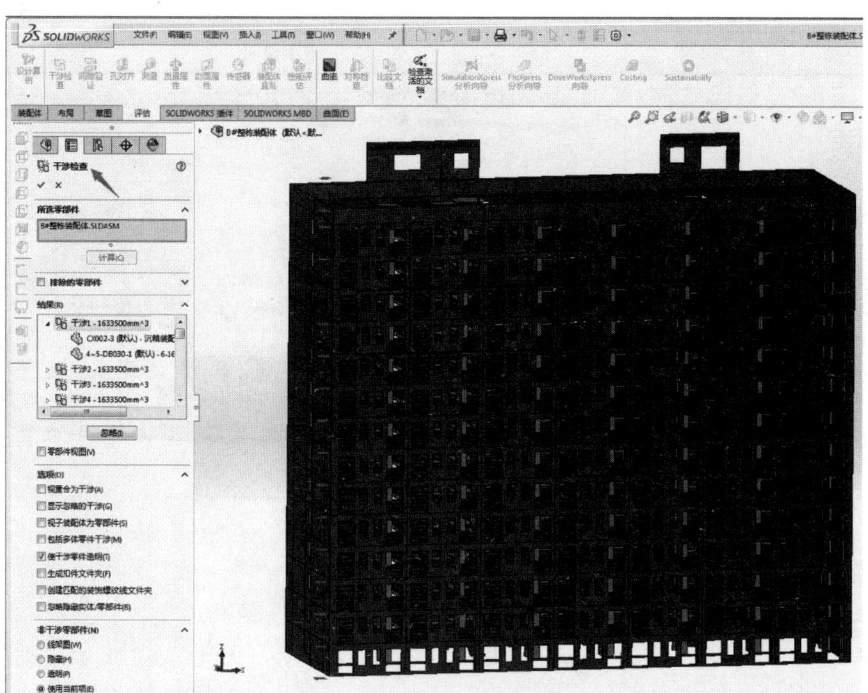

图 3-9　装配完成的建筑模型

的模型合并为同一模型，用于后续项目的生产和施工管理。

单纯的构件模型和建筑模型是无法满足工厂生产需要的，因此需要更精细的加工级工艺模型。

（4）工艺模型

将构件模型深化得到工艺模型，对建筑的构件模型进一步加工，得到满足生产所需模型精细度要求的工艺模型。工艺模型的建立方法通常有两种方法，一种是通过构件模型进行属性定义，并应用计算机程序自动进行创建；另一种就是通过手动创建。

相对比较快捷自动建立工艺模型的方式是通过参数化程序进行搭建，可以进行参数化设计的设计软件非常多，编程方式简单且快捷的有 Rhino 的 Grasshopper、Revit 的 Dynomo 等，这两款软件都可以实现构件工艺模型的自动化建立。本手册主要介绍通过 Rhino 的参数化设计软件的工艺模型搭建逻辑实现自动工艺模型建立的方法。建立的方式是通过 Rhino 中提供的参数化设计程序进行搭建，并实现模型以及属性的自动附着。

Rhino 软件具备开放的接口，我们在 Solidworks 中装配而成的装配体可以通过导出 Step 格式导入 Rhino 软件中，下面将对以上常用的六种构件建立构件工艺模型程序进行详细介绍。

在建立工艺模型之前需要将建筑模型进行前处理，其目的是对构件模型进行复用关系判断、自动编号、附着信息、构件清单以及平台数据上传等处理，如图 3-10 所示，并形成后续工艺模型生成的基本条件。

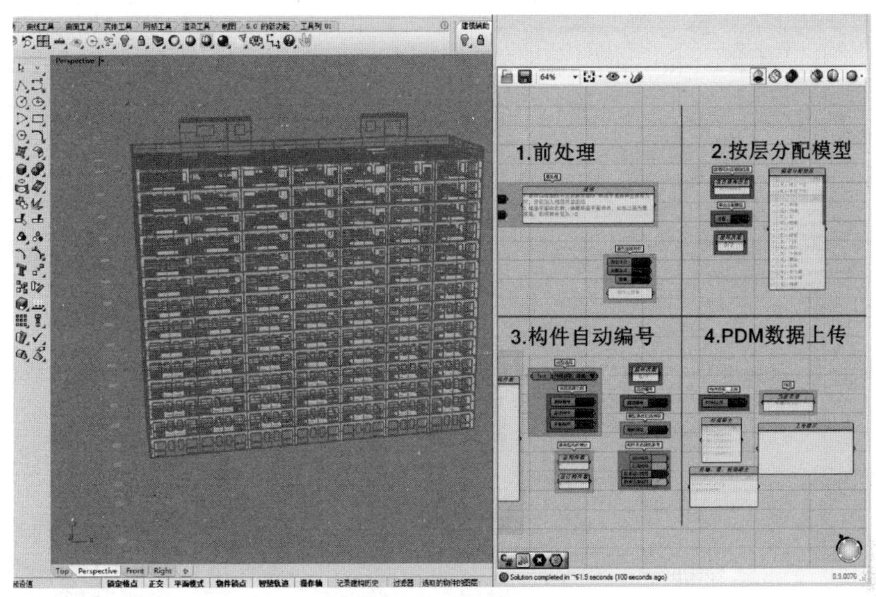

图 3-10　前处理

前处理完成后形成一个设计的“中心文件”，该文件包含了所有构件的构件以及相关信息，用于后续构件模型转化为工艺模型。如表 3-6 所示，详细介绍了六种构件参数化创建方法。

工艺模型创建方法表　　**表 3-6**

构件类型	程序类型	创建流程	图示
楼板	叠合楼板工具	1. 预留机电预埋	
		2. 构件钢筋设计	

续表

构件类型	程序类型	创建流程	图示
楼板	叠合楼板工具	3. 获取模型实体	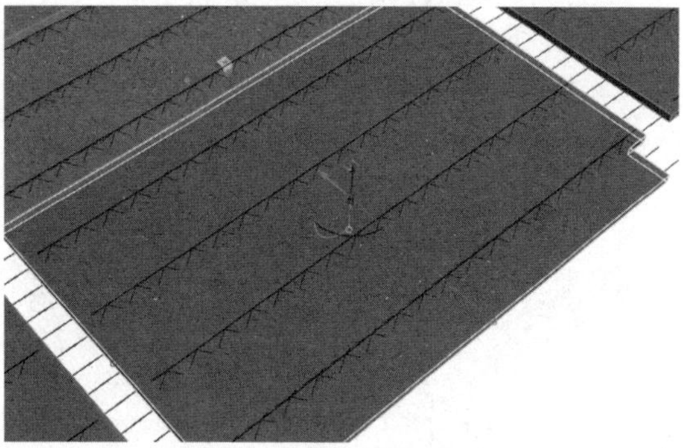
		4. 批量获取模型实体	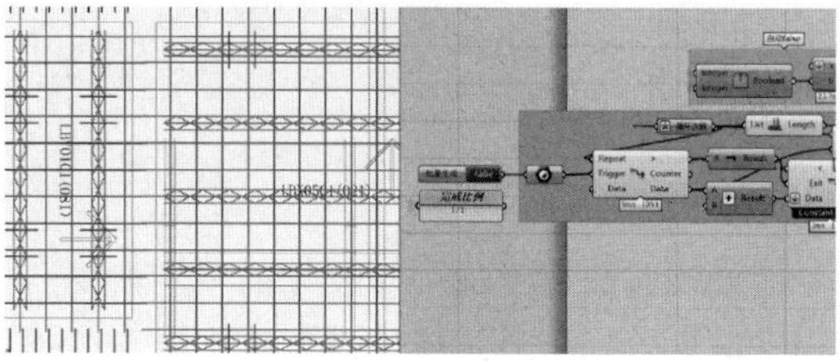
		5. 设置图框块	
		6. 生成叠合楼板构件图框（根据模具尺寸设置图框分布）	

续表

构件类型	程序类型	创建流程	图示
楼板	叠合楼板出图专用工具	7. 生成叠合楼板工艺图	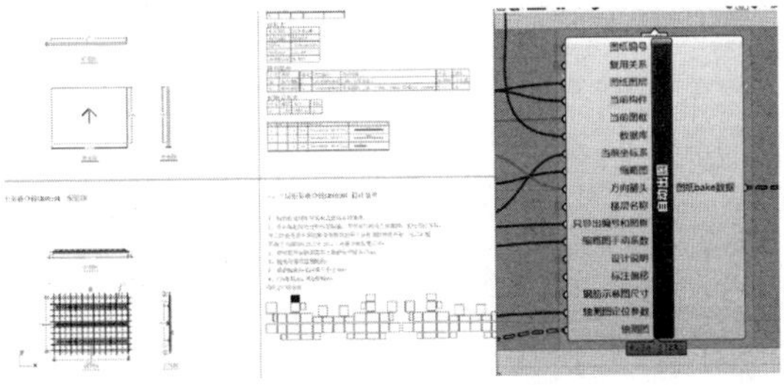
		8. 批量生成图纸	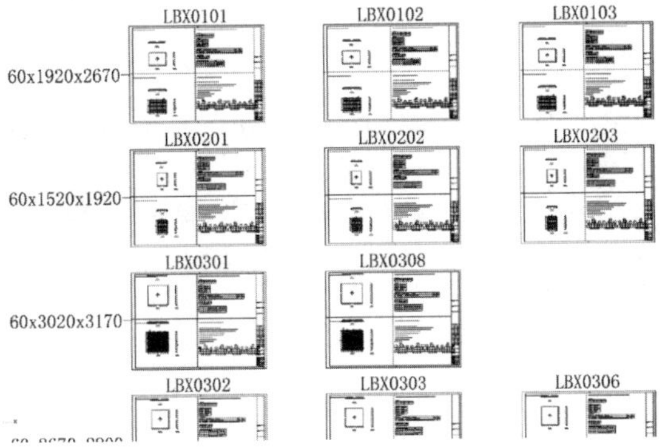
	数据传输工具	9. 物料信息输出到平台系统	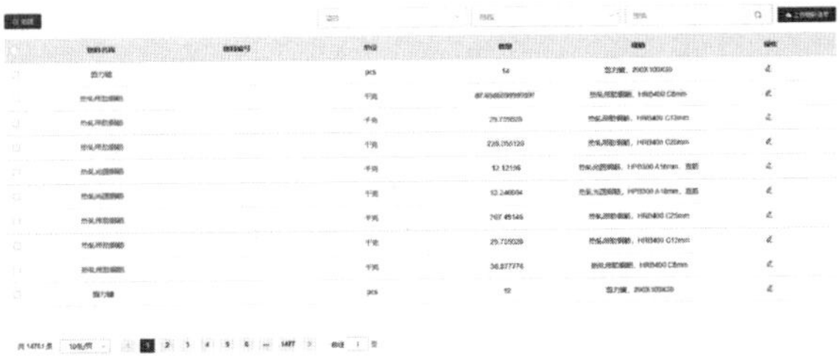
梁	梁专用工具	1. 设置预留预埋	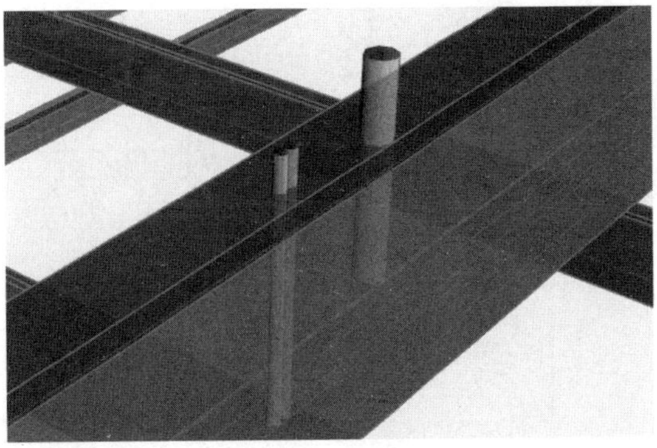

续表

构件类型	程序类型	创建流程	图示
梁	梁工具	2. 创建钢筋机预埋件模型	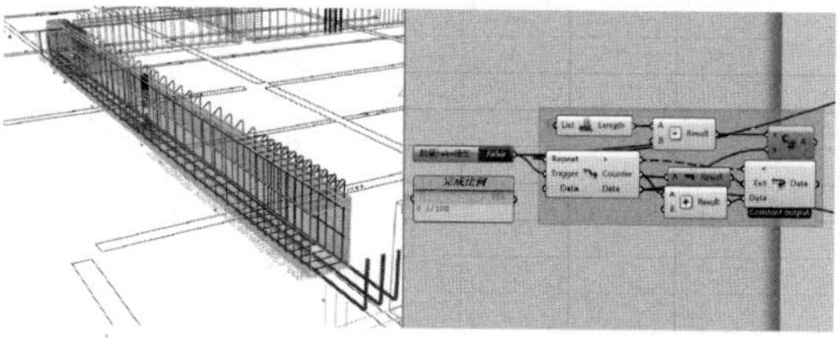
		3. 生成模型实体	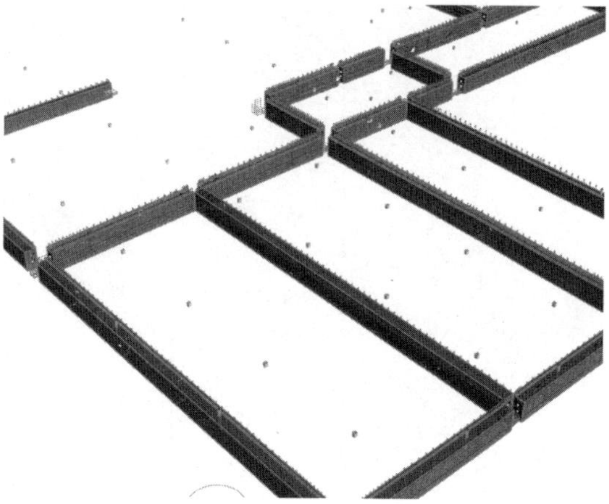
	梁专用工具	4. 设置出图图框块	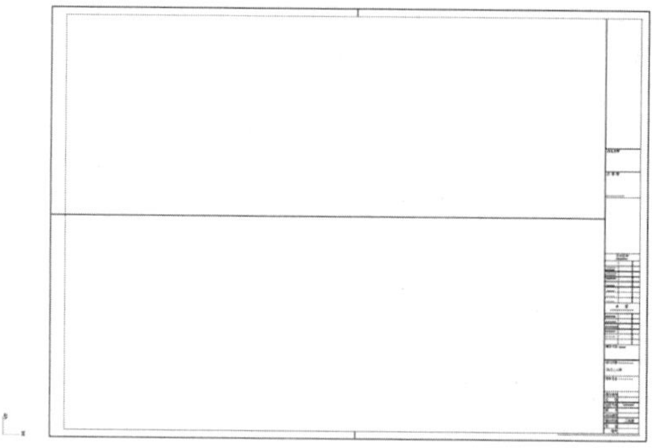
	梁工具	5. 生成出图图框	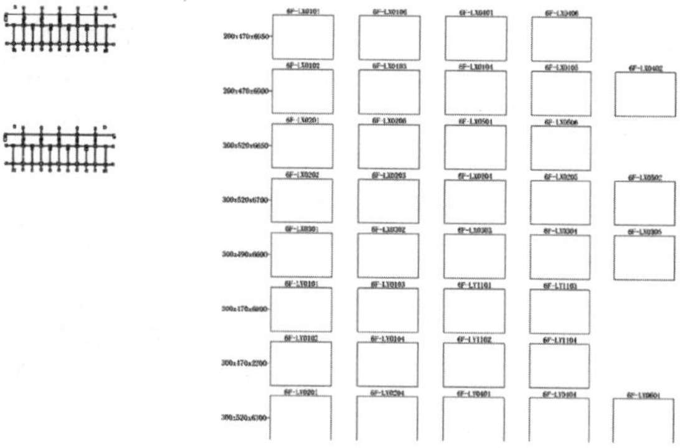

续表

构件类型	程序类型	创建流程	图示
梁	梁专用出图工具	6. 生成图纸	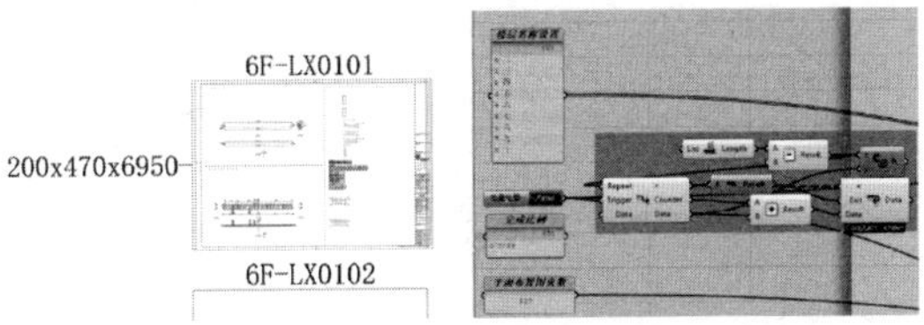
		7. 批量生成叠合梁构件图纸	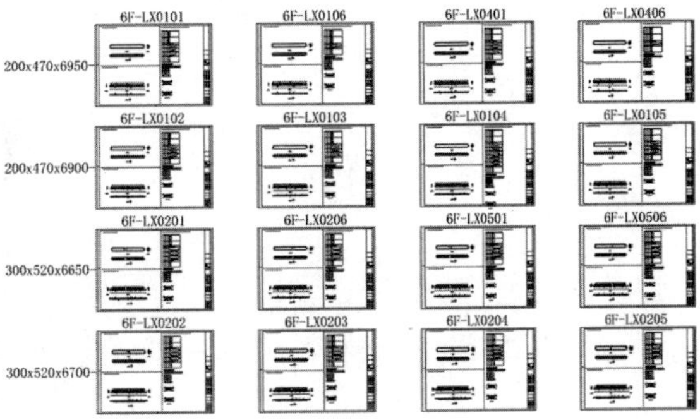
	数据传输工具	8. 物料信息输出到平台系统	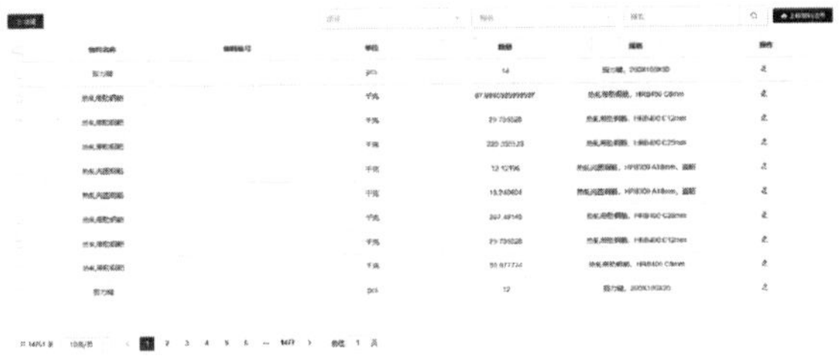
墙	剪力内外墙专用出图工具	1. 创建机电预留预埋	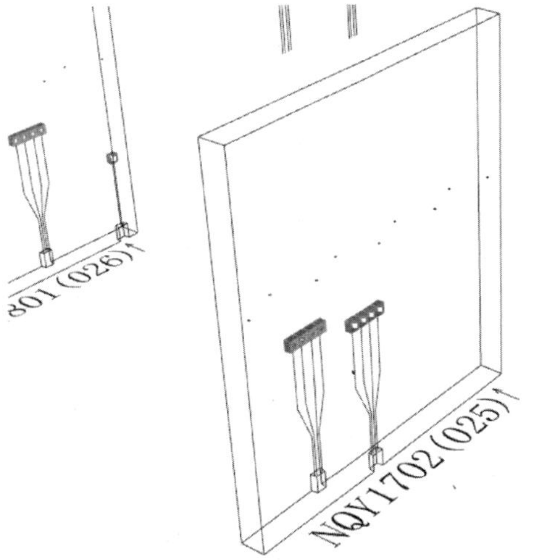

续表

构件类型	程序类型	创建流程	图示
墙	剪力内外墙专用出图工具	2. 构件钢筋设计	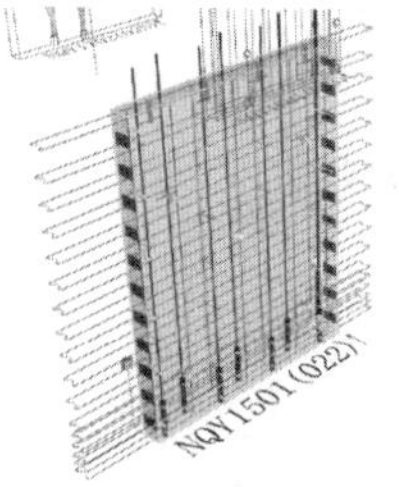 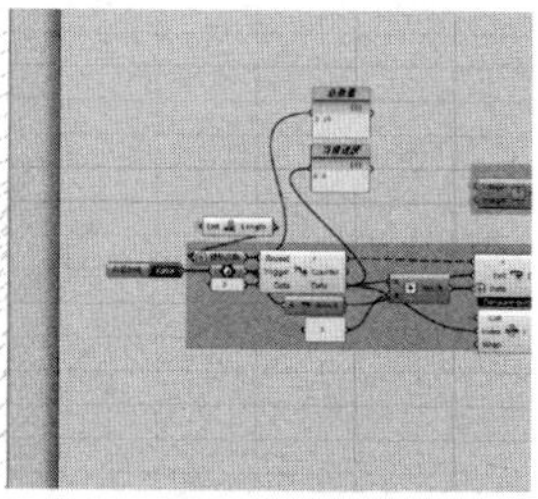
		3. 创建实体模型	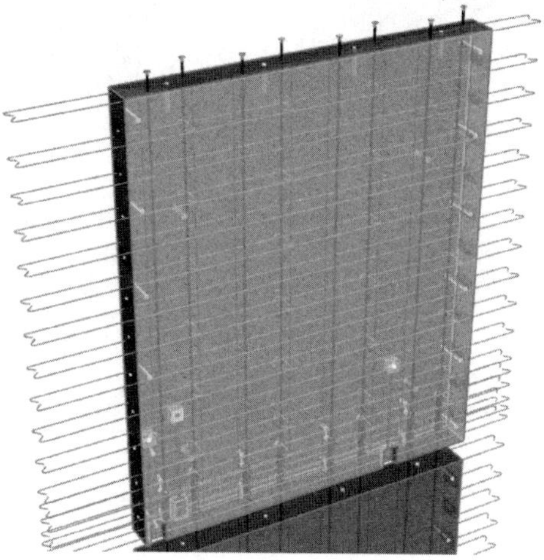
		4. 设置出图图框块	
		5. 生成出图图框	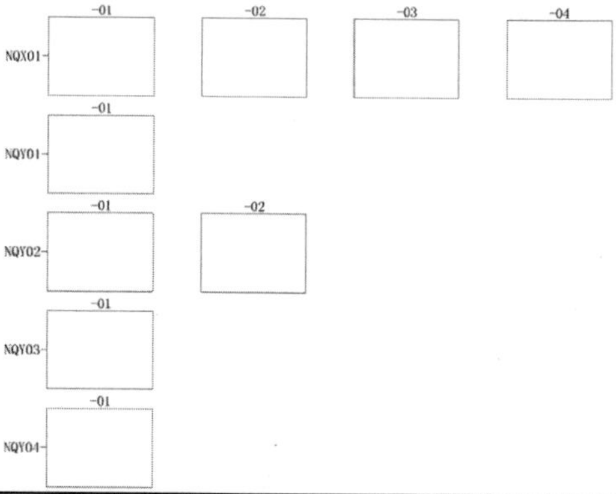

续表

构件类型	程序类型	创建流程	图示
墙	剪力内外墙专用出图工具	6. 生成图纸	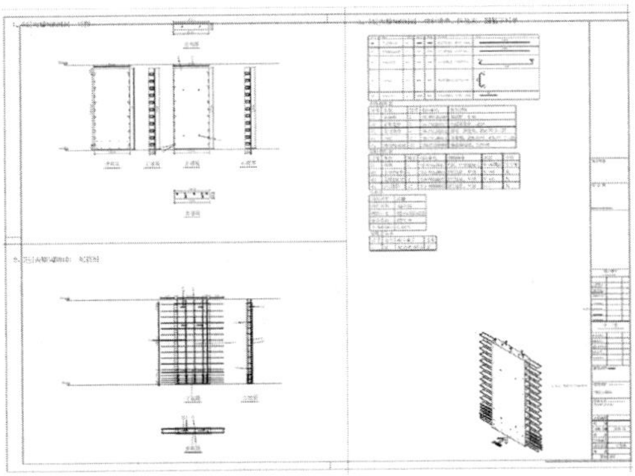 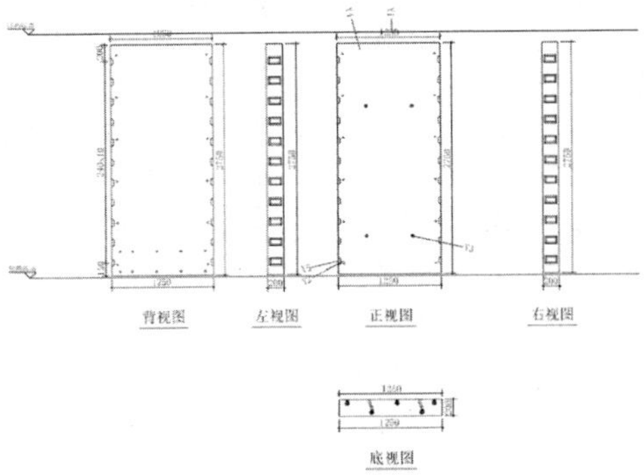 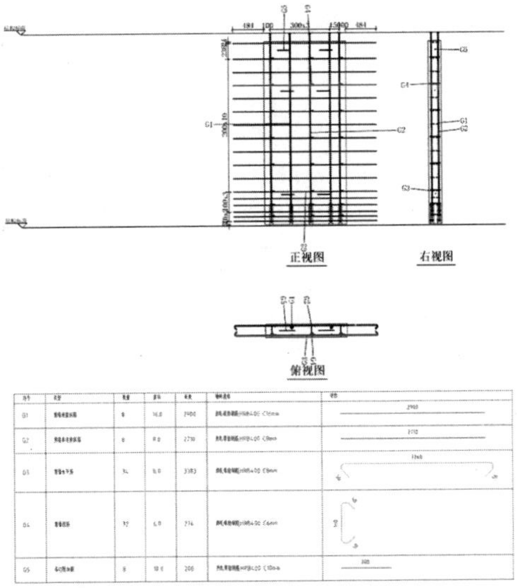 背视图　左视图　正视图　右视图 底视图 正视图　右视图 俯视图

预埋物料表

序号	类型	数量	物料编码	物料规格
Y1	锚固板	5	101091000001	锚固板，Φ16
Y2	灌浆套筒	5	101180200013	全灌浆套筒，GT16
Y3	支撑套管	4	101181200011	脱模、斜撑用，M20(O) L=120
Y4	吊钉	2	101181200012	吊装用、调标高用，M20(O) L=150
Y5	墙端剪力键	22	205041500001	橡胶剪力键，150X90

续表

<table>
<tr><th>构件类型</th><th>程序类型</th><th>创建流程</th><th>图示</th></tr>
<tr><td rowspan="3">墙</td><td rowspan="2">剪力内外墙专用出图工具</td><td>6. 生成图纸</td><td>
耗料物料表
<table>
<tr><td>序号</td><td>类型</td><td>数量</td><td>物料编码</td><td>物料规格</td><td>用量</td><td>单位</td></tr>
<tr><td>H1</td><td>墙体</td><td>1</td><td>101070900001</td><td>C30，自制混凝土</td><td>0.687491</td><td>立方米</td></tr>
<tr><td>H2</td><td>套筒PVC管</td><td>6</td><td>103480100001</td><td>PVC线管，Φ20</td><td>0.041</td><td>米</td></tr>
<tr><td>H3</td><td>套筒PVC管</td><td>4</td><td>103480100001</td><td>PVC线管，Φ20</td><td>0.164</td><td>米</td></tr>
<tr><td>H4</td><td>PVC套管</td><td>12</td><td>103480100001</td><td>PVC线管，Φ20</td><td>0.2</td><td>米</td></tr>
</table>
信息表
<table>
<tr><td>构件类型</td><td>内墙</td></tr>
<tr><td>构件名称</td><td>NQX0101</td></tr>
<tr><td>构件尺寸</td><td>1250×2750×200</td></tr>
<tr><td>质量(kg)</td><td>1778.96</td></tr>
<tr><td>净体积(m3)</td><td>0.6875</td></tr>
</table>
复用关系表
<table>
<tr><td>序号</td><td>楼层</td><td>构件编号</td><td>备注</td></tr>
<tr><td>1</td><td>5F</td><td>NQX0101(001)</td><td>无</td></tr>
</table>
</td></tr>
<tr><td>7. 批量生成图纸</td><td></td></tr>
<tr><td>数据传输工具</td><td>8. 输出数据到平台系统</td><td></td></tr>
</table>

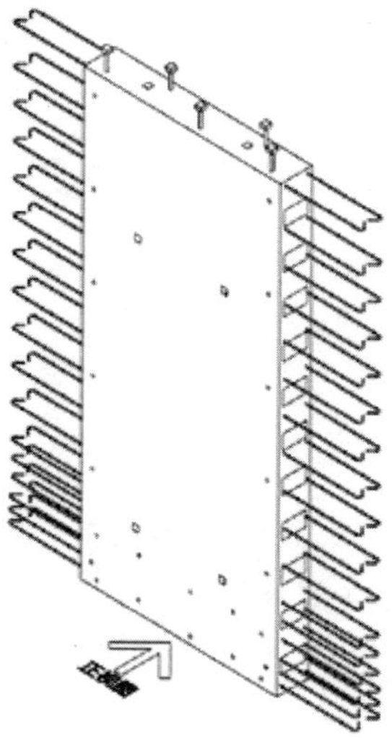

续表

构件类型	程序类型	创建流程	图示
柱	柱专用出图工具	1. 钢筋设计	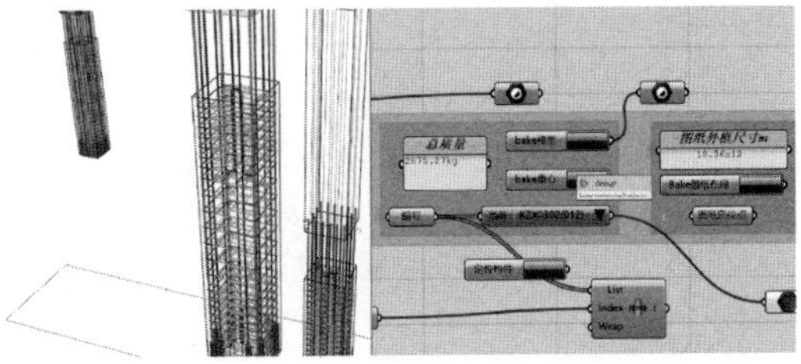
		2. 工艺模型实体化	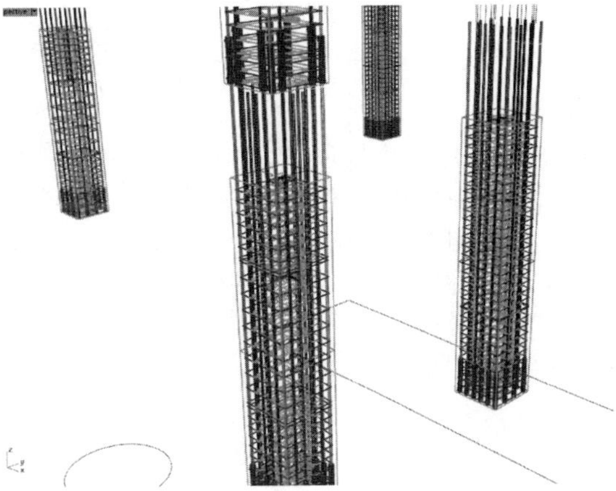
		3. 导出构件工艺图	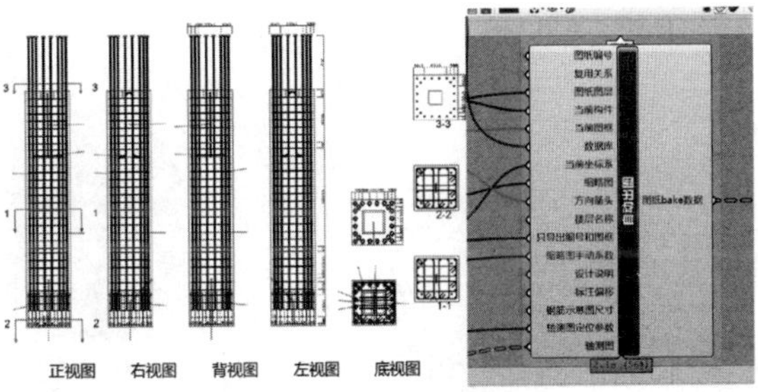 正视图 右视图 背视图 左视图 底视图
	数据传输工具	4. 输出数据到 MES	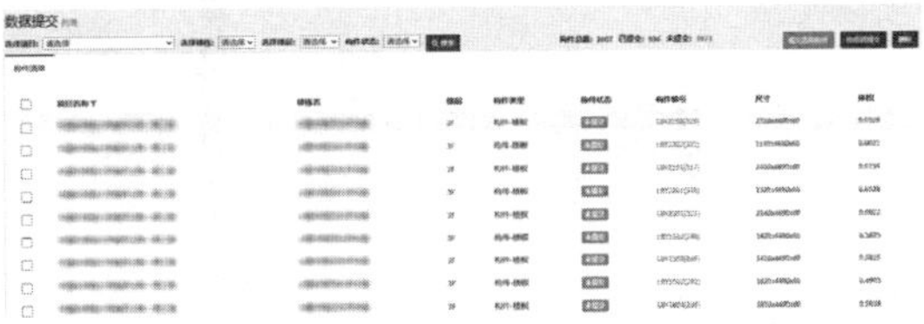

续表

构件类型	程序类型	创建流程	图示
楼梯	楼梯专用工具	1. 创建基准楼梯间线	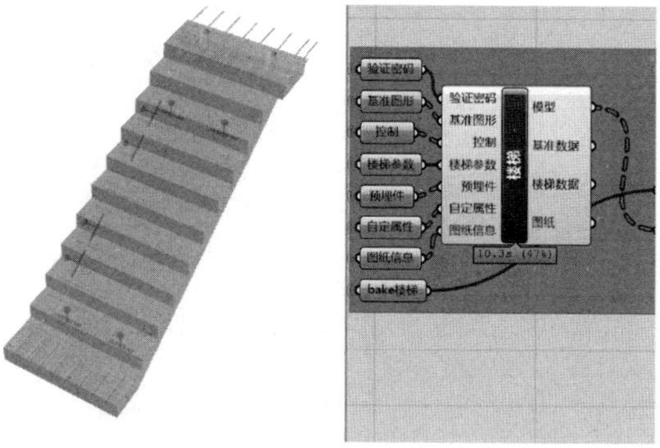
		2. 楼梯参数调整	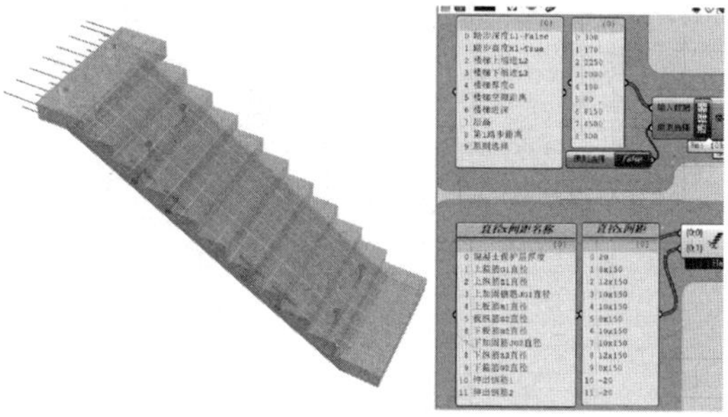
		3. 开启门架以及出图	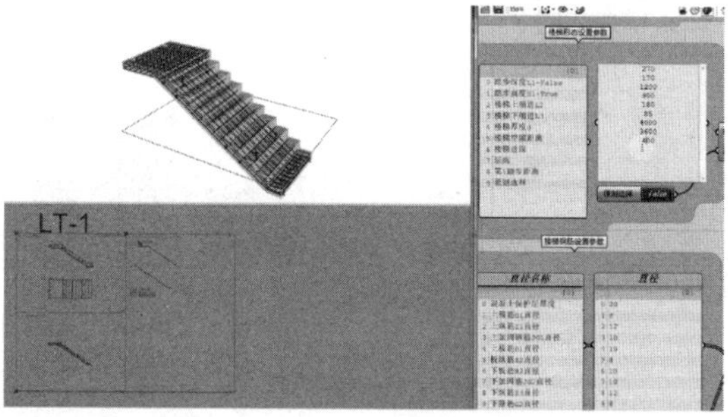
	数据传输工具	4. 输出数据到MES	

续表

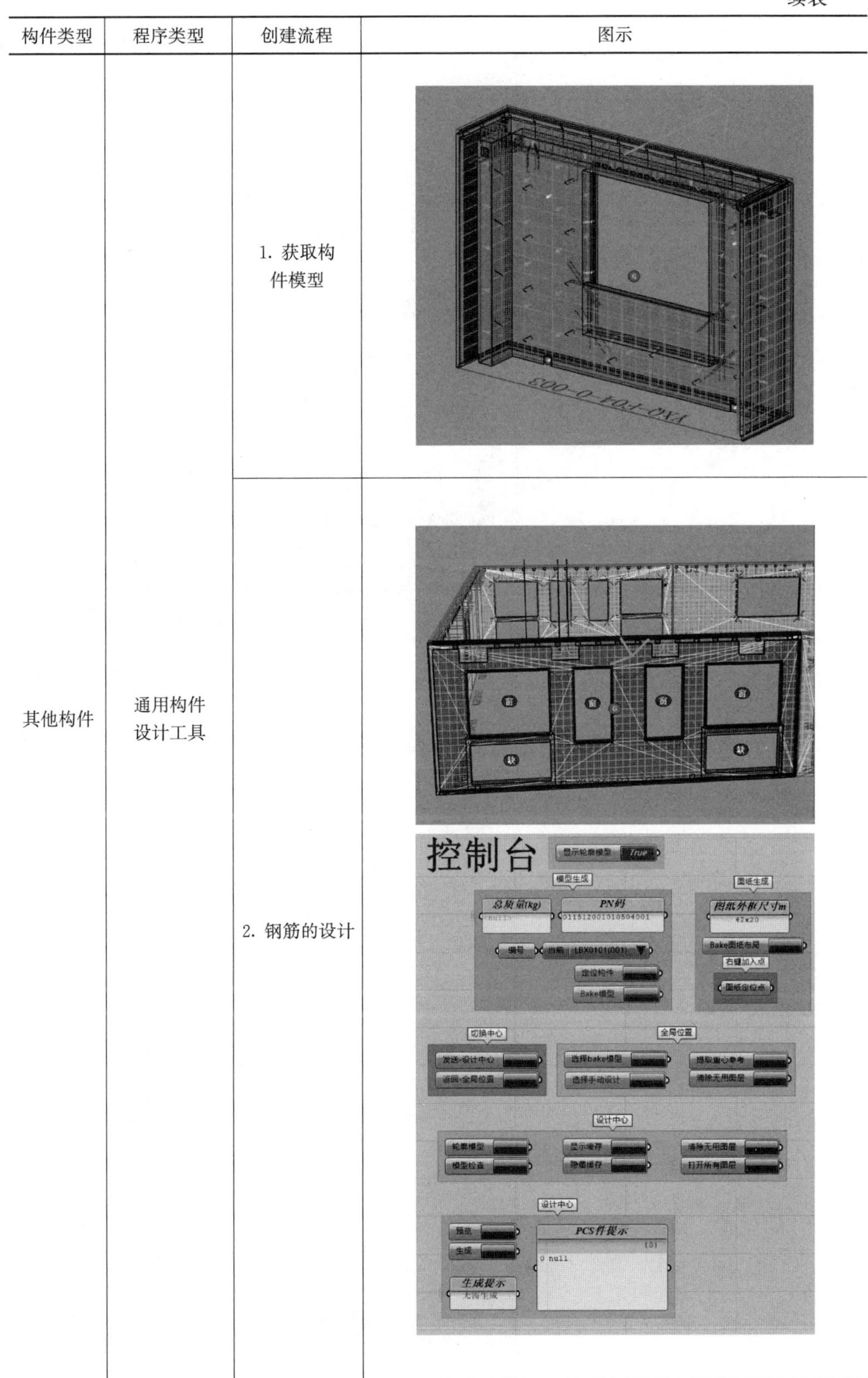

构件类型	程序类型	创建流程	图示
其他构件	通用构件设计工具	1. 获取构件模型	
		2. 钢筋的设计	

续表

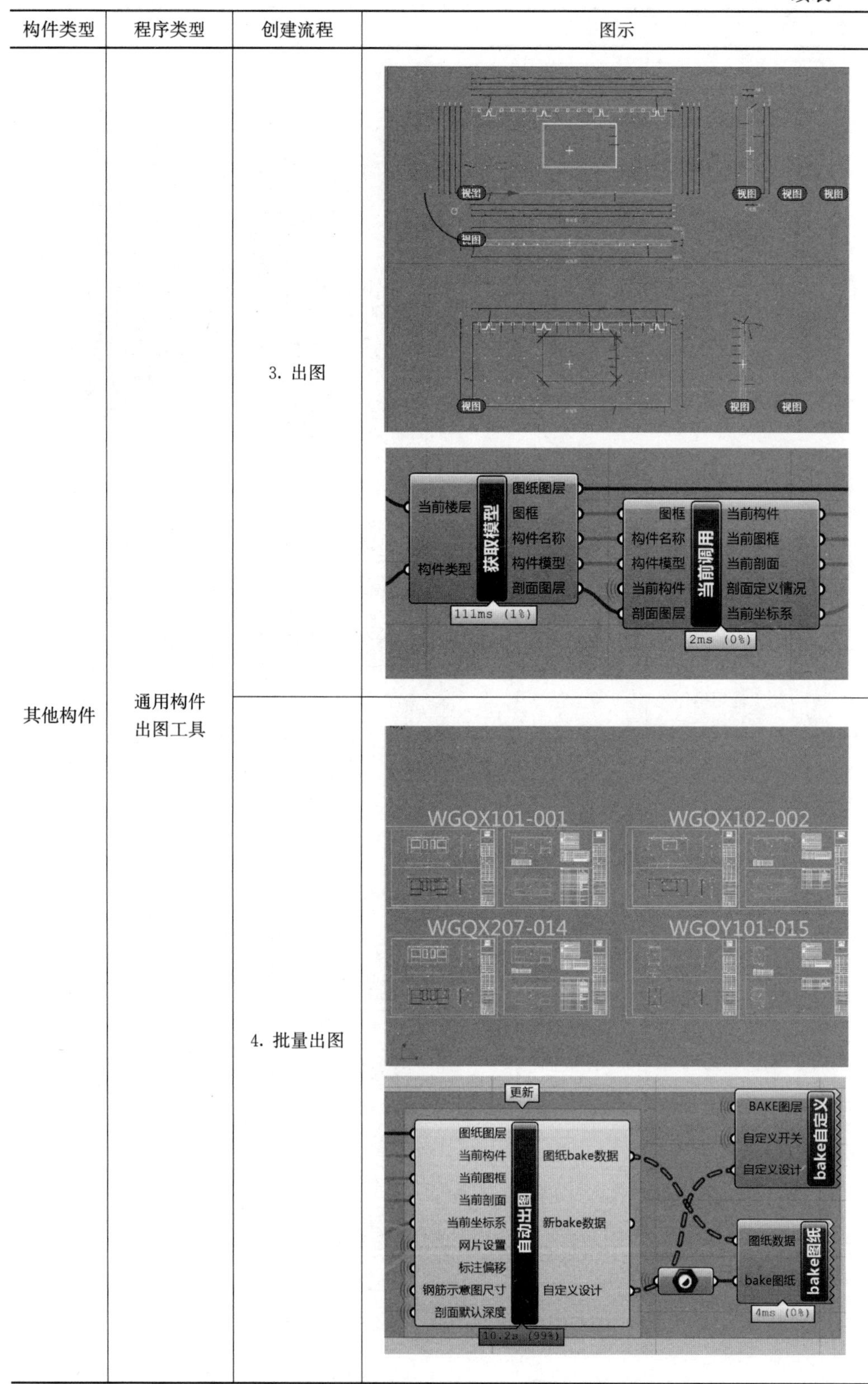

构件类型	程序类型	创建流程	图示
其他构件	通用构件出图工具	3. 出图	
		4. 批量出图	

续表

<table>
<tr><th>构件类型</th><th>程序类型</th><th>创建流程</th><th>图示</th></tr>
<tr><td>其他构件</td><td>数据传输工具</td><td>5. 输出数据工具</td><td>
<table>
<tr><th>构件类型</th><th>构件名称</th><th>设计版本</th><th>构造信息</th><th>构件尺寸</th><th>质量(kg)</th><th>净体积(m3)</th></tr>
<tr><td>外墙</td><td>WQX0101</td><td>L01W01G01</td><td>暗梁(1)暗柱(0)剪墙(0)外页(1)</td><td>3580x2980x310</td><td>4081.79</td><td>2.4293</td></tr>
<tr><td>外墙</td><td>WQX0102</td><td>L01W01G01</td><td>暗梁(0)暗柱(0)剪墙(1)外页(1)</td><td>3230x2980x310</td><td>4480.94</td><td>2.2806</td></tr>
<tr><td>外墙</td><td>WQX0103</td><td>L01W01G01</td><td>暗梁(1)暗柱(0)剪墙(0)外页(1)</td><td>4530x2980x310</td><td>4713.14</td><td>2.806</td></tr>
<tr><td>外墙</td><td>WQX0104</td><td>L01W01G01</td><td>暗梁(1)暗柱(0)剪墙(0)外页(1)</td><td>4830x2980x310</td><td>5101.6</td><td>3.0718</td></tr>
<tr><td>外墙</td><td>WQX0105</td><td>L01W01G01</td><td>暗梁(0)暗柱(0)剪墙(1)外页(1)</td><td>3230x2980x310</td><td>4480.94</td><td>2.2806</td></tr>
<tr><td>外墙</td><td>WQX0106</td><td>L01W01G01</td><td>暗梁(1)暗柱(0)剪墙(0)外页(1)</td><td>3580x2980x310</td><td>4080.26</td><td>2.4293</td></tr>
<tr><td>外墙</td><td>WQX0201</td><td>L01W01G01</td><td>暗梁(1)暗柱(0)剪墙(0)外页(1)</td><td>1610x2980x310</td><td>1759.59</td><td>0.9299</td></tr>
<tr><td>外墙</td><td>WQX0202</td><td>L01W01G01</td><td>暗梁(1)暗柱(0)剪墙(0)外页(1)</td><td>1610x2980x310</td><td>1758.88</td><td>0.9299</td></tr>
<tr><td>外墙</td><td>WQX0301</td><td>L01W01G01</td><td>暗梁(1)暗柱(0)剪墙(2)外页(1)</td><td>3200x2980x310</td><td>2368.23</td><td>1.1695</td></tr>
<tr><td>外墙</td><td>WQX0302</td><td>L01W01G01</td><td>暗梁(1)暗柱(0)剪墙(2)外页(1)</td><td>5580x2980x310</td><td>3914.45</td><td>2.0429</td></tr>
<tr><td>外墙</td><td>WQX0303</td><td>L01W01G01</td><td>暗梁(1)暗柱(0)剪墙(2)外页(1)</td><td>5580x2980x310</td><td>3915.37</td><td>2.0429</td></tr>
<tr><td>外墙</td><td>WQX0304</td><td>L01W01G01</td><td>暗梁(1)暗柱(0)剪墙(2)外页(1)</td><td>4380x2980x310</td><td>3697.52</td><td>1.819</td></tr>
<tr><td>外墙</td><td>WQX0305</td><td>L01W01G01</td><td>暗梁(1)暗柱(0)剪墙(2)外页(1)</td><td>4380x2980x310</td><td>3696.94</td><td>1.819</td></tr>
<tr><td>外墙</td><td>WQX0306</td><td>L01W01G01</td><td>暗梁(1)暗柱(0)剪墙(2)外页(1)</td><td>4380x2980x310</td><td>3696.84</td><td>1.819</td></tr>
</table>
</td></tr>
</table>

最终完成工艺模型发布到模型显示软件（图 3-11）。

图 3-11 完成后的模型发布到可视化平台

在平台内部可以进行工艺模型的检查与修正（图 3-12）。

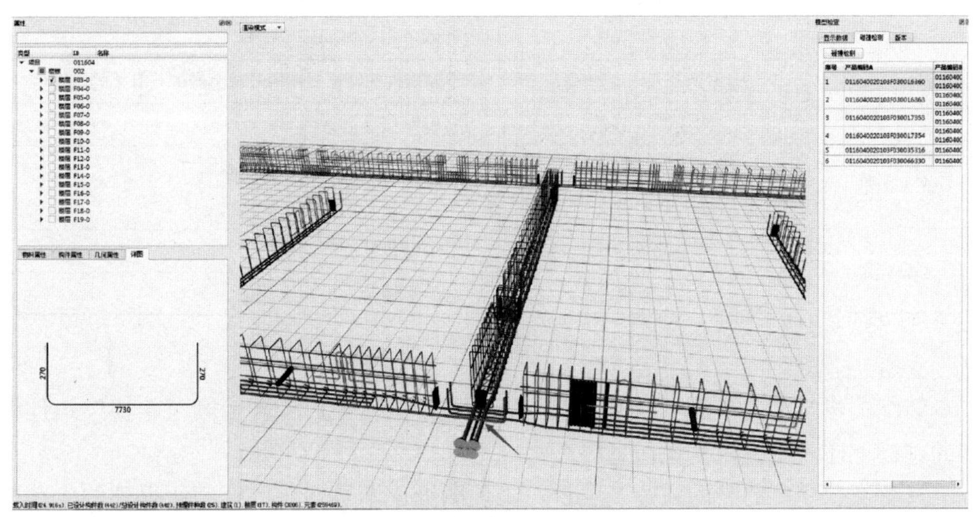

图 3-12 可视化平台进行检查

2. 信息

装配式构件工艺数据所包含的数据内容非常多，再加上项目及后续平台的不断发展会需要一些新的数据内容或者结构，从而促进了前端设计的发展。

工艺数据的传输主要分为三类平台：设计数据汇总类平台［一般有项目数据管理平台（PDM）］；生产数据处理平台［制造执行系统（MES）］；项目数据管理平台［施工现场管理平台（PMS）］。模型是后续所有平台的源数据，这些源数据在后端不断地进行计算处理，为后续阶段提供基础。

如表 3-7 所示，是工艺模型信息到制造阶段的数据内容。

主数据信息内容表 **表 3-7**

数据大类名称	数据子类名称	数据内容
基础信息	系统字典	设置系统所需的基本字典类数据，例如，结构类型字典、混凝土强度字典等
	物料基础信息	主要是对物料库的设置信息
	客户基本信息	用户基本信息
	供应商基本信息	包含供应商列表及供应商详细信息
	物料供货价格信息	主要是物料价格信息表
	二维码定义信息	对物料及构件类型定义的二维码信息
	条形码定义及检索	主要是对物料的条码定义
	仓库及库位划分信息	物料及构件仓库关系信息设置
	标牌模板信息	打印及标牌模板的设置
产品标准	标准库维护	标准库是包含一些标准化构件
	产品标准信息	标准化构件及产品所包含的信息设置
工艺管理	工厂及生产线基础信息	工厂生产线设置信息
	生产线与工艺信息	工厂生产线中工艺生产方式及内容的信息
	工序项维护信息	对生产工序进行维护
	工序步骤信息	具体生产工序的设置信息
	构件特征及工艺信息	不同构件的特征属性值及与生产工艺有关的设置信息
	构件物料信息	物料库信息设置内容
成本标准	成本计算产数信息	计算生产成本所需的信息设置
	成本输入产数综合维护	企业定额基础数据
工序配置	工序设置信息	工序设置及调配的信息
	工种配置信息	生产工种及人员设置信息

3. 工艺图纸

装配式建筑工艺模型生成的工艺图纸，用于进行工厂构件生产。在提供构件模型的基础上还需要提供其他信息。

具备信息模型的装配式建筑项目，工艺图纸逐渐被弱化，模型所得到的生产数据以及信息要比平面化的图纸更丰富。

设置完成后的图框图例等模板导入 Rhino 平台内部，即可实现导出图纸（图 3-13～图 3-16）。

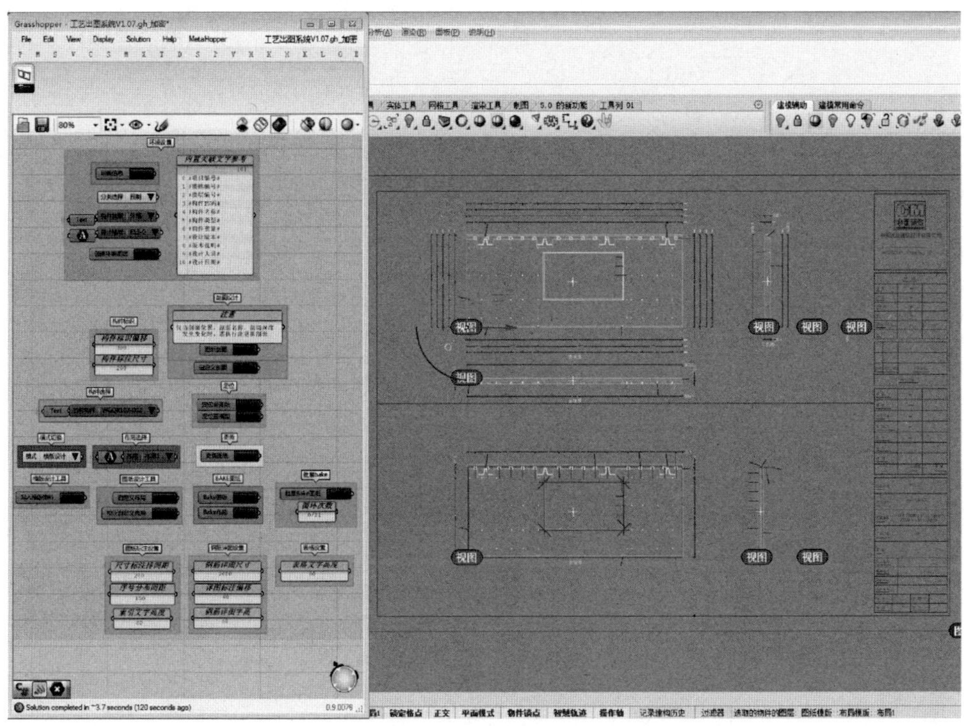

图 3-13　调整好出图样板

图 3-14　进行批量出图

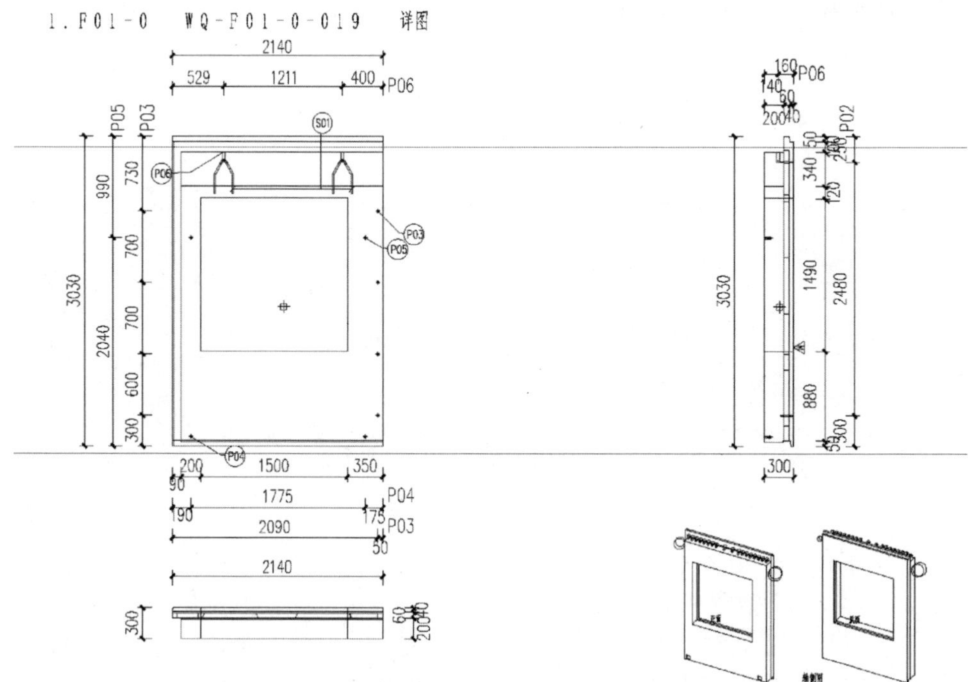

图 3-15 导出 DWG 或者 PDF 格式的工艺图纸

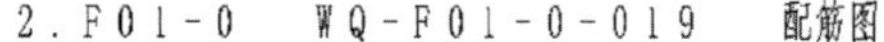

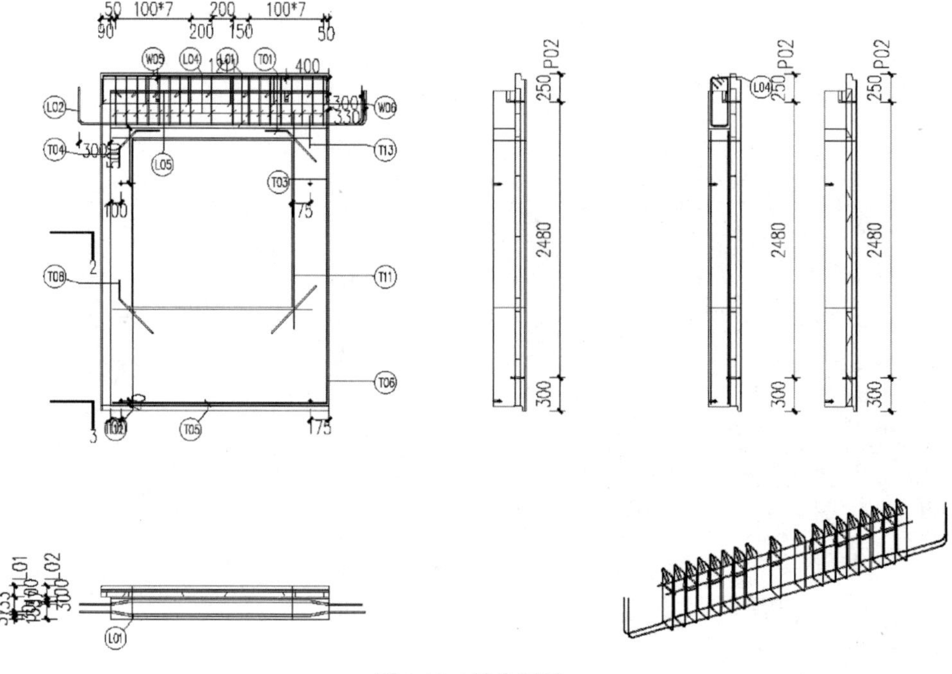

图 3-16 导出图纸

3.1.3 BOM

BOM（Bill of Material）物料清单是制造行业生产的必备条件，该条件通常是以企业资源管理系统（ERP）作为基础，如图 3-17 所示，为某企业物料库的展示。而基于信息模型技术的 BOM 是工艺模型数据的整理和统计。

物料库

每页 10 条记录　　　　搜索：

分类编码	分类名称	物料编码	物料名称	规格	单位	操作
1010700	混凝土	101070000000	混凝土	混凝土	立方米	查看
1010701	商品混凝土	101070100001	商品混凝土	商品混凝土，C15	立方米	查看
1010701	商品混凝土	101070100002	商品混凝土	商品混凝土，C20	立方米	查看
1010701	商品混凝土	101070100003	商品混凝土	商品混凝土，C25	立方米	查看
1010701	商品混凝土	101070100004	商品混凝土	商品混凝土，C30	立方米	查看
1010701	商品混凝土	101070100005	商品混凝土	商品混凝土，C35	立方米	查看
1010701	商品混凝土	101070100006	商品混凝土	商品混凝土，C40	立方米	查看
1010701	商品混凝土	101070100007	商品混凝土	商品混凝土，C45	立方米	查看
1010701	商品混凝土	101070100008	商品混凝土	商品混凝土，C50	立方米	查看
1010701	商品混凝土	101070100009	商品混凝土	商品混凝土，C55	立方米	查看

第1到第10条数据，总共有1,075条记录　　上一页 1 2 3 4 5 ... 108 下一页

图 3-17　在线物料库展示

当前 BOM 的形式有很多类型，传统通过人工统计的 BOM 非常繁琐，且容易出错，如图 3-18 所示，为人工统计 BOM 模板文件。通过工艺模型获取的 BOM 需要符合计算机导出精简的要求，且便于后续平台对数据的处理（表 3-8）。

组织编码	项目和楼栋	楼层数	单层构件数	构件号	序号	产品编码	产品类别	钢筋	钢筋	钢筋
									101090300002	
								热轧带肋钢筋	热轧带肋钢筋	热轧带肋钢筋
								热轧带肋钢筋,HRB400 A6mm	热轧带肋钢筋,HRB400 C6mm	热轧带肋钢筋,HRB400 C8mm
								千克	千克	千克
	万科项目5#	3-18F	1	YLT-1	1		楼梯	0	0	0
	万科项目5#	3-18F	1	YLT-1	2		楼梯	0	0	0
	万科项目5#	3-18F	1	YLT-2	3		楼梯	0	0	0
	万科项目5#	3-18F	1	YLT-2	4		楼梯	0	0	8.46643
	万科项目5#	2-18F	1	YLB-1R	5		预制楼板	0	0	0
	万科项目5#	2-18F	1	YLB-1aR	6		预制楼板	0	0	0
	万科项目5#	2-18F	1	YLB-1bR	7		预制楼板	0	0	0
	万科项目5#	2-18F	1	YLB-2R	8		预制楼板	0	0	0
	万科项目5#	2-18F	1	YLB-3R	9		预制楼板	0	0	0
	万科项目5#	2-18F	1	YLB-4R	10		预制楼板	0	0	0
	万科项目5#	2-18F	1	YLB-4aR	11		预制楼板	0	0	0
	万科项目5#	2-18F	1	YLB-4bR	12		预制楼板	0	0	0

图 3-18　人工统计 BOM 模板文件

BOM 表格实例　　　　**表 3-8**

序号	栋号	楼层	构件编号	物料编码	物料规格	单位	数量	备注
*	*	*	*	*	*	*	*	*

注：关于物料详细清单查看 3.8 附件中物料库内容。

3.2 模具与工装

装配式构件模型及构件工艺模型建立完成后，需要通过工艺模型生成模具信息模型。由于模具设计包含了大量定制内容，也并非标准构件，因此当前模具需要进行专门的模具设计。当然，未来的方向是向标准化模具发展。本章节介绍模具设计方法以及参数化模具设计应用情况（表 3-9）。

模具与工装章节索引与描述表 **表 3-9**

<table>
<tr><th colspan="2">三级标题</th><th rowspan="2">三级表格索引</th><th rowspan="2">具体描述</th></tr>
<tr><th>题名</th><th>概要</th></tr>
<tr><td colspan="2" rowspan="4">3.2.1 模具设计 模具设计方法</td><td>表 3-10 参数化模具设计的基础数据条件</td><td>介绍进行参数化模具设计的一些基本条件</td></tr>
<tr><td>表 3-11 模具物料库示意</td><td>模具物料所需提供的信息</td></tr>
<tr><td>表 3-12 无源参数化模具设计步骤（以叠合楼板为例）</td><td>介绍无源参数化模具设计步骤一般过程</td></tr>
<tr><td>表 3-13 有源参数化模具设计步骤（以预制墙板为例）</td><td>介绍有源参数化模具设计步骤一般过程</td></tr>
<tr><td colspan="2">3.2.2 工装选配及安拆模具的配置以及安装拆除方法的模拟</td><td>表 3-14 工装选配及安装流程(以预制墙板模具为例)</td><td>主要介绍了预制墙板模型在模型环境下如何进行安拆</td></tr>
</table>

3.2.1 模具设计

模具设计属于机械设计范畴，本章节只针对基于工艺模型或者图纸如何实现模具的设计方法进行介绍。模具设计的信息模型设计方法通常分两种：一种是有源或无源（即前端有工艺模型和无工艺模型）的参数化模具设计方法，另一种是与机械设计类似的采用机械设计软件进行模具设计的方法。还有就是两种方式的混合。本小节主要介绍通过参数化设计实现模具设计的方法。

不管是无源模具设计还是有源模具设计都需要准备三类基础数据条件（表 3-10）。

参数化模具设计的基础数据条件 **表 3-10**

序号	所需内容	主要内容
1	模具物料库	一些标准模具设计的物料信息数据
2	模具物料模型库	有一些物料具备模型数据,重复或者多次调用
3	模具设计参数	模具设计的基本参数,例如:模具钢板的厚度、间距、连接方式等

建立模具物料库的方法与构件的模具库类似，调用方式完全一样，只是内容编号有所区别，如表 3-11 所示的模具物料表格示意。

模具物料库示意　　表 3-11

ID	分类编码	分类名称	物料编码	物料名称	物料规格(mm)	计量单位
* * *	* * * * * * *	占位	* * * * * * * 00001	接线手孔占位	钢模具,150×120×90mm,脱模斜度 10mm,PVC20,M12	PCS
* * *	* * * * * * *	工装	* * * * * * * 00001	定位管滑块	模具工装配件,ϕ14 埋件用	PCS
* * *	* * * * * * *	工装	* * * * * * * 00001	线盒工装板	单体	PCS
* * *	* * * * * * *	工装	* * * * * * * 00002	线盒工装板	双连	PCS
* * *	* * * * * * *	工装	* * * * * * * 00003	线盒工装板	三连	PCS
* * *	* * * * * * *	键	* * * * * * * 00001	剪力键占位	实心金属,100×80×30,双 M12	PCS
* * *	* * * * * * *	键	* * * * * * * 00002	剪力键占位	实心金属,100×100×30,双 M12	PCS
*	*	*	*	*	*	*

模具物料模型库是基于物料库，物料库中有需要进行调用的模型，必须在前期进行存储，并能够实现模型的调用，如图 3-19 所示。

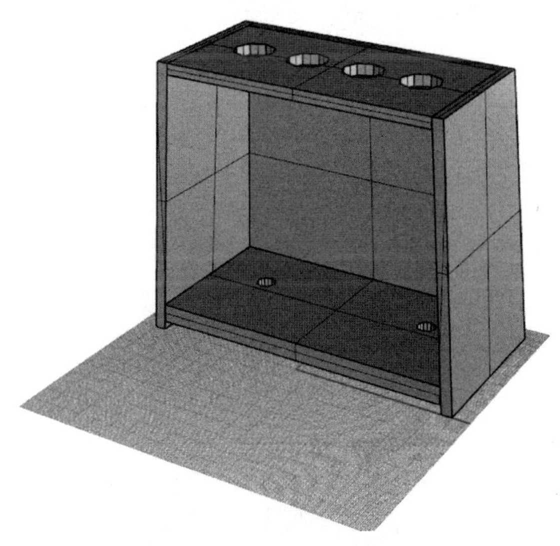

图 3-19　模具物料模型库

模具参数设置是通过数据链的形式进行设置的，在参数化设计中，是一个面板中填充数据表现，如图 3-20 所示。

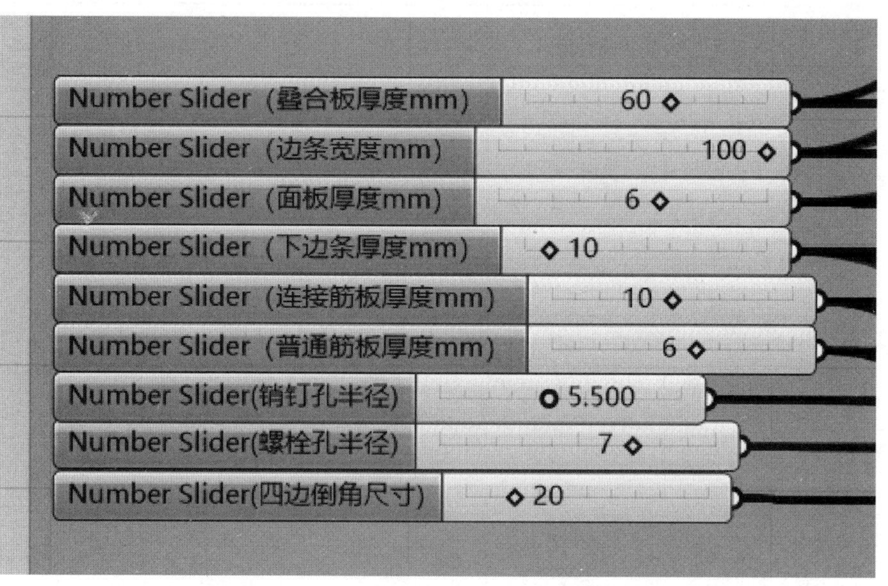

图 3-20　模具一些基本参数的设置

具备了模具设计的三类基础数据条件，下面对无源及有源参数化模具设计方法进行介绍。

1. 无源参数化模具设计

无源参数化模具设计其实质就是在没有前端工艺模型只有工艺图纸的情况下进行的模具设计，也就是导入的基本内容只有工艺图纸。需要将原来的工艺图纸进行整理，因此在模具设计前需要进行更多的图纸处理工作，以实现模具的参数化设计（表 3-12）。

无源参数化模具设计步骤（以叠合楼板为例）　　　　**表 3-12**

步骤	内容	视图
整理工艺图纸	筛选工艺图纸内容	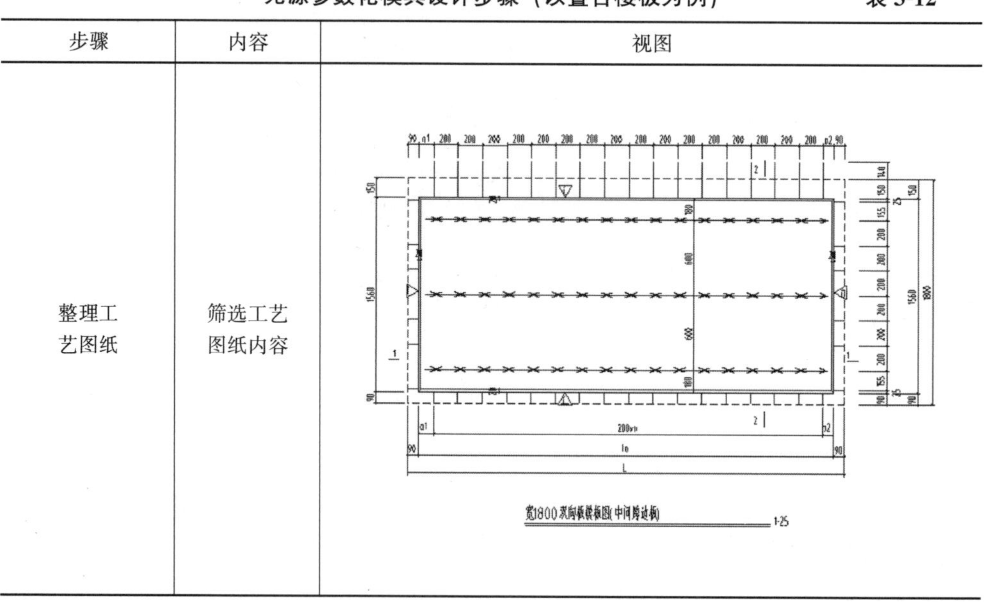

续表

步骤	内容	视图
整理工艺图纸	获取所需要的边线、钢筋及预埋件信息，并用Rhino打开	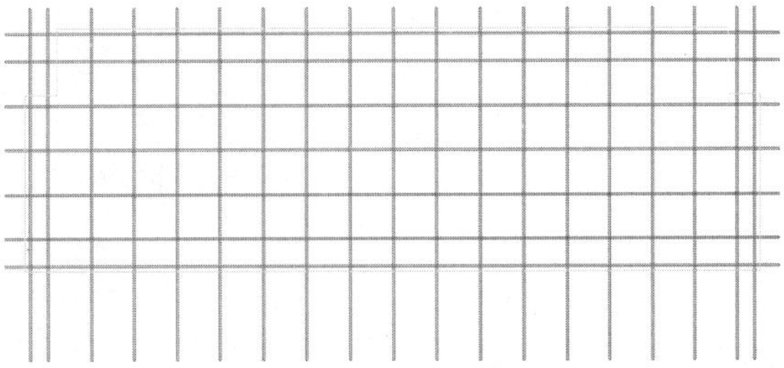
建立模具轮廓模型	通过Grasshopper建立轮廓模型识别措施及建立模具轮廓模型	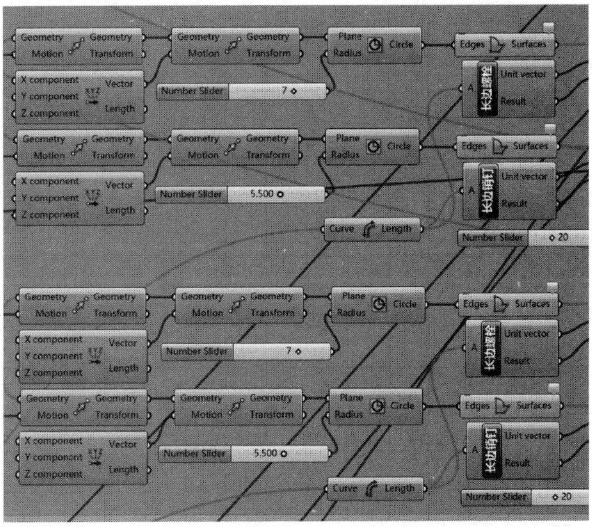
	根据工艺图图纸创建模具轮廓模型	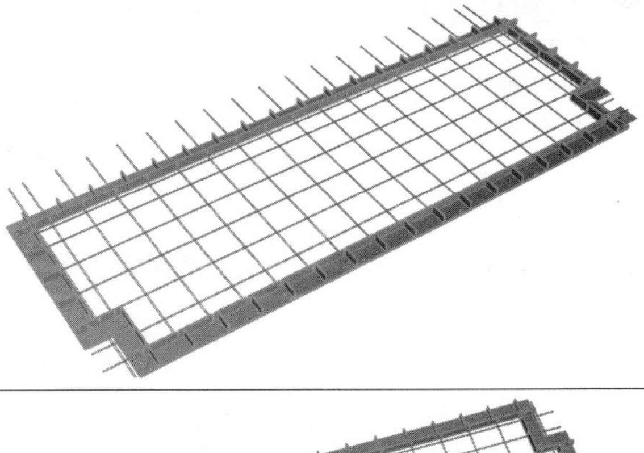
	获取模具轮廓模型实体模型	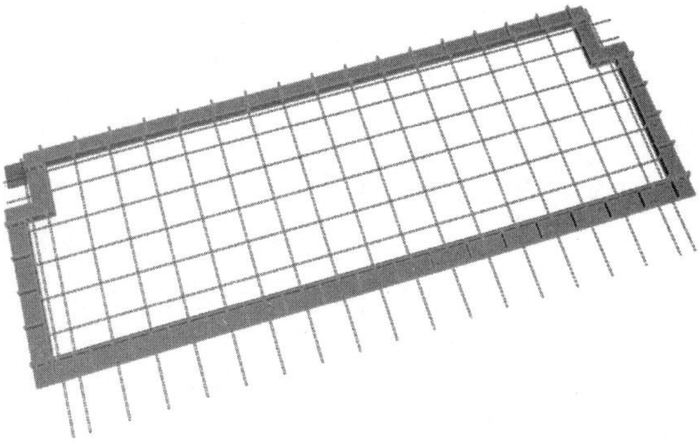

续表

步骤	内容	视图
生成模具三视图	建立三视图参数化设计工具	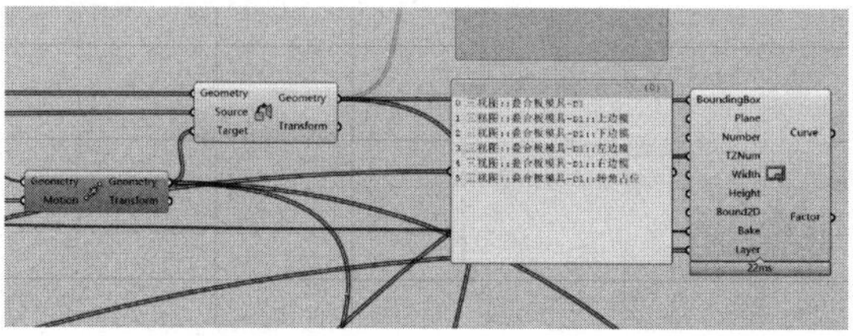
	导出三视图图纸	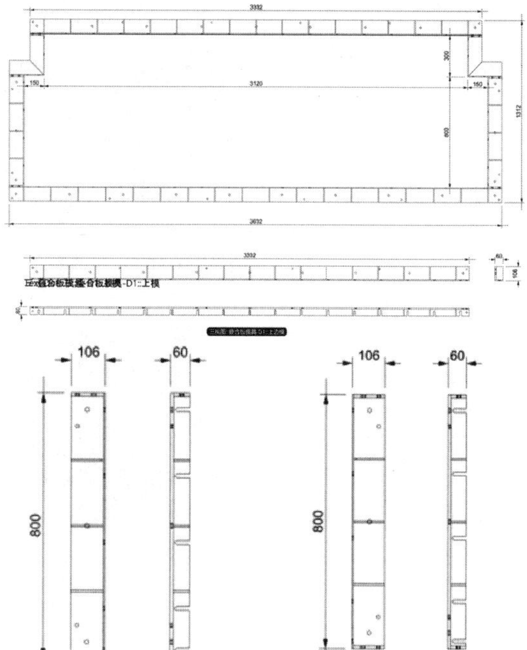
生成模具加工图纸	获取模具加工类图纸	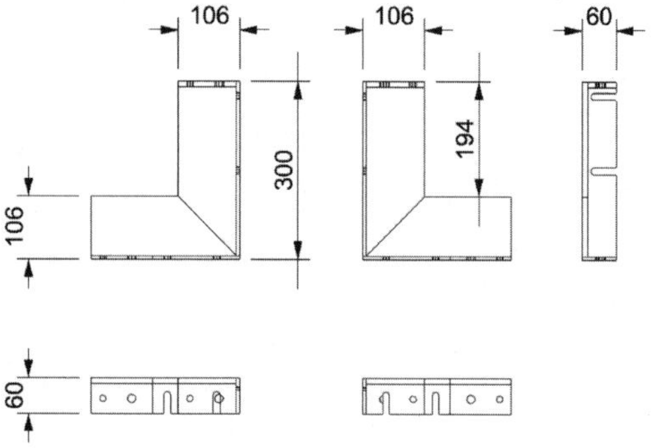

续表

<table>
<tr><th>步骤</th><th>内容</th><th>视图</th></tr>
<tr><td>导出模具设计数据</td><td>通过生成的模具模型进行数据的梳理及导出（与构件物料清单类似）</td><td>
<table>
<tr><th>物料编码</th><th>物料名称</th><th>物料规格</th><th>计量单位</th><th>数量</th></tr>
<tr><td>101090600003</td><td>成品钢筋网片</td><td>C6@200，HRB300</td><td>pcs</td><td>0.31</td></tr>
<tr><td>101090600003</td><td>成品钢筋网片</td><td>C6@200，HRB300</td><td>pcs</td><td>0.31</td></tr>
<tr><td>101090600003</td><td>成品钢筋网片</td><td>C6@200，HRB300</td><td>pcs</td><td>0.63</td></tr>
<tr><td>101090600003</td><td>成品钢筋网片</td><td>C6@200，HRB300</td><td>pcs</td><td>0.63</td></tr>
<tr><td>102010100008</td><td>门洞木方</td><td>60*60mm</td><td>pcs</td><td>20.0</td></tr>
<tr><td>101180600003</td><td>波纹管</td><td>60mm</td><td>pcs</td><td>3.0</td></tr>
<tr><td>101183400002</td><td>连接螺纹杆</td><td>350+150　25 M22-2.0 丝身65</td><td>pcs</td><td>3.0</td></tr>
<tr><td>101180100002</td><td>塑料胀管</td><td>80mm</td><td>pcs</td><td>6.0</td></tr>
<tr><td>101183100003</td><td>牛腿</td><td>300×250×220</td><td>pcs</td><td>3.0</td></tr>
<tr><td>101180700003</td><td>球头吊钉</td><td>170mm 2.5t</td><td>pcs</td><td>6.0</td></tr>
</table>
</td></tr>
</table>

无源模具参数化设计方法适用于构件工厂或模具工厂在没有前端工艺模型的基础上快速实现模具设计。而对于有源模具参数化设计而言，模具设计的前端条件非常充分，在模具设计中除部分特殊物料及情况设置外，操作相对而言要简洁很多。

2. 有源参数化模具设计

有源参数化模具设计的基础是前序基于构件模型设计的工艺模型，工艺模型中包含了大量可以被调用的信息。因此，模具设计过程变成对前序工艺模型的筛选处理工作以及再利用的过程，这个过程的条件也比较严格，需要提供建立准确的前序工艺模型（表 3-13）。

有源参数化模具设计步骤（以预制墙板为例）　　表 3-13

<table>
<tr><th>步骤</th><th>内容</th><th>视图</th></tr>
<tr><td rowspan="2">准备工艺模型</td><td>调用工艺模型</td><td></td></tr>
<tr><td>工艺模型比对确定模具数量及种类</td><td></td></tr>
</table>

续表

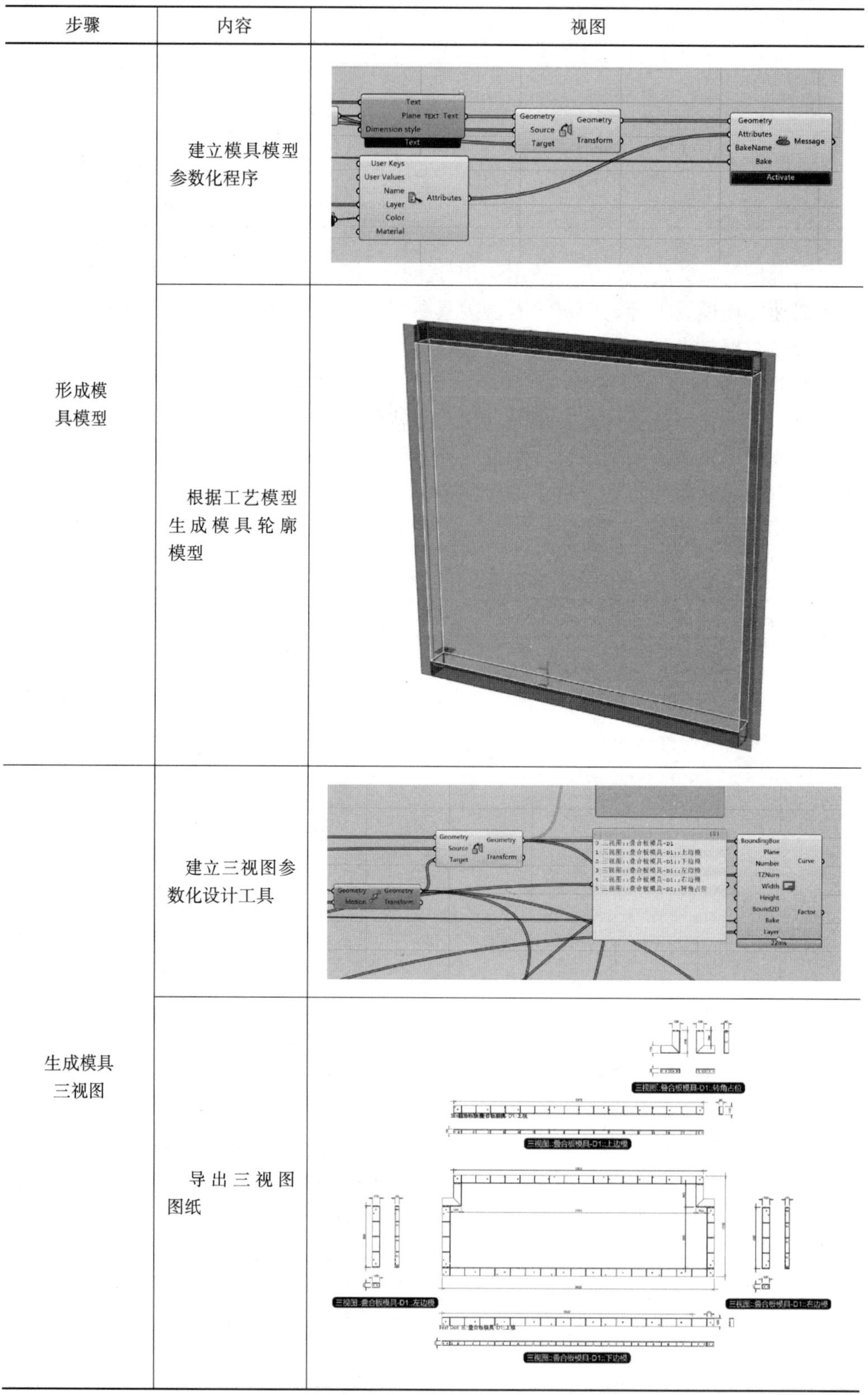

步骤	内容	视图
形成模具模型	建立模具模型参数化程序	
	根据工艺模型生成模具轮廓模型	
生成模具三视图	建立三视图参数化设计工具	
	导出三视图图纸	

续表

<table>
<tr><th>步骤</th><th>内容</th><th>视图</th></tr>
<tr><td>生成模具加工图纸</td><td>获取模具加工类图纸</td><td></td></tr>
<tr><td>导出模具设计数据</td><td>通过生成的模具模型进行数据的梳理及导出（与构件物料清单类似）</td><td>
<table>
<tr><th>物料编码</th><th>物料名称</th><th>物料规格</th><th>计量单位</th><th>数量</th></tr>
<tr><td>101090600003</td><td>成品钢筋网片</td><td>C6@200，HRB300</td><td>pcs</td><td>0.31</td></tr>
<tr><td>101090600003</td><td>成品钢筋网片</td><td>C6@200，HRB300</td><td>pcs</td><td>0.31</td></tr>
<tr><td>101090600003</td><td>成品钢筋网片</td><td>C6@200，HRB300</td><td>pcs</td><td>0.63</td></tr>
<tr><td>101090600003</td><td>成品钢筋网片</td><td>C6@200，HRB300</td><td>pcs</td><td>0.63</td></tr>
<tr><td>102010100008</td><td>门洞木方</td><td>60*60mm</td><td>pcs</td><td>20.0</td></tr>
<tr><td>101180600003</td><td>波纹管</td><td>60mm</td><td>pcs</td><td>3.0</td></tr>
<tr><td>101183400002</td><td>连接螺纹杆</td><td>350+150 25 M22-2.0 丝身65</td><td>pcs</td><td>3.0</td></tr>
<tr><td>101180100002</td><td>塑料胀管</td><td>80mm</td><td>pcs</td><td>6.0</td></tr>
<tr><td>101183100003</td><td>牛腿</td><td>300*250*220</td><td>pcs</td><td>3.0</td></tr>
<tr><td>101180700003</td><td>球头吊钉</td><td>170mm 2.5t</td><td>pcs</td><td>6.0</td></tr>
</table>
</td></tr>
</table>

3.2.2 工装选配及安拆

工装选配是指模具在安拆过程中需要使用到的工具和装备。如表 3-14 所示，是模具安装的过程，需要通过模型进行模拟，并对模具设计中选用的工装进行安装模拟。

工装选配及安装流程（以预制墙板模具为例） **表 3-14**

<table>
<tr><th>工作内容</th><th>图片示意</th></tr>
<tr><td>①油漆笔，②六角气动扳手，③焊机，④橡胶锤，⑤卷尺，⑥美工刀，⑦活动扳手，⑧撬棍</td><td></td></tr>
<tr><td>模具物料清单、物料清单、装配图纸、构件图纸</td><td>
<table>
<tr><th colspan="3">外墙WQX401组合模具</th></tr>
<tr><td>序号</td><td>序</td><td>数里</td></tr>
<tr><td>1</td><td>出 ① 件≥3500</td><td>1</td></tr>
<tr><td>3</td><td>铝合金边模组件≥4400</td><td>1</td></tr>
<tr><td>4</td><td>门窗框组件2700×1985</td><td>1</td></tr>
<tr><td>5</td><td>吊钉连接件组件</td><td>2</td></tr>
<tr><td>6</td><td>168跨越式连接件组件</td><td>2</td></tr>
<tr><td>7</td><td>上端面木方组件</td><td>1</td></tr>
<tr><td>8</td><td>剪力■连接组件</td><td>18</td></tr>
</table>
③</td></tr>
<tr><td>将正面预埋提前安装于正面预埋工装上，包括正面套筒和线盒等</td><td> </td></tr>
</table>

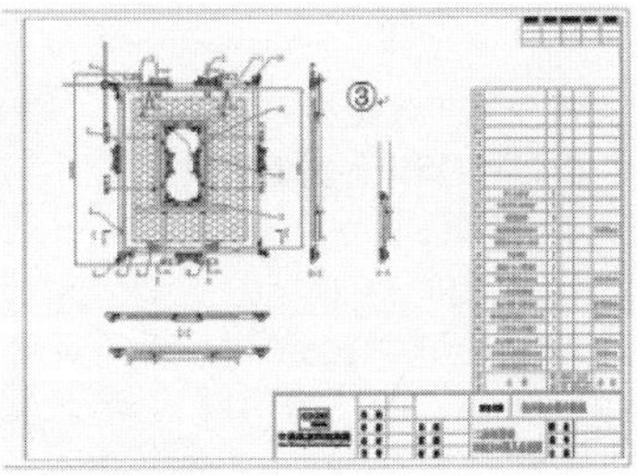

续表

工作内容	图片示意
将上侧槽板与钢模安装固定	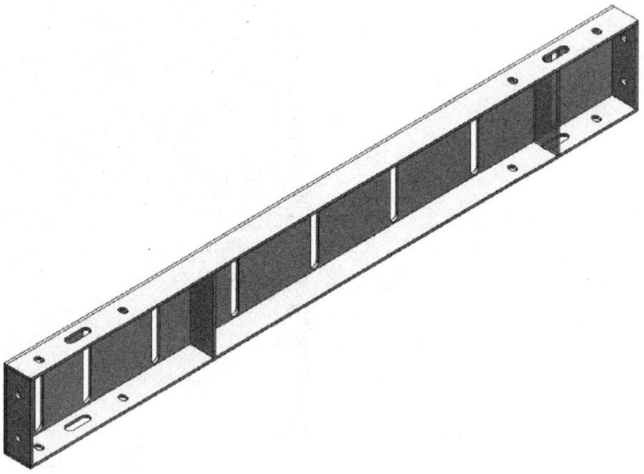
以底边模为基准，靠模台边缘孔安装底边模固定件	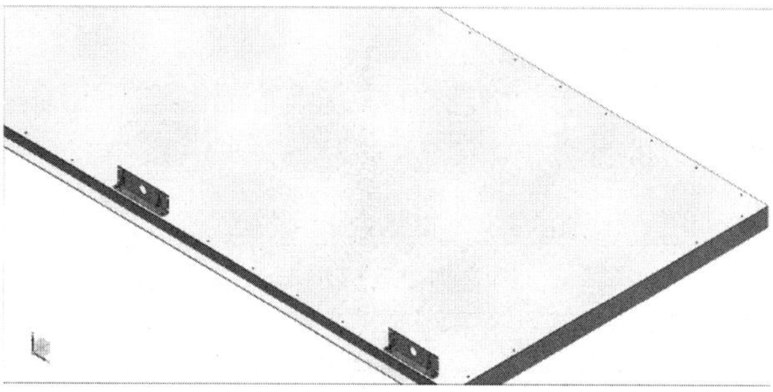
将边模安装于底边模固定件上，注意底边模固定件需避开安装灌浆套筒的孔	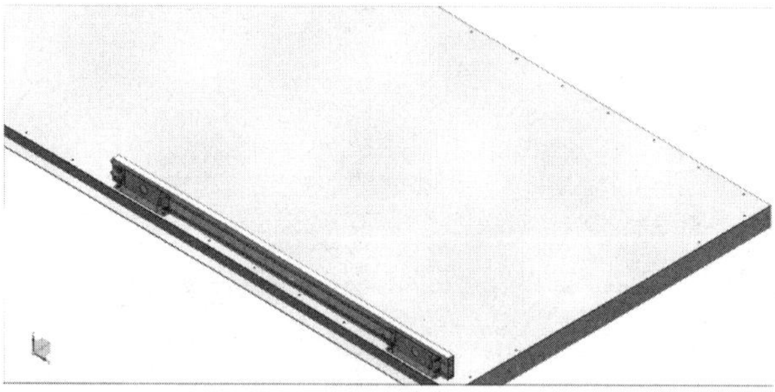
下侧槽板与边模定位线对齐，调整好尺寸，并固定于模台上	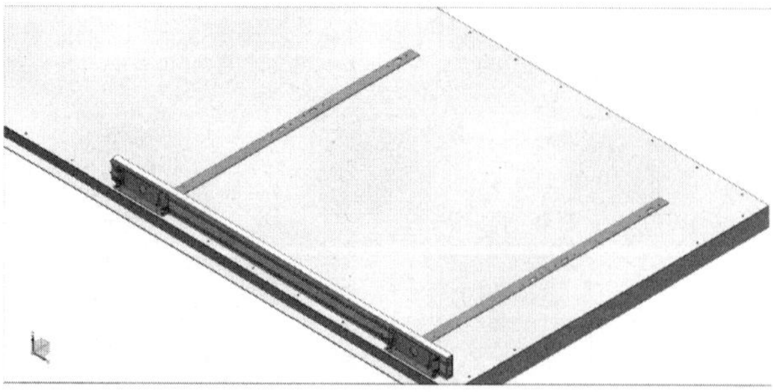

续表

工作内容	图片示意
以槽板为定位基准,安装一侧出筋钢模	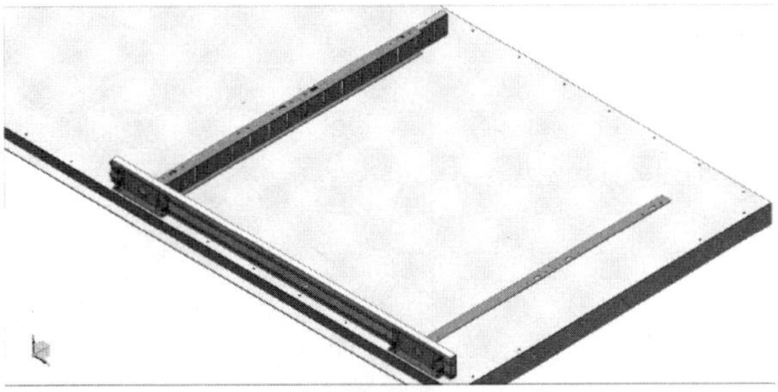
将整体密封件套入已绑扎好的钢筋	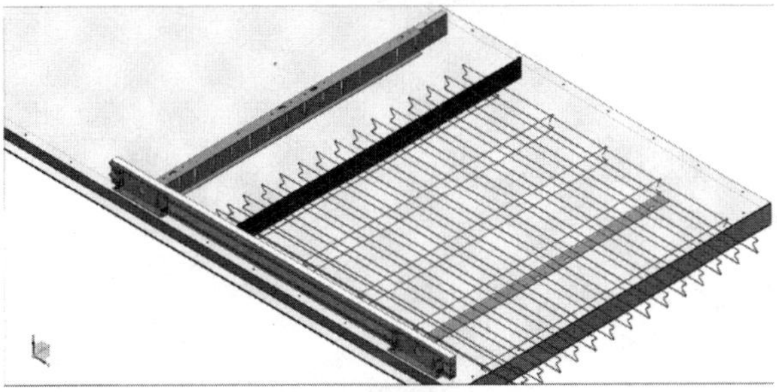
钢筋与整体密封件整体插入一侧钢模,调整好尺寸	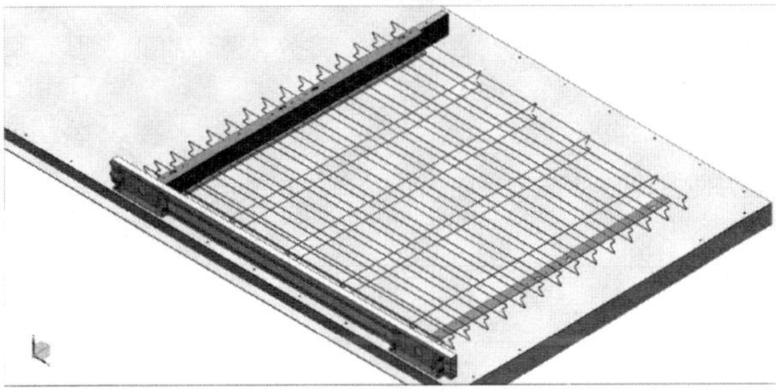
从上侧面插入企口	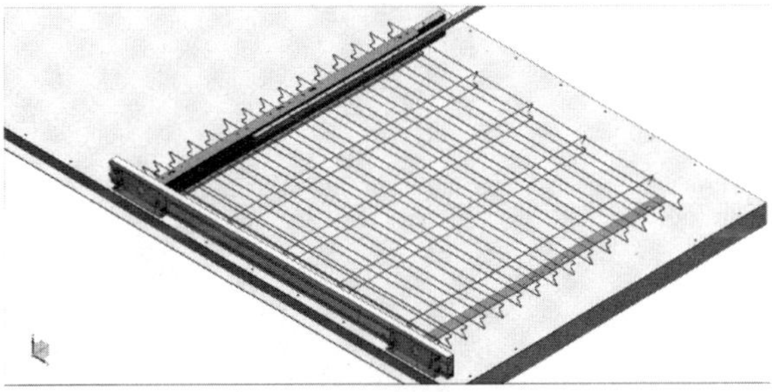
从上侧面插入企口,并安装在箍筋钢模上	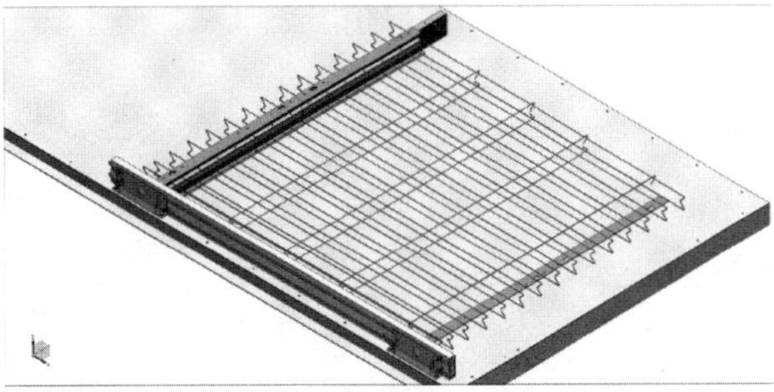

续表

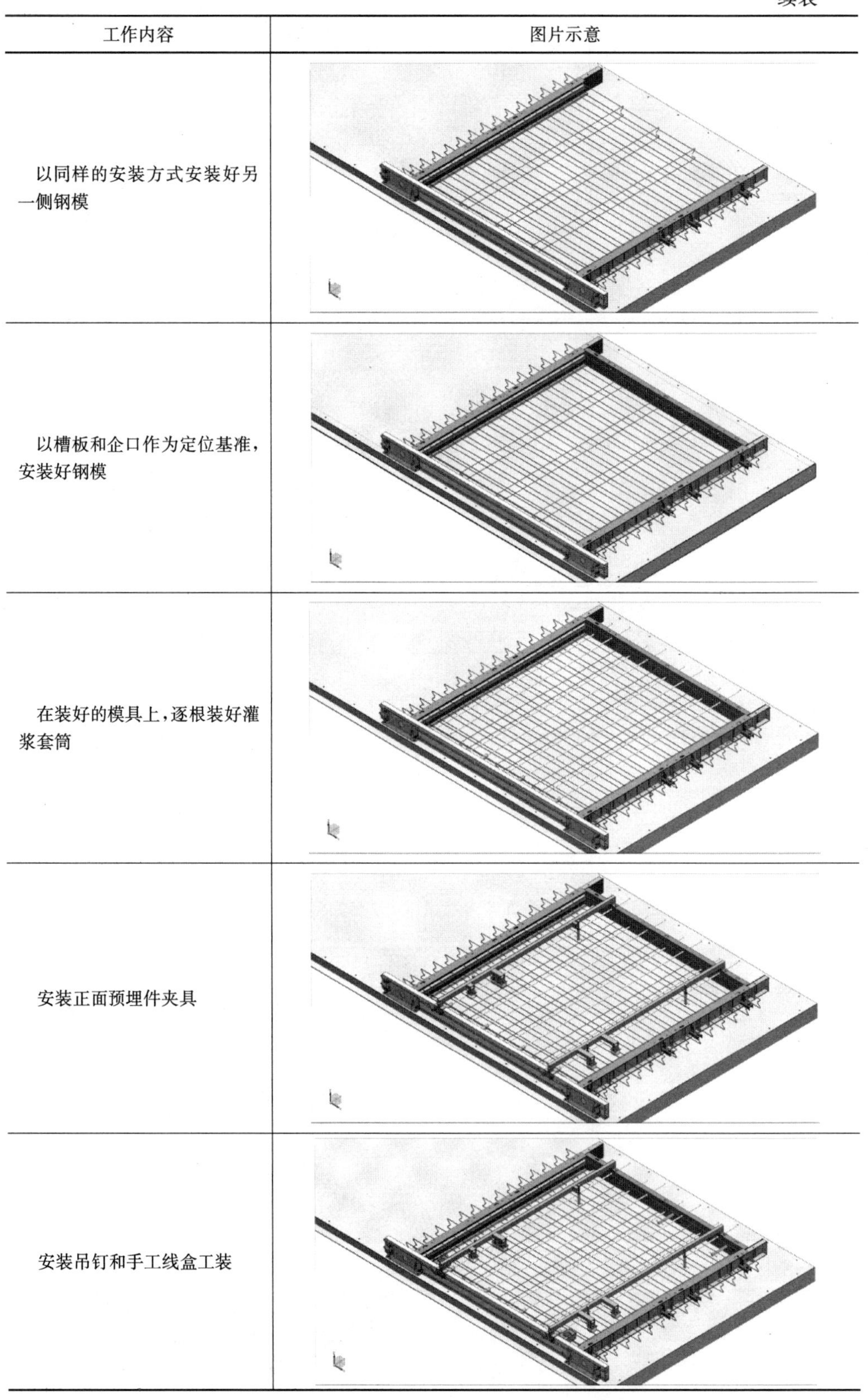

工作内容	图片示意
以同样的安装方式安装好另一侧钢模	
以槽板和企口作为定位基准，安装好钢模	
在装好的模具上，逐根装好灌浆套筒	
安装正面预埋件夹具	
安装吊钉和手工线盒工装	

续表

工作内容	图片示意
拆正面预埋工装	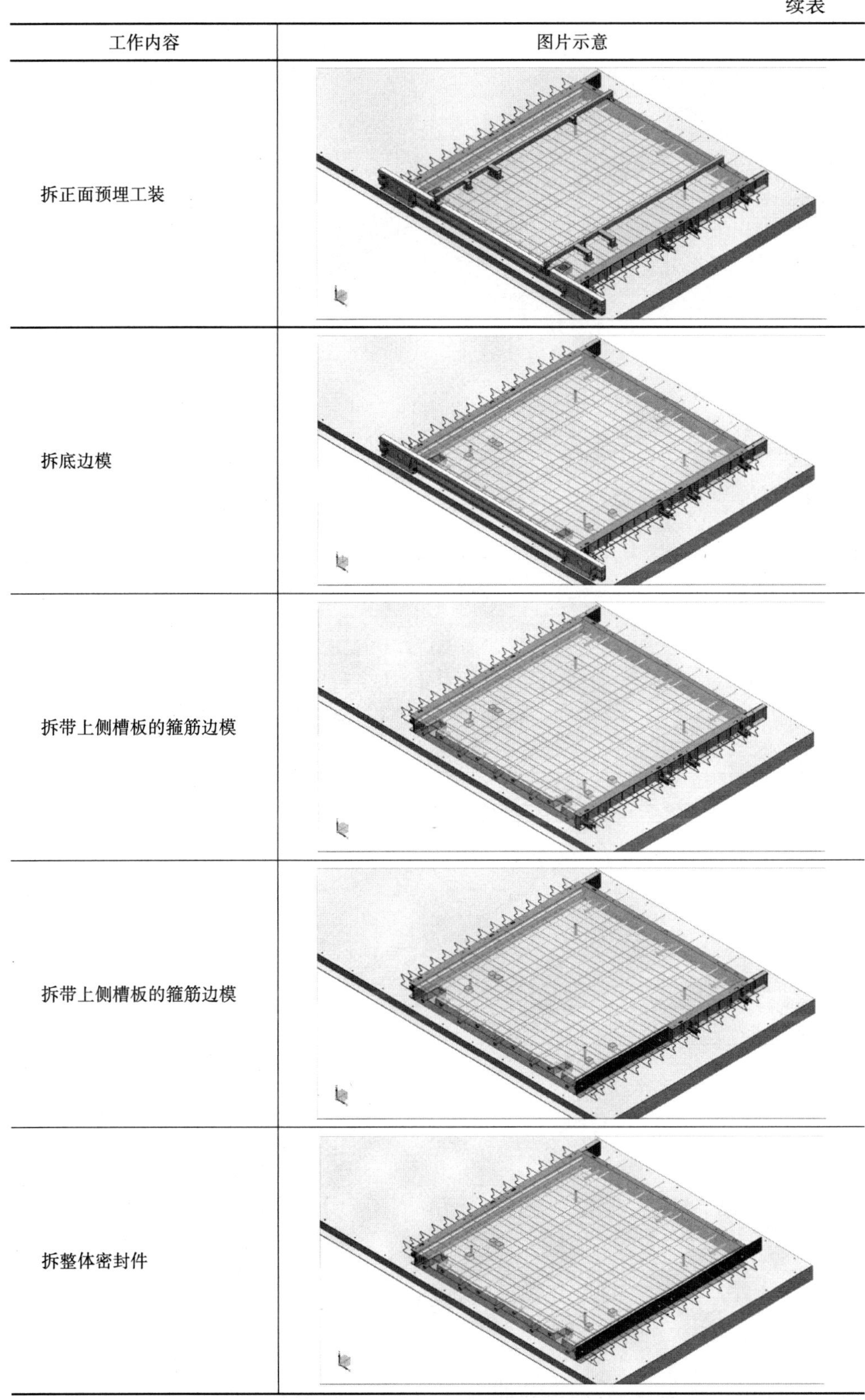
拆底边模	
拆带上侧槽板的箍筋边模	
拆带上侧槽板的箍筋边模	
拆整体密封件	

续表

工作内容	图片示意
拆企口，借助撬棍从侧面穿入后撬出	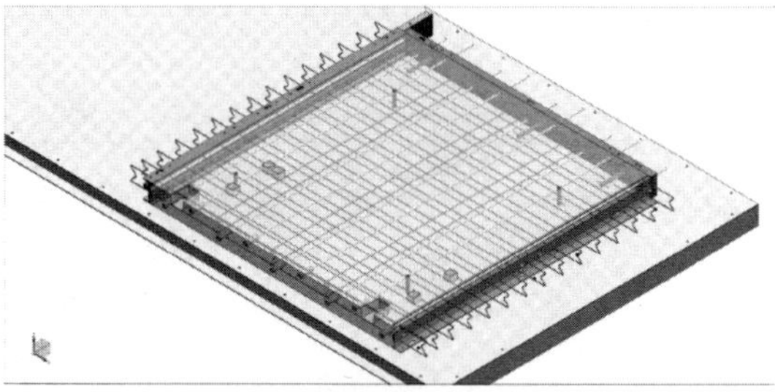
以同样的顺序和方式拆另一侧箍筋边模	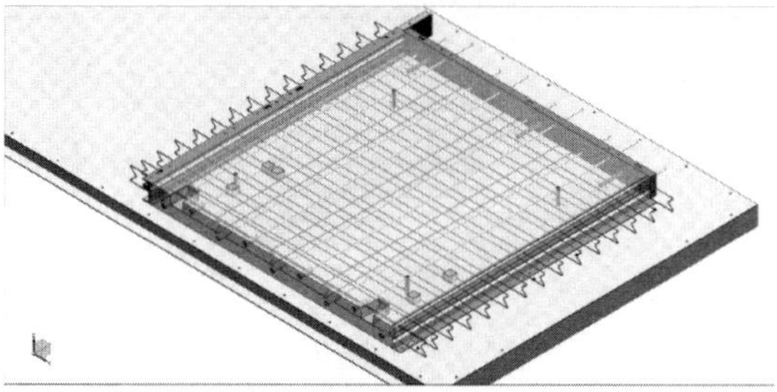
拆上侧边模	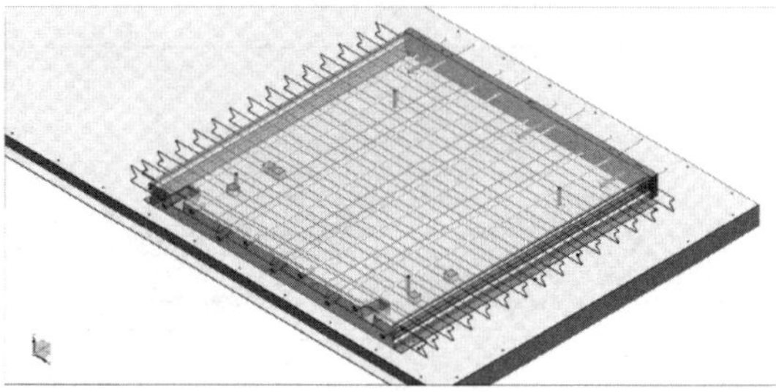
整体起吊	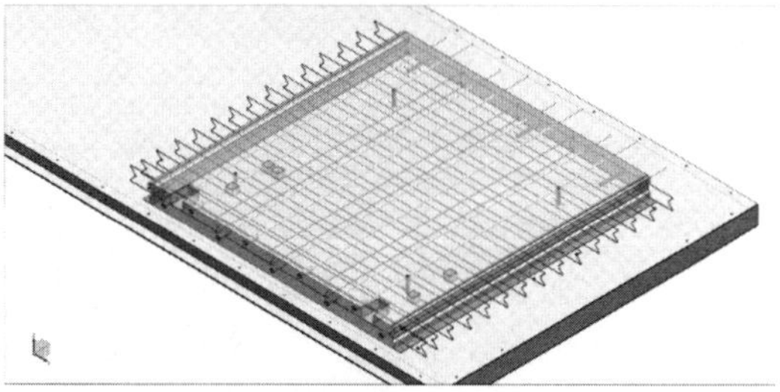
拆模完成后，下槽板不拆，作为下次装模定位的基准	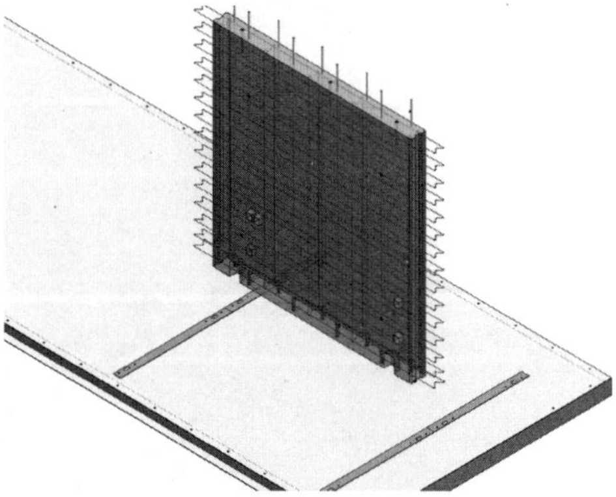

信息模型所反映的信息需要以 MES 系统为载体，实现数据以及信息的通达。

3.3 工艺方案

具备信息模型的工艺生产方案编制需要借助 MES（生产执行系统）才能够完成，通过信息模型所反映的信息需要以 MES 系统为载体，实现数据以及信息的通达（表 3-15）。

工艺方案章节索引与描述表 **表 3-15**

三级标题		三级表格索引	具体描述
题名	概要		
3.3.1 生产方案	介绍 BIM 技术在生产方案中的应用	表 3-16 工艺质量控制点表	生产构件的质量控制要点
		表 3-17 物料控制表	导入物料的控制内容
		表 3-18 模具计划需求表	生产所需模具的计划需求内容
		表 3-19 工装需求计划表	生产所需工装计划需求内容
3.3.2 生产线选择及生产布置	介绍生产线的特点及布置情况	表 3-20 生产线介绍表	介绍不同生产线的特点，通过不同的产业特点，便于根据不同的生产任务配置合适的生产线
		表 3-21 双循环流水线配置表	介绍双循环生产线的特点
		表 3-22 固定台模线配置表	介绍固定台模生产线的特点
		表 3-23 人员配置表	生产线人员配置表格

3.3.1 生产方案

本章节主要介绍 BIM 技术在生产阶段的应用条件及方法，详细的生产方案编制方案参考本系列手册中生产手册部分内容。借助 MES 系统的生产方案是一项倒的树状图，最终构件生产是其目标完成物。结合输入物料、生产措施以及生产工艺特点，信息模型管理平台是建筑信息模型在制造阶段如何应用的关键（表 3-16～表 3-19）。

工艺质量控制点表 **表 3-16**

类型	控制点明细
总体强制性质量控制点	台模面、模具必须干净无残渣、无红锈
	构件损坏严禁入库，必须立即修补
	构件尺寸、预埋件精度必须符合品质表单的要求
	构件编号、方向标识必须正确、清晰
	所有预留洞尺寸允许偏差(＋8mm，0)
	所有预埋件钢板中心位置允许偏差为 3mm，安装平整度为 5mm；预埋管、预埋孔中心位置允许偏差为 3mm，插筋外露长度允许偏差(＋8mm，0)预埋吊环外露长度允许偏差(＋8mm，0)，预埋件水平高差(＋3mm，0)
	露筋：主筋不应有，其他允许有少量； 蜂窝：主筋位置和搁置点位置不应有，其他允许有少量

续表

类型	控制点明细
墙板	墙板底部灌浆用套筒，必须绑扎牢固
	预埋套筒附加钢筋要置于网片筋下方
	台模面要求粗糙面的位置在台模上画线涂刷露骨料，现浇结点位置（包括挑檐外伸钢筋处）需涂刷露骨料
	受力钢筋保护层墙板允许偏差±3mm
	长度允许偏差±4mm；宽度（0，−4mm）
	对角线差允许偏差 4mm
	表面平整度允许偏差 3mm
	预埋接驳器中心位置：允许偏差 5mm
楼板	露筋：主筋不应有，其他允许有少量
	蜂窝：主筋位置和搁置点位置不应有，其他允许有少量
	长度允许偏差±4mm；宽度（0，−4mm）
	表面平整度允许偏差 3mm
	侧向弯曲允许偏差：L/1000，且≤15mm
	对角线差允许偏差 6mm
	插筋外露长度允许偏差（+8mm，0）
	预留洞允许偏差（+8mm，0）

物料控制表 **表 3-17**

物料种类	现有状况	解决方案
水泥	已定标	
砂		
石		
粉煤灰		
外加剂		
钢筋		

模具计划需求表 **表 3-18**

模具种类	现有状况	解决方案
钢模	已定标	

工装需求计划表 **表 3-19**

工装种类	现有状况	解决方案
墙板运输架	已定标	
叠合板运输架		
叠合梁存放架		

续表

工装种类	现有状况	解决方案
25t 整体运输架	已定标	
1.3t 磁盒		
70kg 圆磁铁		
86 线盒磁铁		

在完善上述相关条件的配置后，即可用 MES 进行处理，因各家 MES 有很大区别，本手册以某公司的 MES 为例做说明，详细操作过程在 3.5 节中进行详细介绍（图 3-21）。

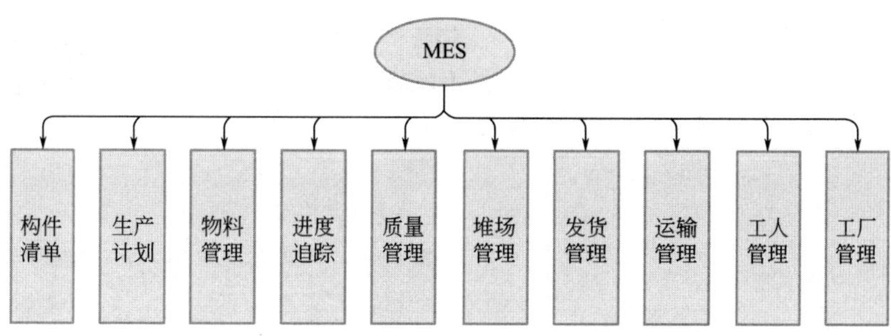

图 3-21　MES 系统包含的功能模块

3.3.2　生产线选择及生产布置

生产线选择需要根据前期工艺设计的构件特点以及设计所需，在生产线进行选择时，要考虑生产构件的特点。同时，BIM 技术在制造工厂应用，主要的体现方式为 BIM 数据到 MES，MES 再与工厂联动。因此，了解并熟悉预制构件工厂的生产线特点，是 BIM 如何高效应用的基础。下面以常用的几种生产线的基本情况进行介绍（表 3-20）。

生产线介绍表　　**表 3-20**

产线名称	基本内容	图示说明
预应力叠合楼板生产线	（1）5 条 130m，长预应力叠合板生产线（2.4m 宽）； （2）只生产不大于 2.4m 宽的三种宽度规格叠合板，生产线利用率应达到 0.88 以上； （3）一天完成 5 条预应力叠合板的脱模工作	

续表

产线名称	基本内容	图示说明
单循环自动化生产线	(1)布置在 24m 跨内，台模尺寸为 9m×3.5m； (2)生产线长度 152m，生产外墙板，可浇筑一次，也可浇筑两次混凝土； (3)用于生产复杂墙板，浇筑完一次后，采用振动台振捣，第二次浇筑后采用振捣棒振捣，出墙板最快节拍定义为 20min	
钢筋及混凝土生产线	用于生产混凝土和钢筋	
双循环自动化生产线	(1)布置在 24m 跨内； (2)台模尺寸 9m×3.5m 生产线长度 162m，只需要浇筑一次混凝土； (3)完全实现双循环，出墙板最快节拍定义为 10min(每班 8h，两班)	
固定台模生产线	(1)异形构件无法在自动化线上进行高效生产，因此需要有底模的固定台模进行生产； (2)固定台模布置一般为平铺法	

对常用生产线了解后，因为双循环流水线包含了大量的生产特点信息，所以下面对常用生产线进行详细说明（表 3-21～表 3-23）。

双循环流水线配置表 **表 3-21**

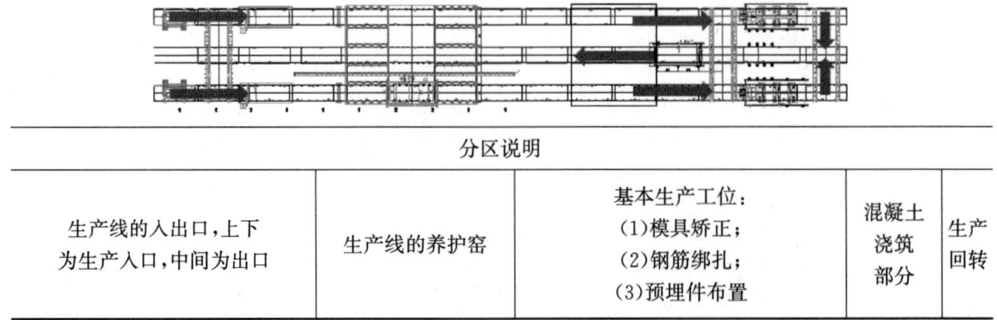

分区说明				
生产线的入出口，上下为生产入口，中间为出口	生产线的养护窑	基本生产工位： (1)模具矫正； (2)钢筋绑扎； (3)预埋件布置	混凝土浇筑部分	生产回转

续表

使用特点											
有效工位数量	养护窑容量	行车数量	生产节拍	人员	单班产能	每日班次	台模		构件类型	限制条件	混凝土需求
18	72	1行车+2半门吊	20min	25	$24m^3$	1	3.5m×9m	63m	叠合板	起吊限制节拍	$1.5m^3$/20min

固定台模线配置表 **表 3-22**

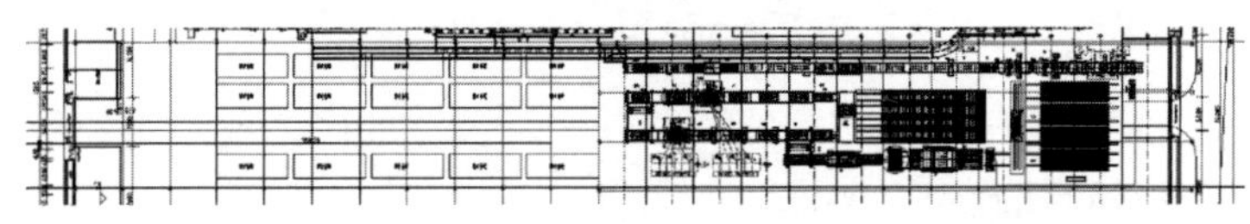

行车数量	生产节拍	人员	单班产能	每日班次	台模	构件类型	限制条件	混凝土需求
2行车 10t行车	—	22	$11m^3$	1	4m×12m 3.5m×9m	墙板	装模、拆模	$12m^3$/班

人员配置表（人） **表 3-23**

生产线	车间主任	质检员	工位长	单班人员(产业工人)配置	排班数(单班8h)
墙板	1	2	1	22	2
楼梯、梁、阳台板	1	3	1	20	2
叠合板	1	1	1	25	2

3.4 物料准备

装配式预制构件生产物料主要为信息模型信息应用的延伸，如何应用信息对生产物料进行准备是制造工厂降低生产成本且提高生产效率的重要保障。因此，借助前端导入的物料清单，通过物料合理高效地配置资源是非常重要的工作。本节主要介绍了通过MES实现物料的配置及与企业资源管理系统（ERP）采购招标联动的管理（表3-24）。

物料准备章节索引及描述表 **表 3-24**

三级标题		三级表格索引	具体描述
题名	概要		
3.4.1 物料编码	介绍物料编码方式	表3-25 物料编码基本分类表	介绍物料编码分类类型
		表3-26 物料编码解释表	对外购、外协类物料及自制类物料编码方式的详细解释

续表

三级标题		三级表格索引	具体描述
题名	概要		
3.4.2 物料 MES 管理介绍物料的 MES 管理关系			

3.4.1 物料编码

物料编码是对物料区分最直接的一种方式，因此准确的物料编码标准是物料信息及物料模型调用的基础（表 3-25）。

物料编码基本分类表　　　　表 3-25

总类	分类	子类	细类
物料类别	外购、外协类物料	部品类	*
		设备类	*
		工具类	*
		临建类	*
		其他类	*
	自制类物料	半成品	自制混凝土
		产成品	预制混凝土件

通过物料的分类方法，外购外协类物料编码（即 P/N 物料号）采用 12 位字符表示，由物料分类号和序列号两部分构成。半成品和成品类（构件）标准件的物料编码（即 P/N 物料号）采用 12 位字符表示，由物料分类号和序列号两部分构成，规则与外购物料编码规则相同（表 3-26）。

物料编码解释表　　　　表 3-26

编码名称	分类示意图	字段说明
外购、外协类物料	P/N 1 ①物料大类 01 ②物料子类别 03 ③子级物料类别 02 ③末级物料类别 00001 ⑤流水号	用 1 位数字表示物料大类
		用 2 位数字表示物料子类别，例如，部品类下的“01”表示“主体部品类”
		用 2 位数字表示子级物料类别，例如，主体部品类下“03”表示“水泥”
		用 2 位数字表示末级物料类别，例如，水泥类下的“02”表示“复合硅酸盐水泥”
		用 5 位数字表示流水号，例如，完整物编码“101030200001”表示“32.5 复合硅酸盐水泥”

续表

编码名称	分类示意图	字段说明
半成品和成品类(构件)标准件的物料编码	P/N ① 项目号 011501 ② 楼栋号 002 ③ 构件分类编号 0102 ④ 起止楼层号 0215 ⑤ 流水号 001	用6位数字表示项目号。例如,“011501”表示某公司2015年第1个建筑项目
		用3位数字表示楼栋号,例如,“002”表示该项目的第2号楼。特殊情况:基础工程、园林管网等工程构件与楼栋无关的情况,使用00表示;项目有分区时,第1位字符使用分区号表示(如“A”),各分区楼栋依次排序
		用4位数字表示构件的子分类名,其中前2位数字表示子级物料类别,“01”表示“PC预制件”,“02”表示“现浇件”;后2位数字表示末级物料类别,例如,“02”表示“不含梁外隔墙WGQ”
		用4位数字表示起止楼层号,一般直接使用楼层代号,例如,“0215”表示“从第2层~第15层”
		用5位数字表示构件流水号,根据构件拆分情况进行区分

3.4.2 物料MES管理

生产执行系统(MES)在工厂发挥着重要的作用,减少了前期大量人工计算统计的工作。通过前端设计数据的直接进入,MES再对数据进行处理。下面介绍MES中对物料数据的处理关系(图3-22、图3-23)。

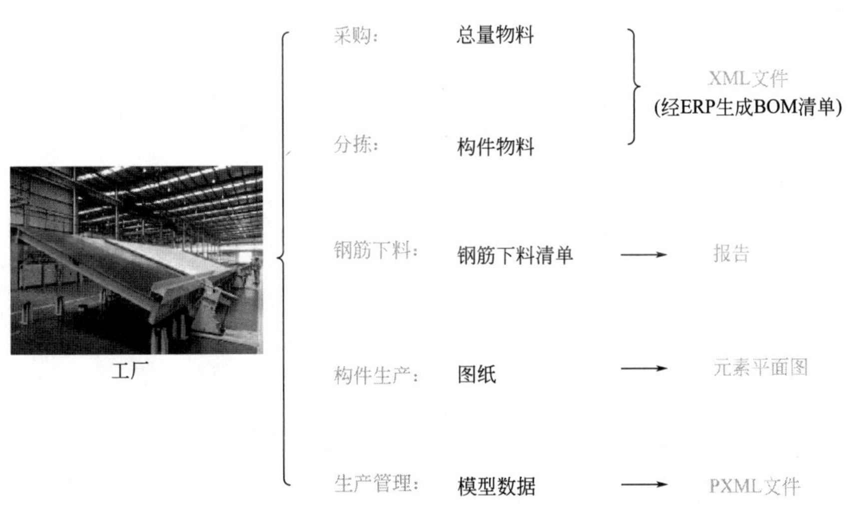

图3-22 MES与设计数据互动关系

(图片来源:中民筑友有限公司)

MES与生产的具体关系在后续章节中详细介绍。

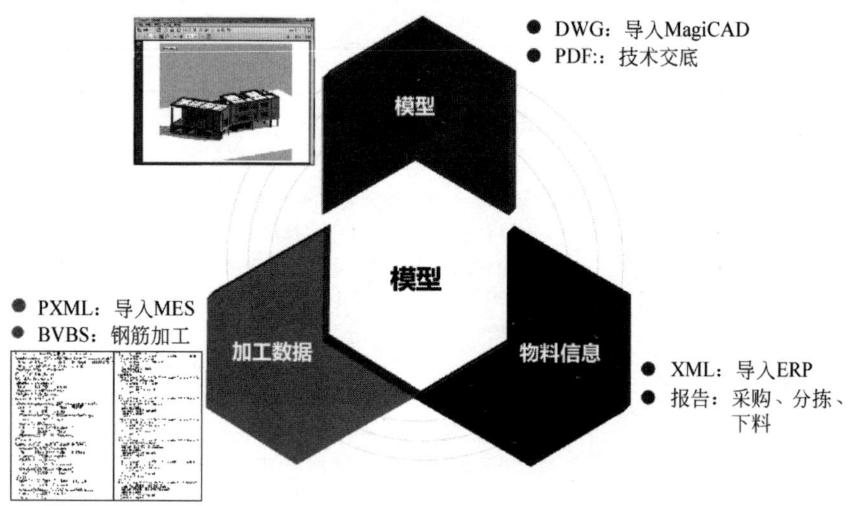

图 3-23　模型与工厂制造关系
（图片来源：中民筑友有限公司）

3.5　生产执行

生产执行的过程是构件经过设计、导入、生产准备等过程后具体在生产阶段的情况，主要通过设计信息模型输入后进入 MES 后具体生产过程中的情况（表 3-27）。

生产执行章节索引及描述表　　**表 3-27**

三级标题		三级表格索引	具体描述
题名	概要		
3.5.1　生产流程	主要内容为使用 BIM 技术进行预制构件深化设计，形成构件生产信息模型，生成数据库，然后制订生产计划并进行生产	表 3-28　数据收集及导入执行表	介绍了某管理平台在数据汇总后导入某管理系统的过程
		表 3-29　物料采购执行表	介绍了某管理平台在导入项目数据后自动生成物料清单的过程
		表 3-30　生产计划生成执行表	结合图纸信息和物料单等方面的信息，借助 MES 系统生成生产计划
		表 3-31　自动化生产执行表	生产工艺及自动化：介绍利用基于 BIM 的 CAM 技术和 MES 技术将构件信息输入机器并自动生产过程
3.5.2　质量管理	主要内容为使用 RFID 技术对构件生产过程中的信息进行实时跟踪记录，反馈到生产管理系统中，从而实现生产管理者对构件生产各方面进行科学有效的控制	表 3-32　生产过程管理执行表	介绍在构件生产过程中对关键工序检验的记录并上传至质量管理系统过程
		表 3-33　隐蔽质量管理执行表	介绍在原材料进场时对构件隐蔽过程检验和记录上传至质量管理系统过程
		表 3-34　成品质量管理表	介绍通过 RFID 技术给构件“身份”，同时在管理系统中生成构件身份记录的过程
		表 3-35　芯片植入位置规范表	针对不同类型的构件分别介绍了芯片的埋设规范

3.5.1 生产流程

将 BIM 技术应用于构件生产及运输过程主要体现在：使用 BIM 技术进行预制构件深化设计，形成构件生产信息模型，与管理系统进行链接形成构件生产基础数据库，从而管控生产过程和记录构件运输过程；使用 RFID 技术对构件生产过程中的信息进行实时跟踪记录，反馈到生产管理系统，从而实现生产管理者对构件生产各方面进行科学有效的控制。如图 3-24 所示，为相关信息技术在预制构件生产阶段应用关联图。

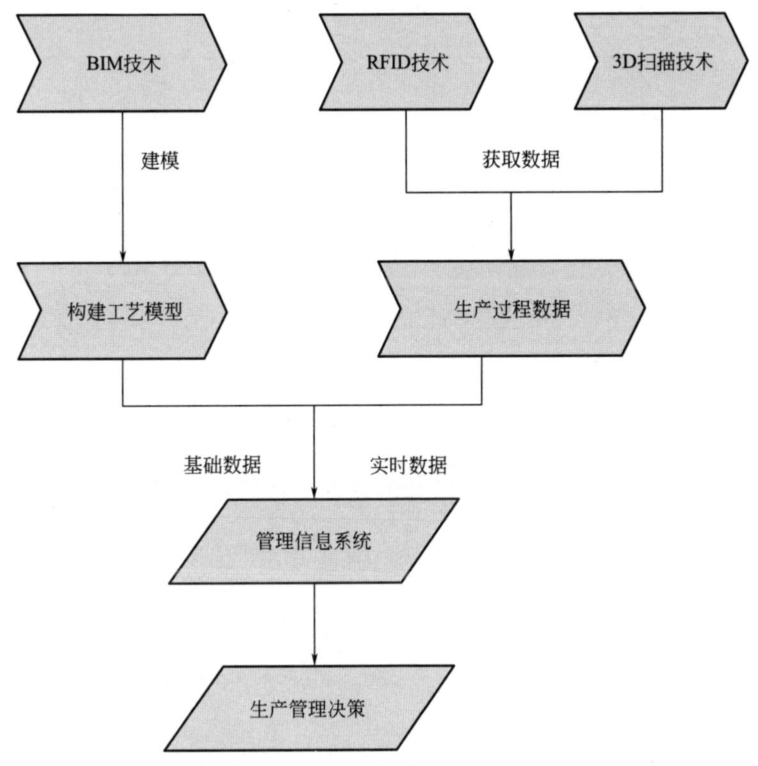

图 3-24 相关信息技术在预制构件生产阶段应用关联图

1. 生产数据管理

使用 BIM 技术对结构模型进行深化处理，方便后期从构件模型中提取数据直接用于生产管理。

应用平台：某生产信息化管理系统。

设计、生产数据一体化，BIM 设计数据直接传递生产数据，生产管理系统直接接受设计数据。构件设计信息即生产任务信息。

生产数据的四个来源：自动接收设计数据、构件库选择、表格导入、录入新建。自动接收设计数据的导入是最佳的数据来源方式（表 3-28）。

数据收集及导入生产执行表　　　　表 3-28

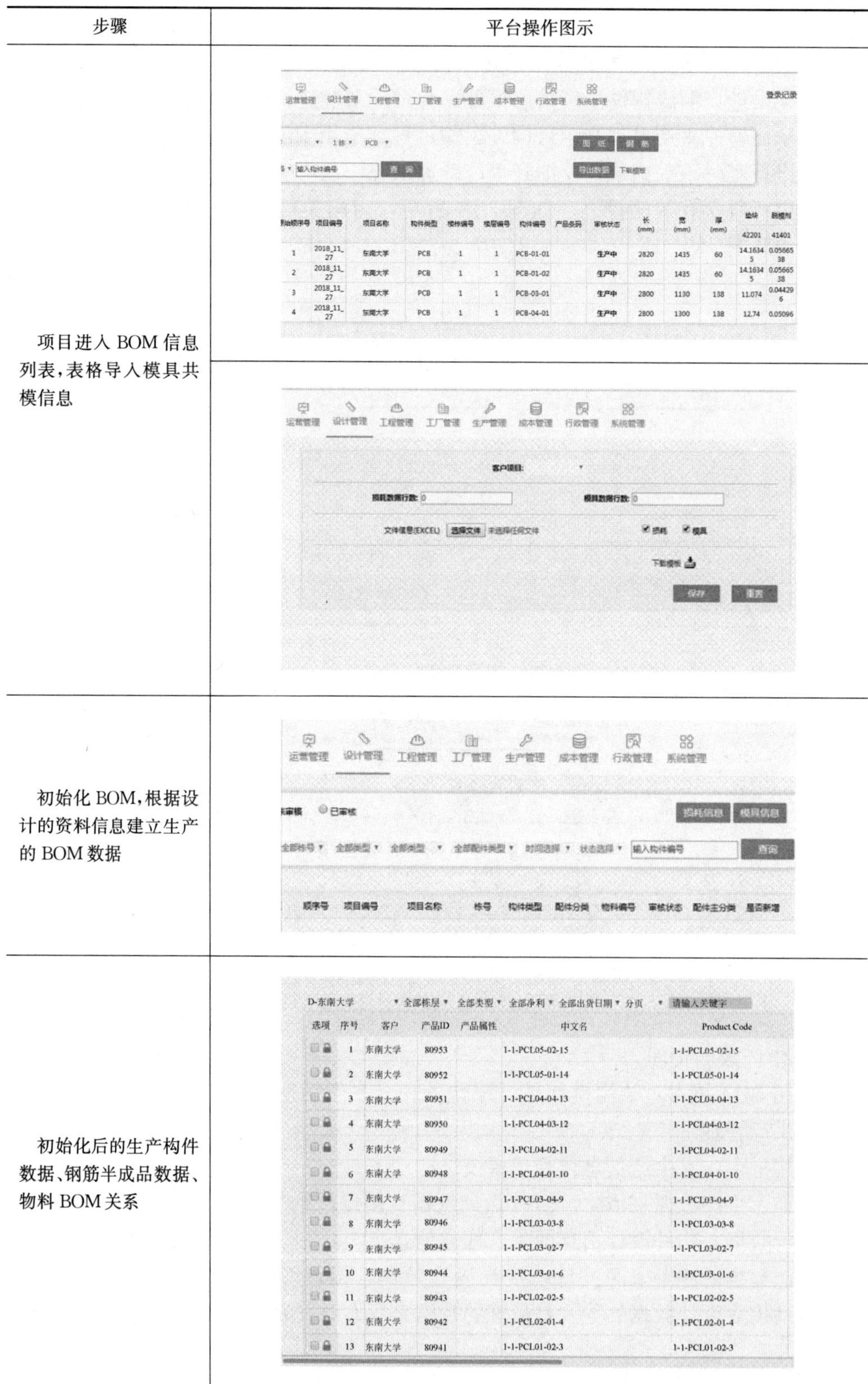

步骤	平台操作图示
项目进入 BOM 信息列表，表格导入模具共模信息	（两幅平台操作截图）
初始化 BOM，根据设计的资料信息建立生产的 BOM 数据	（平台操作截图）
初始化后的生产构件数据、钢筋半成品数据、物料 BOM 关系	（平台操作截图）

续表

步骤	平台操作图示
初始化后的生产构件数据、钢筋半成品数据、物料 BOM 关系	
BOM 初始化完成后自动计算和统计每栋构件类型所需的原材料数量需求，审核通过后，可以准备生产下单	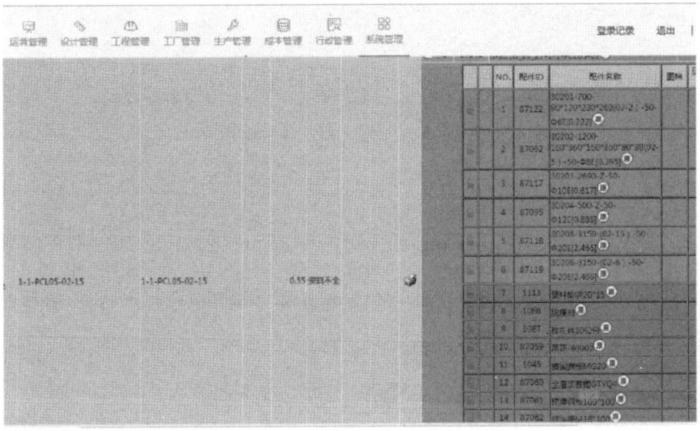
BOM 信息审核通过之后，可以自动生成模具信息和申购单，以及按层生成的构件订单	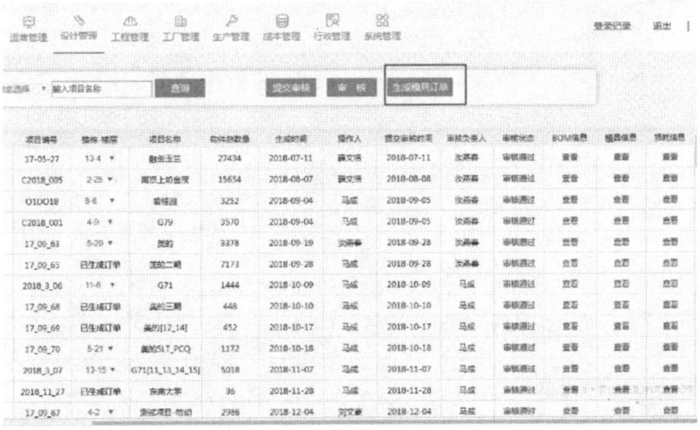
设计信息变更，BOM 重新初始化	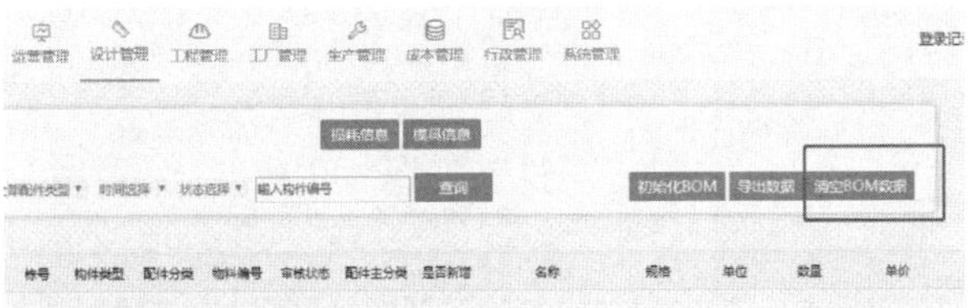

（本表来源：常川砼筑建筑科技有限公司）

2. 物料采购

物料的采购基于 BOM 清单的数据，通过信息化平台实现数据的处理，并形成审批流，完成物料的采购工作（表 3-29）。

物料采购执行表 **表 3-29**

步骤	平台操作图示
项目进入 BOM 信息列表，表格导入模具共模信息	 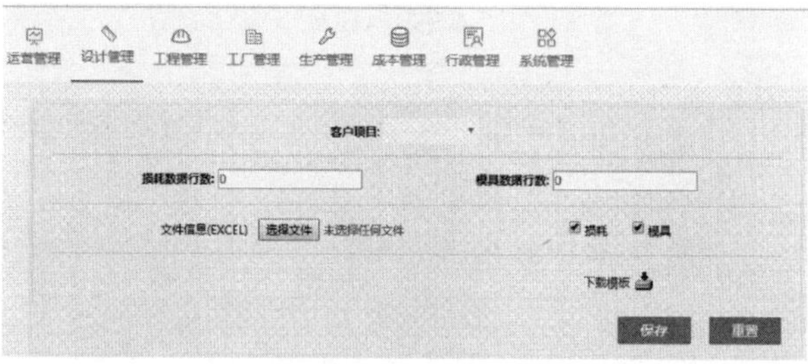
初始化 BOM，根据设计的资料信息建立生产的 BOM 数据	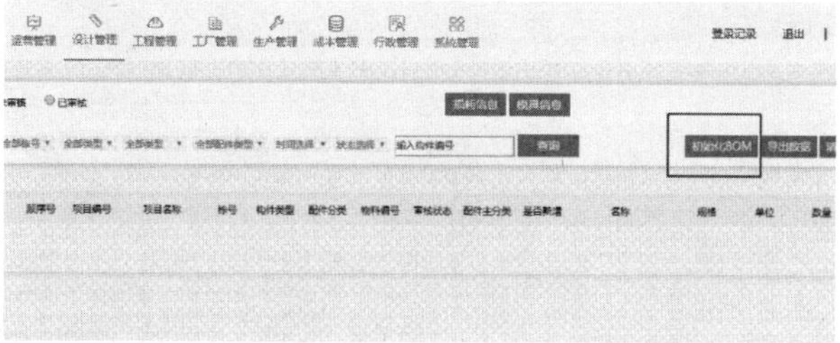
初始化后的生产构件数据、钢筋半成品数据、物料 BOM 关系	

续表

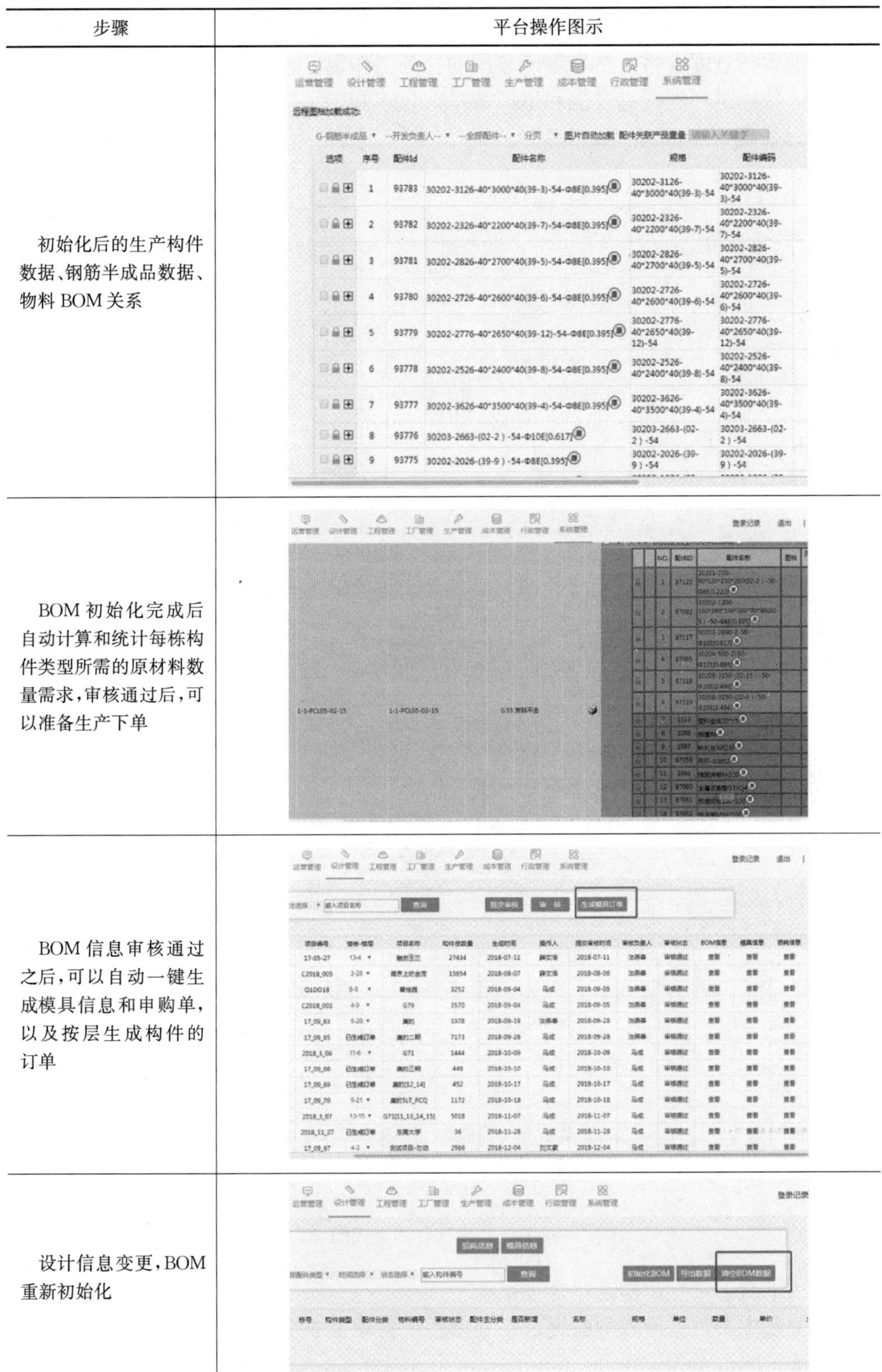

步骤	平台操作图示
初始化后的生产构件数据、钢筋半成品数据、物料 BOM 关系	
BOM 初始化完成后自动计算和统计每栋构件类型所需的原材料数量需求，审核通过后，可以准备生产下单	
BOM 信息审核通过之后，可以自动一键生成模具信息和申购单，以及按层生成构件的订单	
设计信息变更，BOM 重新初始化	

（本表来源：常川砼筑建筑科技有限公司）

3. 生产计划

计划安排主要根据工厂实际生产能力与建筑项目构件的施工进度需求，制定科学有效的生产进度安排。结合生产数据的任务工作量，按照工程建造的构件安装需求进度，依据工厂的既有产能和生产节拍，合理制定工厂构件生产计划。生产计划编制流程如图 3-25 所示。

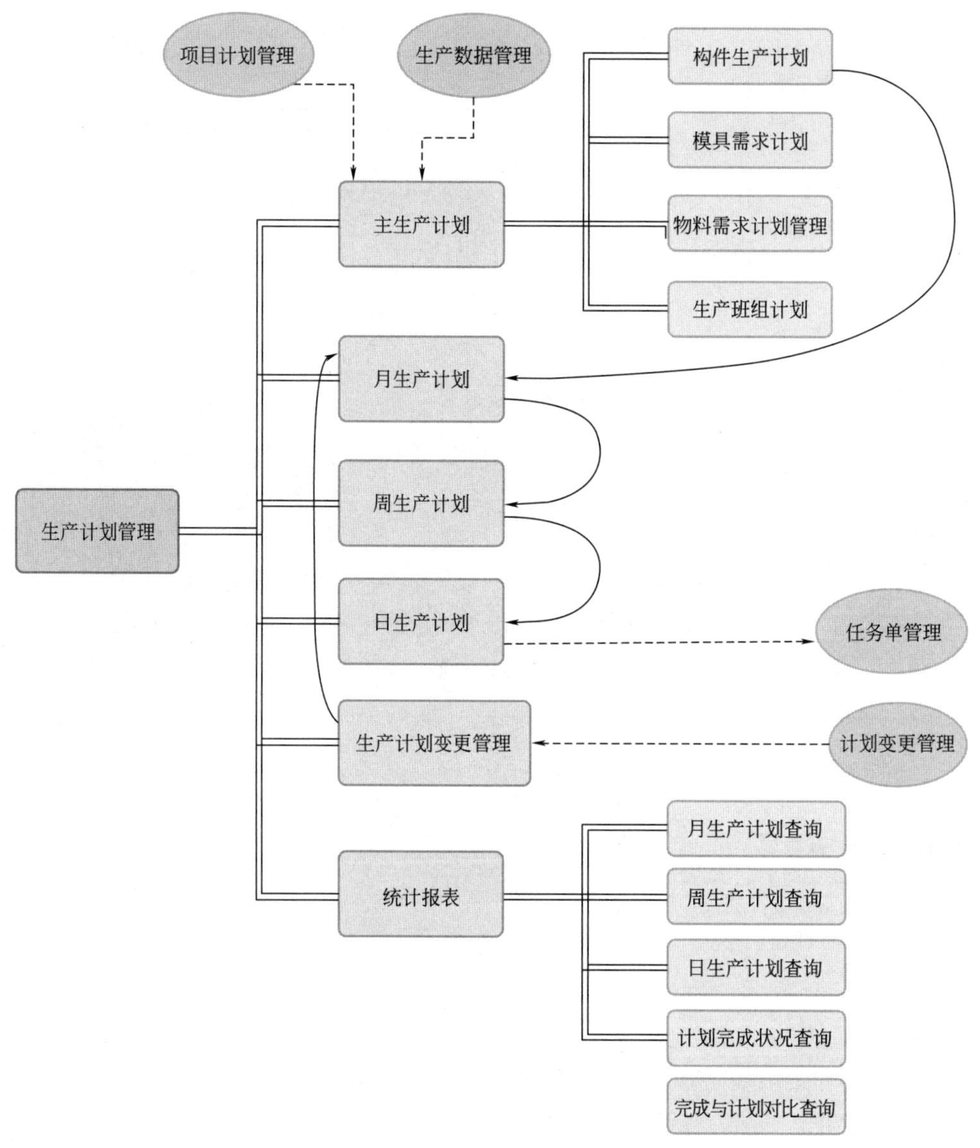

图 3-25　生产计划生成图

应用平台：某生产信息化管理系统。

在完成生产数据导入的前提下，利用系统自动生成生产计划（表 3-30）。

生产计划生成执行表 **表 3-30**

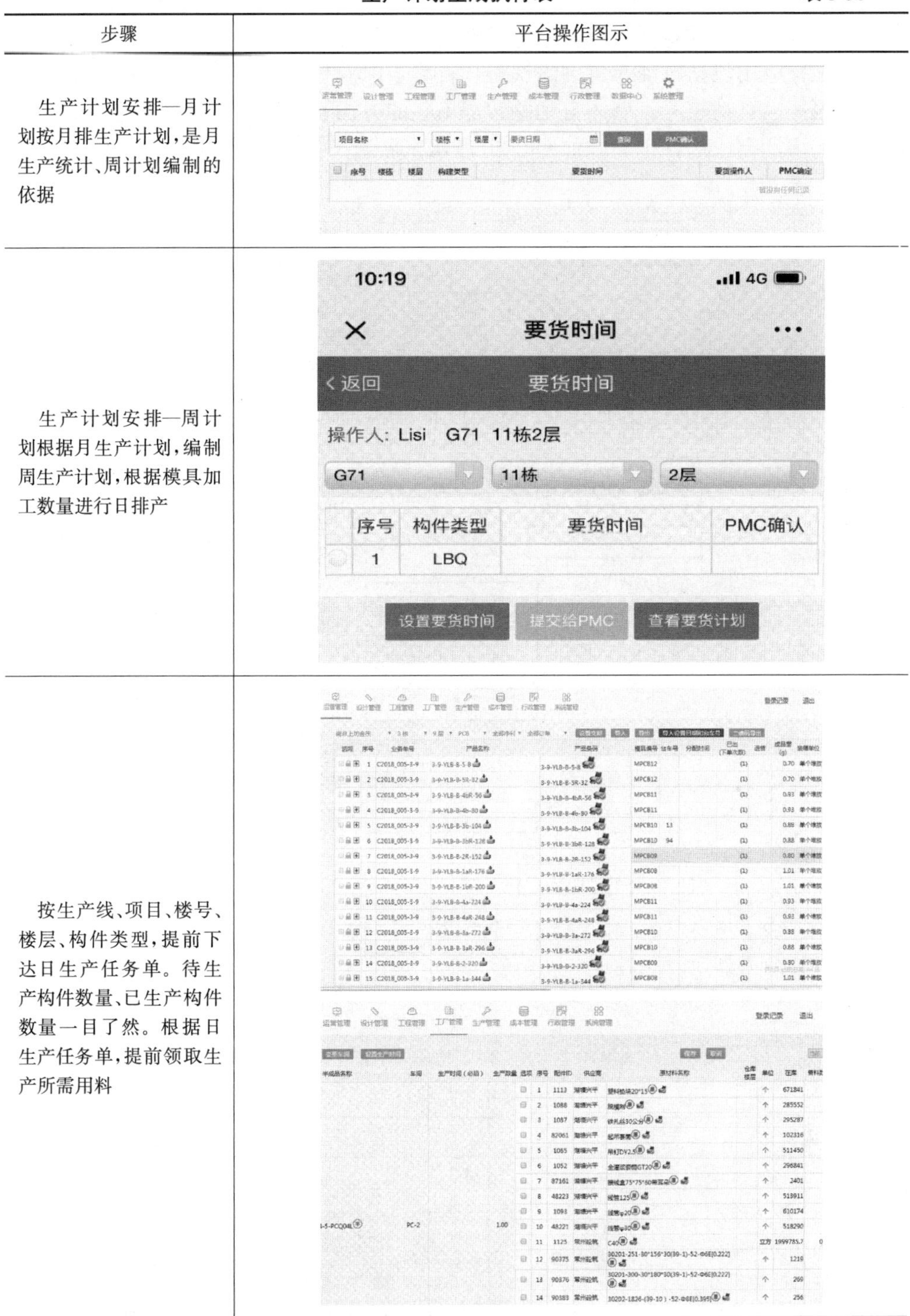

步骤	平台操作图示
生产计划安排—月计划按月排生产计划，是月生产统计、周计划编制的依据	
生产计划安排—周计划根据月生产计划，编制周生产计划，根据模具加工数量进行日排产	
按生产线、项目、楼号、楼层、构件类型，提前下达日生产任务单。待生产构件数量、已生产构件数量一目了然。根据日生产任务单，提前领取生产所需用料	

（本表来源：常川砼筑建筑科技有限公司）

4. 预制构件生产工艺及自动化加工

预制构件生产工艺通常包括模具清洁、模具组装、涂脱模剂、绑扎钢筋骨架、安装预埋件、混凝土浇筑振捣、拉毛、蒸养、拆模、检验修补及堆放等阶段。其中，针对具体构件的生产工艺会根据构件类型和构件厂生产能力有所调整。国内自动化生产线起步较晚，现阶段还处于只能对单独的工艺环节实现自动化，其中自动化工艺主要应用包括自动布置拆除模具、自动喷涂脱模剂、钢筋网片加工、混凝土浇筑及振捣、自动蒸养、墙体自动翻转等单独的方面，在整个生产过程中仍旧需要依靠人工协助完成构件生产。如图 3-26 所示，展示了各生产工艺流程的情况。

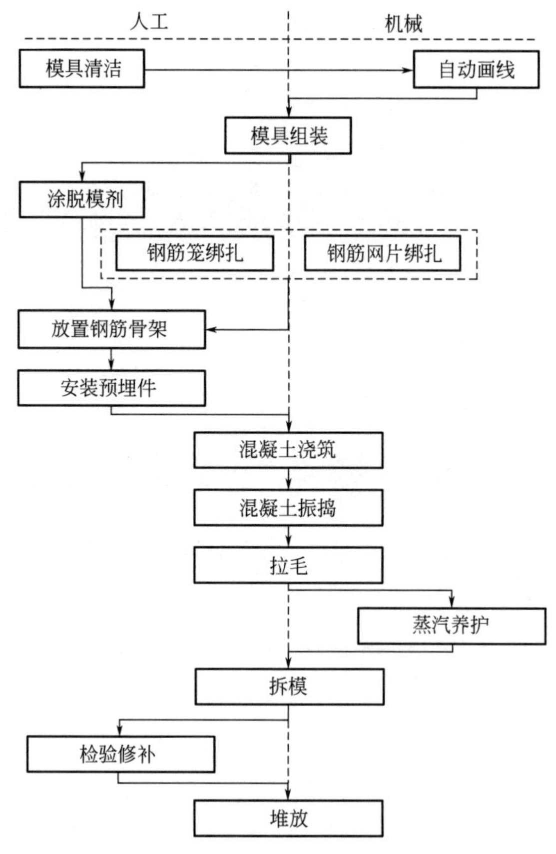

图 3-26 生产工艺自动化流程图

应用平台：某生产信息化管理系统（表 3-31）。

自动化生产执行表 **表 3-31**

流程	平台操作图示
利用 BIM 技术设计预制构件生产管理系统，通过 BIM 数据支撑作用提升预制构件的质量水平和生产效率	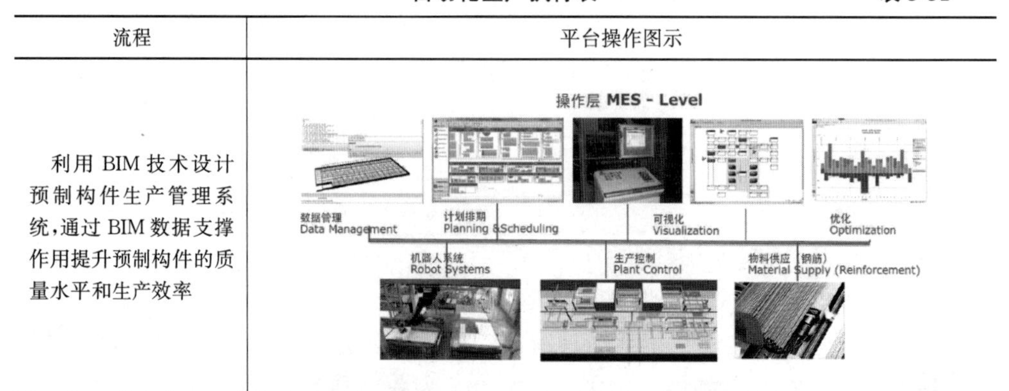

续表

流程	平台操作图示
在进行数字化生产前，需要在系统中输入构件信息和排产计划，然后利用 CAM 和 MES 即可实现 BIM 信息直接导入加工设备，实现设备对设计信息的识别和自动化加工	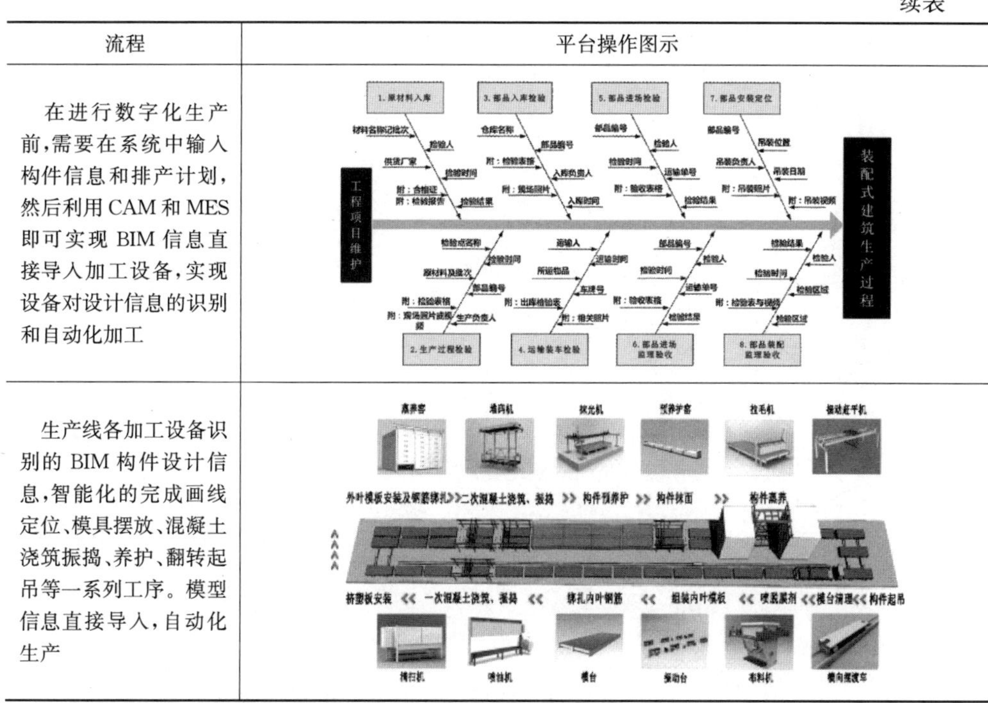
生产线各加工设备识别的 BIM 构件设计信息，智能化的完成画线定位、模具摆放、混凝土浇筑振捣、养护、翻转起吊等一系列工序。模型信息直接导入，自动化生产	

（本表来源：http：//www.360doc.com/content/16/1219/20/30514273_616092721.shtml）

3.5.2 生产质量管理

为了实现构件生产质量有效管理，信息化管理平台逐渐应用到构件生产管理过程中，利用 BIM 技术设计预制构件生产管理系统，通过 BIM 数据支撑作用提升预制构件的质量水平和生产效率。其次，针对预制构件生产信息的跟踪过程进行研究，通过将射频识别技术 RFID 标签嵌入到预制构件中，并结合移动设备、互联网和数据库技术，实现信息采集、数据传递共享等功能，对构件生产进行全过程跟踪和快速预警。

1. 生产过程管理

生产过程管理如表 3-32 所示。

生产过程质量管理流程表 **表 3-32**

流程	平台操作图示
设定系列产品的标准化生产工艺，建立工序族库，组合优化不同生产工序	

续表

<table>
<tr><th>流程</th><th>平台操作图示</th></tr>
<tr><td>根据不同工厂的管理需要，通过工序库，可设置关键工序、非关键工序、隐蔽工序等。并结合信息化技术针对关键工序进行重点管理</td><td>
月生产计划
<table>
<tr><td>月份</td><td colspan="5">2017年09月</td><td>编制日期</td><td colspan="2">2017-09-01</td></tr>
<tr><td>开始日期</td><td colspan="2">2017-08-25</td><td>结束日期</td><td colspan="2">2017-09-24</td><td>编制人</td><td colspan="2">成都人</td></tr>
<tr><td>项目名称</td><td>楼号</td><td>楼层</td><td>构件类型</td><td>设计型号</td><td>构件方量</td><td>该层生产总数</td><td>该层未生产数量</td><td>月计划生产数量</td></tr>
<tr><td>林语墅</td><td>1#</td><td>2层</td><td>预制叠合板单向板</td><td>DH21</td><td>1.120</td><td>2</td><td>2</td><td>2</td></tr>
<tr><td>林语墅</td><td>1#</td><td>2层</td><td>预制内墙板</td><td>NQ41</td><td>1.430</td><td>2</td><td>2</td><td>2</td></tr>
<tr><td>林语墅</td><td>1#</td><td>2层</td><td>预制砼夹心保温外墙</td><td>WQ31</td><td>1.690</td><td>2</td><td>2</td><td>2</td></tr>
<tr><td>林语墅</td><td>1#</td><td>3层</td><td>预制叠合板单向板</td><td>DH21</td><td>1.120</td><td>2</td><td>2</td><td>2</td></tr>
<tr><td>林语墅</td><td>1#</td><td>3层</td><td>预制内墙板</td><td>NQ41</td><td>1.430</td><td>2</td><td>2</td><td>2</td></tr>
<tr><td>林语墅</td><td>2#</td><td>3层</td><td>预制叠合板单向板</td><td>DH21</td><td>1.120</td><td>2</td><td>2</td><td>2</td></tr>
<tr><td>林语墅</td><td>2#</td><td>3层</td><td>预制内墙板</td><td>NQ41</td><td>1.430</td><td>2</td><td>2</td><td>2</td></tr>
<tr><td>林语墅</td><td>2#</td><td>3层</td><td>预制砼夹心保温外墙</td><td>WQ31</td><td>1.690</td><td>2</td><td>2</td><td>2</td></tr>
<tr><td>林语墅</td><td>2#</td><td>4层</td><td>预制叠合板单向板</td><td>DH21</td><td>1.120</td><td>2</td><td>2</td><td>2</td></tr>
<tr><td>林语墅</td><td>2#</td><td>4层</td><td>预制内墙板</td><td>NQ41</td><td>1.430</td><td>2</td><td>2</td><td>2</td></tr>
<tr><td>林语墅</td><td>2#</td><td>4层</td><td>预制砼夹心保温外墙</td><td>WQ31</td><td>1.690</td><td>2</td><td>2</td><td>2</td></tr>
<tr><td>林语墅</td><td>3#</td><td>3</td><td>预制叠合板单向板</td><td>DH21</td><td>1.120</td><td>2</td><td>2</td><td>2</td></tr>
<tr><td>林语墅</td><td>3#</td><td>3</td><td>预制内墙板</td><td>NQ41</td><td>1.430</td><td>2</td><td>2</td><td>2</td></tr>
<tr><td>林语墅</td><td>3#</td><td>3</td><td>预制砼夹心保温外墙</td><td>WQ31</td><td>1.690</td><td>2</td><td>2</td><td>2</td></tr>
</table>
</td></tr>
<tr><td>对每个构件的生产过程，工序流程进行管理，记录工序开工时间、完工时间、班组、操作工、设备加工等信息</td><td></td></tr>
<tr><td>根据构件标准生产工艺，PDA 对生产过程每道关键工序信息进行监控，实现构件生产状态与生产系统、管理平台进行同步</td><td>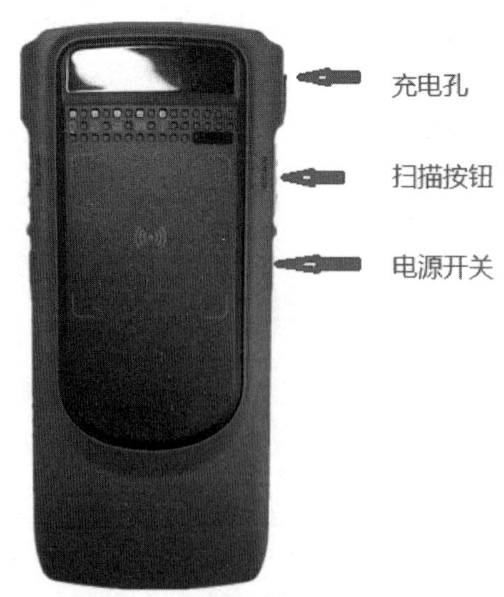
</td></tr>
</table>

续表

流程	平台操作图示
通过生产管理系统中的生产工序记录卡实时查看、监控每个工序的作业时间，可以作为考核生产班组的依据	
PDA 采集的所有生产过程的信息都将作为构件信息的一部分，随时追溯，不用到工厂现场便可随时查看构件的生产进度、生产状态，当前生产工序	
生产线模台状态可视化显示，实现模台状态实时监控	

（本表来源：中建科技有限公司）

2. 隐蔽质量管理

隐蔽质量管理如表 3-33 所示。

隐蔽质量管理流程表 **表 3-33**

流程	图例
PDA 进行质量隐蔽工序检查、数据与生产管理系统实时同步，系统生成隐蔽检查报表	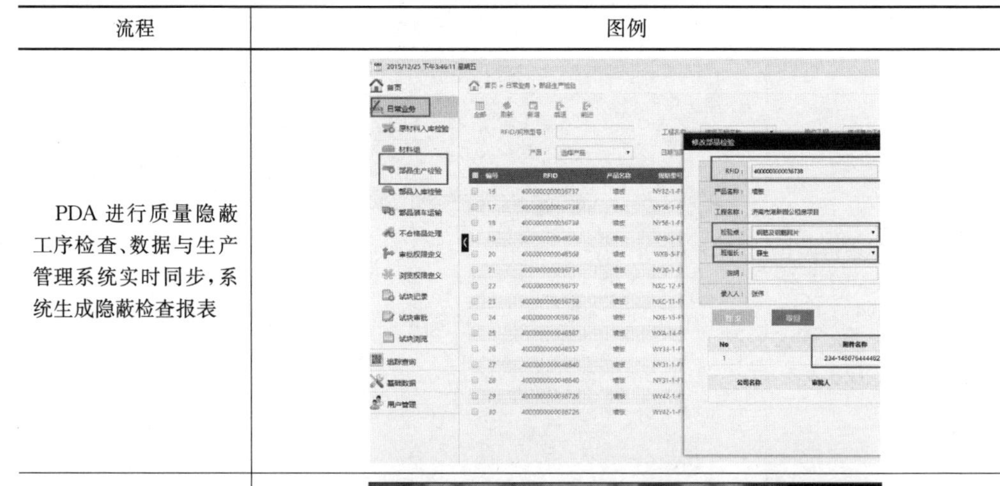
PDA 进行质量隐蔽工序检查、数据与生产管理系统实时同步，系统生成隐蔽检查报表	 

（本表来源：中建科技有限公司）

3. 成品质量管理

RFID 技术的应用一般需要借助应答器、阅读器、中间件和软件系统等相关设备组件。在装配式建筑领域，针对预制构件生产，主要用于预制构件来料检查、生产过程跟踪、质量检查反馈及堆放管理等信息收集跟踪方面。相较于传统质量管理，在自动化数据收集和信息管理方面效率更高，并且确保了整个生产环节信息的完整性（表 3-34、表 3-35）。

成品质量管理表 **表 3-34**

主要组成	功能	图例
二维码	二维码贴纸，用于张贴在预制构件外表面上，在使用手机 APP 操作的时候，可使用手机 APP 中的扫码功能，将 16 位 RFID 号扫入功能界面，或使用微信扫码功能，查询部品的生产、运输、安装定位及装配信息	
芯片	每个部品（构件）上嵌入的 RFID 芯片和粘贴的二维码相当于给部品（构件）配上了“身份证”，只要在终端机上扫描一下部品（构件）的二维码或构件中内置的 RFID 芯片，即可查询到该部品生产时使用的原材料，生产中各个工序的生产情况，部品的出入库、运输、吊装、装配、质检等所有的信息	 

续表

主要组成	功能	图例
扫描枪	扫描枪通过蓝牙连接手机系统。通过扫描预制构件中的RFID芯片进行识别	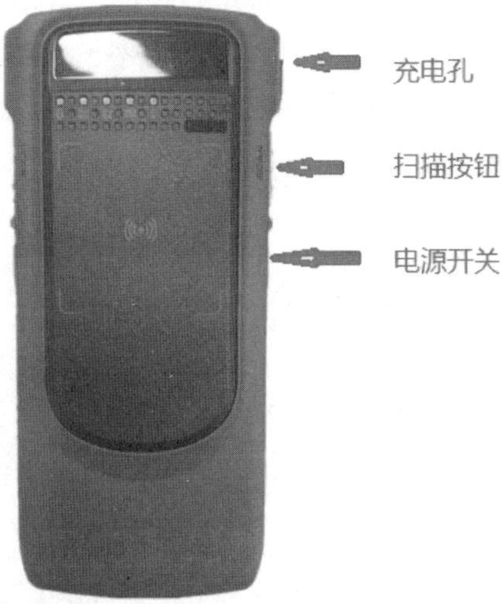充电孔 扫描按钮 电源开关
台式机、手机或平板电脑	在使用此系统中，电脑和移动设备可配合使用。在生产或者施工现场录入信息过程中，可使用移动设备通过蓝牙链接扫描枪。扫描枪扫描已经植入预制构件中的RFID芯片，将16位RFID号带入系统	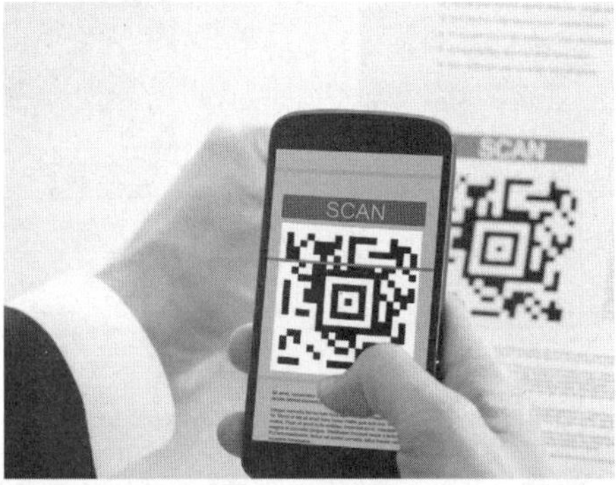SCAN SCAN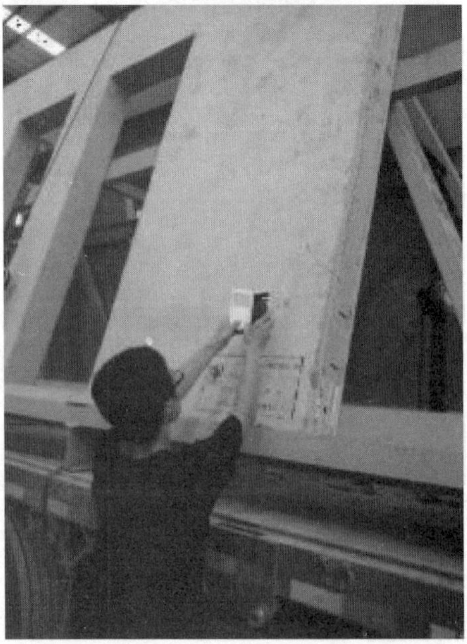

续表

主要组成	功能	图例
信息化系统	根据装配计划生成构件唯一身份证号，自动生成二维码和芯片编号	

（本表来源：中建科技有限公司）

芯片植入位置规范表 **表 3-35**

构件类型	植入要求	说明图
预制内墙板	预制内墙板的 RFID 芯片植入部位，植入面为内墙板生产时的上表面（内墙板紧贴模台的一面为下表面，外露的一面为上表面），高度距墙体底部 1.5m，纵向离墙体端部 0.5m 处	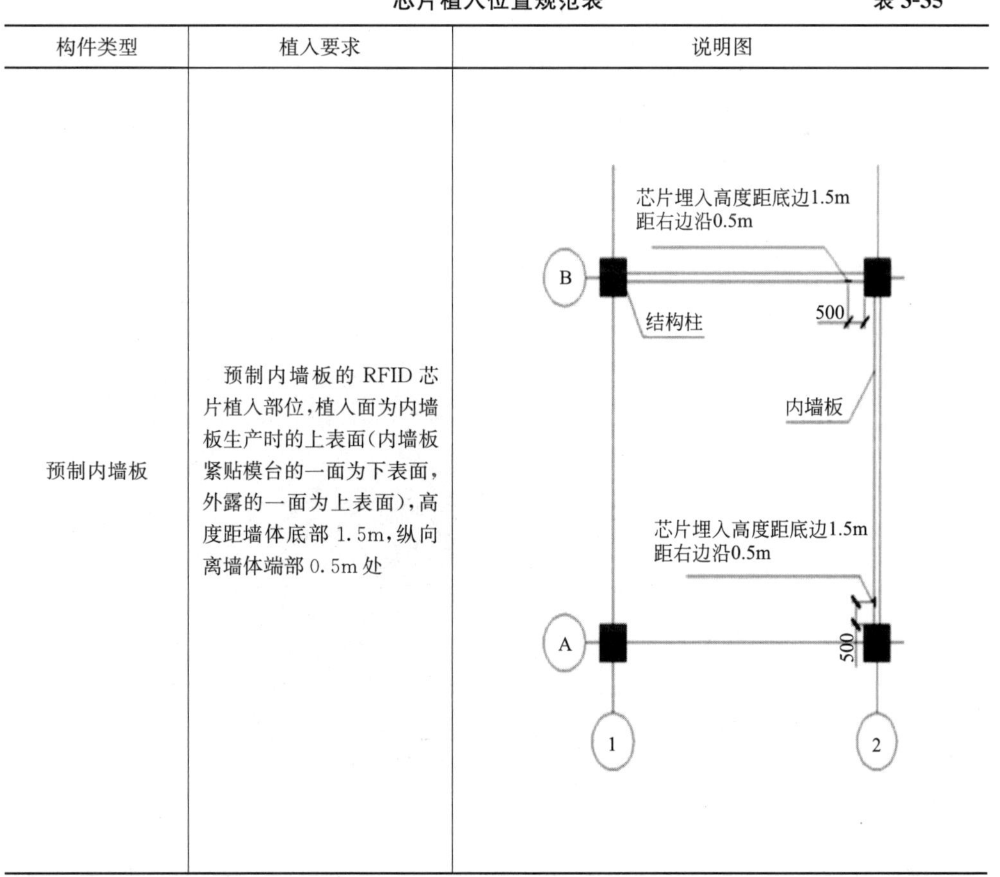

续表

构件类型	植入要求	说明图
预制外墙板	预制外墙板的 RFID 芯片植入部位，植入面面向建筑物内侧，人面向墙板，高度距底边 1.5m，纵向离右边沿 0.5m 处	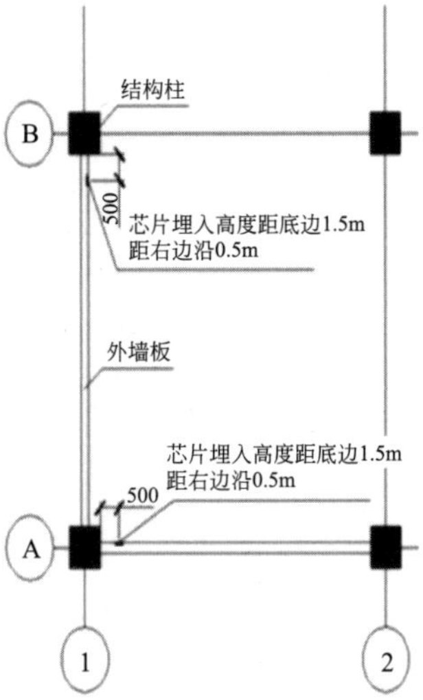 结构柱 B 500 芯片埋入高度距底边1.5m 距右边沿0.5m 外墙板 芯片埋入高度距底边1.5m 距右边沿0.5m 500 A 1 2
预制梁	预制梁的 RFID 芯片植入部位，植入面位于梁侧面，面向轴线序数小的方向，例如，B 轴线的梁植入面面向 A 轴线，2 轴线的梁植入面面向 1 轴线，依次类推。埋设位置位于梁底面以上 0.1m 梁高处，纵向距右边沿 0.5m 处	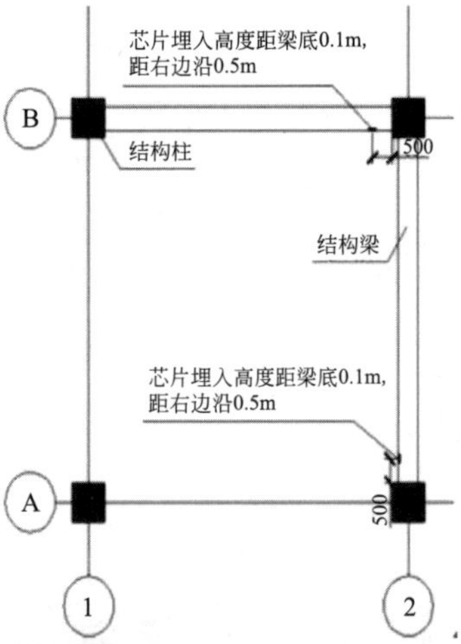 芯片埋入高度距梁底0.1m, 距右边沿0.5m B 结构柱 500 结构梁 芯片埋入高度距梁底0.1m, 距右边沿0.5m A 500 1 2
预制柱	预制柱的 RFID 芯片的植入部位，植入面面向轴线序数小的方向，例如，B 轴线的柱植入面面向 A 轴线，2 轴线的柱植入面面向 1 轴线，依次类推。高度距地面 1.5m，纵向距右边沿 0.1m 处	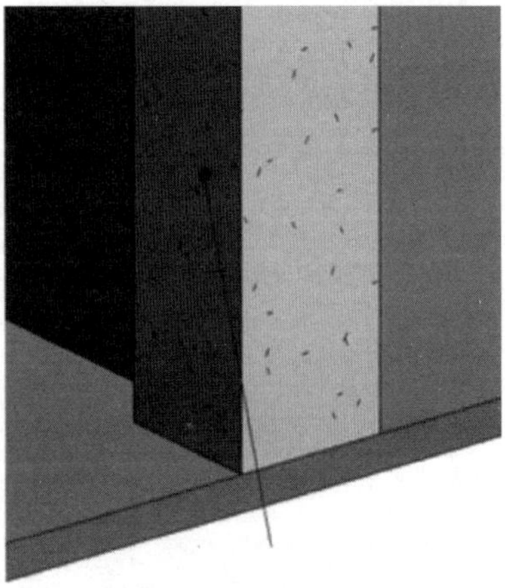 芯片植入非接触墙体面，面向轴线序数小的方向， 高度距地面1.5m，距离柱右边沿0.1m

续表

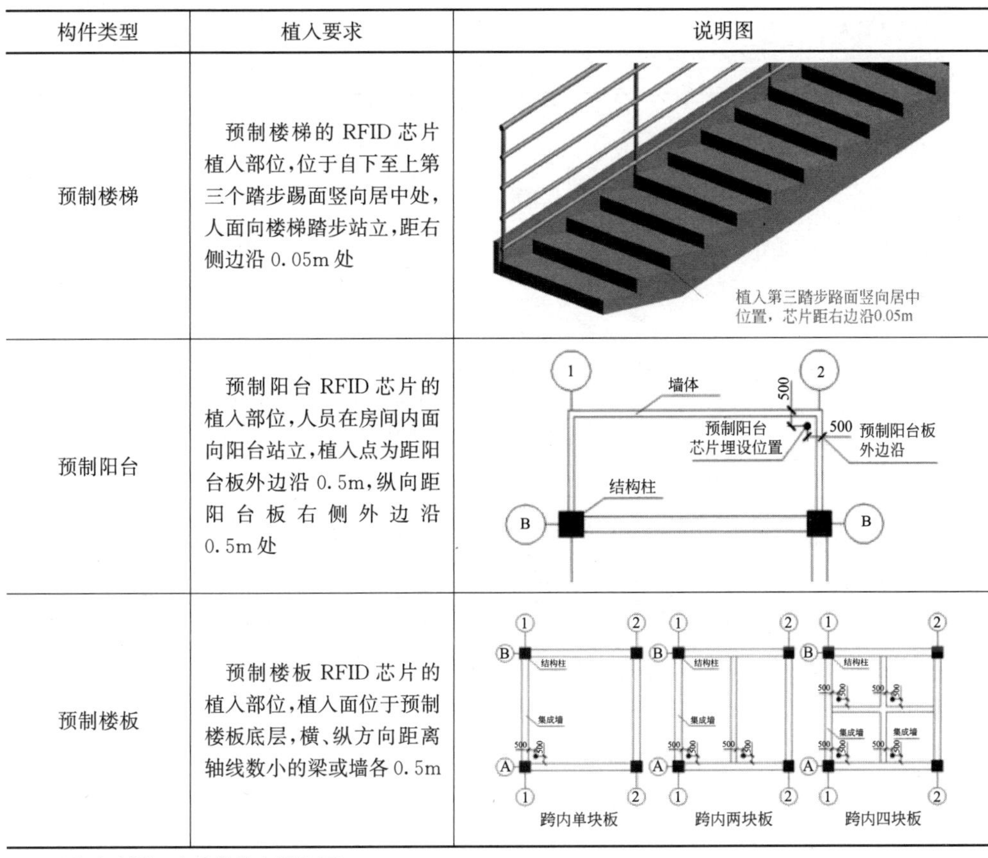

构件类型	植入要求	说明图
预制楼梯	预制楼梯的 RFID 芯片植入部位，位于自下至上第三个踏步踢面竖向居中处，人面向楼梯踏步站立，距右侧边沿 0.05m 处	植入第三踏步路面竖向居中位置，芯片距右边沿0.05m
预制阳台	预制阳台 RFID 芯片的植入部位，人员在房间内面向阳台站立，植入点为距阳台板外边沿 0.5m，纵向距阳台板右侧外边沿 0.5m 处	墙体；500；预制阳台芯片埋设位置；500 预制阳台板外边沿；结构柱
预制楼板	预制楼板 RFID 芯片的植入部位，植入面位于预制楼板底层，横、纵方向距离轴线数小的梁或墙各 0.5m	跨内单块板；跨内两块板；跨内四块板

（本表来源：中建科技有限公司）

3.6 物流转运

装配式预制构件物流转运的信息化应用，主要体现了构件存放以及构件运输两个部分，该节主要针对构件存储的方式以及通过信息化手段提高存储效率进行介绍。再通过构件运输到现场的策划方案以及物流方式的选择对构件运输中信息化应用点进行了阐述（表 3-36）。

物流转运章节索引及描述表 **表 3-36**

三级标题		三级表格索引	描述
题名	概要		
3.6.1 构件存放 从 BIM 模型生成的构件数据库中提取相关参数确定构件存储位置、存储方式、存储工具，结合 RFID 技术将存储信息上传管理系统		表 3-37 存储场地及存储辅料计算表	介绍了根据构件数量、大小、存储方式计算出构件存储所需的面积大小及堆放所需辅料数量
		表 3-38 存储工装及器具表	介绍了常用的存储工装及其工作内容
		表 3-39 各构件存储方式表	全面介绍了装配式梁、板、柱、墙、板等构件的存储方式方法

续表

三级标题		三级表格索引	描述
题名	概要		
3.6.1 构件存放	从 BIM 模型生成的构件数据库中提取相关参数确定构件存储位置、存储方式、存储工具，结合 RFID 技术将存储信息上传管理系统	表 3-40 存储管理表	介绍了构件存储区域划分、存储要求及 5“S”存储管理方式
		表 3-41 辅料操作及构件堆放流程表	介绍某管理系统构件堆放操作，能够查询构件堆放信息
3.6.2 构件运输	简单描述了运输架的设计、运输方式的选择以及运输路线的优化，结合管理系统做好构件运输记录	表 3-42 运输架设计表	介绍了设计不同类型构件的运输架时需考虑构件的特点和运输架的通用性
		表 3-43 运输方式分类表	介绍不同的运输方式及相应的适用条件
		表 3-44 预制构件合理运输距离分析表	介绍了合理运输距离和运输半径的计算方法
		表 3-45 平台发货流程表	介绍某管理系统构件运输记录登记上传流程

3.6.1 构件存放

1. 存储场地及存储辅料计算

存储场地及存储辅料计算如表 3-37 所示。

存储场地及存储辅料计算表　　表 3-37

序号	场地及辅料计算	考虑因素
1	场地计算	根据项目包含构件的大小、方量、存储方式、调板、装车便捷及场地的扩容性情况，划定构件存储场地和计算出存储场地面积需求
2	辅料计算	根据构件的大小、方量、存储方式计算出相应辅助物料需求（存放架、木方、槽钢等）数量

2. 存储工装、器具

存储工装及器具表如表 3-38 所示。

存储工装及器具表　　表 3-38

序号	工装/器具	工作内容
1	龙门吊	构件起吊、装卸、调板
2	外雇汽车吊	构件起吊、装卸，调板
3	叉车	构件装卸
4	吊具	叠合楼板构件起吊、装卸，调板
5	钢丝绳	构件（除叠合板）起吊、装卸，调板
6	存放架	墙板专用存储

续表

序号	工装/器具	工作内容
7	转运车	构件从车间向堆场转运
8	专用运输架	墙板转运专用
9	木方(100mm×100mm×250mm)	构件存储支撑
10	工字钢(110mm×110mm×3000mm)	叠合板存储支撑

3. 存储方式

根据预制构件的外形尺寸（叠合板、墙板、楼梯、梁、柱、飘窗、阳台等）可以把预制构件的存储方式分成叠合板、墙板专用存放架存放，楼梯、梁、柱、飘窗、阳台等叠放存放（表 3-39）。

各构件存储方式表 **表 3-39**

构件类型	放置方法	图示
叠合楼板	叠合板存储应放在指定的存放区域,存放区域地面应保证水平。叠合板需分型号码放、水平放置。第一层叠合楼板应放置在“H”型钢(型钢长度根据通用性一般为3000mm)上,保证桁架与型钢垂直,型钢距构件边 500～800mm。层间用 4 块 100mm×100mm×250mm 的木方隔开,四角的 4 个木方位平行于型钢放置,存放层数不超过 8 层,高度不超过 1.5m	
墙板	墙板采用立方专用存放架存储,墙板宽度小于 4m 时墙板下部垫 2 块 100mm×100mm×250mm 木方,两端距墙边 30mm 处各一块木方。墙板宽度大于4m 或带门口洞时墙板下部垫 3 块 100mm×100mm×250mm 木方,两端距墙边 300mm 处各一块木方,墙体重心位置处一块	

续表

构件类型	放置方法	图示
楼梯	楼梯的储存应放在指定的储存区域,存放区域地面应保证水平。楼梯应分型号码放。折跑梯左右两端第二个、第三个踏步位置应垫4块100mm×100mm×500mm木方,距离前后两侧为250mm,保证各层间木方水平投影重合,存放层数不超过6层	
梁	梁存储应放在指定的存放区域,存放区域地面应保证水平,需分型号码放、水平放置。第一层梁应放置在“H”型钢(型钢长度根据通用性一般为3000mm)上,保证长度方向与型钢垂直,型钢距构件边500~800mm,长度过长时应在中间间距4m处放置一个“H”型钢,根据构件长度和重量最高叠可放2层。层间用块100mm×100mm×500mm的木方隔开,保证各层间木方水平投影重合于“H”型钢	
柱	柱存储应放在指定的存放区域,存放区域地面应保证水平。柱需分型号码放、水平放置。第一层柱应放置在“H”型钢(型钢长度根据通用性一般为3000mm)上,保证长度方向与型钢垂直,型钢距构件边500~800mm,长度过长时应在中间间距4m处放置一个“H”型钢,根据构件长度和重量最高可叠放3层。层间用块100mm×100mm×500mm的木方隔开,保证各层间木方水平投影重合于“H”型钢	

续表

构件类型	放置方法	图示
飘窗	飘窗采用立方专用存放架存储，飘窗下部垫 3 块 100mm×100mm×250mm 木方，两端距墙边 300mm 处各一块木方，墙体重心位置处一块	
异形构件	对于一些异形构件的储存，我们要根据其重量和外形尺寸的实际情况合理划分储存区域及储存形式，避免损伤和变形造成构件质量缺陷	

4. 存储管理

成品预制构件出入库流程（图 3-27）。

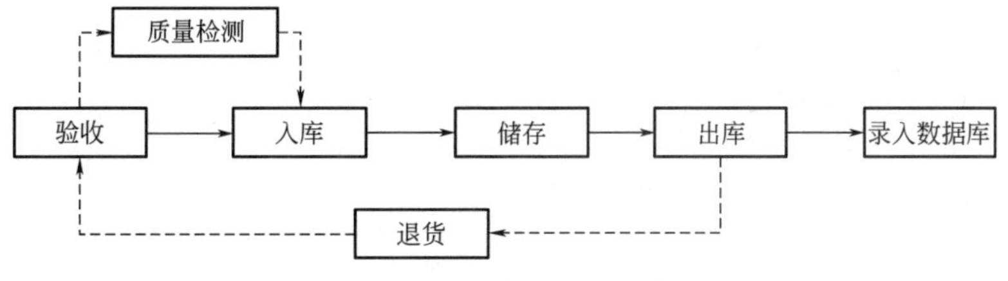

图 3-27　成品预制构件出入库流程图

存储管理如表 3-40 所示。

存储管理表 **表 3-40**

存储管理	具体方式	说明
存储区域	装车区域	构件备货、物流装车区域
	不合格区域	不合格构件暂存区域
	库存区域	合格产品入库储存重点区域，区内根据项目或产品种类进行规划
	工装夹具放置区	构件转运，装车需要的相关工装放置区
存储要求	平面图	根据库存区域规划绘制仓库平面图，表明各类产品存放位置，并贴于明显处
	分类存放	依照产品特征、数量、分库、分区、分类存放，按“定置管理”的要求做到定区、定位、定标识
	成品标识	库存成品标识包括产品名称、编号、型号、规格、现库存量，由仓管员用“存货标识卡”做出
	成品摆放	库存摆放应做到检点方便、成行成列、堆码整齐距离，货架与货架之间有适当间隔，码放高度不得超过规定层数，以防损坏产品
	健全制度	应建立健全岗位责任制，坚持做到人各有责，物各有主，事事有人管；库存物资如有损失，可按贬值、报废、盘盈、盘亏等进行处理
	统一录入	库存成品数量要做到账、物一致，出入库构件数量及时录入电脑
5“S”管理	整理	工作现场，区别要与不要的东西，只保留有用的东西，撤除不需要的东西
	整顿	把要用的东西，按规定位置摆放整齐，并做好标识进行管理
	清扫	将不需要的东西清除掉，保持工作现场无垃圾、无污秽状态
	清洁	维持以上整理、整顿、清扫后的局面，使工作人员觉得整洁、卫生
	素养	通过进行上述 4S 的活动，让每个员工都自觉遵守各项规章制度，养成良好的工作习惯

5. 平台应用一：某质量管理平台

质量、管理平台如表 3-41 所示。

辅料操作及构件堆放流程表 **表 3-41**

物流转运流程	具体步骤	平台操作图示
项目模具辅料耗材管理	模具可以通过平台一键生成所需申购单，其他辅料可以进行系统管理	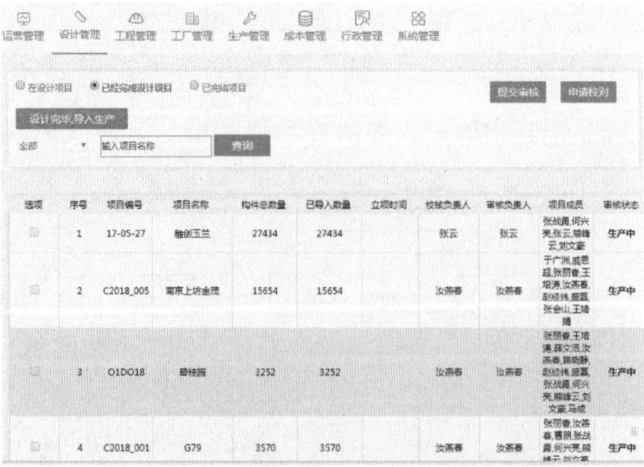

续表

物流转运流程	具体步骤	平台操作图示
	根据申购单生成采购单	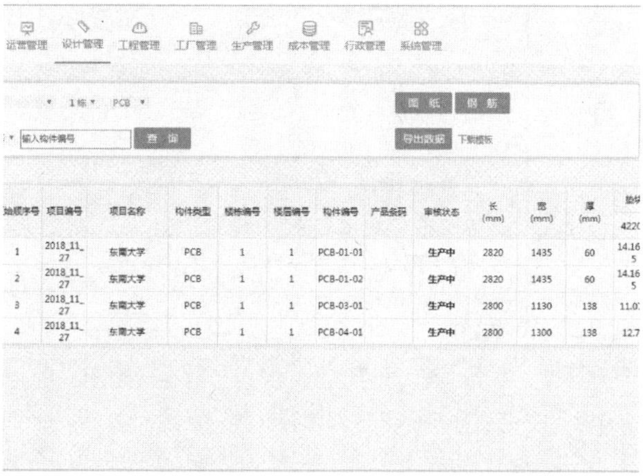
项目模具辅料耗材管理	辅料耗材入库登记	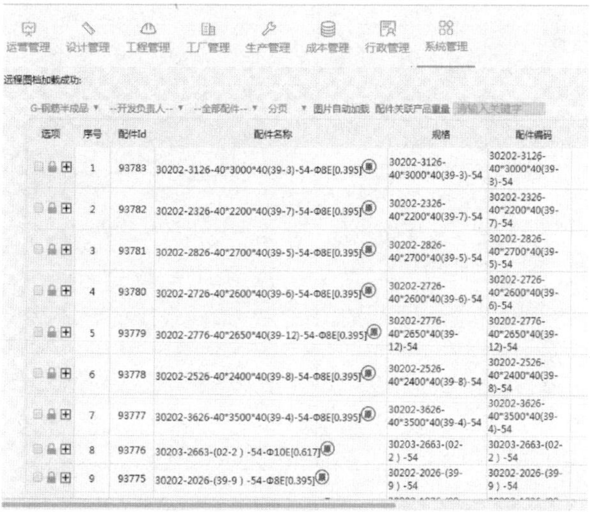
	辅料耗材领用、报废记录	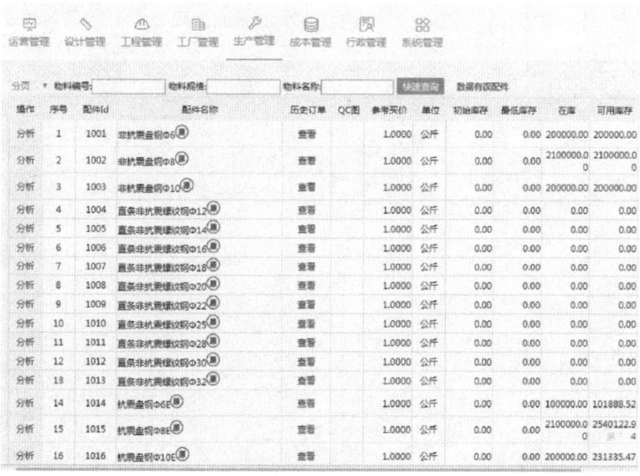

续表

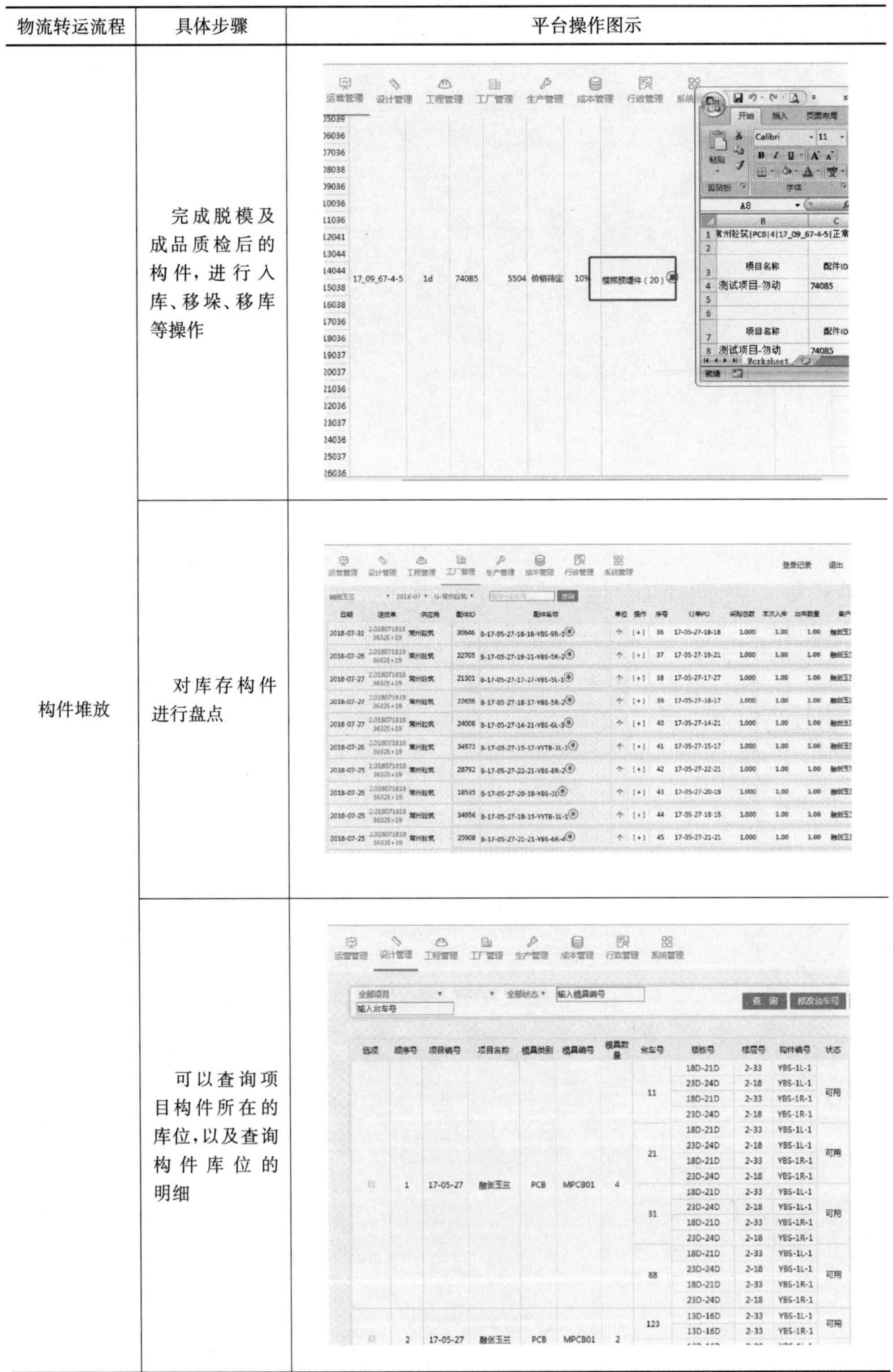

物流转运流程	具体步骤	平台操作图示
构件堆放	完成脱模及成品质检后的构件，进行入库、移垛、移库等操作	
	对库存构件进行盘点	
	可以查询项目构件所在的库位，以及查询构件库位的明细	

（本表来源：常川砼筑建筑科技有限公司）

3.6.2 构件运输

1. 运输架设计

根据构件的重量和外形尺寸进行设计制作，且尽量考虑运输架的通用性（表 3-42）。

运输架设计表 **表 3-42**

运输架设计	说明
验算构件强度	对钢筋混凝土屋架和钢筋混凝土柱子等构件，根据运输方案所确定的条件，验算构件在最不利截面处的抗裂度，以避免在运输中出现裂缝。若存在出现裂缝的可能，应及时进行加固处理
清查构件	清查构件的型号、质量和数量，有无加盖合格印和出厂合格证书等
查看运输路线	在运输前再次对路线进行勘查，对于沿途可能经过的桥梁、桥洞、电缆、车道的承载能力，通行高度、宽度、弯度和坡度，沿途上空有无障碍物等实地考察并记载，制定出最佳顺畅的路线！这需要实地现场的考察，如果凭经验和询问很有可能发生许多意料之外的事情，有时甚至需要交通部门的配合等，因此这点不容忽视！在制定方案时，每处需要注意的地方需要注明！如不能满足车辆顺利通行，应及时采取措施。此外，应注意沿途是否横穿铁道，如有，应查清火车通过道口的时间，以免发生交通事故

2. 运输方式

运输方式分类如表 3-43 所示。

运输方式分类表 **表 3-43**

运输方式	说明	图示
立式运输	在低盘平板车上按照专用运输架，墙板对称靠放或者插放在运输架上。对于内、外墙板和 PCF 板等竖向构件多采用立式运输方案	外侧枕垫护角 企口枕垫木方 装车采用钢丝绳或绑带拉紧 整装货架限位件 整装货架

续表

运输方式	说明	图示
平层叠放运输	将预制构件平放在运输车上，一件往上叠放在一起进行运输。叠合板、阳台板、楼梯、装饰板水平构件多采用平层叠放运输方式。 叠合楼板：标准6层/叠，不影响质量安全可到8层，堆码时按产品的尺寸大小堆叠；预应力板：堆码8～10层/叠。叠合梁：2～3层/叠(最上层的高度不能超过挡边一层)，考虑是否有加强筋向梁下端弯曲	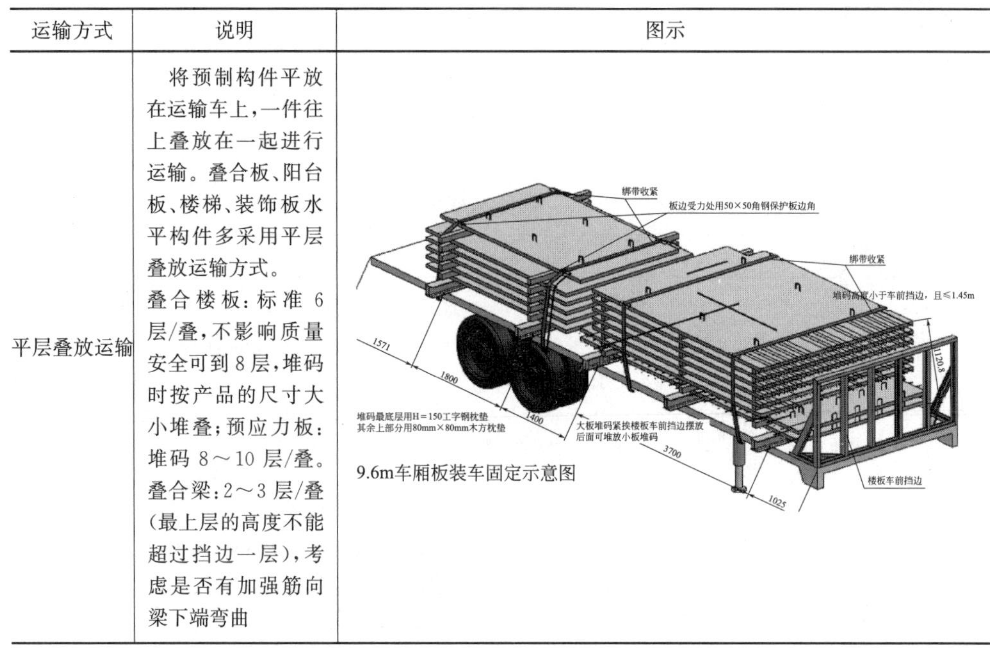 9.6m车厢板装车固定示意图

注：除此之外，对于一些小型构件和异形构件，多采用散装方式进行运输。

3. 运输路线优化

合理运距的测算主要是以运输费用占构件销售单价比例为考核参数。通过运输成本和预制构件合理销售价格分析，可以较准确地测算出运输成本占比与运输距离的关系，根据国内平均或者世界上发达国家占比情况反推合理运距。

预制构件合理运输距离分析表如表3-44所示。

预制构件合理运输距离分析表（运费单价仅供参考）　　表3-44

序号	项目	近距离	中距离	较远距离	远距离	超远距离
1	运输距离(km)	30	60	90	120	150
2	运费(元/车)	1100	1500	1900	2300	2700
3	平均运量(m^3/车)	9.5	9.5	9.5	9.5	9.5
4	平均运费(元/m^3)	115.8	157.9	200.0	242.1	284.2
5	水平预制构件市场价格(元/m^3)	3000	3000	3000	3000	3000
6	水平运费占构件销售价格比例(%)	3.86	5.26	6.67	8.07	9.47

在预制构件合理运输距离分析表中，运费参考了近几年的实际运费水平。预制构件按每立方米综合单价平均3000元计算（水平构件较为便宜，约为2400～2700元；外墙、阳台板等复杂构件约为3000～3400元）。以运费占销售额8%估计的合理运输距离约为120km。合理运输半径测算：从预制构件生产企业布局的角度看，合理运输距离还与运输路线相关，而运输路线往往不是直线，运输距离不能直观地反映布局情况，故而提出了合理运输半径的概念。从预制构件厂到预制构件使用工地的距离并不是直线距离，况且运输构件的车辆为大型运输车辆，因交通限行超宽

超高等原因经常需要绕行，所以实际运输线路更长。根据预制构件运输经验，实际运输距离平均值比直线距离长 20%左右，因此将构件合理运输半径确定为合理运输距离的 80%较为合理。因此，以运费占销售额 8%估算合理运输半径约为 100km。合理运输半径为 100km 意味着，以项目建设地点为中心，以 100km 为半径的区域内的生产企业，其运输距离基本可以控制在 120km 以内，从经济性和节能环保的角度看，是处于合理范围的。

总的来说，如今国内的预制构件运输与物流的实际情况还有很多需要提升的地方。目前，虽然有个别企业在积极研发预制构件的运输设备，但还处于发展初期，标准化程度低，存储和运输方式较为落后。同时受道路、运输政策及市场环境的限制和影响，运输效率并不高，构件专用运输车还比较缺乏且价格较高。

4. 运输执行

应用平台：某质量管理系统（表 3-45）。

平台发货流程表 **表 3-45**

具体步骤	平台图示
选定指定构件，生成发货单	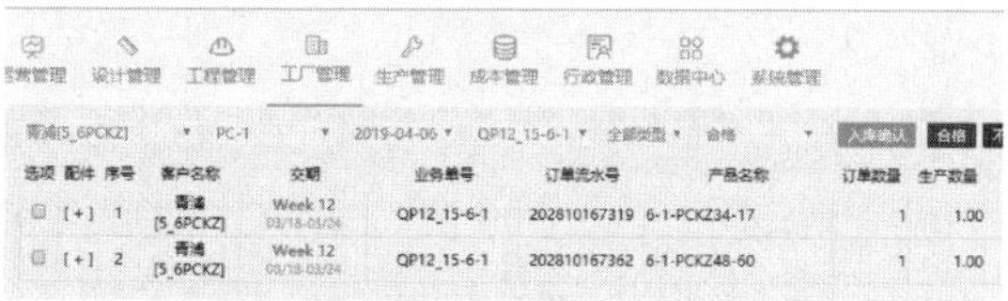
设置发货日期，以及运输车辆、打印出货单，确认发货	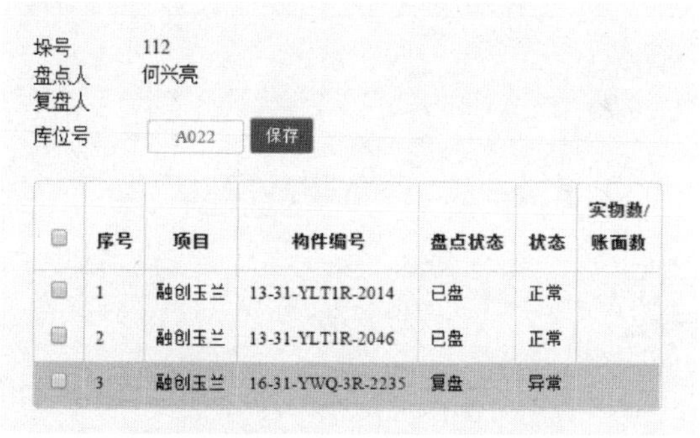
生产线现场移动端进行出货登记	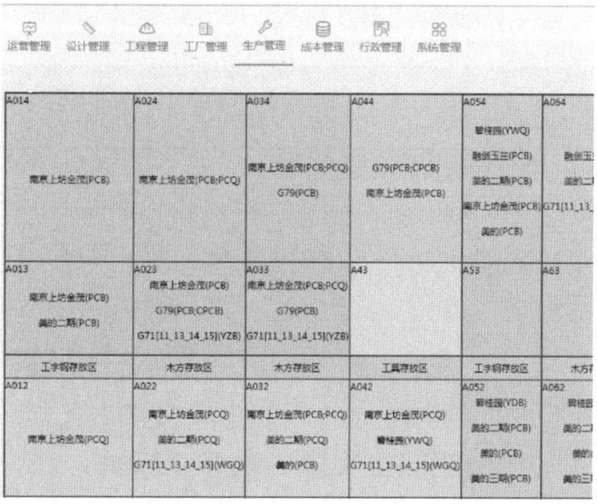

续表

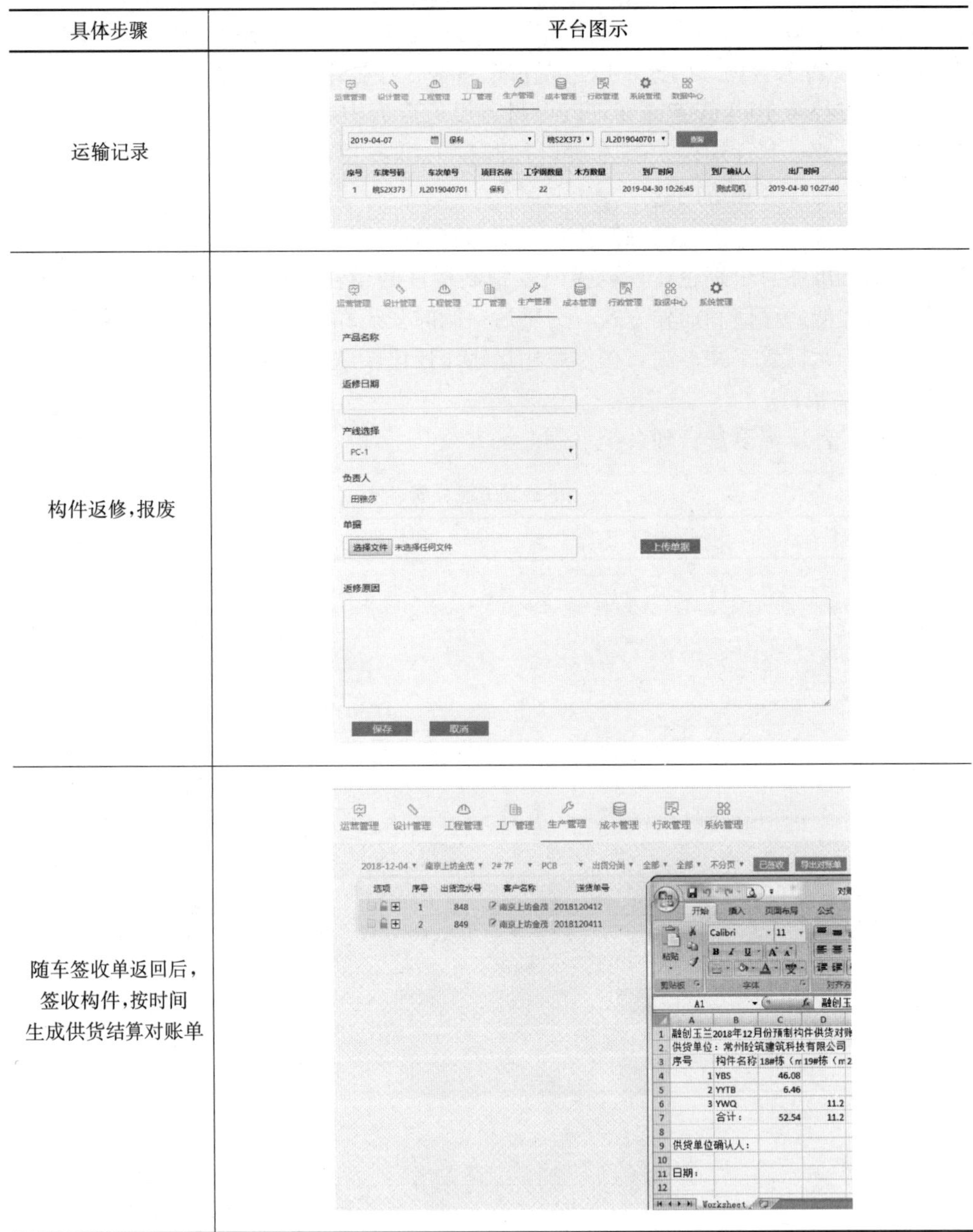

具体步骤	平台图示
运输记录	
构件返修，报废	
随车签收单返回后，签收构件，按时间生成供货结算对账单	

（本表来源：常州砼筑建筑科技有限公司）

3.7 生产阶段示范案例

3.7.1 南京市栖霞区丁家庄二期保障性住房 A27 地块项目

项目 BIM 应用情况汇总如表 3-46 所示。

丁家庄保障性住房 A27 地块项目生产阶段 BIM 应用情况汇总表　　表 3-46

实施阶段	应用分项	详细描述
生产阶段	应用目标	在生产阶段，基于预制构件深化图纸与模型，进行模具加工与构件生产，生产完成后在出厂前粘贴构件二维码，对预制构件继续进行过程追踪与监管
	应用内容	(1)模具厂依据预制构件 BIM 深化模型加工模具，构件厂依据 BIM 模型提供的材料明细表进行下料、布筋等生产活动； (2)构件生产完成后进入堆场，在构件出厂前，依据南京平台基于 BIM 模型数据生成的构件二维码，进行打印粘贴，并扫码上传状态信息
	相关成果	(1)构件生产完成后，至南京市装配式建筑信息服务与监管平台 web 端打印 A27 项目预制构件二维码   

续表

<table>
<tr><th>实施阶段</th><th>应用分项</th><th>详细描述</th></tr>
<tr><td>生产阶段</td><td>相关成果</td><td>
(2) 构件完成进入工厂堆场后，在出厂转运之前，粘贴构件二维码

</td></tr>
</table>

续表

实施阶段	应用分项	详细描述
生产阶段	相关成果	 （3）粘贴完二维码后，使用南京平台手机 APP 进行扫码，并上传构件“生产完成”状态  

3.7.2 浦口树屋十六栋项目

1. 工程概况

工程名称：树屋十六栋项目

建设单位：南京生物医药谷建设发展有限公司

项目规模：本项目地上四层，地下一层，由地块内 16 个单体组成。地上建筑面积约 110000m^2（图 3-28、图 3-29）。

图 3-28 项目鸟瞰图

图 3-29 项目内景效果图

工程地点：南京市浦口区星火北路与永新路交汇处东北侧。

结构体系：装配式整体式框架结构。

预制率要求：项目总预制率不低于 30%。

预制构件种类：预制叠合梁、预制叠合板。

2. 浦口树屋十六栋项目 BIM 应用情况

项目 BIM 应用情况如表 3-47 所示。

浦口树屋十六栋项目生产阶段 BIM 应用情况汇总表　　表 3-47

实施阶段	应用分项	详细描述
生产阶段	应用目标	在生产阶段，基于预制构件深化图纸与模型，进行模具加工与构件生产，生产完成后在出厂前粘贴构件二维码，对预制构件继续进行过程追踪与监管
	应用内容	(1)模具厂依据预制构件 BIM 深化模型加工模具，构件厂依据 BIM 模型提供的材料明细表进行下料、布筋等生产活动； (2)构件生产完成后进入堆场，在构件出厂前，依据南京平台基于 BIM 模型数据生成的构件二维码，进行打印粘贴，并扫码上传状态信息
	相关成果	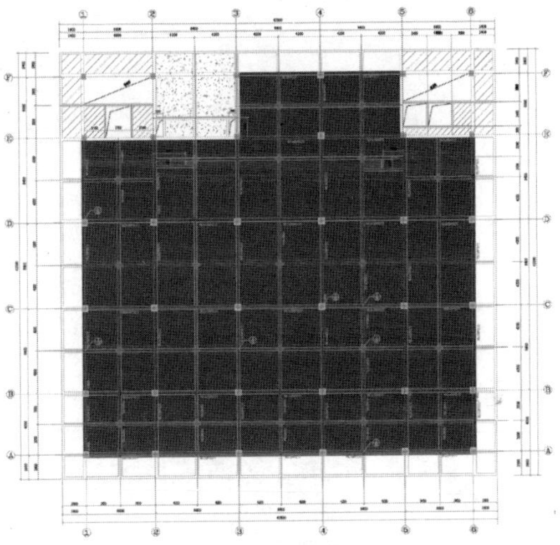 平面布置图 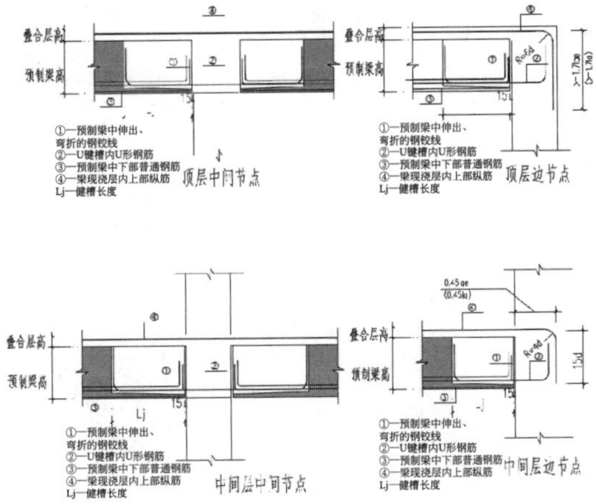 节点大样图

续表

实施阶段	应用分项	详细描述
生产阶段	相关成果	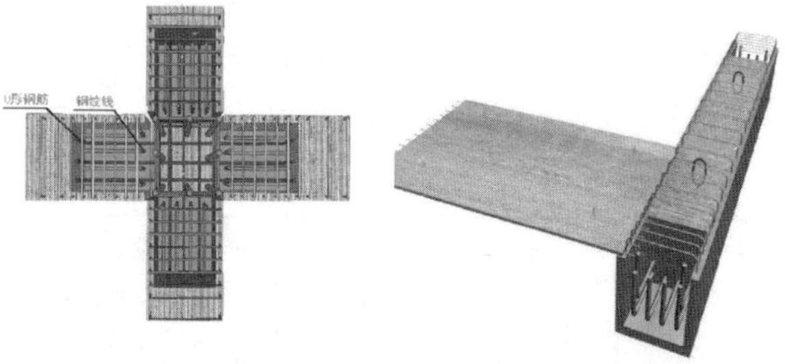 节点模型 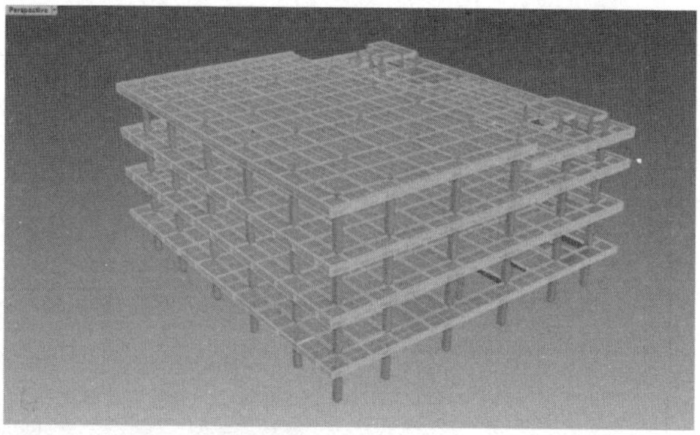 建立构件模型 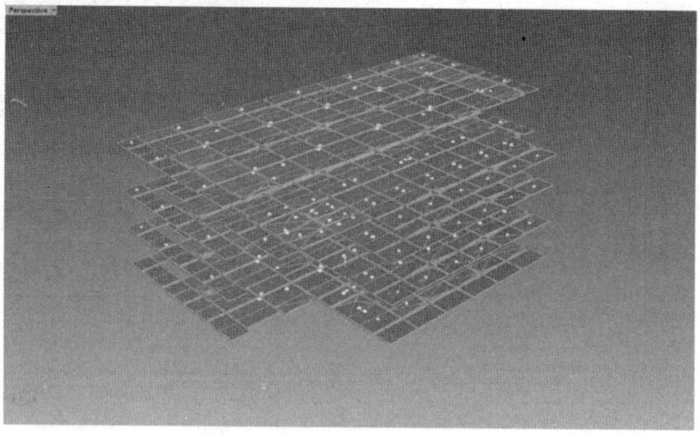 建立工艺模型 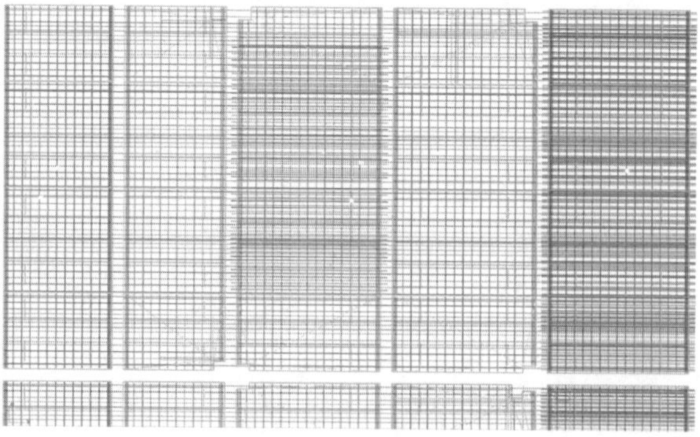 数据导入构件管理平台

续表

实施阶段	应用分项	详细描述
生产阶段	相关成果	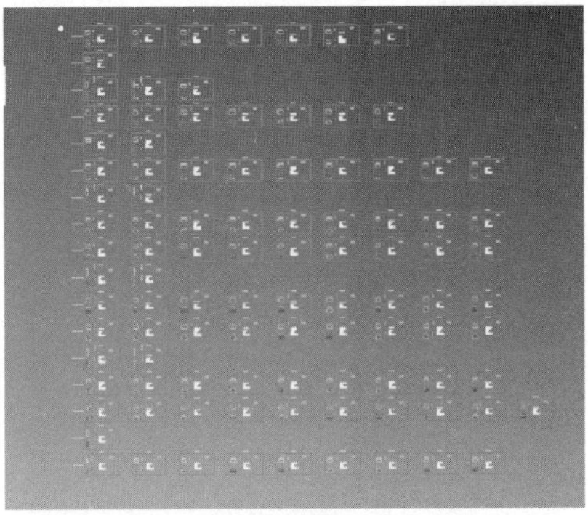 生产工艺图  图纸在工厂进行生产  构件堆场管理

续表

实施阶段	应用分项	详细描述
生产阶段	相关成果	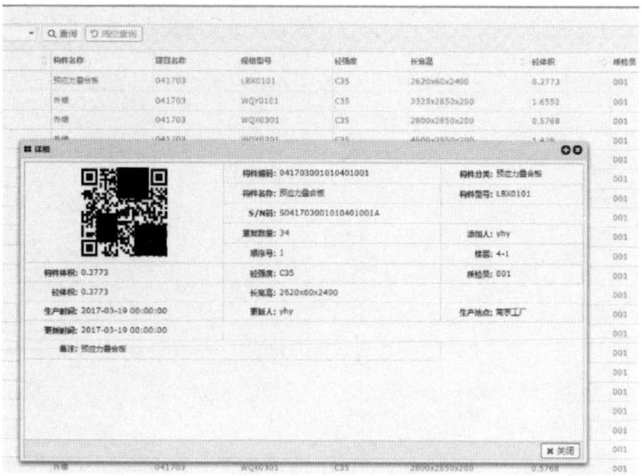 建立二维码管理  构件现场安装完成

3.8 附件

附件主要包含三种库的基本内容。

3.8.1 物料库

物料库为工厂生产及设计所需物料信息库（表 3-48）。

物料库示范表 **表 3-48**

分类编码	分类名称	物料编码	物料名称	规格	单位
*	*	*	*	*	*

3.8.2 物料模型库

物料模型库为相对应的物料，其具有模型实体的物料，需要建立统一的模型，以便在后续设计中进行调用（表 3-49）。

物料模型库示范表 **表 3-49**

分类编码	分类名称	物料编码	物料名称	规格	单位
*	*	*	*	*	*

3.8.3 模具库

构件的生产基础是模具，建立高效的模具是实现标准化构件的基础，因此建立模具库是为更好地解决构件标准化生产的问题（表 3-50）。

模具库示范表 **表 3-50**

模具物料编码	模具名称	模具规格	重量(t)
*	*	*	*

3.9 本章小结

本章节通过对 BIM 技术在生产阶段的应用来实现设计阶段模型延续的目的。从生产的导入条件、项目信息、图纸模型以及 BOM（物料清单）的层面介绍实现工厂 BIM 技术应用的基本条件；通过完成导入条件后，进入工厂进行生产前期的准备阶段 BIM 技术引用情况的介绍，通过阐述模具与工装以及生产工艺方案的注意事项，了解模型在工厂内部扭转提升其价值的操作过程，再借助 BIM 平台应用，介绍生产过程中实现质量管理、生产管理以及物流转运的操作方法；通过两个生产阶段 BIM 应用的案例介绍了应用的情况，最后通过在 BIM 技术应用过程中的需求库，即物料库、物料模型库、模具库实现生产阶段 BIM 技术引用的可拓展性。为后续 BIM 技术在施工阶段提供基础。

第四章　施工阶段 BIM 技术应用

【章节导读】

施工阶段的BIM技术应用以装配式建筑构件吊装设计为出发点，将吊装设备的选型作为装配式建筑施工阶段的重点，将设计、制造的第一手数据提供给现场施工。设备选型后需要对装配的程序进行介绍，是根据吊装设备所覆盖的范围为装配式建筑的吊装提供BIM的模拟演示，在模型空间中预判现场施工可能遇到问题；再从施工方案的模拟以及BIM数据中进行钢筋混凝土等原材料的统计汇总，为后续装备部品进入现场提供计划及工程量依据；具体施工组织阶段的BIM技术应用主要体现在前期临时场地布置以及临时设置的模拟，尤其对环保和消防在模型中进行距离和安全区域的警示模拟；项目建造阶段对BIM技术应用需要结合BIM平台类软件开展，项目的资料、进度与成本管理以及安全质量管理实现平台化的控制，施工完成后，将在BIM模型中对累加的各类信息和模型内容进行完善，最终形成交付模型；为验收交付做资料及模型上的准备，为后期项目投入运营后的运维提供数据基础；本章节最后将以某项目为案例介绍BIM技术在装配式建筑项目施工过程中的应用过程（表4-1）。

施工阶段 BIM 技术应用章节框架索引表　　　　表 4-1

<table>
<tr><th colspan="2">二级标题</th><th rowspan="2">二级表格索引</th><th colspan="2">三级标题</th><th rowspan="2">三级表格索引</th></tr>
<tr><th>题名</th><th>概要</th><th>题名</th><th>概要</th></tr>
<tr><td colspan="2" rowspan="14">4.1　施工组织设计
主要介绍BIM技术在装配式施工组织设计中的应用情况及应用方法</td><td rowspan="14">表4-2　施工组织
设计章节索引及描述表</td><td colspan="2" rowspan="6">4.1.1　基础数据：装配式建筑施工组织的数据基础</td><td>表4-3　装配式建筑构件清单及属性信息表</td></tr>
<tr><td>表4-4　工程量清单(BOQ)</td></tr>
<tr><td>表4-5　企业定额分类表</td></tr>
<tr><td>表4-6　装备库示意表</td></tr>
<tr><td>表4-7　吊装设备类型及特点表</td></tr>
<tr><td>表4-8　塔吊常用规格表(部分)</td></tr>
<tr><td colspan="2" rowspan="4">4.1.2　计划管理：主要介绍预制装配式建筑实施过程中的计划管理内容</td><td>表4-9　构件需求计划表</td></tr>
<tr><td>表4-10　构件采购询价表</td></tr>
<tr><td>表4-11　构件验收表</td></tr>
<tr><td>表4-12　构件验收清单</td></tr>
<tr><td colspan="2" rowspan="4">4.1.3　装配程序设计：装配式建筑构件装配设计的内容</td><td>表4-13　装配程序设计的内容表</td></tr>
<tr><td>表4-14　构件装配程序设计步骤</td></tr>
<tr><td>表4-15　支撑防护设计过程</td></tr>
<tr><td>表4-16　底模拆模时的混凝土强度要求</td></tr>
</table>

续表

<table>
<tr><th colspan="2">二级标题</th><th rowspan="2">二级表格索引</th><th colspan="2">三级标题</th><th rowspan="2">三级表格索引</th></tr>
<tr><th>题名</th><th>概要</th><th>题名</th><th>概要</th></tr>
<tr><td colspan="2" rowspan="7">4.2 建造设计
BIM 技术在项目建造设计过程中的应用</td><td rowspan="7">表 4-17 建造设计章节索引及描述表</td><td colspan="2" rowspan="2">4.2.1 场地布置模型：介绍施工场地布置模型搭建方法</td><td>表 4-18 场部模型搭建方法</td></tr>
<tr><td>表 4-19 临时设施包含的内容</td></tr>
<tr><td colspan="2">4.2.2 混凝土浇筑方案：介绍装配式建筑混凝土方案设计</td><td>表 4-20 标准层施工流程表</td></tr>
<tr><td colspan="2" rowspan="2">4.2.3 施工方案模拟：通过 BIM 以及相关程序构件的装配过程进行模拟</td><td>表 4-21 不同阶段施工模拟分类表</td></tr>
<tr><td>表 4-22 构件装配模拟实施表</td></tr>
<tr><td colspan="2">4.2.4 钢筋加工与配送：基于装配式构件模型的钢筋信息实现现场和工厂的钢筋自动化加工与配送</td><td></td></tr>
<tr><td colspan="2">4.2.5 装备部品：装配式建筑主体及构件的物料所需装备部品内容</td><td>表 4-23 主体工程物料清单</td></tr>
<tr><td colspan="2" rowspan="8">4.3 项目建造
在项目建造过程中的应用</td><td rowspan="8">表 4-24 项目建造章节索引及描述表</td><td colspan="2" rowspan="2">4.3.1 资源管理：介绍基于 BIM 的装配式建筑资源管理的内容</td><td>表 4-25 资源管理内容表</td></tr>
<tr><td>表 4-26 资源管理步骤表</td></tr>
<tr><td colspan="2" rowspan="5">4.3.2 进度与成本管理：介绍进度与成本管理的方法及内容</td><td>表 4-27 进度管理流程表（基于 itwo）</td></tr>
<tr><td>表 4-28 成本管理步骤表（基于 itwo）</td></tr>
<tr><td>表 4-29 成本管理内容表</td></tr>
<tr><td>表 4-30 成本管理各项计算表</td></tr>
<tr><td>表 4-31 成本控制实施表</td></tr>
<tr><td colspan="2">4.3.3 安全与质量管理：通过 BIM 平台软件对装配式项目的安全和质量进行管理</td><td>表 4-32 安全与质量管理方法流程</td></tr>
<tr><td colspan="2" rowspan="3">4.4 集成模型
项目完成建设后的竣工模型的标准</td><td rowspan="3">表 4-33 集成模型章节索引及描述表</td><td colspan="2" rowspan="2">4.4.1 设计模型延续：简介前端 BIM 设计阶段与 BIM 施工阶段关联关系</td><td>表 4-34 竣工模型发展过程表</td></tr>
<tr><td>表 4-35 施工应用模型的需求</td></tr>
<tr><td colspan="2">4.4.2 模型与信息沉淀：简介施工过程中产生的信息模型及信息沉淀情况</td><td>表 4-36 模型与信息沉淀内容表</td></tr>
</table>

续表

二级标题		二级表格索引	三级标题		三级表格索引
题名	概要		题名	概要	
4.5 验收管理	项目完成建设后对项目开展过程中验收资料的管理	表 4-37 验收管理章节索引及描述表	4.5.1 验收内容	明确装配式建筑验收内容	表 4-38 装配式资料验收内容表（部分）
					表 4-39 钢筋工程检验批质量验收记录表
					表 4-40 预制构件进场检验批质量验收记录表
					表 4-41 预制板类构件（含叠合 板构件）安装检验批质量验收记录表
					表 4-42 预制梁、柱构件安装检验批质量验收记录表
					表 4-43 预制墙板构件安装检验批质量验收记录表
					表 4-44 预制构件节点与接缝检验批质量验收记录表
			4.5.2 验收资料管理	对验收过程中以及验收后的资料进行管理	表 4-45 验收资料内容（装配式建筑部分）
4.6 施工阶段范例展示		表 4-46 施工阶段范例展示内容表	4.6.1 南京市栖霞区丁家庄二期保障性住房 A27 地块项目	介绍项目 BIM 技术在施工阶段应用案例	表 4-47 丁家庄保障性住房 A27 地块项目施工阶段 BIM 应用情况汇总表
			4.6.2 苏州昆山开放大学项目	介绍苏州昆山开放大学项目 BIM 技术在施工阶段应用案例	表 4-48 项目预制概况表
					表 4-49 预制构件示意表
					表 4-50 专业协同设计 BIM 应用分类表
					表 4-51 拆分考虑因素表
					表 4-52 BOM 用途分类表
					表 4-53 物料统计概况表
					表 4-54 BIM 在装配式进度管理中的优势
					表 4-55 二维码＋BIM 构件管理阶段表
					表 4-56 基于 BIM 的装配式现场施工措施深化应用表
					表 4-57 基于 BIM 的装配式管理平台应用分类表

4.1 施工组织设计

与传统施工组织设计项目相比，装配式建筑的施工组织设计需要特别关注装配建筑构件，综合考虑构件在生产、运输、装配中的各种限制条件，从而提升装配式建筑施工组织设计的水平，进而借助 BIM 技术，实现装配式建筑构件装配模拟及各类数据的管理，进一步提升装配式建筑施工管理效率与水平（表 4-2）。

施工组织设计章节索引及描述表　　表 4-2

<table>
<tr><th colspan="2">三级标题</th><th rowspan="2">三级表格索引</th><th rowspan="2">具体描述</th></tr>
<tr><th>题名</th><th>概要</th></tr>
<tr><td colspan="2" rowspan="6">4.1.1　基础数据
装配式建筑施工组织的数据基础</td><td>表 4-3　装配式建筑构件清单及属性信息表</td><td>介绍施工阶段所需构件清单以及属性信息内容</td></tr>
<tr><td>表 4-4　工程量清单(BOQ)</td><td>介绍施工阶段工程量清单的示例及与BIM 数据的关系</td></tr>
<tr><td>表 4-5　企业定额分类表</td><td>介绍企业定额库的基本组成及内容</td></tr>
<tr><td>表 4-6　装备库示意表</td><td>介绍施工阶段的装备基本组成及内容</td></tr>
<tr><td>表 4-7　吊装设备类型及特点表</td><td>介绍吊装类设备的特点及类型，为装配式建筑构件的装配提供基础</td></tr>
<tr><td>表 4-8　塔吊常用规格表(部分)</td><td>列举部分常用构件规格，便于前序深化设计提供现场装配数据基础</td></tr>
<tr><td colspan="2" rowspan="4">4.1.2　计划管理
主要介绍预制装配式建筑实施过程中的计划管理内容</td><td>表 4-9　构件需求计划表</td><td>介绍装配式构件需求计划表</td></tr>
<tr><td>表 4-10　构件采购询价表</td><td>介绍构件采购询价表</td></tr>
<tr><td>表 4-11　构件验收表</td><td>介绍构件进场验收表</td></tr>
<tr><td>表 4-12　构件验收清单</td><td>介绍构件进场需要验收的清单内容</td></tr>
<tr><td colspan="2" rowspan="4">4.1.3　装配程序设计
装配式建筑构件装配设计的内容</td><td>表 4-13　装配程序设计的内容表</td><td>介绍构件装配程序设计的内容和方法</td></tr>
<tr><td>表 4-14　构件装配程序设计步骤</td><td>介绍构件装配程序设计方法及步骤</td></tr>
<tr><td>表 4-15　支撑防护设计过程</td><td>介绍构件支撑和外防护的设计方法及内容</td></tr>
<tr><td>表 4-16　底模拆模时的混凝土强度要求</td><td>介绍构件支撑及模板拆除方法及要求</td></tr>
</table>

装配式建造施工组织设计的关系图反映了装配式建筑施工组织设计的过程，其中 BIM 技术的应用形式主要分为两种：

（1）装配式建筑 BIM 设计的延续，主要包括利用模型对装配式建筑塔吊选型及设计应用进行模拟与分析、对支撑体系进行计算及模拟分析、对吊装过程进行模拟与分析等；

（2）装配式建筑结合 BIM 平台类软件进行的装配建筑施工的管理，主要包括装配式建筑构件质量管理、对物料部品的管理、对流程的审核及处理等（图 4-1、图 4-2）。

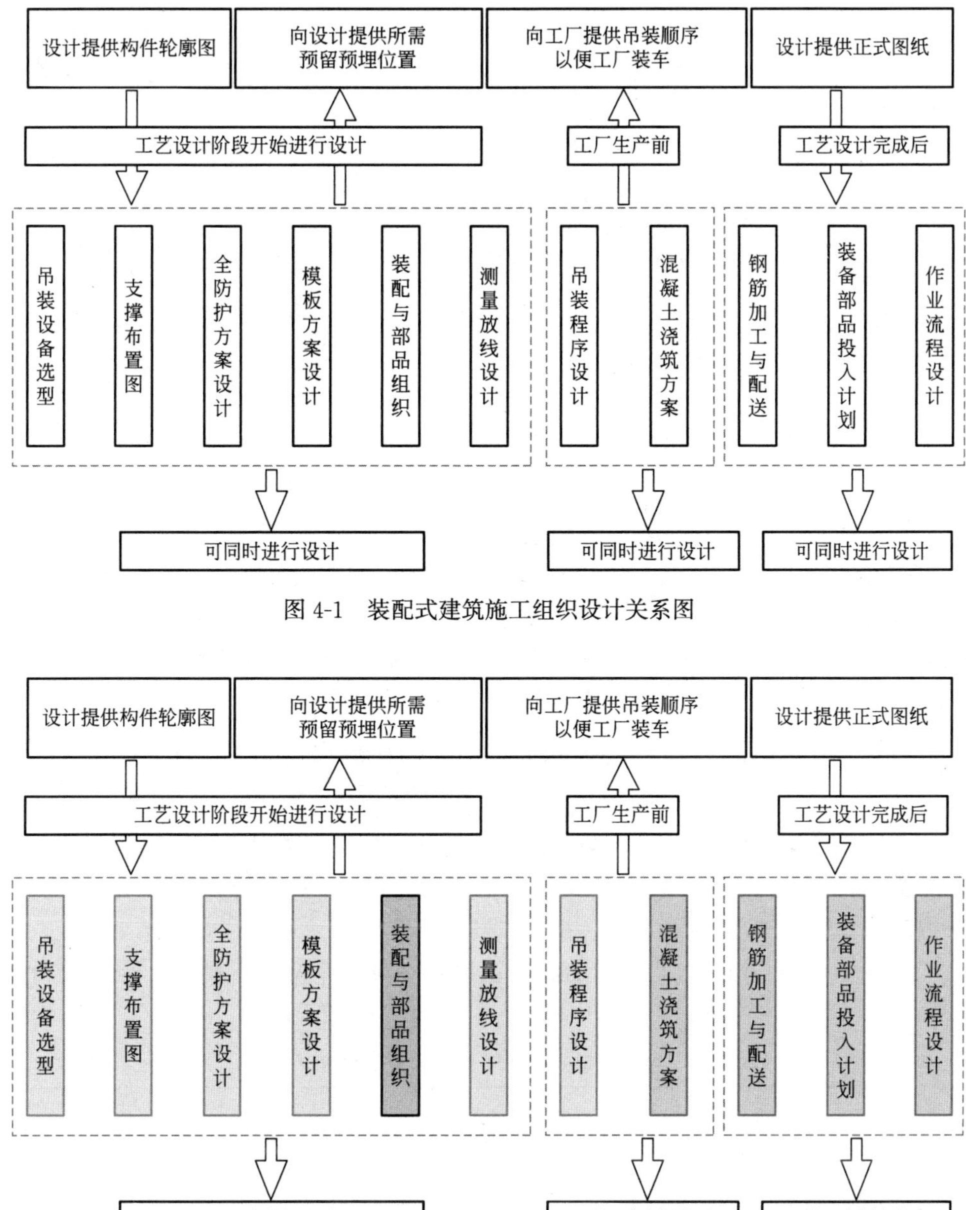

图 4-1　装配式建筑施工组织设计关系图

BIM设计延续应用　BIM平台应用

图 4-2　装配式建筑施工组织设计中的不同应用内容

4.1.1　基础数据

基础数据包含从设计、制造、工程现场及需要前端进行设置的数据，主要包含构件信息、企业定额、装备库、塔吊选型等。

1. 构件信息

构件信息由前端设计数据直接进入项目管理数据库。根据装配式建筑工程现场需求，通常设计需要提供两类数据：装配式建筑构件清单及属性信息、工程量清单（BOQ）。

通过 BIM 设计数据得到的构件信息直接置入 BIM 管理平台中，并为平台对数据的处理及使用提供条件（图 4-3）。

图 4-3　进入 BIM 平台软件的数据和模型

（图片来源：中民筑友有限公司）

导入平台后的数据包含信息和构件模型数据。从数据类型上看主要包含四级数据的项目信息，楼栋、楼层、构件名称，以及构件自身的相关类型，例如，构件类型、装配单元、安装顺序、尺寸、重量以及体积等信息。通过这些信息为装配式现场施工提供详细的装配及工程量的数据基础，如表 4-3 所示，对数据类型进行了介绍。

装配式建筑构件清单及属性信息表　　　　**表 4-3**

项目信息	楼栋	楼层	构件名称	构件编号	构件类型	装配单元	安装顺序	尺寸	重量	体积
*	*	*	*	*	*	*	*	*	*	*

工程量清单（BOQ）是建筑施工现场所需的建造物料清单（表 4-4）。数据来源也是 BIM 模型。

工程量清单（BOQ）　　　　**表 4-4**

编码	名称	规格	单位	含量
* *	水泥	普通硅酸盐	kg	*

2. 企业定额

企业定额是企业自身形成的成本数据，并通过这些数据形成对项目成本管理的基础数据，这些数据需要专人进行维护，如图 4-4 所示，为平台中企业定额管理内容。如表 4-5 所示，主要介绍了装配式建造企业定额的分类。

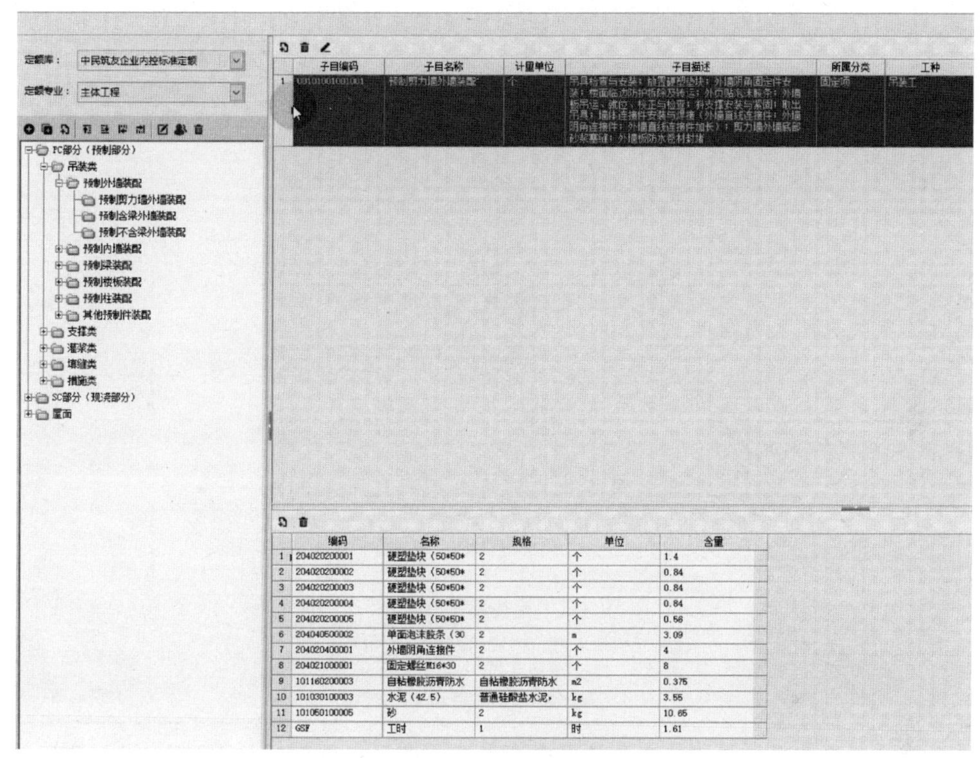

图 4-4　企业定额数据维护

（图片来源：中民筑友有限公司）

企业定额分类表　　**表 4-5**

主分类	子目	内容
预制部分(PC 部分)	吊装类	装配所需构件类，包含预制构件、钢结构构件等
	支撑类	支撑类器具，包含独立支撑、斜支撑等
	灌浆类	与连接相关的定额数据，包含套筒、灌浆料等
	填缝类	包含建筑和结构缝的处理方法及所需材料定额数据
	措施类	构件在安装过程中的措施定额数据，包含工具、辅料等
现浇部分(SC 部分)	与现浇定额一样	采用现浇定额内容

3. 装备库

施工装备是机械化施工的基础数据库，该装配库为后续实现装备的维护与巡查提供数据基础。如图 4-5 所示，为平台对装备库的维护，如表 4-6 所示，为装备库所包含的数据内容。

查询定额 添加定额项 修改定额项 保存定额 删除定额项 查询装备 选择装备

定额专业： 全部

	装备类别	装备编码	专业	装备名称	装备规格	单楼层配备量	配备楼层数
1	工装	102110700013	主体	吊环螺钉			
2	[illegible]型设备	201021200001	主体	灌浆机	JM-GJB 5C		
3	工装	204010500001	主体	吊爪	2.5T		
4	工装	204010600009	主体	自锁式吊钩	2.7T		
5	工装	204010700003	主体	构件吊装用平衡钢	10T		
6	工装	204010800001	主体	墙板翻转件	见加工图		
7	工装	204020100001	主体	斜支撑	见加工图		
8	工装	204020100004	主体	叠合梁支撑	见加工图		
9	模具	204020300002	主体	切底自攻螺栓	M10*75/M10*50		
10	工装	204020300002	主体	切底自攻螺栓	M10*75		
11	工装	204020500001	主体	外墙阴角固定件	见加工图		
12	工装	204020600001	主体	内墙阴角固定件	见加工图		
13	工装	204020900001	主体	直线固定件	见加工图		
14	工装	204021100001	主体	楼板板托	见加工图		
15	工装	204021300001	主体	工字梁（玻璃钢）	1.8M		
16	工装	204021300001	主体	工字梁（玻璃钢）	1.2M		
17	工装	204021300001	主体	工字梁（玻璃钢）	3M		
18	工装	204021300001	主体	工字梁（玻璃钢）	2.4M		
19	工装	204021400002	主体	顶托	见加工图		
20	工装	204021400002	主体	顶托	500型/700型		
21	工装	204021500001	主体	三脚架	见加工图		
22	工装	204021900001	主体	叠合梁托	见加工图		
23	工装	204040600001	主体	缆风绳	尼龙绳，L=5m		
24	工装	204040900001	主体	钢筋绑扎操作马凳	1500mm*330mm*990mm		
25	工装	204041000001	主体	楼梯间钢爬梯	见加工图		
26	工装	204041600001	主体	钢筋笼	1500mm*720mm*800mm		

图 4-5 装备库平台维护

（图片来源：中民筑友有限公司）

装备库示意表 表 4-6

装备类别	装备编码	专业	装备名称	装备规格	装备量	计量单位	说明
工装	*	主体	塔吊	7020	1	台	

4. 吊装设备选型

吊装设备是设备库中的一种设备清单，对装配式构件的装配是至关重要的，同时塔吊的选型也是前端装配式建筑工艺设计的基础。因此，单独对吊装设备进行介绍，并通过吊装设备的数据建立有效的吊装数据库，为设计提供基础。详细吊装设备的技术参数解释，请参考本系列丛书施工分册的关于吊装设备的介绍。

根据不同的分类方式，起吊设备可以分为很多类型，根据有无行走机构可以分为移动式塔式起重机和固定式起重机，根据塔身结构的回转方式可以分为下回转（塔身回转）和上回转（塔身不回转）塔式起重机，下面将分别介绍相关设备及技术参数。

下面介绍主要几种类型的塔吊特点及选用（表 4-7）。

吊装设备类型及特点表[4-1] **表 4-7**

分类依据	设备名称	设备分类	特点	图片示意
按有无行走机构	移动式塔式起重机	轨道式	塔身固定于行走底架上，可在专设的轨道上运行，稳定性好，能带负荷行走，工作效率高，因而广泛应用于建筑安装工程	
		轮胎式	无轨道装置，移动方便，但不能带负荷行走，稳定性较差	
		汽车式		
		履带式		
	固定式起重机	自升式	能随建筑物的升高而升高，适用于高层建筑，建筑结构仅承受由起重机传来的水平载荷，附着方便，但用钢多	
		内爬式	在建筑物内部（电梯井、楼梯间），借助一套托架和提升系统进行爬升，顶升较为繁琐，但用钢少，不需要装设基础，全部自重及载荷均由建筑物承受	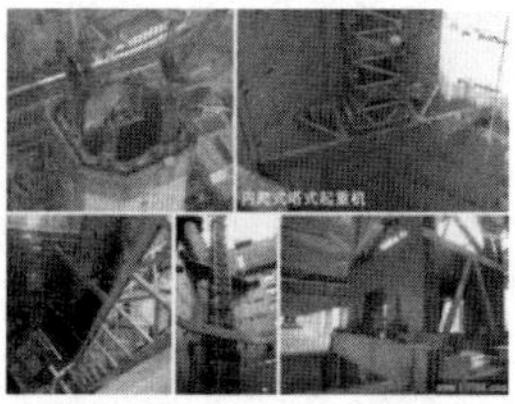

续表

分类依据	设备名称	设备分类	特点	图片示意
按起重臂的构造特点	俯仰变幅起重臂(动臂)塔式起重机	俯仰变幅起重臂塔式	靠起重臂升降来实现变幅的，其优点是能充分发挥起重臂的有效高度，结构简单	
	小车变幅起重臂(平臂)塔式起重机	小车变幅起重臂塔式	靠水平起重臂轨道上安装的小车行走实现变幅的，①其优点是变幅范围大，载重小车可驶近塔身，能带负荷变幅；②缺点是起重臂受力情况复杂，对结构要求高，且起重臂和小车必须处于建筑物上部，塔尖安装高度比建筑物屋面要高出 15～20m	
按塔身结构回转方式	下回转(塔身可回转)	下回转塔式	将回转支承、平衡重主要机构等均设置在下端，①其优点是塔式所受弯矩较少、重心低、稳定性好、安装维修方便；②缺点是对回转支承要求较高，安装高度受到限制	
	上回转(塔身不回转)塔式起重机	上回转塔式	将回转支承，平衡重，主要机构均设置在上端，①其优点是由于塔身不回转，可简化塔身下部结构、顶升加节方便；②缺点是当建筑物超过塔身高度时，由于平衡臂的影响，限制起重机的回转，同时重心较高，风压增大，压重增加，使整机总重量增加	

续表

分类依据	设备名称	设备分类	特点	图片示意
按起重机的安装方式	能进行折叠运输，自行整体架设的快速安装塔式起重机	能进行折叠运输，自行整体架设的快速安装塔式	属于中小型下回转塔机，主要用于工期短，要求频繁移动的低层建筑上，①主要优点是能提高工作效率，节省安装成本，省时省工省料；②缺点是结构复杂，维修量大	
	需借助辅机进行组拼和拆装的塔式起重机	需借助辅机进行组拼和拆装的塔式	主要用于中高层建筑及工作幅度大，起重量大的场所，是目前建筑工地上的主要机种	
按有无塔尖的结构	平头塔式起重机	平头塔式	最近几年发展起来的一种新型塔式起重机，其特点是，在原自升式塔机的结构上取消了塔帽及其前后拉杆部分，增强了大臂和平衡臂的结构强度，大臂和平衡臂直接相连。 (1)其优点是： 1)整机体积小，安装便捷安全，降低运输和仓储成本。 2)起重臂耐受性能好，受力均匀一致，对结构及连接部分损坏小。 3)部件设计可标准化、模块化、互换性强，减少设备闲置，提高投资效益。 (2)其缺点是： 在同类型塔机中平头塔机价格稍高	
	塔头塔式起重机	塔头塔式	塔式起重机简称塔机，动臂装在高耸塔身上部的旋转起重机。优点：①作业空间大；②安装方便。 缺点：起吊重量一般	

在施工现场，吊装设备主要有固定的塔吊和移动汽车吊或履带吊。装配式建筑工艺设计需要考虑构件标准化的同时，还需要考虑塔吊的选型。作为施工单位，如果贸然确定塔吊型号，不与设计进行沟通，现场可能会出现无法起吊或安装出现问题的情况。本节主要介绍几种常用的吊装设备的规格，供读者选择（表 4-8）。

塔吊常用规格表（部分）

表 4-8

H5010-4C/4A/4L

R(m)		Max Capacity m/t	15.0	17.5	20.0	22.5	25.0	27.5	30.0	32.5	35.0	37.5	0.04	42.5	45.0	47.5	50.0
50m (R=51.5)	二倍率	2.5～29.9/2.00	2.00						1.99	1.80	1.63	1.49	1.37	1.26	1.16	1.08	1.00
	四倍率	2.5～16.6/4.00	4.00	3.76	3.21	2.79	2.45	2.18	1.95	1.76	1.60	1.46	1.33	1.22	1.13	1.04	0.96
45m (R=46.5)	二倍率	2.5～32.3/2.00	2.00							1.98	1.81	1.65	1.52	1.40	1.30		
	四倍率	2.5～18.0/4.00	4.00		3.52	3.06	2.70	2.40	2.16	1.95	1.77	1.62	1.48	1.36	1.26		
40m (R=41.5)	二倍率	2.5～33.6/2.00	2.00								1.90	1.74	1.60				
	四倍率	2.5～18.6/4.00	4.00		3.68	3.22	2.83	2.52	2.26	2.05	1.86	1.70	1.56				
35m (R=36.5)	二倍率	2.5～34.3/2.00	2.00							1.95							
	四倍率	2.5～19.0/4.00	4.00	3.77	3.28	2.90	2.58	2.32	2.10	1.91							
30m (R=31.5)	二倍率	2.5～30.0/2.00	2.00														
	四倍率	2.5～19.7/4.00	4.00	3.94	3.43	3.03	2.70	2.43									

H5013-5A/5C

R(m)		Max Capacity m/t	15.0	17.5	20.0	22.5	25.0	27.5	30.0	32.5	35.0	37.5	0.04	42.5	45.0	47.5	50.0
50m (R=51.5)	二倍率	2.5～29.9/2.50	2.50						2.49	2.26	2.06	1.89	1.74	1.61	1.49	1.39	1.30
	四倍率	2.5～16.4/5.00	5.00	4.65	3.99	3.47	3.06	2.73	2.46	2.23	2.03	1.86	1.71	1.57	1.46	1.35	1.26
45m (R=46.5)	二倍率	2.5～31.5/2.50	2.50							2.41	2.20	2.02	1.86	1.72	1.60		
	四倍率	2.5～17.3/5.00	5.00		4.22	3.38	3.25	2.90	2.61	2.37	2.16	1.98	1.83	1.68	1.56		
40m (R=41.5)	二倍率	2.5～32.0/2.50	2.50							2.45	2.24	2.06	1.90				
	四倍率	2.5～17.5/5.00	5.00		4.30	3.75	3.31	2.96	2.66	2.41	2.20	2.02	1.86				
35m (R=36.5)	二倍率	2.5～32.1/2.50	2.50							2.46	2.25						
	四倍率	2.5～17.5/5.00	5.00		4.31	3.76	3.32	2.97	2.67	2.42	2.21						
30m (R=31.5)	二倍率	2.5～30.0/2.50	2.50														
	四倍率	2.5～17.7/5.00	5.00		4.34	3.79	3.35	2.99	2.70								

续表

TC5610-6

R(m)		Max Capacity m/t	17.0	20.0	23.0	26.0	29.0	32.0	35.0	38.0	41.0	44.0	47.0	50.0	53.0	56.0
56m (R=57.3)	两倍率	2.5～24.9/2.50	3.00			2.85	2.49	2.20	1.96	1.75	1.58	1.43	1.30	1.19	1.09	1.00
	四倍率	2.5～13.7/6.00	4.68	3.85	3.25	2.79	2.43	2.14	1.90	1.69	1.52	1.37	1.24	1.13	1.03	0.94
50m (R=51.3)	两倍率	2.5～27.3/3.00	3.00				2.79	2.47	2.20	1.98	1.79	1.63	1.48	1.36		
	四倍率	2.5～15.0/6.00	5.19	4.29	3.63	3.12	2.73	2.41	2.14	1.92	1.73	1.57	1.42	1.30		
44m (R=45.3)	两倍率	2.5～28.9/3.00	3.00				2.99	2.65	2.37	2.13	1.93	1.76				
	四倍率	2.5～15.9/6.00	5.55	4.59	3.89	3.35	2.93	2.59	2.31	2.06	1.87	1.70				
38m (R=39.3)	两倍率	2.5～29.2/3.00	3.00					2.68	2.40	2.16						
	四倍率	2.5～16.0/6.00	5.61	4.46	3.93	3.39	2.97	2.62	2.34	2.10						

TC6010-6

R(m)		Max Capacity m/t	17.1	20.0	25.0	30.0	32.0	35.0	38.0	40.0	42.0	45.0	48.0	50.0	52.0	55.0	58.0	60.0
60m (R=60.76)	两倍率	2.5～30.8/3.00	3.00				2.86	2.55	2.29	2.14	2.01	1.83	1.67	1.58	1.49	1.37	1.26	1.20
	四倍率	2.5～17.1/6.00	6.00	4.99	3.81	3.04	2.80	2.49	2.23	2.08	1.94	1.76	1.61	1.51	1.42	1.31	1.20	1.14
55m (R=55.76)	两倍率	2.5～33.0/3.00	3.00					2.79	2.51	2.35	2.21	2.01	1.84	1.74	1.65	1.52		
	四倍率	2.5～18.3/6.00	6.00	5.41	4.14	3.31	3.05	2.72	2.45	2.29	2.14	1.95	1.78	1.68	1.58	1.46		
50m (R=50.76)	两倍率	2.5～33.8/3.00	3.00					2.87	2.59	2.43	2.28	2.08	1.90	1.80				
	四倍率	2.5～18.7/6.00	6.00	5.56	4.26	3.41	3.15	2.81	2.53	2.36	2.21	2.01	1.84	1.74				
45m (R=45.76)	两倍率	2.5～34.1/3.00	3.00					2.90	2.62	2.45	2.30	2.10						
	四倍率	2.5～18.9/6.00	6.00	5.61	4.31	3.45	3.18	2.84	2.55	2.39	2.24	2.04						
40m (R=40.76)	两倍率	2.5～33.9/3.00	3.00					2.88	2.60	2.43								
	四倍率	2.5～18.8/6.00	6.00	5.57	4.27	3.42	3.15	2.82	2.53	2.37								
35m (R=35.76)	二倍率	2.5～33.3/3.00	3.00					2.82										
	四倍率	2.5～18.5/6.00	6.00	5.46	4.19	3.35	3.09	2.76										
30m (R=30.76)	二倍率	2.5～30.0/3.00	3.00															
	四倍率	2.5～18.5/6.00	6.00	5.47	4.19	3.36												

续表

TC6012-6A/6B

R(m)		Max Capacity m/t	16.0	20.0	24.0	28.0	32.0	36.0	38.0	42.0	44.0	48.0	50.0	54.0	56.0	60.0
60m	两倍率	2.5～26.5/3.00	3.00			2.80	2.37	2.04	1.91	1.67	1.57	1.39	1.31	1.17	1.11	1.00
(R=60.8)	四倍率	2.5～4.5/6.00	5.36	4.13	3.31	2.74	2.31	1.98	1.85	1.61	1.51	1.33	1.25	1.11	1.05	0.94
54m	两倍率	2.5～30.2/3.00	3.00				2.80	2.42	2.26	1.99	1.87	1.67	1.58	1.42		
(R=54.8)	四倍率	2.5～16.5/6.00	6.00	4.81	3.88	3.22	2.74	2.36	2.20	1.93	1.81	1.61	1.52	1.36		
48m	两倍率	2.5～31.4/3.00	3.00				2.93	2.54	2.38	2.09	1.97	1.76				
(R=48.8)	四倍率	2.5～17.2/6.00	6.00	5.03	4.07	3.38	2.87	2.48	2.32	2.03	1.91	1.70				
42m	两倍率	2.5～32.1/3.00	3.00					2.61	2.44	2.15						
(R=42.8)	四倍率	2.5～17.5/6.00	6.00	5.16	4.17	3.47	2.95	2.55	2.38	2.09						
36m	两倍率	2.5～32.1/3.00	3.00					2.60								
(R=36.8)	四倍率	2.5～17.5/6.00	6.00	5.14	4.16	3.46	2.94	2.54								

TC6013A-6/6E/6F

R(m)		Max Capacity m/t	17.5	20.0	22.0	25.0	28.0	30.0	32.0	35.0	38.0	40.0	42.0	45.0	48.0	50.0	52.0	55.0	58.0	60.0
60m	两倍率	2.5～31.8/3.00	3.00						2.98	2.67	2.41	2.25	2.12	1.93	1.77	1.68	1.59	1.47	1.36	1.30
(R=61.0)	四倍率	2.5～17.5/6.00	6.00	5.14	4.59	3.94	3.43	3.15	2.91	2.60	2.34	2.18	2.05	1.86	1.70	1.61	1.52	1.40	1.29	1.23
55m	两倍率	2.5～35.2/3.00	3.00								2.73	2.56	2.41	2.21	2.03	1.93	1.83	1.70		
(R=56.0)	四倍率	2.5～19.4/6.00	6.00	5.77	5.16	4.44	3.88	3.57	3.30	2.95	2.66	2.49	2.34	2.14	1.96	1.86	1.76	1.63		
50m	两倍率	2.5～35.8/3.00	3.00								2.79	2.62	2.46	2.26	2.08	1.97				
(R=51.0)	四倍率	2.5～19,6/6.00	6.00	5.88	5.26	4.53	3.96	3.64	3.37	3.01	3.72	2.55	2.39	2.19	2.01	1.90				
45m	两倍率	2.5～36.8/3.00	3.00								2.89	2.71	2.55	2.34						
(R=46.0)	四倍率	2.5～20.2/6.00	6.00		5.43	4.68	4.09	3.76	3.48	3.12	2.82	2.64	2.48	2.27						
40m	两倍率	2.5～37.7/3.00	3.00								2.98	2.80								
(R=41.0)	四倍率	2.5～20.7/6.00	6.00		5.59	4.82	4.21	3.88	3.59	3.22	2.91	2.73								
35m	二倍率	2.5～35.0/3.00	3.00																	
(R=36.0)	四倍率	2.5～20.2/6.00	6.00		5.44	4.68	4.09	3.77	3.48	3.12										
30m	二倍率	2.5～30.0/3.00	3.00																	
(R=31.0)	四倍率	2.5～20.0/6.00	6.00		5.37	4.63	4.04	3.72												

汽车吊与履带吊的区别在于移动轮不同。汽车吊为轮胎，适合平坦区域的起吊作业，履带吊为履带，适合复杂地面的起吊作业要求。

完成塔吊的选择后，对塔吊的布置进行模拟（图 4-6、图 4-7）。

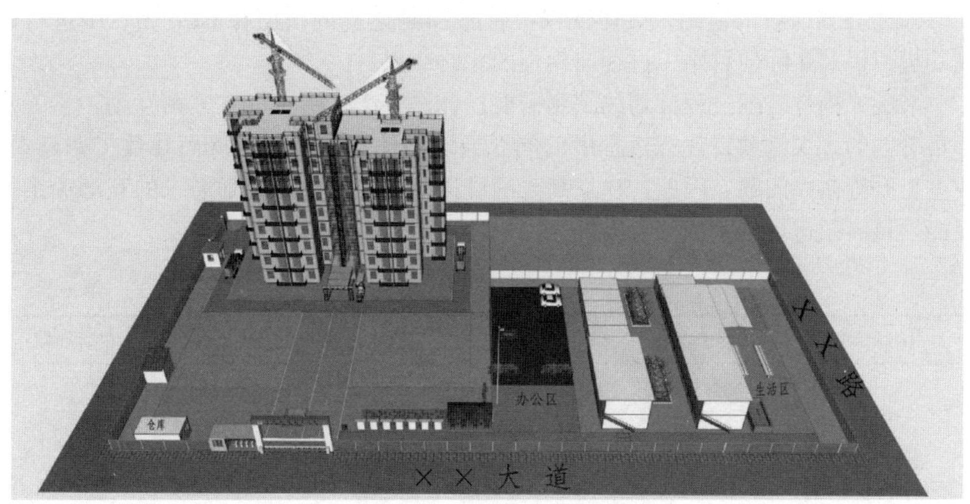

图 4-6　装配现场模型搭建

（图片来源：中民筑友有限公司）

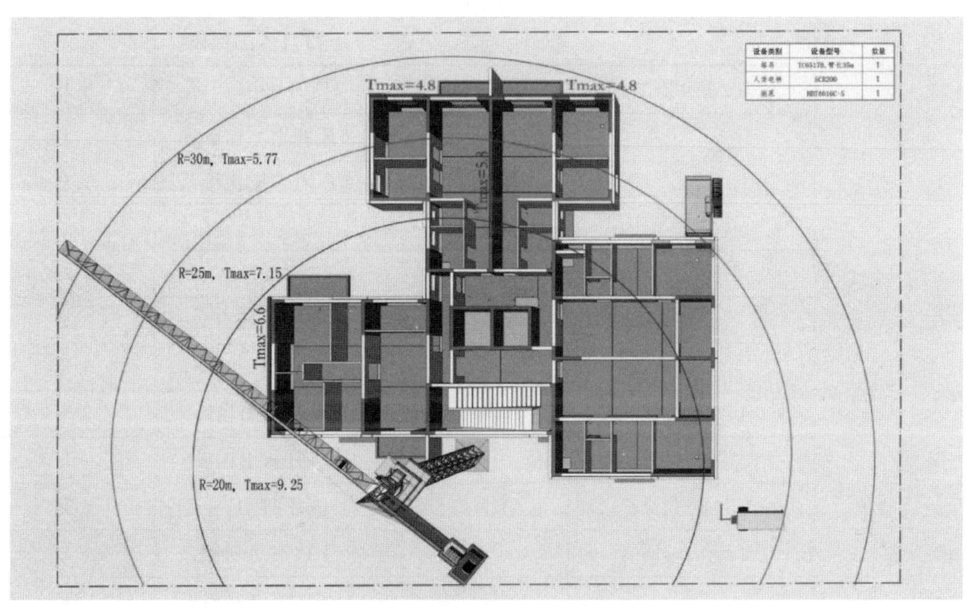

图 4-7　一台塔吊所覆盖范围内的装配单元

（图片来源：中民筑友有限公司）

4.1.2　计划管理

“项目未动，计划先行”。制定装配式构件的切实可行的计划是装配式建筑构件必须的工作。并且需要根据项目的实际情况进行计划的跟进与调整。装配式建筑的计划在传统现浇的基础上还需要进行构件的计划制定，装配式构件计划主要包括：需求计划、采购计划、验收计划、结算计划等。

本章节只针对装配式建筑的进度管理进行介绍，并形成一定的操作方法。而BIM技术在该阶段的应用主要体现在：通过BIM建立的模型在BIM平台中进行进度的模拟以及实际项目施工过程与模拟的比对纠正。

装配式构件装配过程计划的编制需要设计、生产、施工三方紧密互动，三方是不可分割的，大量项目建造过程中的问题通常是信息不对称，从而导致工期延误、成本上升等诸多问题。因此，建立高效的设计、生产、施工计划需求的互动关系是保障项目高效运行的基础（表4-9）。

构件需求计划表 **表4-9**

序号	任务名称	方量 m^3	开始时间	供货周期
1	科技楼		2018年1月31日	
	一层柱二层结构B、C区	109	2018年3月1日	4天
	二层柱三层结构	183	3月14日	5天
			3月14日C区梁	1天
			3月15日C区板	1天
			3月16日A、B区梁	2天
			3月18日A、B区板	1天
	三层柱四层结构	73.2	3月30日	5天
			3月30日C区梁	1天
			3月31日C区板	1天
2	教学楼A			
	一层柱二层结构	176.7	3月5日	5天
			3月5日C区梁	1天
			3月6日C区板	1天
			3月7日A、B区梁	2天
			3月9日A、B区板	1天
	二层柱三层结构	176.7	3月17日	5天
			3月17日A区梁	1天
			3月18日A区板	1天
			3月19日B\C区梁	2天
			3月21日B\C区板	1天
	三层柱屋四层结构	70	3月30日	5天
			3月30日A区梁	1天
			3月31日A区板	1天

续表

序号	任务名称	方量 m^3	开始时间	供货周期
3	教学楼 B			
	一层柱二层结构	184	3 月 7 日	5 天
			3 月 7 日 C 区梁	1 天
			3 月 8 日 C 区板	1 天
			3 月 9 日 A\B 区梁	2 天
			3 月 11 日 B 区板	1 天
	二层柱三层结构	184	3 月 19 日	5 天
			3 月 19 日 A 区梁	1 天
			3 月 20 日 A 区板	1 天
			3 月 21 日 B\C 区梁	2 天
			3 月 23 日 B\C 区板	1 天
4	食堂			
	一层柱二层结构	478	3 月 20 日	10 天
			3 月 20 日 A 区梁	3 天
			3 月 23 日 A 区板	2 天
			3 月 25 日 B 区梁	3 天
			3 月 28 日 B 区板	2 天
5	宿舍楼			
	一层柱二层结构	235	3 月 18 日	10 天
			3 月 18 日 B 区梁	2 天
			3 月 20 日 B 区板	2 天
			3 月 22 日 A 区梁	1 天
			3 月 23 日 A 区板	1 天
			3 月 24 日 D 区梁	2 天
			3 月 26 日 D 区板	2 天
6	图书信息艺术综合楼			
	一层柱二层结构	231.6	3 月 23 日	6 天
			3 月 23 日 A、B 区梁	2 天
			3 月 25 日 A、B 区板	1 天
			3 月 26 日 C 区梁	2 天
			3 月 28 日 C 区板	1 天

根据构件清单信息将构件需求计划提交给 PMS，形成分层次的构件需求计划数据（图 4-8）。

形成构件需求计划后，需进一步完善构件采购相关表格，保障构件的顺利供应（表 4-10）。

图 4-8　构件需求计划 PMS

（图片来源：中民筑友有限公司）

构件采购询价表　　表 4-10

序号	构件名称	暂定工程量（m^3）	不含税单价（元/m^3）	合价（元）	备注
1	预制混凝土墙体	4645	0	0	
2	预制叠合楼板	3406	0	0	
3	预制楼梯	805	0	0	
4	预制阳台板	403	0	0	
5	预制叠合梁	805	0	0	
6	投标总价（不含税）（元）	10063		0	
7	增值税率（ %）				
8	增值税（元）			0	
9	投标总价（含税）（元）			0	

构件采购后，需要对构件进行验收，并形成相关验收类表格（表 4-11、表 4-12、图 4-9、图 4-10）。

构件验收表　　表 4-11

验收公司名称	*		
验收人	*	验收日期	*
验收部门	*	数量	*
构件清单	附表		
构件型号	*		
供应单位	*		

续表

是否提供发票	□已提供	发票码号为：
	□未提供	*
验收情况说明	*	
验收结果	□合格	*
	□不合格	*
验收部门负责人意见	*	
分管领导意见	*	

构件验收清单 **表 4-12**

楼栋	楼层	构件名称	构件编号	进场时间	送货人	验收时间	验收人
1号	1F	叠合楼板	DBD0101	2018.01.05	* *	2018.01.05	* * *

时间		工种	时段工作内容及工作参数				辅助工作
			作业人数	人员编号	工作内容	完成的工作量	
第一天	上午	吊装工	1	1号	配合放线		☆测量员+25号: *侧放控制线; *弹设轴、边、端墨线。 ☆队长+26号: *引设标高基准点; *弹设控制墨线; *测放轴线、边线、端线。 ☆1号+27号+28号: 测设标高
			3	2～4号	拆除斜支撑：N-1层6～11号房间	32根	
			2	5～6号	拆除斜支撑：N-1层1～5号房间	21根	
		钢筋工	3	7～9号	校核5、7、9、11、15、14、39、45号剪力墙钢筋	8条	
			1	10号	滑扭钢筋上水浆		
			2	11～12号	休息		
		木工	2	15～16号	拆除墙模：IQ-19，余9m²	15m²	
			2	17～18号	拆除墙模：IQ-20、18，	15m²	
			2	19～20号	拆除墙模：IQ-30、29、26，余2m²	15m²	
			2	21号、22号	拆除墙模：IQ-33、31，余7m²	15m²	
			2	23号、24号	拆除墙模：IQ-27，余11m²	15m²	
		泥工	4	25～28号	协助队长放剪力墙线，标高测设		
			1	32号	混凝土养护		
			3	29～31号	休息		
		水电工	2	15～14号	滑扭楼固套管		

图 4-9　工序计划表

4.1.3　装配程序设计

装配式建筑构件装配程序的设计，主要包括对不同预制构件的装配顺序的设计。因此，需要对不同类型构件的特点进行详细的了解，以及对装配过程中可能出现的碰撞点进行预判。

装配程序设计的基础数据是需要有构件模型以及包含钢筋的包围盒模型。通过装配程序的设计，最终形成如图 4-11 所示的构件装配顺序设计图或模型数据。

图 4-10　现场公示的装配计划表
（图片来源：中民筑友有限公司）

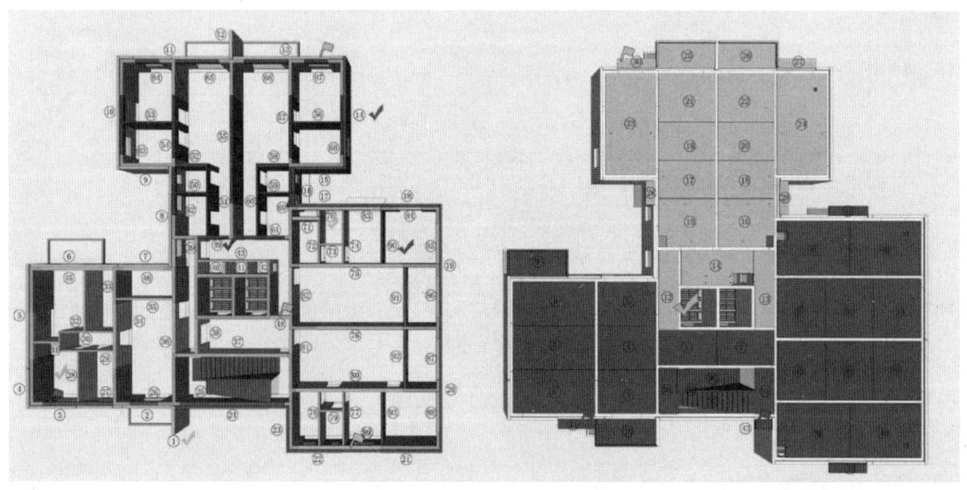

图 4-11　构件装配顺序设计图
（图片来源：中民筑友有限公司）

构件装配原则：

先吊外墙后吊内墙，封闭作业；先吊内墙和叠合梁后绑扎墙柱钢筋，方便吊装就位；操作面内外区域吊装，确保工序流水施工（表 4-13）。

装配程序设计的内容表　　　　表 4-13

设计内容	设计要点	图示	说明
支撑防护设计	竖向构件斜支撑		斜支撑为竖向预制构件支撑构件，用于构件在安装完成后的调直和固定
	水平构件支撑		水平构件主要包括预制叠合梁、预制叠合楼板等构件，支撑体系通常包括与水平构件直接接触的横木、下部支撑托以及支撑骨架
	外防护		外防护类型非常多

构件装配程序的设计是后续支撑防护、模板方案以及测量放线设计的基础。在应用 BIM 技术进行构件装配程序设计时，需要调用前端设计中的构件模型，如表 4-14 所示，为构件吊装程序设计的步骤。

构件装配程序设计步骤　　　　表 4-14

阶段	操作内容	图示
准备阶段	调用构件模型的中心文件	

续表

阶段	操作内容	图示
准备阶段	选取标准层（以四层为例进行装配程序设计）	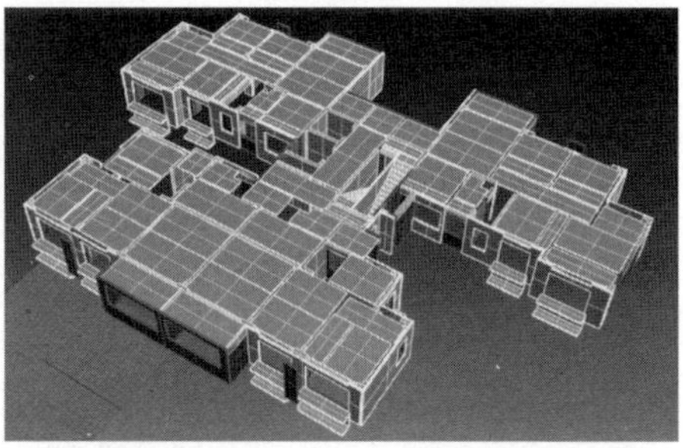
	设置构件吊装优先级及编号颜色设置	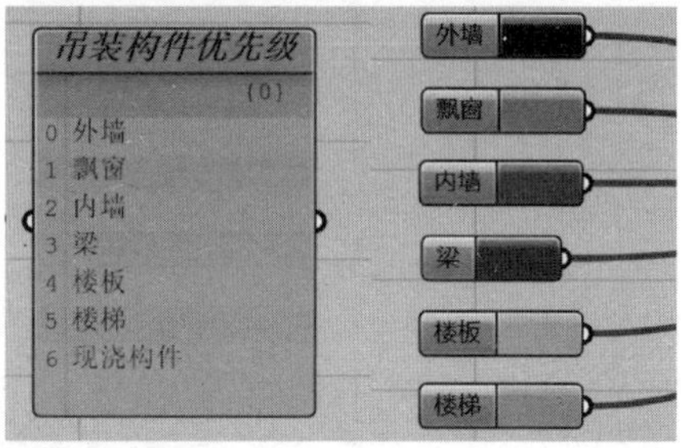
	设置塔吊位置并检查构件起吊的情况（注：图中显示无法吊装的构件为现浇构件）	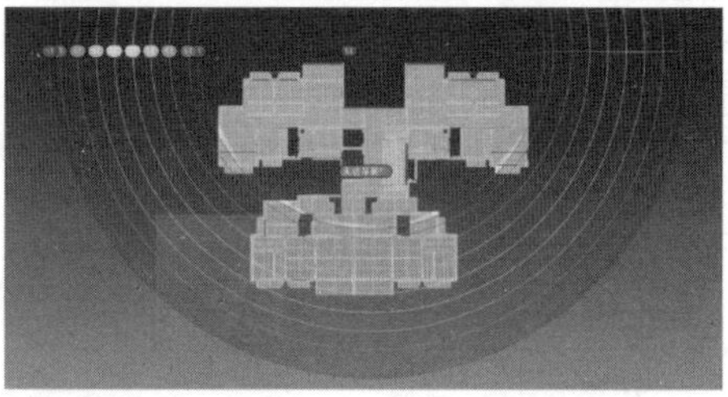
装配程序设置	建立构件吊装顺序程序	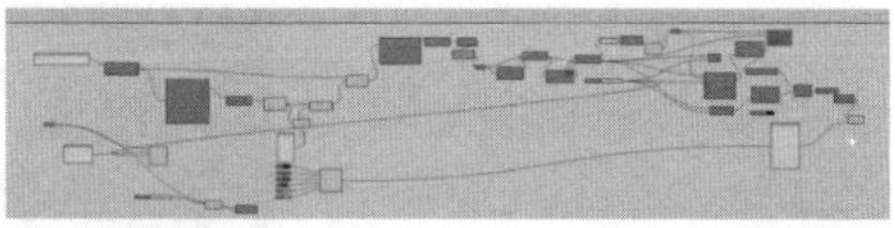
顺序进行计算	应用吊装顺序程序进行计算，得到吊装顺序标识模型	

续表

阶段	操作内容	图示
输出图纸及清单等资料	导出不同构件的吊装顺序图	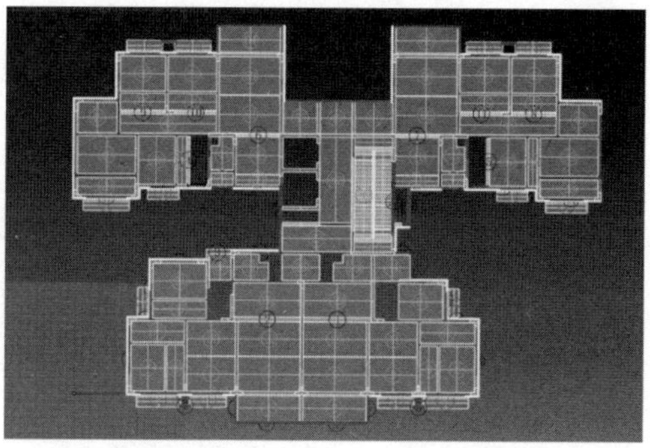
	导出不同构件装配顺序图	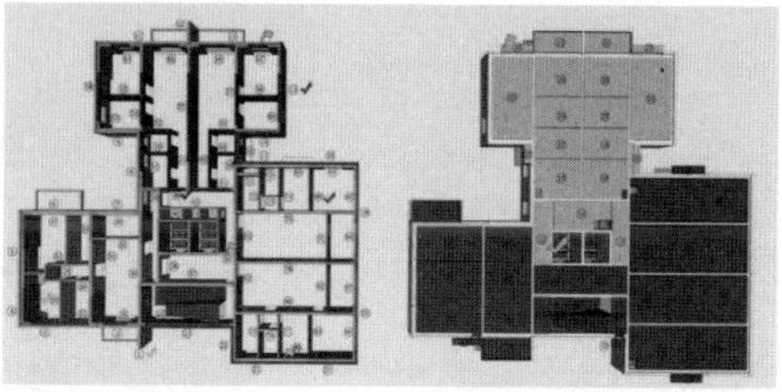
	导出构件装配顺序表	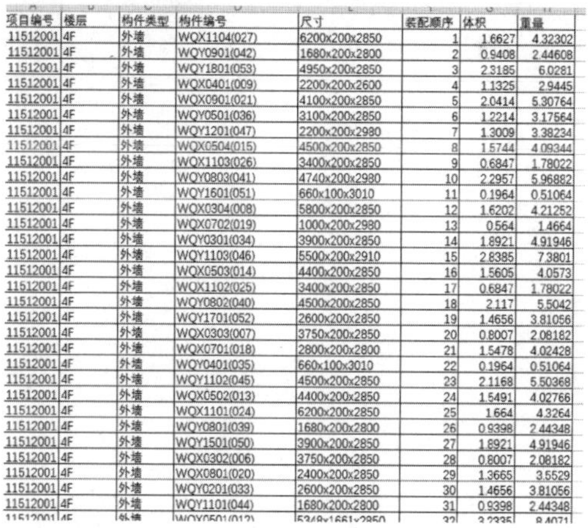 （见下表）

项目编号	楼层	构件类型	构件编号	尺寸	装配顺序	体积	重量
11512001	4F	外墙	WQX1104(027)	6200x200x2850	1	1.6627	4.32302
11512001	4F	外墙	WQY0901(042)	1680x200x2800	2	0.9408	2.44608
11512001	4F	外墙	WQY1801(053)	4950x200x2850	3	2.3185	6.0281
11512001	4F	外墙	WQX0401(009)	2200x200x2600	4	1.1325	2.9445
11512001	4F	外墙	WQX0901(021)	4100x200x2850	5	2.0414	5.30764
11512001	4F	外墙	WQY0501(036)	3100x200x2850	6	1.2214	3.17564
11512001	4F	外墙	WQY1201(047)	2200x200x2980	7	1.3009	3.38234
11512001	4F	外墙	WQX0504(015)	4500x200x2850	8	1.5744	4.09344
11512001	4F	外墙	WQX1103(026)	3400x200x2850	9	0.6847	1.78022
11512001	4F	外墙	WQY0803(041)	4740x200x2980	10	2.2957	5.96882
11512001	4F	外墙	WQY1601(051)	660x100x3010	11	0.1964	0.51064
11512001	4F	外墙	WQX0304(008)	5800x200x2850	12	1.6202	4.21252
11512001	4F	外墙	WQX0702(019)	1000x200x2980	13	0.564	1.4664
11512001	4F	外墙	WQY0301(034)	3900x200x2850	14	1.8921	4.91946
11512001	4F	外墙	WQY1103(046)	5500x200x2910	15	2.8385	7.3801
11512001	4F	外墙	WQX0503(014)	4400x200x2850	16	1.5605	4.0573
11512001	4F	外墙	WQX1102(025)	3400x200x2850	17	0.6847	1.78022
11512001	4F	外墙	WQY0802(040)	4500x200x2850	18	2.117	5.5042
11512001	4F	外墙	WQY1701(052)	2600x200x2850	19	1.4656	3.81056
11512001	4F	外墙	WQX0303(007)	3750x200x2850	20	0.8007	2.08182
11512001	4F	外墙	WQX0701(018)	2800x200x2800	21	1.5478	4.02428
11512001	4F	外墙	WQY0401(035)	660x100x3010	22	0.1964	0.51064
11512001	4F	外墙	WQY1102(045)	4500x200x2850	23	2.1168	5.50368
11512001	4F	外墙	WQX0502(013)	4400x200x2850	24	1.5491	4.02766
11512001	4F	外墙	WQX1101(024)	6200x200x2850	25	1.664	4.3264
11512001	4F	外墙	WQY0801(039)	1680x200x2800	26	0.9398	2.44348
11512001	4F	外墙	WQY1501(050)	3900x200x2850	27	1.8921	4.91946
11512001	4F	外墙	WQX0302(006)	3750x200x2850	28	0.8007	2.08182
11512001	4F	外墙	WQX0801(020)	2400x200x2850	29	1.3665	3.5529
11512001	4F	外墙	WQY0201(033)	2600x200x2850	30	1.4656	3.81056
11512001	4F	外墙	WQY1101(044)	1680x200x2800	31	0.9398	2.44348
11512001	4F	外墙	WQX0501(012)	5348x1661x2850	32	3.2335	8.4071

装配式建筑构件吊装顺序设计是后续一些辅助设计的基础，后续需要对与构件相关的支撑防护、现浇节点模板以及测量放线定位设计进行可视化模拟和控制。

1. 支撑防护设计

支撑防护是预制构件在安装过程中的辅助工作，虽然是辅助工作，因其涉及安装过程的安全及效率问题，因此需要进行详细的支撑防护设计。本节对支撑防护设计方法进行简述，如表 4-15 所示，介绍了不同构件的支撑防护设计过程。

支撑防护设计过程 **表 4-15**

支撑类型	设计操作过程	图示
竖向构件斜支撑	选择斜支撑的类型，明确支撑连接处的螺孔规格是否与构件上的预埋点位对应	
	对斜支撑的位置进行设计，如图竖向构件柱的斜支撑位置需在室内	
	对全部构件进行斜支撑的设计，明确施工通道与预埋件在现浇部位的连接位置	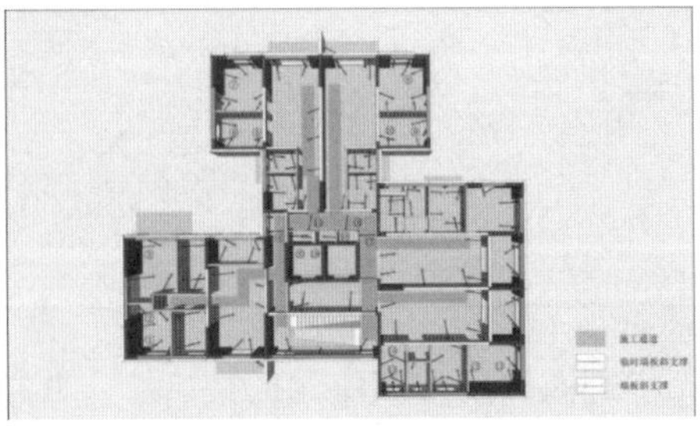

续表

支撑类型	设计操作过程	图示
水平构件盘扣式支撑	选择盘扣架立杆类型，明确立杆的规格尺寸	
	选择盘扣架横杆的类型及规格尺寸	
	明确木方尺寸，通常选择 10cm×10cm 的木方	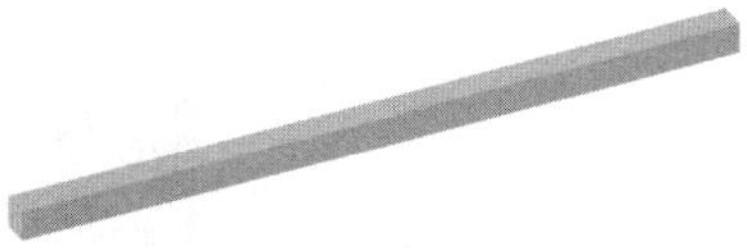
	搭建单榀支撑模块	
	搭建标准层支撑构件	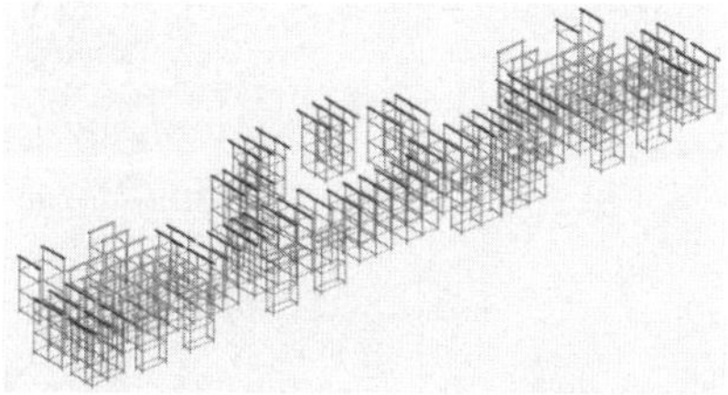
	针对水平构件进行标准层支撑方案设计	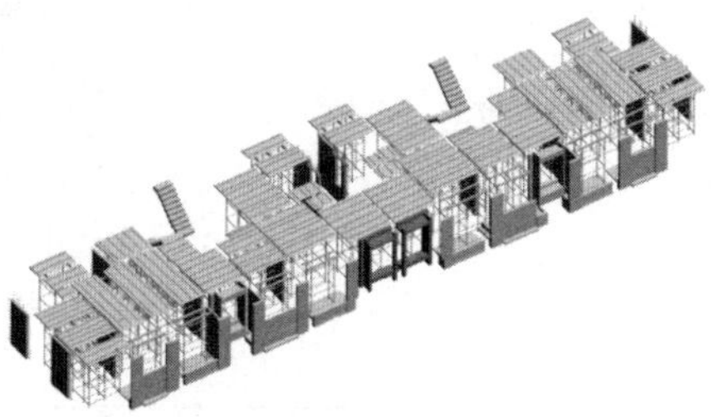

续表

支撑类型	设计操作过程	图示
水平构件独立式支撑	选择立杆式独立支撑的形式	
	选择板拖作为支撑构件	
	编制独立竖向支撑方案	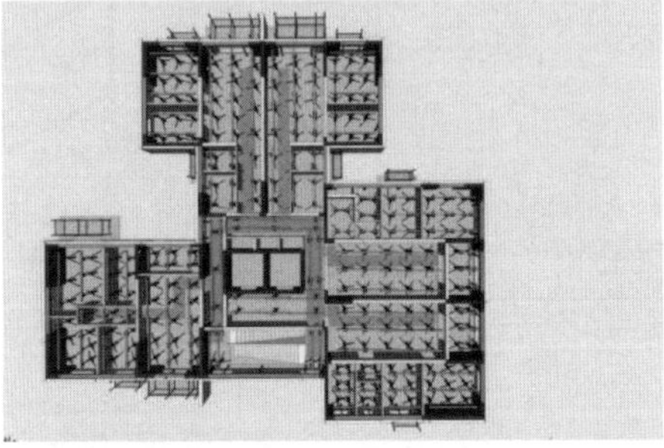
堆放场地设计	根据塔吊位置及构件装配需要进行现场构件堆放场地的设计	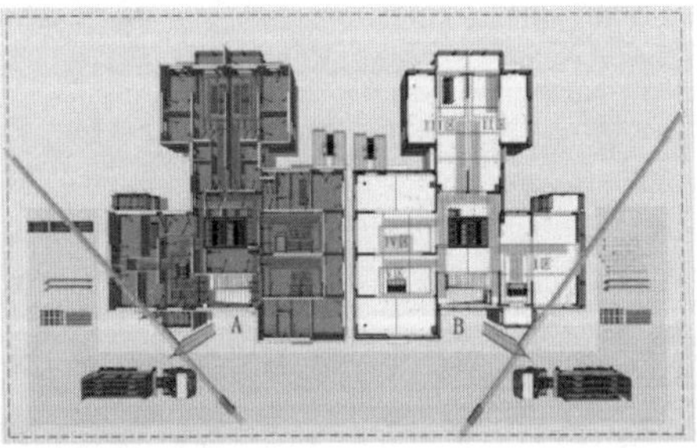

续表

支撑类型	设计操作过程	图示
外防护	选择悬挑式脚手架	
	选择普通钢管外围护脚手架	

2. 模板方案设计

本章节主要介绍通过 BIM 模型解决装配式建筑现场施工现浇节点处模板方案的设计问题，下面介绍模板的安装及拆除的基本要求。

(1) 搭设支撑脚手的钢管材质应符合下列要求

1) 钢管应有产品质量合格证、质量检验报告等质量证明材料；

2) 钢管表面应平直光滑，不应有裂缝、结疤、分层、错位、硬弯、毛刺、压痕和深的划道；

3) 钢管使用前应对其壁厚进行抽检，抽检比例不得低于 30%，对于壁厚减小量超过 10%的应予以报废，不合格比例大于 30%的应扩大抽检比例；

4) 钢管的壁厚不得小于 3.0mm，表面锈蚀深度不得大于 0.18mm；

5) 钢管扣件须有力学性能检查报告。

(2) 模板支撑扣件要求

1) 扣件必须有生产许可证、检测报告和产品质量合格证等质量证明材料；

2) 扣件使用前必须进行检查，有裂缝、变形的严禁使用，出现滑丝的螺栓必须更换；

3) 扣件使用前应进行防锈处理；

4) 经过验收合格的钢管、扣件应按规格、种类、分类整齐堆放、堆稳，堆放地不得有积水。

(3) 安装质量要求

模板安装完毕后，应按《混凝土结构工程施工质量验收规范》GB 50204—2015的有关规定，进行全面检查，验收合格后方能进行下一道工序。

1）组装的模板必须符合施工设计的要求。所有梁、柱均由翻样给出模板排列图和排架支撑图。大截面梁、异形柱应增加细部构造大样图。

2）当工程中大截面及大跨度梁比较多时，需要特别注意对跨度不小于4m的梁、板按要求起拱，起拱高度宜为跨度的1/1000～3/1000。模板使用前，应先进行筛选，对变形、翘曲超出规范的应予以清除，不得使用。

3）各种连接件、支承件、加固配件必须安装牢固，无松动现象。模板拼缝要严密。各种预埋件、预留孔洞位置要准确，固定要牢固。

4）认真做好“三检”制度，每个分项在拼模过程中，班组及时进行自检、互检，误差控制在规定的范围内，再由质量员按规范要求进行复核，办好书面签字手续并提交信息化平台审核通过后方可进入下一道工序。浇捣混凝土过程中应派技术好的木工守模，发现问题及时整改并报告工地现场总施工或技术负责人。

（4）模板的拆除

拆模之前必须有拆模申请（即拆模令），并根据同条件养护试块强度记录达到规定时，技术负责人批准后方可拆模。模板的拆除，除了侧模应以能保证混凝土表面及棱角不受损坏时（混凝土强度大于1N/mm^2）方可拆除外，底模应按《混凝土结构工程施工质量验收规范》GB 50204—2015的有关规定执行（表4-16）。

底模拆模时的混凝土强度要求　　表4-16

结构类型	结构跨度(m)	按设计的混凝土标准值的百分率计(%)
板	≤2	≥50
	≥2,≤8	≥75
	≥8	≥100
梁、拱、壳	≤8	≥75
	≥8	≥100
悬臂构件	≥100	

模板拆除的顺序和方法，应遵循先支后拆，先非承重部位后承重部位以及自上而下的原则。拆模时，严禁用大锤和撬棍硬砸硬撬。拆除的模板必须随拆随清理，以免钉子扎脚、阻碍通行发生事故。拆模时下方不能有人，拆模区应设警戒线，以防有人误入被砸伤。拆模时，操作人员应站在安全处，以免发生安全事故，待该段模板全部拆除后，方准将模板、配件、支架等运出堆放。拆下的模板、配件等，严禁抛扔，要有人接应传递，按指定地点堆放，并做到及时清理、维修和涂刷好隔离剂，以备待用。

装配式建筑的模板主要是在节点现浇部位，操作原理和要求与现浇结构模板类似。需要注意的问题主要有两个方面：

1）模板的选择需要提前确定，并考虑在构件上的预留孔洞；

2）模板安装过程中需要考虑与构件的关系，避免出现漏缝，保证预制构件连接处不出现质量上的问题（图4-12）。

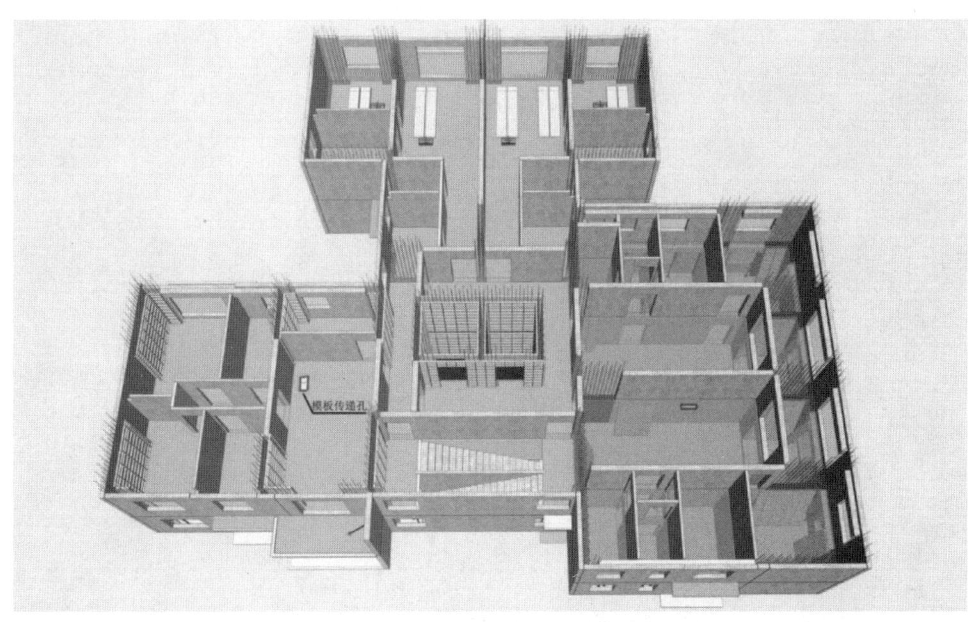

图 4-12　模具安拆方案设计

3. 测量放线设计

测量放线设计如图 4-13、图 4-14 所示。

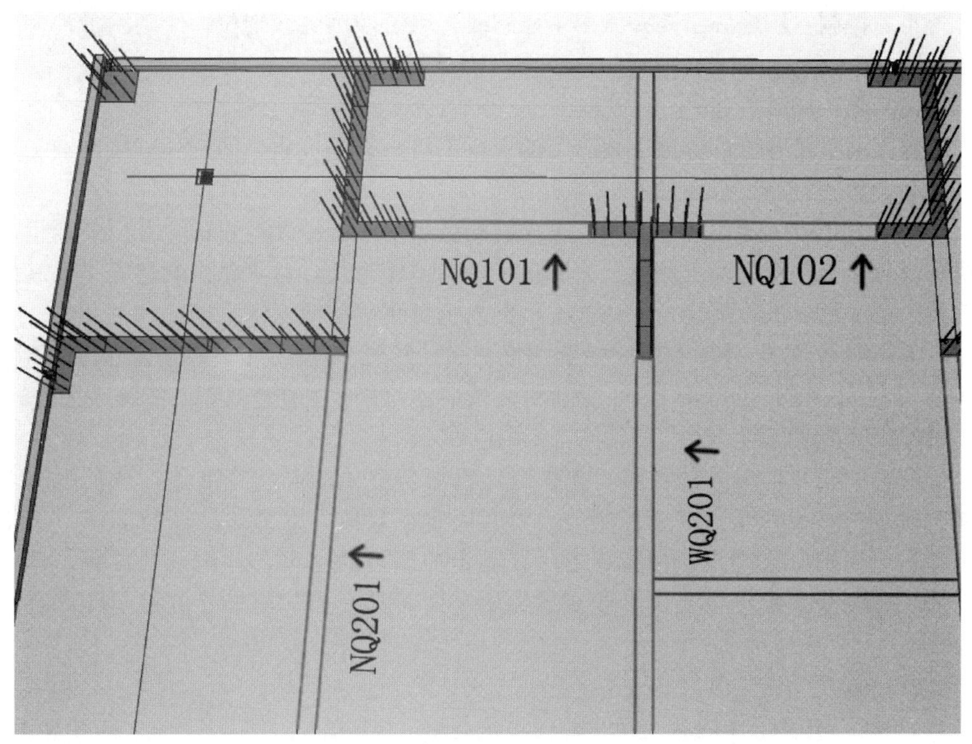

图 4-13　测量放线构件定位图

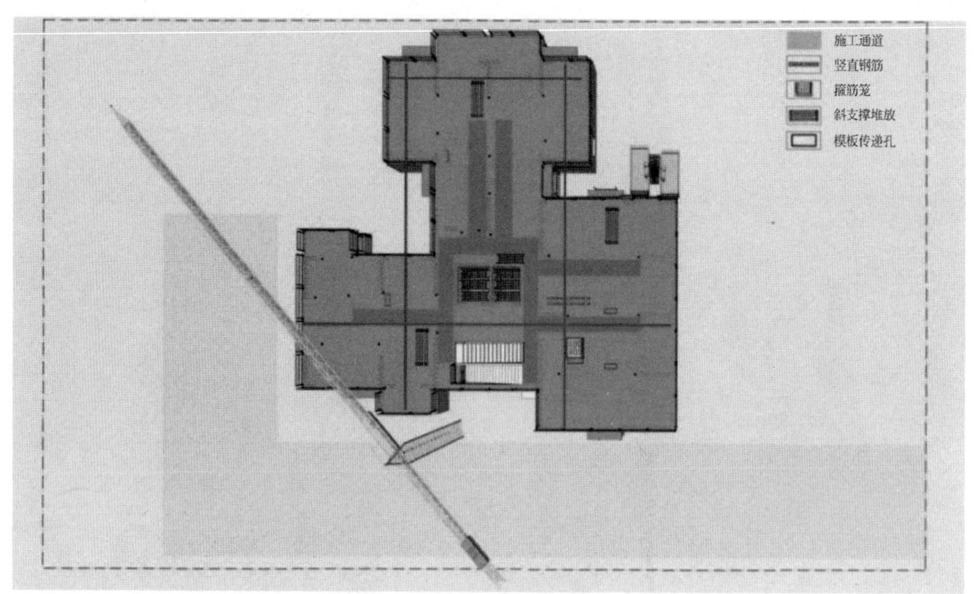

图 4-14　测量放线模拟图

根据建设方提供的基准点及基准线用于定位控制、高程水准点用于水平标高控制，并输入到 BIM 软件中。然后根据基准点及基准线，测定出本工程定位主控轴线及引桩点并绘图上墙。

平面控制：用坐标引测并做出主控制线，用于控制轴线定位，绘制测量控制点布置图。

（1）施工测量准备

施工测量是各分部分项工程施工的先行工序，其测量质量的好坏直接影响工程的顺利开展和整体工程质量。

测量工作人员的组建：为保证工程的测量质量，项目部组建一个专门的测量小组进行施工全过程的施工测量。由测量工程师担任组长，负责每次测量安排，其他施工人员为组员进行配合，项目技术负责人负责测量复核工作。

需用测量仪器：RTS312L 型全站仪一台、J2 经纬仪 1 台、DS3 水准仪 2 台、50m 长钢尺 1 把、拉力表 1 个、温度计 5 支、水准塔尺 2 把、0.5kg 线锤 3 个、5m 小钢卷尺等测量工具。

结合项目结构形式的特点，先按照建设单位提供的高程基准点，将其引测至施工现场内，设置至少 3 个控制点，将其固定在基地内不易被破坏的部位，安排专人进行保护。在埋设点保持稳定后，测定控制点的高程，并记录其数据，作为以后工程测量基准点，且由专业测量人员定期对其复测，与外界高程基准点进行校核。

（2）施工测量方案

1）施工测量工作内容

施工测量包括：平面定位测量、轴线（垂直）测量、标高（水平）测量、施工阶段建筑沉降观测。

2）施工测量的工艺流程

测量仪器检定、检校→场地移交→校测坐标、标高起始依据→建筑物的定位放线（包括复核原有标高轴线）→建筑物的定期沉降观测。

3）主要测量工作

在桩基础施工期间接管地盘，接管地盘后，立即进行测量导线复核桩基础结构承包单位是否按照施工图纸的尺寸定线放样及标高完成基础工程。如发现实际完成部分与施工图纸有差异，将在 7 天内通知建设单位。配合桩基施工单位进行基础桩、偏差测量等工作。

在工程施工前，对周边道路/管线及建筑物进行详细测绘和记录，并向建设单位提交初始记录。

在施工期间（重点在基坑围护及地下室结构施工阶段）对周边道路/管线及建筑物进行监测等工作，并定期向建设单位提交监测记录。

严格按照设计图纸进行施工的测量、定位工作。

4）施工中轴线和垂直标高的传递

为确保项目地库结构的垂直度，垂直偏差采取内控为主、外控校核为辅的原则，在每层的楼层面设置 2 个 150mm×150mm 的垂直偏差观察孔，结构每施工一层后由专职测量师采用激光垂直仪进行复核，确保层间垂直度偏差不大于 3mm，工程总垂直度不大于 10mm。

通过以上这些小控制网的建立及相互校核，可以保证本工程测量处于控制精度要求的范围以内（各水平角误差 90°角为±20s，距离测量精度高于 1/10000）。

（3）施工测量质量保证措施

1）质量保证措施

项目一般设专业测量人员，并将资格证书送监理报验；测量仪器、钢尺、经纬仪、水准仪等符合计量器具周检规定，以保证其观测精度；校测水准点。根据建设单位提供的测设点，采用往返法测定其高差。认定所给水准点正确，准予使用；采用施工轴线交点控制桩位置；控制每层楼板浇注后混凝土面结构标高，电梯井内壁的垂直及内口尺寸，建筑物沉降、竖向倾斜、位移情况，控制偏差在允许范围内；施工定位放线记录及各楼层施工放线记录，填报《施工测量放线报验单》（图 4-15）。

2）控制点及引点保护措施

依据业主提供的坐标及水准点，将桩基分包单位移交的轴线点进行复核无误后，再将这些轴线点的延长线测设到建筑物范围之外的适当位置（以架设仪器并方便前后左右视看），作为轴线定位控制基准点。

3）标高控制措施

±0.000 层以下直接从水准点引标高到各轴点上，同样每层复核一次，将误差控制在规范允许误差之内。

4）施工测量技术保证措施

平面控制网：各层控制网确立后，必须经严格的闭合校验；为保证测量误差满足要求，水平角测设采用测回法进行测量，即在每测设完一个水平角后，倒镜测回

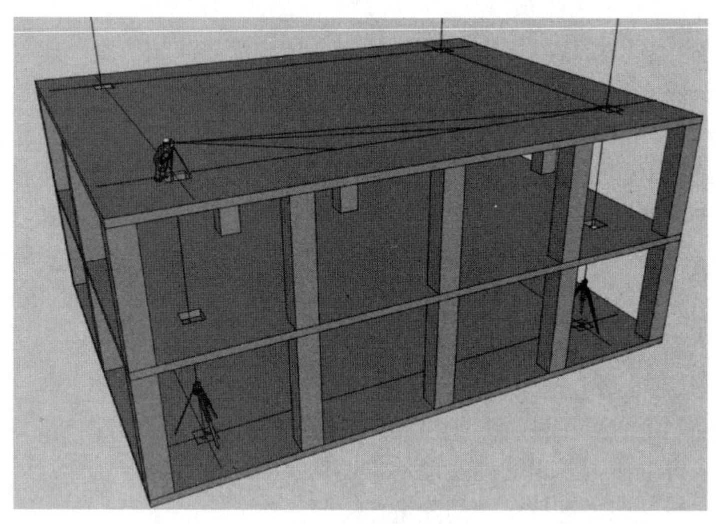

图 4-15　测量放线示意图

观测，然后取前后两个半测回角读数的平均值对已测设的水平角进行修正；用于测量的经纬仪、水准仪、钢尺，在施工前应进行校验，并按计量规定进行周检，合格后方可使用（图 4-16）。

图 4-16　钢筋定位模板

4.2　建造设计

装配式建筑建造设计是基于信息模型对装配式建筑施工现场进行的设计，其主要包含传统场地布置、施工方案模拟、钢筋加工与配送以及施工装备部品的配置等内容（表 4-17）。

建造设计章节索引及描述表 **表 4-17**

三级标题		三级表格索引	具体描述
题名	概要		
4.2.1 场地布置模型 介绍施工场地布置模型搭建方法		表 4-18 场部模型搭建方法	介绍场地布置的建立条件及搭建方法
		表 4-19 临时设施包含的内容	介绍临时设施所包含的具体内容
4.2.2 混凝土浇筑方案 介绍装配式建筑混凝土方案设计		表 4-20 标准层施工流程表	介绍标准层施工的基本方法流程
4.2.3 施工方案模拟 通过 BIM 以及相关程序构件的装配过程进行模拟		表 4-21 不同阶段施工模拟分类表	介绍不同阶段的施工模拟的类型
		表 4-22 构件装配模拟实施表	介绍构件装配模拟过程及实现方法
4.2.4 钢筋加工与配送 基于装配式构件模型的钢筋信息实现现场和工厂的钢筋自动化加工与配送			介绍钢筋加工及配送过程及所需提供的资料内容
4.2.5 装备部品 装配式建筑主体及构件的物料所需装备部品内容		表 4-23 主体工程物料清单	介绍工程物料搭建及使用方法

4.2.1 场地布置模型

在前期设计的基础上建立现场的场地布置及施工组织模型，可以实现便捷的工序及信息管理。场地布置模型主要包括，设计阶段的建筑、结构、水电暖通类模型，还包括施工过程中的塔吊、临时设施模型、围墙以及安全消防等模型。通过模型的搭建，实现项目现场可视化管理的目的（表 4-18）。

场部模型搭建方法 **表 4-18**

步骤	内容	图示
建立施工临时设施基本构件模型	标准临时办公建筑模块	
	标准集装箱宿舍模块	

续表

<table>
<tr><th>步骤</th><th>内容</th><th>图示</th></tr>
<tr><td rowspan="7">建立施工临时设施基本构件模型</td><td>标准宿舍建筑模块</td><td>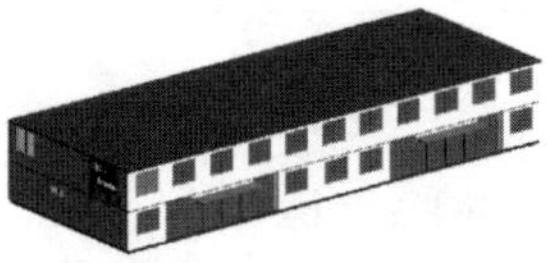</td></tr>
<tr><td>标准门牌模块</td><td>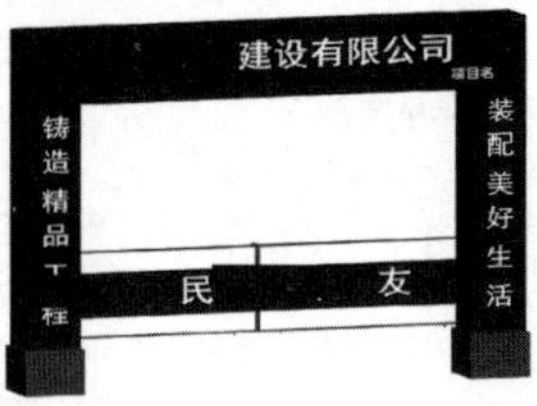
</td></tr>
<tr><td>标准无门牌大门模块</td><td>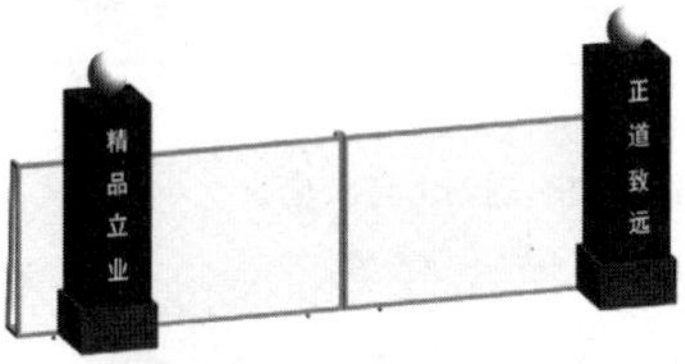
</td></tr>
<tr><td>推拉大门模块</td><td>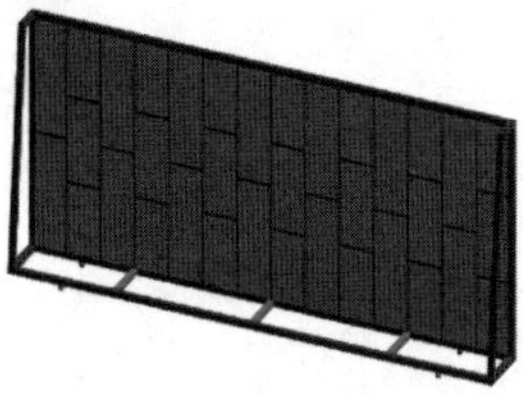</td></tr>
<tr><td>围挡模块</td><td>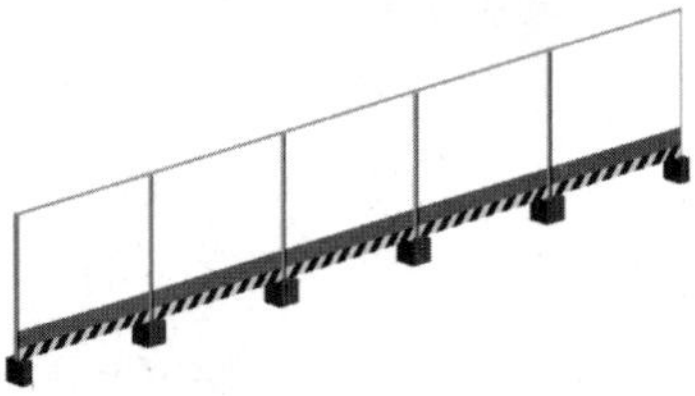</td></tr>
<tr><td>彩钢板围墙模块</td><td>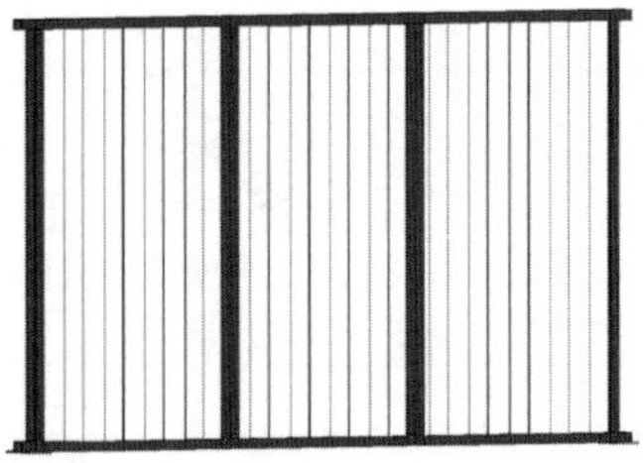</td></tr>
<tr><td>基坑防护模块</td><td></td></tr>
</table>

续表

步骤	内容	图示
建立施工临时设施基本构件模型	保安室	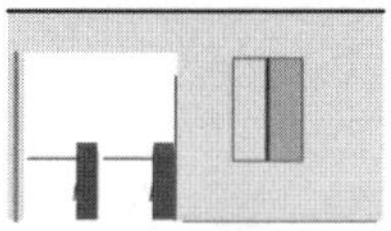
	休息室模块	
	钢筋加工棚模块	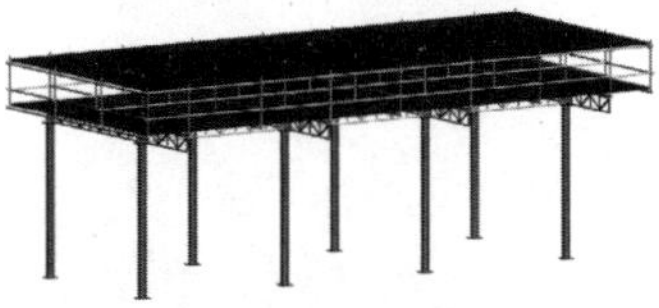
	木工棚模块	
	工具式直跑工装楼梯模块	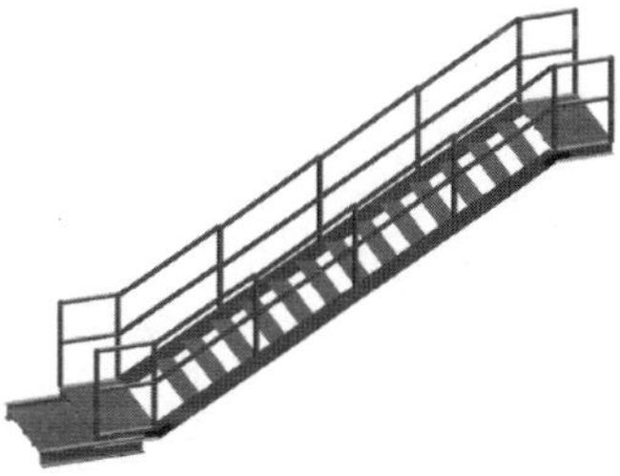
	工具式双跑工装楼梯模块	

续表

步骤	内容	图示
建立施工临时设施基本构件模型	安全通道模块	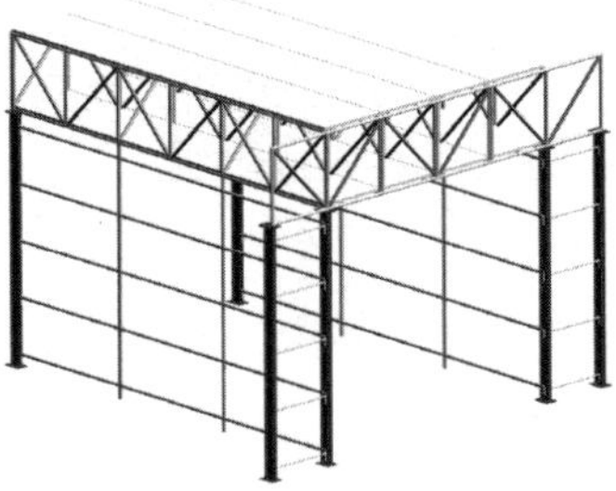
	预制构件堆场栏杆模块	
	消防台模块	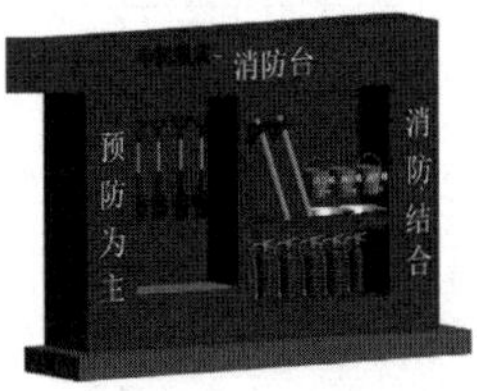
	垃圾池、废料池模块	
	隔油池模块	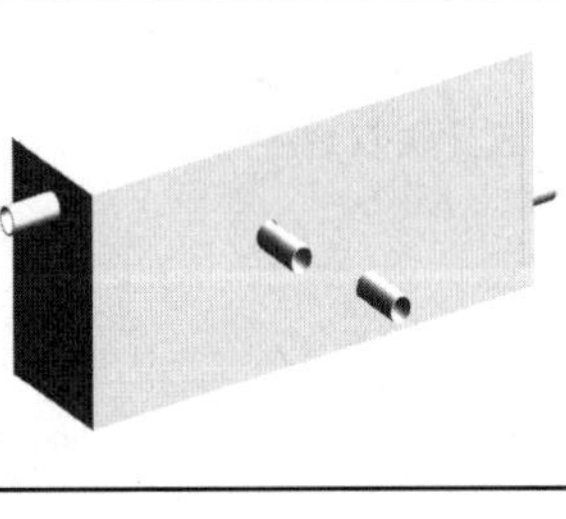

续表

步骤	内容	图示
建立施工临时设施基本构件模型	塔吊模块	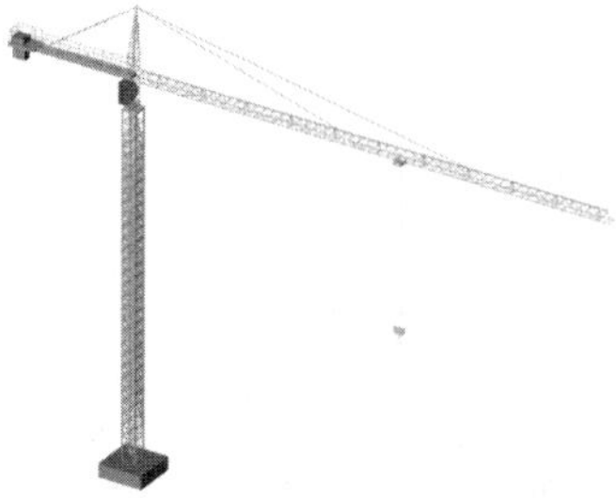
	人货电梯模块	
获取设计段设计模型	构件模型(其他模型参考设计章节构件介绍内容)	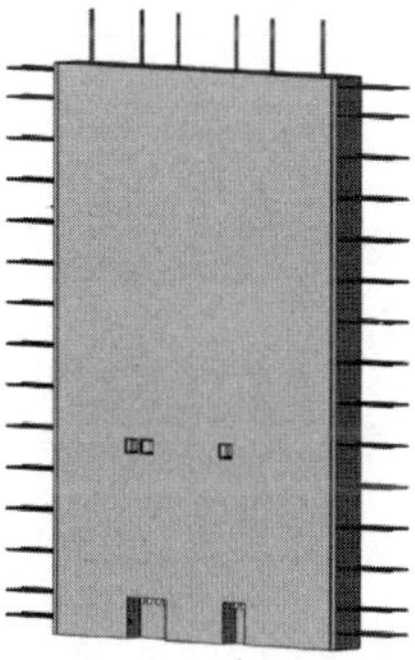 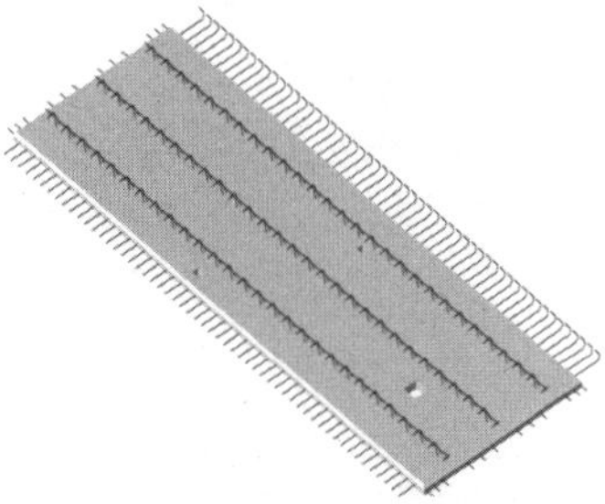

续表

步骤	内容	图示
建立施工措施模型	支撑、辅助措施模型(参考装配程序设计中支撑设计内容)	
进行施工场地布置方案设计	通过多个方案进行比选,选择最优方案	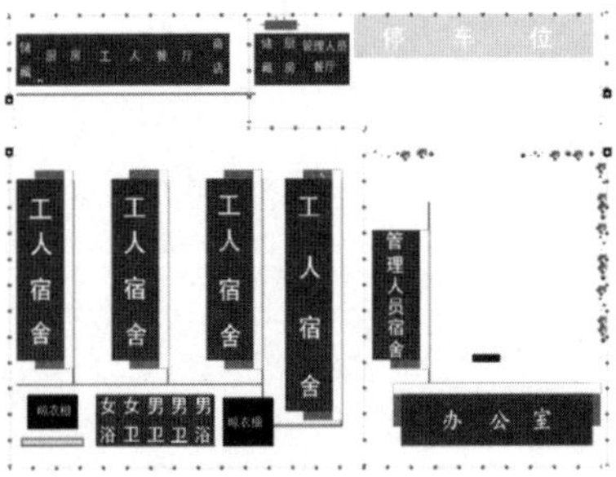
	建立临时场地布置模型	
建立施工场地模型	将各类模型进行整合搭建施工场地模型	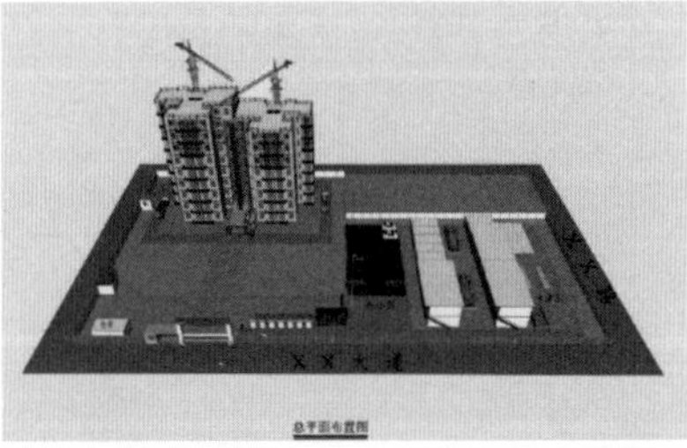

(本表图片来源：中民筑友有限公司)

1. 交付物类别

（1）应具备：场地布置模型，场地布置平面图，塔吊覆盖场地布置模型。

（2）宜具备：施工车辆流线图、塔吊单元布置图。

2. 模型精细度

LOD200。

3. 配式建筑施工场布置模型

配式建筑施工现场布置模型宜包含如表 4-19 所示的内容。

临时设施包含的内容 **表 4-19**

场布阶段	场布所含大类	具体构件名称
基础阶段	临时建筑布置	临时围墙、活动板房、旗杆、安全讲台等
	临时道路布置	临时道路、洗车池等
	机械设备布置	打桩机、砂浆搅拌机等
	加工棚与材料堆场布置	钢筋加工棚、木料加工棚、钢筋堆场、模板堆场等
主体阶段	临时建筑布置	临时围墙、活动板房、旗杆、安全讲台等
	临时道路布置	临时道路、洗车池等
	机械设备布置	塔吊、自升式物料提升机、砂浆搅拌机等
	加工棚与材料堆场布置	钢筋加工棚、木料加工棚、钢筋堆场、模板堆场等
	装配式构件堆场布置	装配式剪力墙、装配式梁、装配式楼板等
装饰阶段	临时建筑布置	临时围墙、活动板房、旗杆、安全讲台等
	临时道路布置	临时道路、洗车池等
	机械设备布置	塔吊、自升式物料提升机、砂浆搅拌机等
	加工棚与材料堆场布置	内装材料堆场、幕墙堆场等

4.2.2 混凝土浇筑方案

装配式建筑构件安装完成后，在完成模板组装后，其节点处还需要进行现浇（图 4-17～图 4-19）。因此，要形成详细的现浇浇筑方案，如表 4-20 所示的标准层施工流程表。

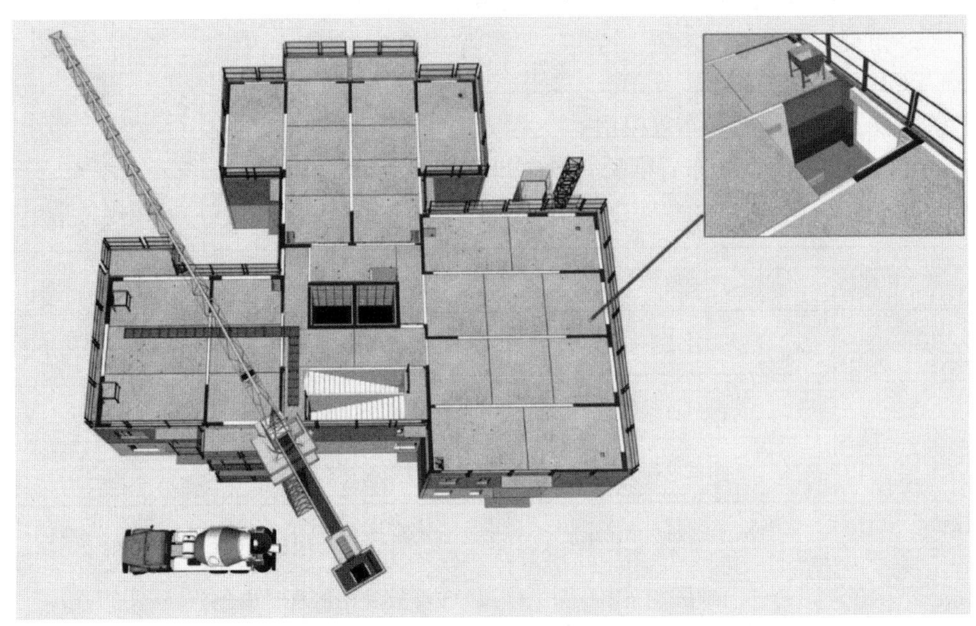

图 4-17　混凝土浇筑方案

图 4-18　柱混凝土浇筑

图 4-19　墙板浇筑过程

标准层施工流程表 **表 4-20**

工期			辅助性工作	临边防护	支撑体系	吊装工程	钢筋工程	水电预埋	模板工程	混凝土工程	塔吊使用
6	第六天	晚上									
		下午						外墙拼缝防水连接件安装	外墙拼缝防水连接件安装	外墙拼缝防水连接件安装	外墙拼缝防水连接件安装
		上午					楼面钢筋绑扎	定位线安装施工缝清理	定位线安装施工缝清理	定位线安装施工缝清理	定位线安装施工缝清理
5	第五天	晚上									
		下午				梯段、歇台板	楼面钢筋绑扎	外墙拼缝防水连接件安装	外墙拼缝防水连接件安装	外墙拼缝防水连接件安装	外墙拼缝防水连接件安装
		上午		临边防护安装与叠和板同步		21-43号叠合板	抗裂钢筋、叠合梁钢筋绑扎	定位线安装施工缝清理	定位线安装施工缝清理	定位线安装施工缝清理	定位线安装施工缝清理
4	第四天	晚上			21-43号叠合板支撑搭设						
		下午		临边防护安装与叠和板同步		1-20号叠合板吊装		外墙拼缝防水连接件安装	外墙拼缝防水连接件安装	外墙拼缝防水连接件安装	外墙拼缝防水连接件安装
		上午			1-20号叠合板支撑搭设	90-94号隔墙	16-24号剪力墙钢筋绑扎	定位线安装施工缝清理	定位线安装施工缝清理	定位线安装施工缝清理	定位线安装施工缝清理
3	第三天	晚上			叠合板支撑转运						
		下午				70-82号内墙、隔墙；83-89号叠合梁	7-15号剪力墙钢筋绑扎	外墙拼缝防水连接件安装	外墙拼缝防水连接件安装	外墙拼缝防水连接件安装	外墙拼缝防水连接件安装
		上午				40-61号内墙、隔墙；62-69号叠合梁			定位线安装施工缝清理	定位线安装施工缝清理	定位线安装施工缝清理
2	第二天	晚上			62-69、83-89号叠合梁支撑搭设		1-6号剪力墙钢筋绑扎	1-6号剪力墙水电预埋			
		下午				28-43号内墙、隔墙；44-48号叠合梁	1-24号剪力墙套钢筋		模板传递		吊装21个构件
		上午	外墙拼缝防水连接件安装	临边防护拆除与外墙板吊装同步		14-24号外墙板25-27号叠合梁	核心筒钢筋绑扎	核心筒水电预埋	模板传递		吊装14个构件、折除的防护吊运
1	第一天	晚上			25-27、44-48号叠合梁支撑搭设						水电预埋材料、1区钢筋吊运
		下午	外墙拼缝防水连接件安装	临边防护拆除与外墙板吊装同步		1-13号外墙板	钢筋调直检查		模板拆除		吊装13个构件、折除的防护吊运
		上午	定位线安装施工缝清理		斜支撑拆除转运到操作面	弹线、标高测量			模板拆除		连接件、定位件；防水卷材
人数			吊装工(8人)				综合班(合7人)	水电班(3人)	木工班(7人)	综合班(合7人)	

4.2.3 施工方案模拟

装配式建筑的施工方案除传统现浇方案外，还需要完成构件的装配模拟以及路径装配模拟。目前，多数施工模拟是通过显示的方式完成的，并不能模拟构件装配路径及装配过程，因此需要通过参数化的方式自己搭建模拟程序或者手动约束路径的方式进行模拟。本章节基于前期构件模型及工艺模型的基础，通过参数化的方式进行构件路径的模拟，实现构件装配流程中有问题提前发现、提前预警的目的（图4-20、表4-21、表4-22）。

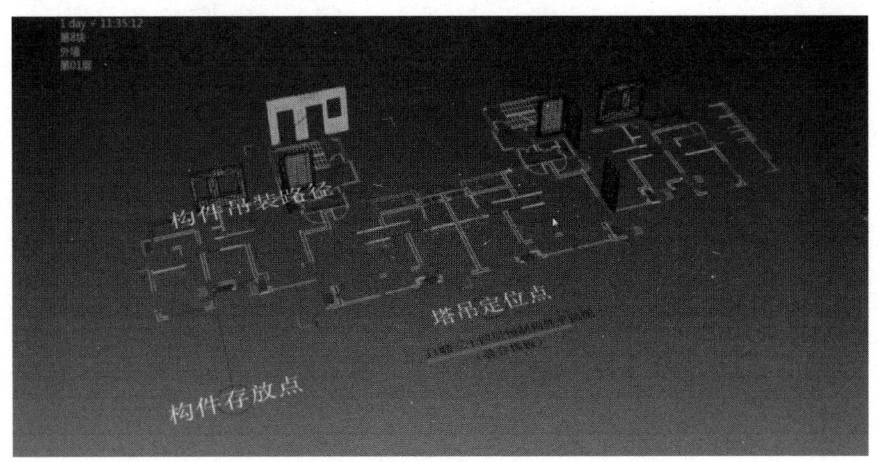

图4-20 构件装配路径模拟图

不同阶段施工模拟分类表 **表4-21**

施工阶段	模拟工序	模拟内容
桩基围护阶段	桩基围护施工模拟	可优化桩基施工流程、排浆管路、运输载具路线
土方开挖阶段	土方工程施工工艺模拟	可通过综合分析土方开挖顺序、土方开挖机械数量安排、土方运输车辆运输能力、基坑支护类型及对土方开挖要求等因素，优化土方工程施工工艺，并可进行可视化展示或施工交底
模板工程	模板工程施工工艺模拟	可优化确定模板数量、类型、支设流程和定位、结构预埋件定位等信息，并可进行可视化展示或施工交底
支撑施工工艺	临时支撑施工工艺模拟	可优化确定临时支撑位置、数量、类型、尺寸和受力信息，可结合支撑布置顺序、换撑顺序、拆撑顺序进行可视化展示或施工交底
设备及构件安装	大型设备及构件安装工艺模拟	可综合分析墙体、障碍物等因素，优化确定对大型设备及构件到货需求的时间点和吊装运输路径等，并可进行可视化展示或施工交底
复杂节点施工工艺	复杂节点施工工艺模拟	可优化确定节点各构件尺寸，各构件之间的连接方式和空间要求，以及节点的施工顺序，并可进行可视化展示或施工交底

续表

施工阶段	模拟工序	模拟内容
垂直运输施工工艺	垂直运输施工工艺模拟	可综合分析运输需求,垂直运输器械的运输能力等因素,结合施工进度优化确定垂直运输组织计划,并可进行可视化展示或施工交底
脚手架施工工程	脚手架施工工艺模拟	可综合分析脚手架组合形式、搭设顺序、安全网架设、连墙杆搭设、场地障碍物等因素,优化脚手架方案,并可进行可视化展示或施工交底
预制构件装配工程	预制构件预拼装施工工艺模拟	可综合分析连接件定位、拼装构件之间的搭接方式、拼装工作空间要求以及拼装顺序等因素,检验预制构件加工精度,并可进行可视化展示或施工交底

构件装配模拟实施表 表 4-22

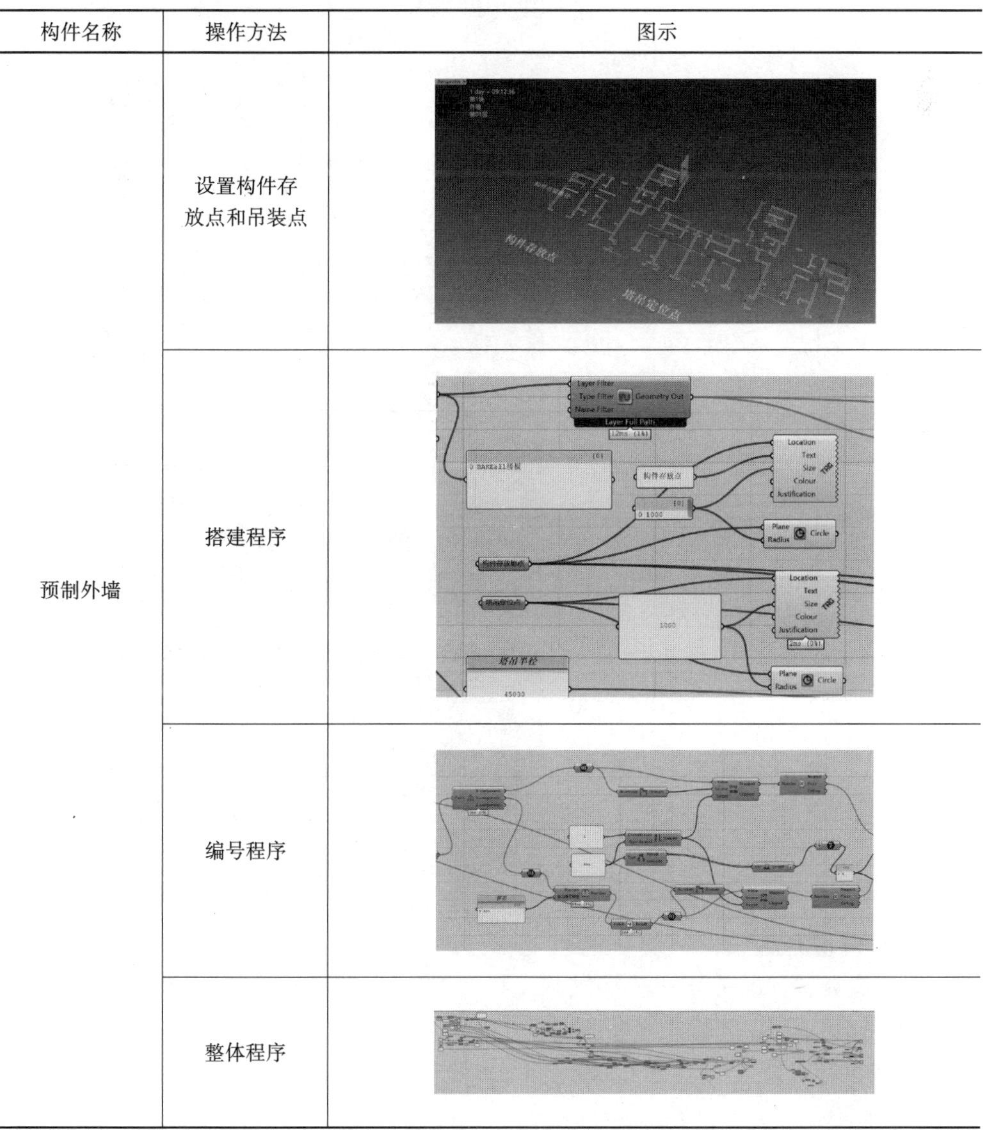

构件名称	操作方法	图示
预制外墙	设置构件存放点和吊装点	
	搭建程序	
	编号程序	
	整体程序	

续表

构件名称	操作方法	图示
预制外墙	开启模拟	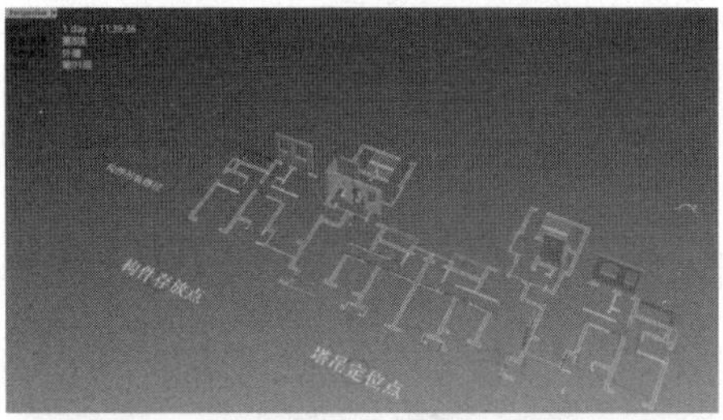
	模拟完成	
预制叠合楼板	开始模拟	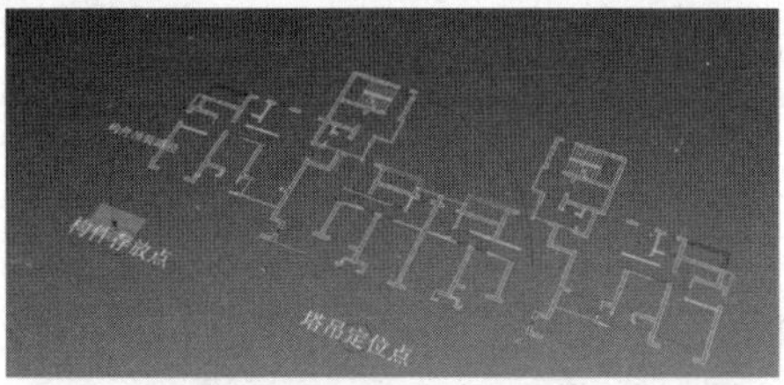
	模拟中	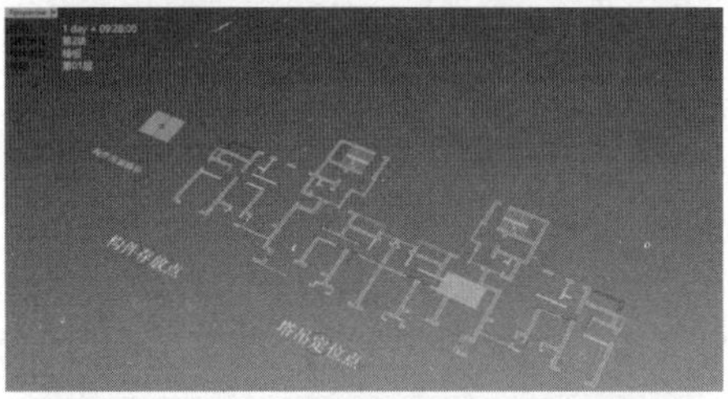
	完成模拟	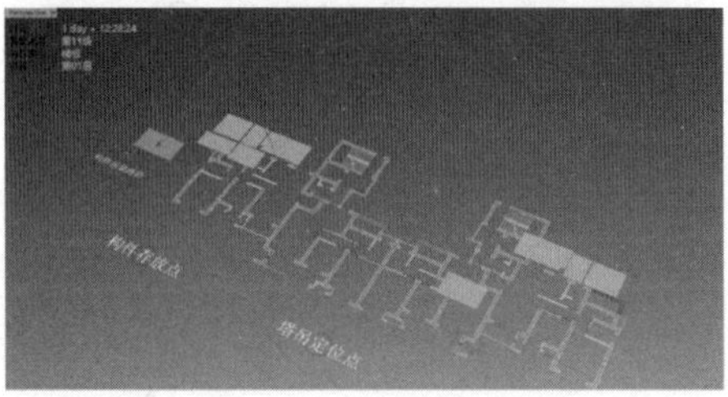

1. 交付物类别

（1）应具备：施工某阶段BIM模型，对应阶段施工模拟演示文件。

（2）宜具备：施工模拟分析报告。

2. 模型精细度

LOD350。

3. 实施步骤包括

（1）收集准确的数据。

（2）将建筑信息模型导入具有虚拟动画制作功能的 BIM 软件并赋予模型相应的材质，其材质应能反映建筑项目实际场景情况。

（3）根据混凝土浇筑方案构建施工过程演示模型，结合预制装配式建筑的施工工艺流程，利用模型进行施工模拟、优化，选择最优施工方案，生成模拟演示视频并提交施工部门审核。主要工作成果为施工模拟演示文件（图 4-21）。

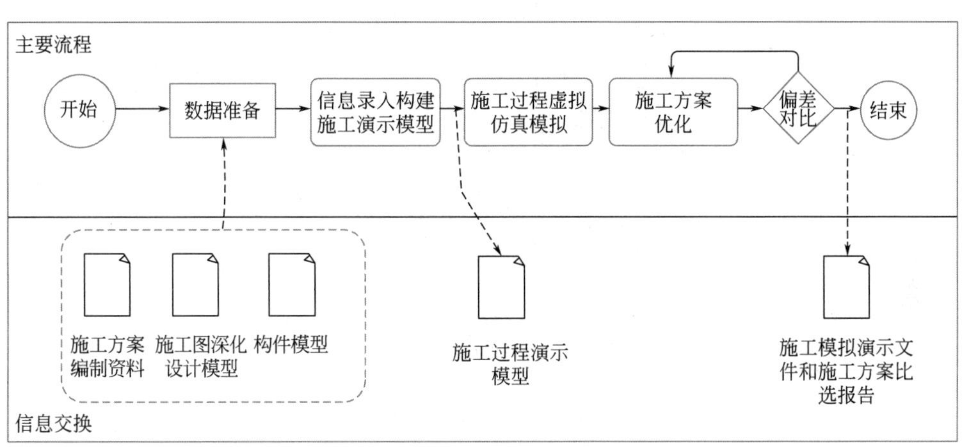

图 4-21　建筑工程中施工模拟操作流程图

4.2.4　钢筋加工与配送

施工现场的钢筋加工和配送分为两类：一是现场钢筋的加工与安装，另一种是在工厂生产完成成品钢筋，然后运送到现场进行安装。

装配式建筑预制构件现场预留钢筋主要是指竖向构件，例如预制剪力墙和预制柱。其获取定位的方法是通过工艺模型的数据获得（图 4-22、图 4-23）。

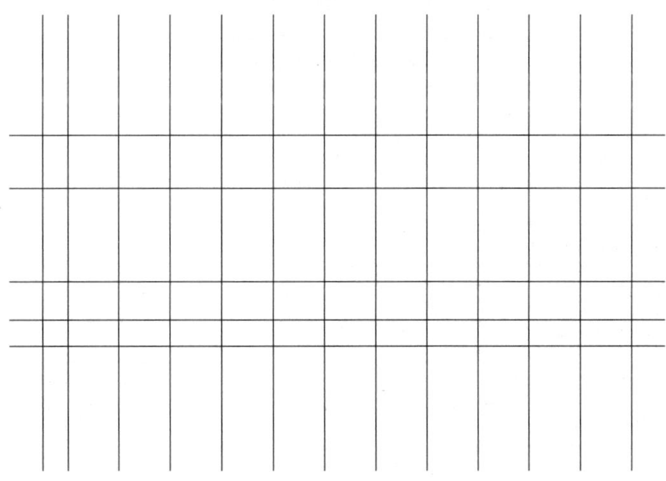

图 4-22　焊网机所需图纸数据（来自模型自动导出）

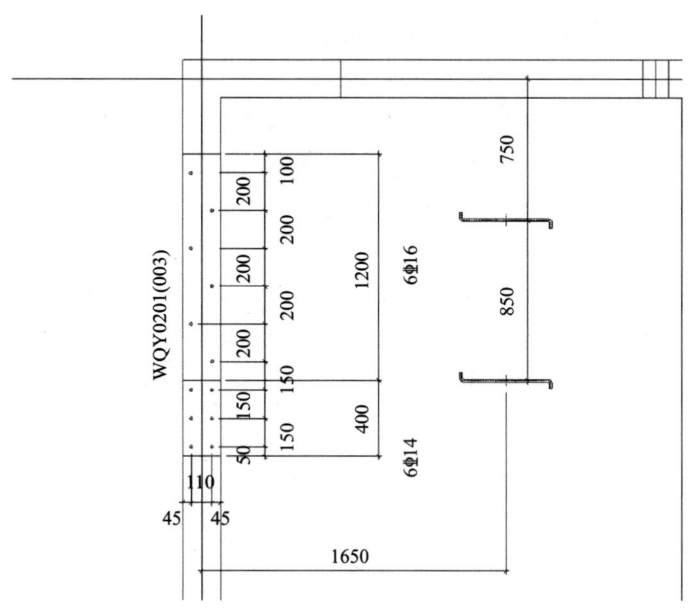

图 4-23　由模型获取的现场定位钢筋预埋图

4.2.5　装备部品

部品与装备组织是基于基础数据并结合不同项目进行的配置，该部分与施工模拟及成本管理联系紧密，如表 4-23 所示，是主体工程物料清单，该部分与成本之间的关系将在 4.3 节基于 Itwo 的 5D 管理中进行步骤解析。

主体工程物料清单　　　　**表 4-23**

序号	物料名称	规格型号及描述	单位	单层用量	层数	需求总量	备注
吊装装备(竖向构件)							
1	斜支撑	1.6M 见加工图	根	220	1	220	
2	外墙阴角连接件	见加工图	个	20	14	280	
3	外墙阴角固定件(耗)	见加工图	个	13	14	182	
	外墙阴角固定件(周)			31	1	31	
4	外墙直线连接件	见加工图	个	47	14	658	
5	外墙直线连接件加长	见加工图	个	12	14	168	
6	直线固定件	见加工图	个	26	1	26	
7	隔墙直线连接件			0	14	0	
8	内墙阴角固定件	见加工图	个	30	1	30	

续表

序号	物料名称	规格型号及描述	单位	单层用量	层数	需求总量	备注
9	隔墙阴角连接件	见加工图	个	126	14	1764	
10	切底自攻螺栓	M10×75	个	756	14/5	2268	
11	切底自攻螺栓	M10×50	个	252	14/5	756	
12	多点吊梁	10T,见加工图	根	1	1	1	
13	铝合金人字梯	CQL-6,2M	个	2	1	2	
14	铝合金挂尺	2M	把	2	1	2	
15	固定螺丝	M16×30	个	220	14	3080	

4.3 项目建造

装配式建筑的项目具体建造过程，是结合前端项目进行各类数据输入的实施阶段（表 4-24）。

项目建造章节索引及描述表　　表 4-24

三级标题		三级表格索引	具体描述
题名	概要		
4.3.1　资源管理	介绍基于 BIM 的装配式建筑资源管理的内容	表 4-25　资源管理内容表	介绍资源管理主要内容
		表 4-26　资源管理步骤表	介绍结合 BIM 与 ITWO 实现资源管理的操作方法
4.3.2　进度与成本管理	介绍进度与成本管理的方法及内容	表 4-27　进度管理流程(基于 itwo)	介绍进度管理的主要内容
		表 4-28　成本管理步骤表(基于 itwo)	介绍结合 BIM 与 ITWO 实现进度和成本管理的方法
		表 4-29　成本管理内容表	介绍装配式建筑成本管理的内容
		表 4-30　成本管理各项计算表	介绍成本汇总表的计算汇总
		表 4-31　成本控制实施表	介绍成本控制的实施方法
4.3.3　安全与质量管理	通过 BIM 平台软件对装配式项目的安全和质量进行管理	表 4-32　安全与质量管理方法流程	借助 BIM 平台类软件实现安全与质量管理的方法

4.3.1 资源管理

基于 BIM 模型的资源管理需要结合企业资源管理系统，项目资源管理的数据非常庞大（表 4-25）。

资源管理内容表 **表 4-25**

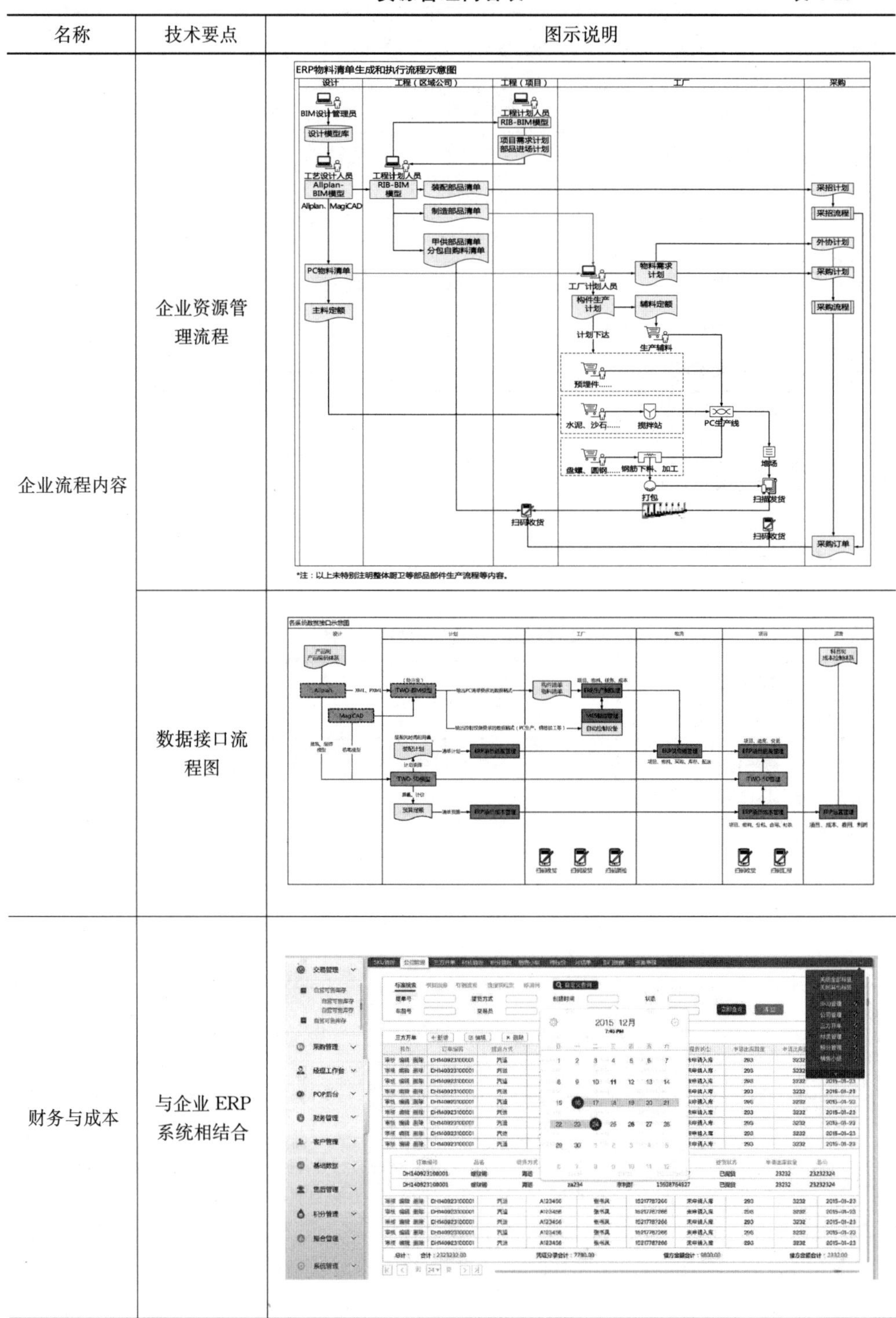

名称	技术要点	图示说明
企业流程内容	企业资源管理流程	
	数据接口流程图	
财务与成本	与企业 ERP 系统相结合	

（本表来源：https：//www. itwo. com/cn/）

资源管理的基本包含三个步骤：①获取或设置基础数据；②主动收集基础信息及条件数据；③对数据进行实时追踪（表 4-26）。

资源管理步骤表 表 4-26

名称	管理内容	示意说明
数据导入	收集准确的数据	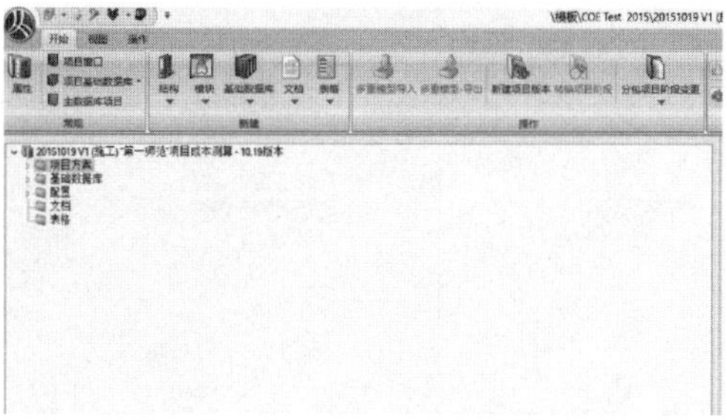
收集基础信息	将楼层信息、构件信息、进度表、报表等设备与材料信息添加进施工作业模型中，使建筑信息模型建立可以实现设备与材料管理和施工进度协同，并可追溯大型设备及构件的物流与安装信息	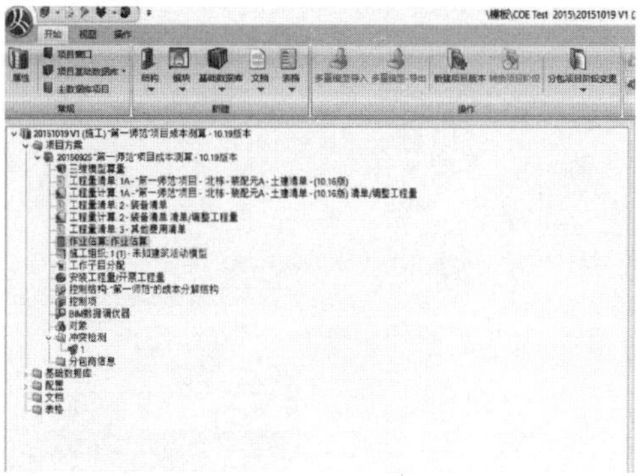
实时追踪	根据工程进度，在模型中实时输入输出相关信息。输入信息包括工程设计变更信息、施工进度变更信息等。输出信息包括所需的设备与材料信息表、已完工程消耗的设备与材料信息、下个阶段工程施工所需的设备与材料信息等。 资源管理应用点的主要工作成果应包括： (1)施工设备与材料的物流信息； (2)基于施工作业面的设备与材料表	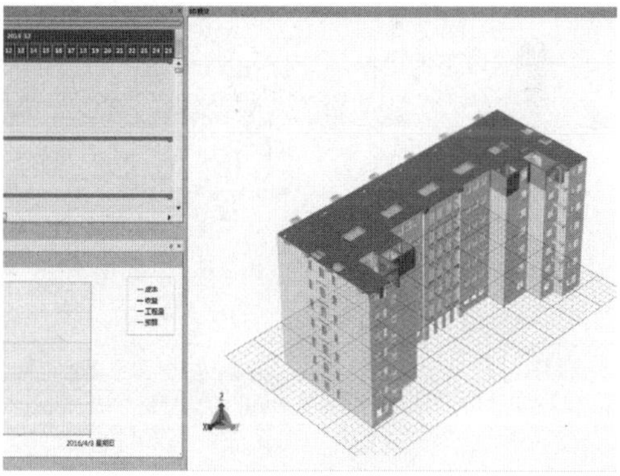

4.3.2 进度与成本管理

项目的进度与成本是项目管理中非常重要的内容。

1. 进度管理

基于 BIM 模型的进度管理，例如 Naviswork 的进度管理不能满足装配式建筑的进度要求，而 Itwo 中提供了进度与成本的管理，该节主要介绍 Itwo 在进度及成本管理方面的案例（表 4-27、图 4-24）。

进度管理流程表（基于 Itwo）　　表 4-27

步骤及内容	图示
Itwo 导入模型	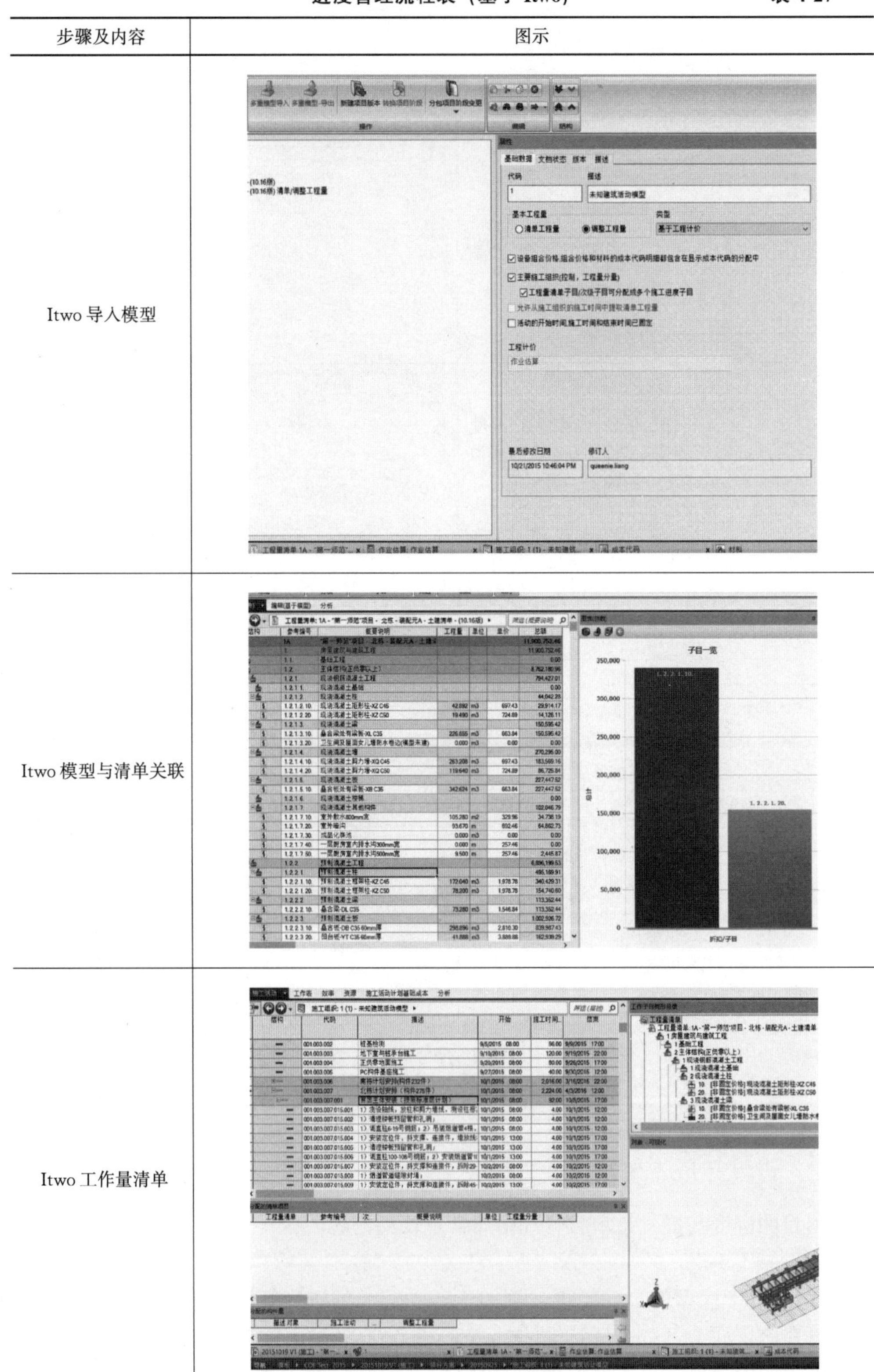
Itwo 模型与清单关联	
Itwo 工作量清单	

续表

步骤及内容	图示
进度管理关联	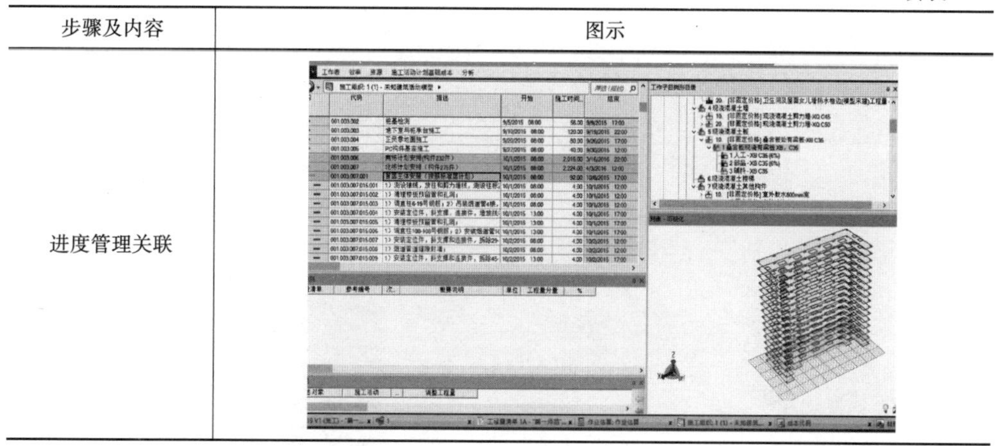

（本表来源：https：//www.itwo.com/cn/）

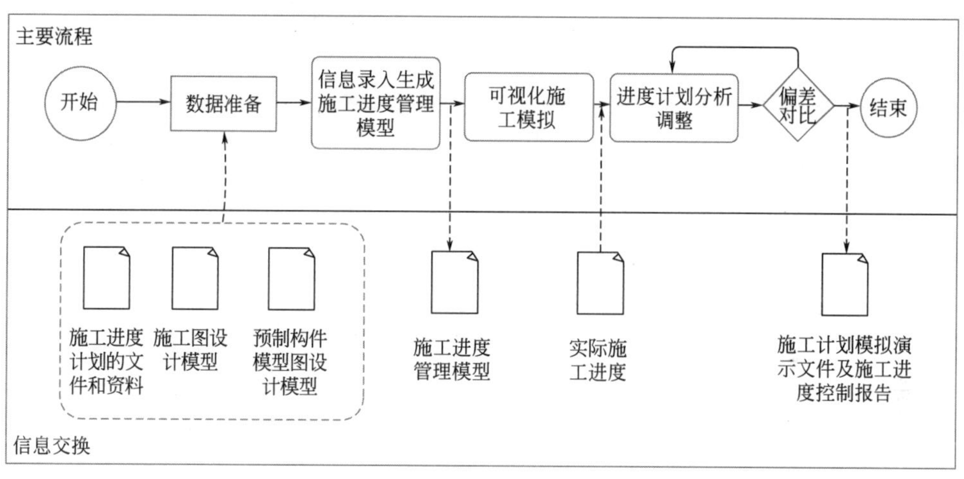

图 4-24 施工进度管理 BIM 应用操作流程

2. 成本管理

成本管理基于基础数据中企业定额库的数据，对项目过程中的成本进行管理（表 4-28～表 4-31、图 4-25）。

成本管理步骤表（基于 Itwo） **表 4-28**

步骤及内容	图示说明
调用基本定额数据	

续表

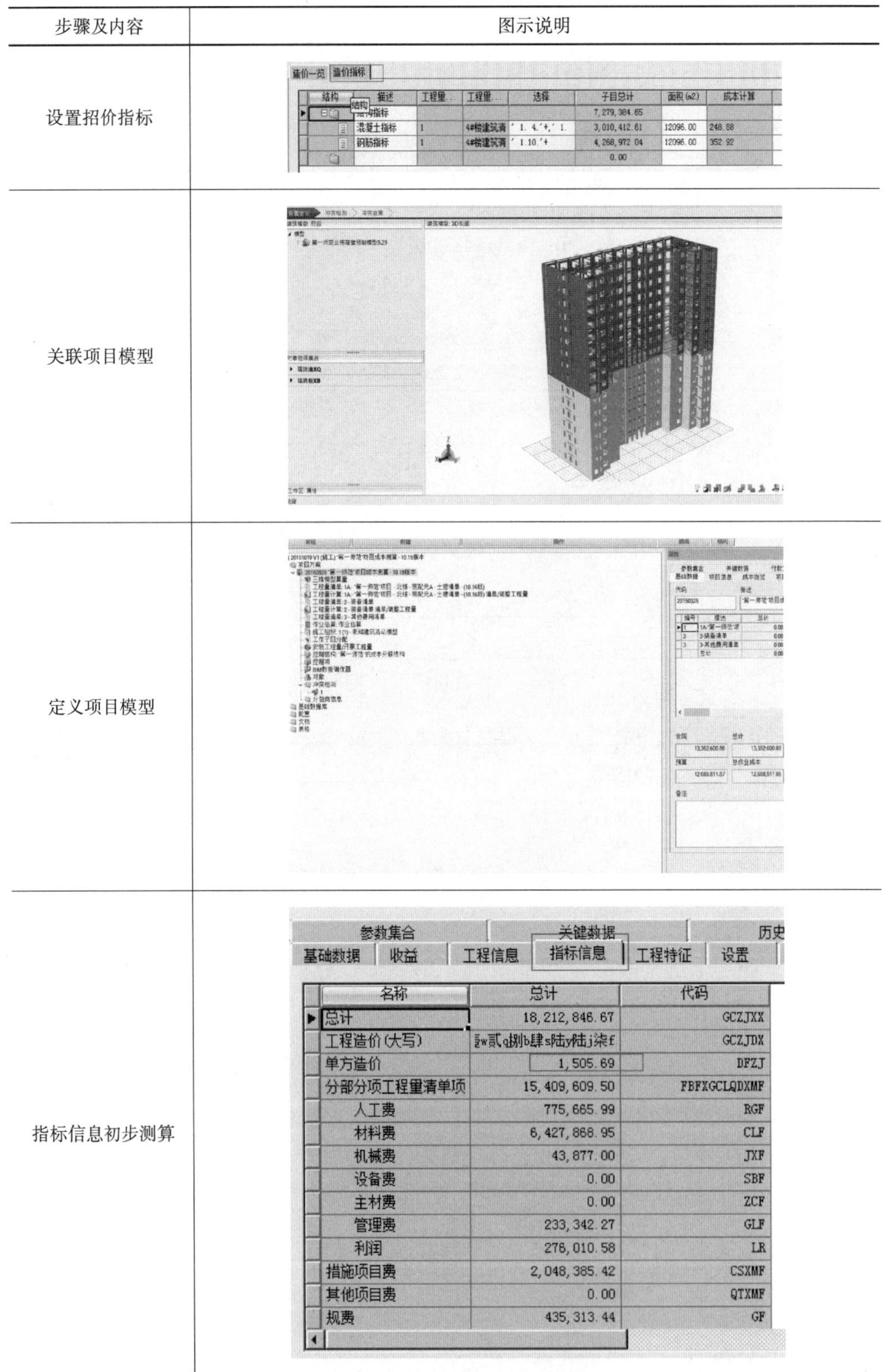

步骤及内容	图示说明
设置招价指标	
关联项目模型	
定义项目模型	
指标信息初步测算	

名称	总计	代码
总计	18,212,846.67	GCZJXX
工程造价(大写)	[illegible]w贰q捌b肆s陆y陆j柒f	GCZJDX
单方造价	1,505.69	DFZJ
分部分项工程量清单项	15,409,609.50	FBFXGCLQDXMF
人工费	775,665.99	RGF
材料费	6,427,868.95	CLF
机械费	43,877.00	JXF
设备费	0.00	SBF
主材费	0.00	ZCF
管理费	233,342.27	GLF
利润	276,010.58	LR
措施项目费	2,048,385.42	CSXMF
其他项目费	0.00	QTXMF
规费	435,313.44	GF

续表

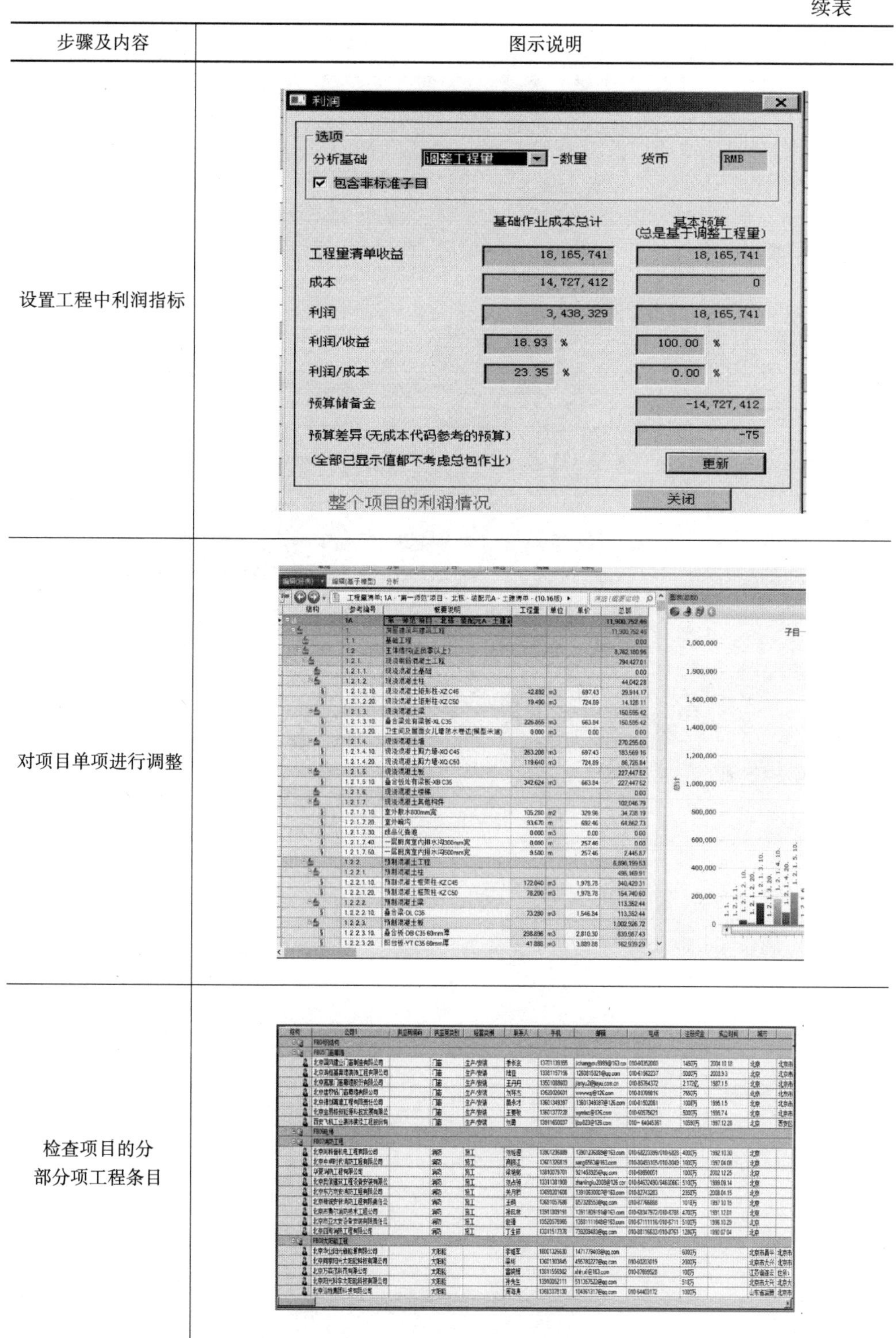

步骤及内容	图示说明
设置工程中利润指标	整个项目的利润情况
对项目单项进行调整	
检查项目的分部分项工程条目	

续表

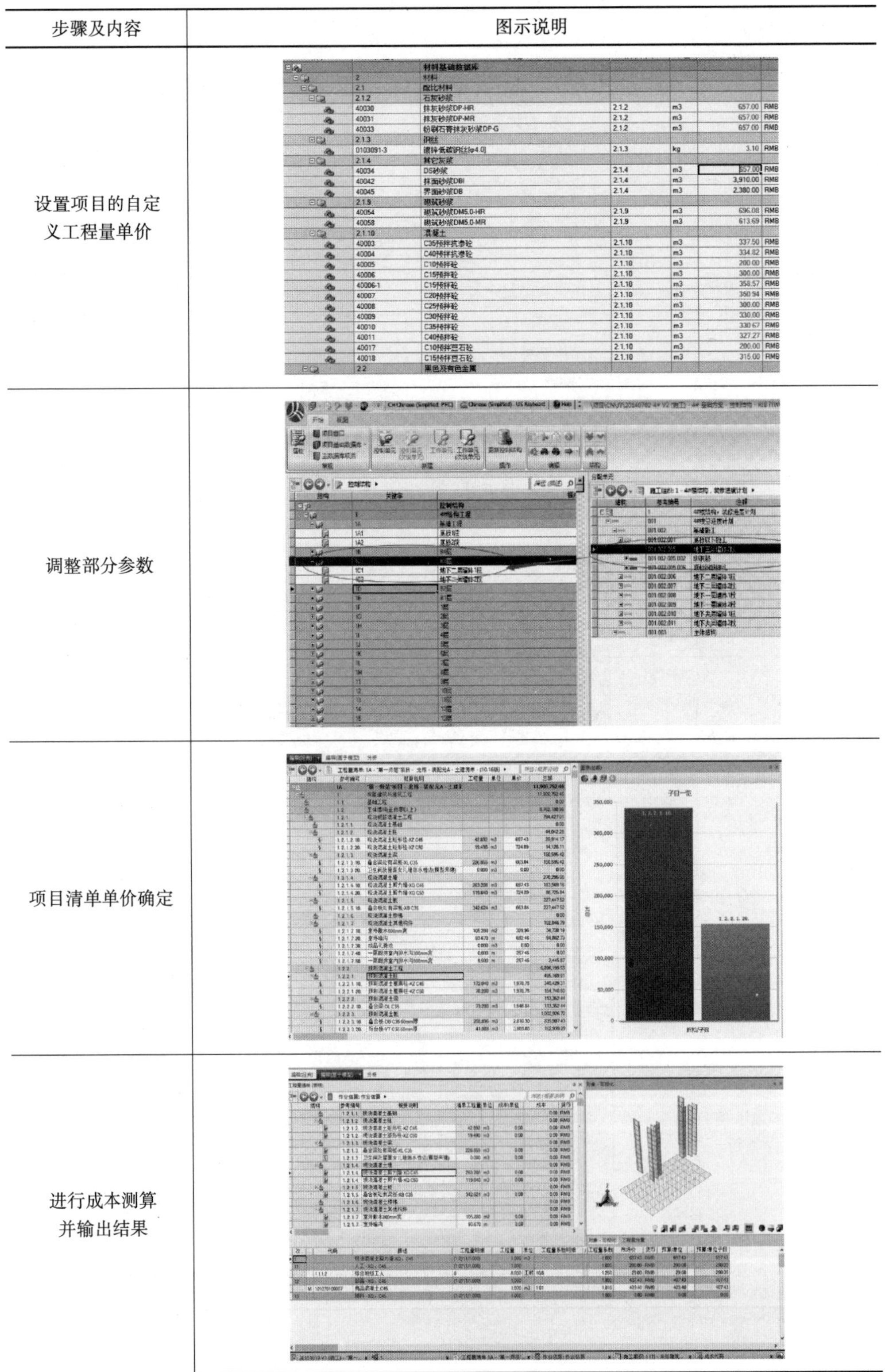

步骤及内容	图示说明
设置项目的自定义工程量单价	
调整部分参数	
项目清单单价确定	
进行成本测算并输出结果	

（本表来源：https：//www.itwo.com/cn/）

成本管理内容表 **表 4-29**

序号	工程量	序号	单价
1	清单工程量	A	综合单价
2	图纸净量	B	定额价
3	优化工程量	C	目标成本单价
4	实际用量	D	分包单价
5	进度款申请工程量		
6	分包工程量		

成本管理各项计算表 **表 4-30**

序号	数据分析单元	组合公式
1	投标报价	1×A
2	投标初始成本	1×B
3	核算总预算	2×A
4	核算初始成本	2×B
5	公司对项目的目标成本	2×C
6	预计结算最低价	3×A
7	公司自身可接受最低价	3×B
8	项目部可接受最低目标成本(对公司)	3×C
9	项目部分包目标成本	3×D
10	应收进度款	4 ×A
11	公司应分配项目部进度款	4×C
12	已消耗成本	4×D
13	进度款申请额	5×A
14	项目部自身目标成本	6×C
15	分包应收款	6×D

成本控制实施表 **表 4-31**

步骤及内容	图示说明
建立项目数据及调用基础成本和定额数据	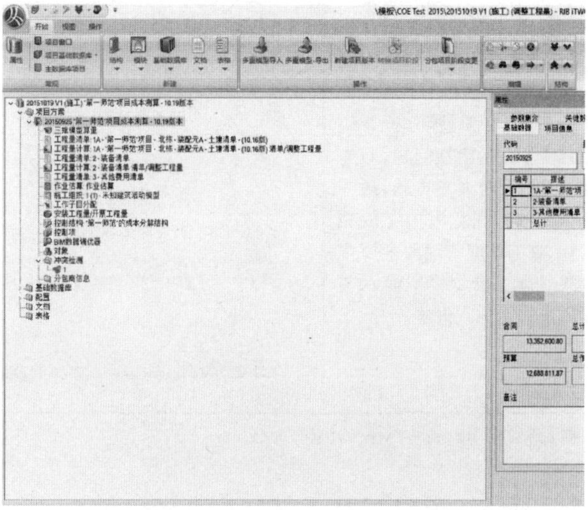

续表

步骤及内容	图示说明
成本与模型进行关联： 结合工程项目施工进度计划的文件和资料，将模型与进度计划文件整合，形成各施工时间、施工工作安排、现场施工工序完整统一，可以表现整个项目施工情况的进度计划模拟文件	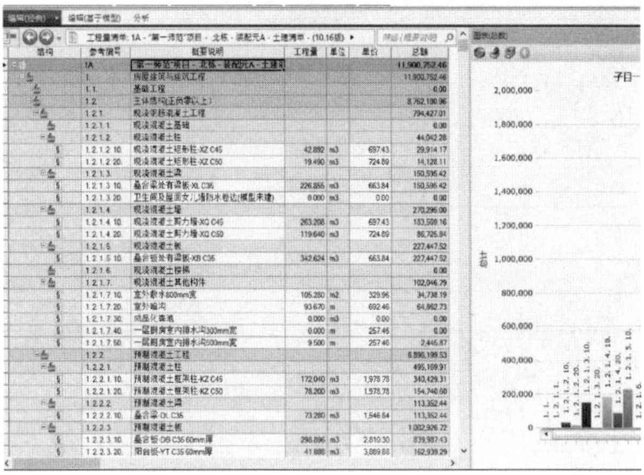
进行可视化模拟： 根据可视的施工计划文件，及时发现计划中需待完善的区域，整合各相关单位的意见和建议，对施工计划模拟进行优化、调整，形成合理、可行的整体项目施工计划方案	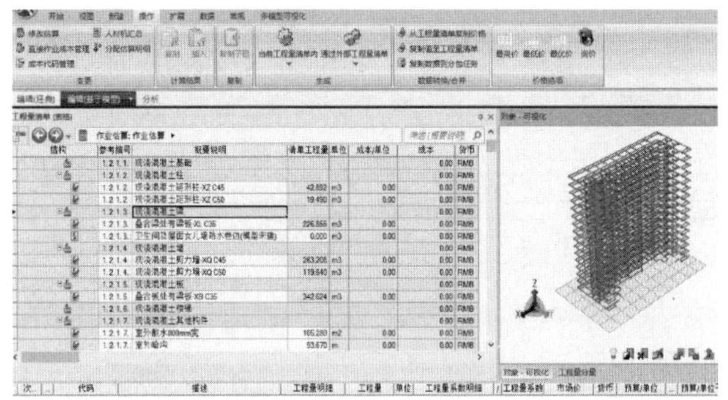
成本实时的跟踪： 在项目实施过程中，利用施工计划模拟文件指导施工中各具体工作，辅助施工管理，并不断进行实际进度与项目计划间的对比分析，如有偏差，分析并解决项目中存在的潜在问题，对施工计划进行及时调整更新，最终达到在要求时间范围内完成施工目标，施工进度管理的主要工作成果是施工计划模拟演示文件和施工进度控制报告	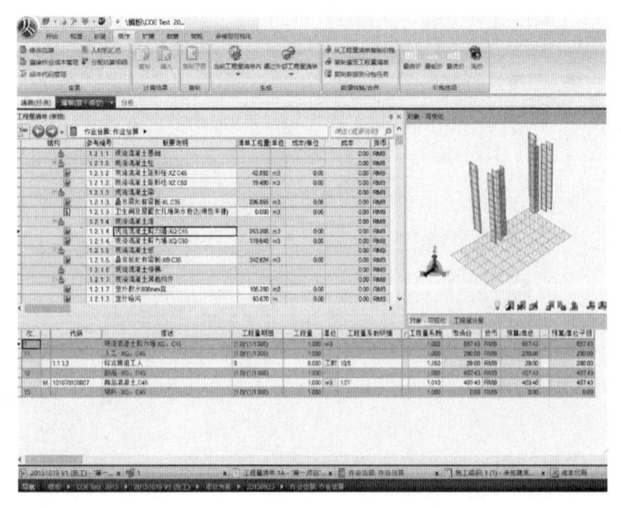

（本表来源：https：//www. itwo. com/cn/）

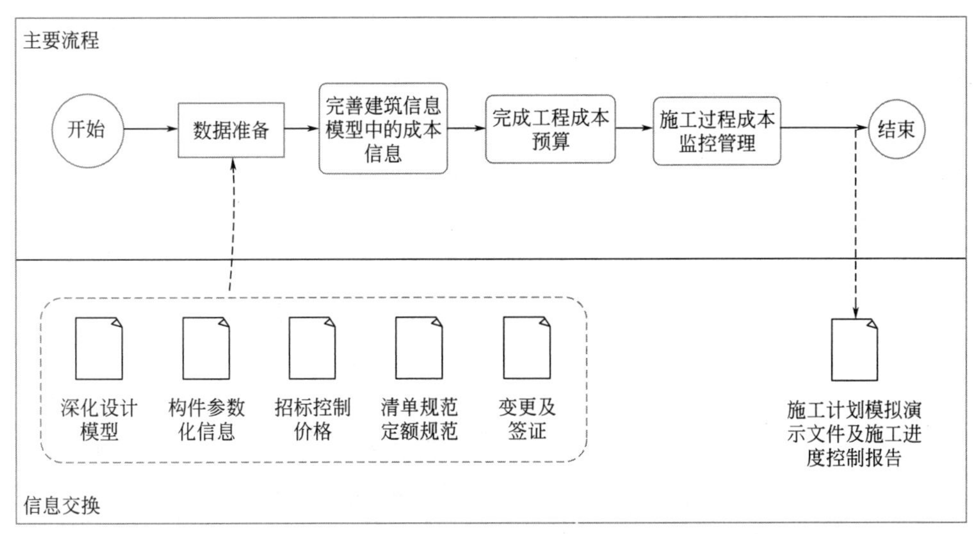

图 4-25　施工成本管理 BIM 应用操作流程图

4.3.3　安全与质量管理

基于 BIM 的安全与质量信息化管理是对施工现场重要生产要素进行可视化模拟和实时监控，通过对危险源以及质量问题的辨识和动态管理，减少并防范施工过程中的不安全行为以及质量通病（图 4-26、图 4-27）。

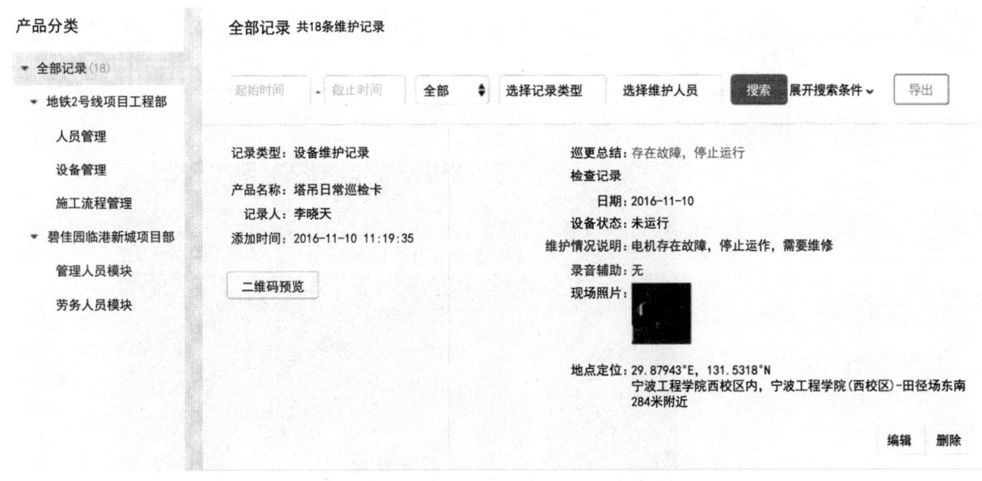

图 4-26　安全质量管理示意图

安全与质量管理是借助 BIM 平台软件，通过采用二维码的安全和质量管理模块对项目的安全与质量进行管理，实现数据交互与项目内容显示及管理的目的（表 4-32）。

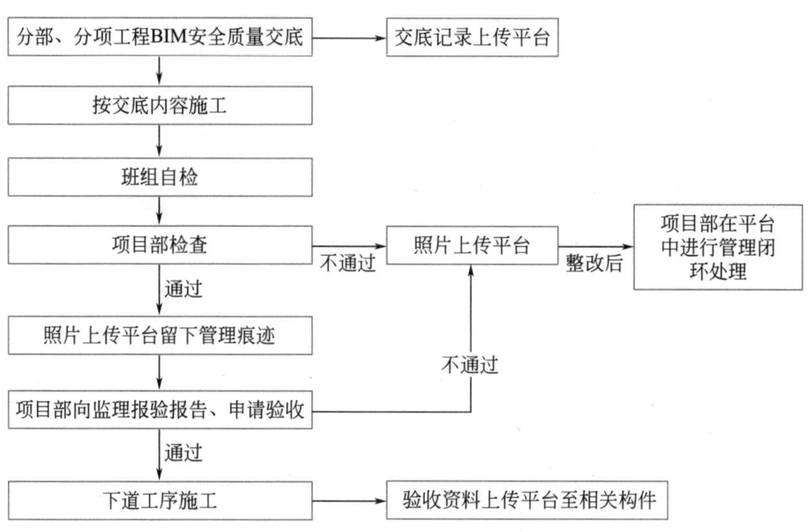

图 4-27　施工安全质量管理 BIM 应用操作流程图

安全与质量管理方法流程[4-2]　　　　**表 4-32**

步骤与内容	图示
数据调用：在前期建立的基础数据的基础上对数据进行整理并在平台上进行处理	
现场数据关联：建立设备及安全巡查二维码	

续表

步骤与内容	图示
粘贴现场二维码	
巡视记录现场扫码并进行巡查	

续表

步骤与内容	图示
现场数据汇总到平台	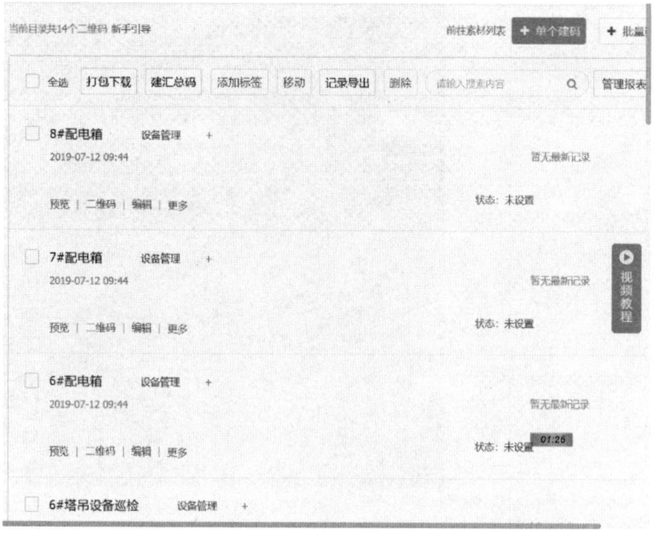 当前目录共14个二维码 新手引导　前往素材列表　+ 单个建码　+ 批量 全选　打包下载　建汇总码　添加标签　移动　记录导出　删除　请输入搜索内容　管理报表 8#配电箱　设备管理　+ 2019-07-12 09:44　暂无最新记录 预览 | 二维码 | 编辑 | 更多　状态：未设置 7#配电箱　设备管理　+ 2019-07-12 09:44　暂无最新记录 预览 | 二维码 | 编辑 | 更多　状态：未设置 6#配电箱　设备管理　+ 2019-07-12 09:44　暂无最新记录 预览 | 二维码 | 编辑 | 更多　状态：未设置 6#塔吊设备巡检　设备管理　+ 视频教程
形成管理数据链	 当前目录共7个二维码 新手引导　前往素材列表　+ 单个建码　+ 批量 全选　打包下载　建汇总码　添加标签　移动　记录导出　删除　请输入搜索内容　管理报表 叠合板吊装工艺做法　+ 2019-04-09 09:38　暂无记录模板 去添加 预览 | 二维码 | 编辑 | 更多　状态设置 预制楼梯板吊装工艺做法　+ 2019-04-09 08:30　暂无记录模板 去添加 预览 | 二维码 | 编辑 | 更多　状态设置 企业简介　+ 2019-03-05 08:55　暂无记录模板 去添加 预览 | 二维码 | 编辑 | 更多　状态设置 剪力墙钢筋绑扎工艺做法　+　暂无记录模板 视频教程
报告整理形成管理报告	名称　压缩后大小 .csv　65 汇总表2019-10-05.csv　558 脚手架安全管理.csv　1,083 临边防护安全管理.csv　834 其他安全检查.csv　989 重大危险源检查.csv　405

4.4 集成模型

进行了完整的项目设计、构件生产以及建设过程，通过模型的搭建形成了一套具备运维的信息模型。竣工模型包含了诸多内容，同时竣工模型并非是一蹴而就的，是通过项目的发展沉淀出来的，通过这样数据与模型的沉淀实现了模型的可持续发展（表 4-33）。

集成模型章节索引及描述表 **表 4-33**

三级标题		三级表格索引	具体描述
题名	概要		
4.4.1 设计模型延续	简介前端 BIM 设计阶段与 BIM 施工阶段关联关系	表 4-34 竣工模型发展过程表	介绍竣工集成模型发展的过程内容
		表 4-35 施工应用模型的需求	介绍施工 BIM 模型应用的需求内容
4.4.2 模型与信息沉淀	简介施工过程中产生的信息模型及信息沉淀情况	表 4-36 模型与信息沉淀内容表	介绍在施工实施阶段模型和信息进行累加沉淀的内容

4.4.1 设计模型延续

采用设计模型进行现场施工管理是 BIM 技术应用的重要环节。如何实现施工阶段的模型应用，需要明确设计所提供的模型的精细度要求（表 4-34、表 4-35）。

竣工模型发展过程表 **表 4-34**

过程名称	过程内容	图示说明
设计模型延续	通过前端设计模型的沿用，形成施工所需的模型及图纸信息，为施工提供基础性条件	
模型与信息沉淀	在项目实施过程中，数据和模型是在不断地变化和增加的，而这些增加的模型是通过信息的沉淀形成最终的竣工信息模型	

<table>
<caption>施工应用模型的需求[4-3]　　表 4-35</caption>
<tr><th>模型内容</th><th>需求要点</th><th>图示说明</th></tr>
<tr><td rowspan="2">构件模型</td><td>构件模型实体</td><td></td></tr>
<tr><td>构件信息数据</td><td>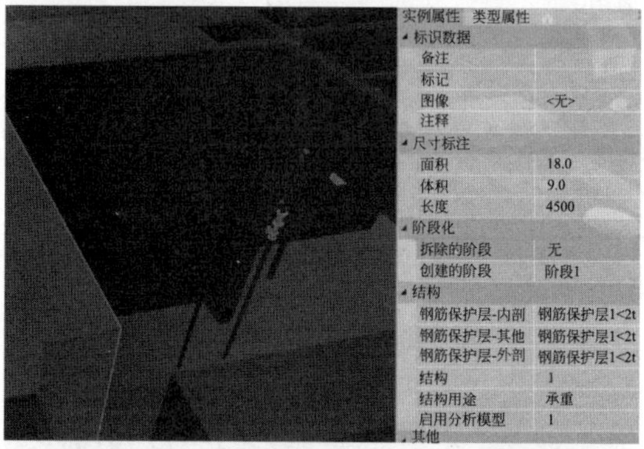
</td></tr>
<tr><td>建筑模型</td><td>建筑模型实体</td><td></td></tr>
</table>

4.4.2 模型与信息沉淀

在项目实施过程中，通过设计所提供模型的不断发展，形成了一套具备施工模型及施工信息的模型沉淀数据，此类型的模型及信息的数据为竣工模型提供基础数据，并能通过项目最终实现模型的复用，为后续运维阶段提供模型应用基础（表 4-36）。

模型与信息沉淀内容表 表 4-36

沉淀分类	内容	图示说明
模型	原始模型：施工工程的项目模型来自于前端设计模型	
	变更模型：在项目实施过程中因诸多因素会产生一些新的模型数据，需要跟原模型进行合并，并进行比对	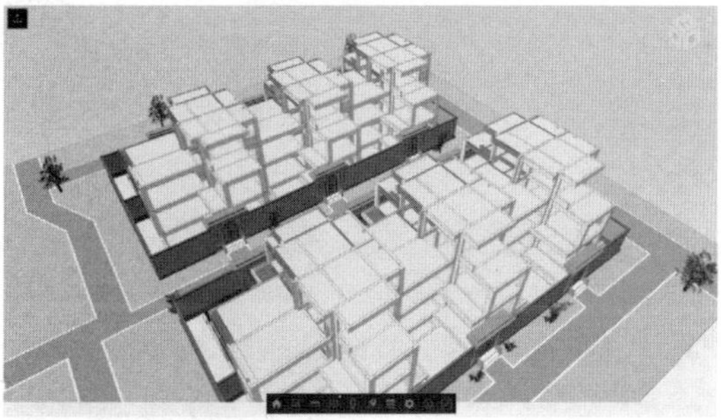
	增加模型：因现场或深化需要，增加的一些模型数据，例如，幕墙模型、脚手架等模型数据	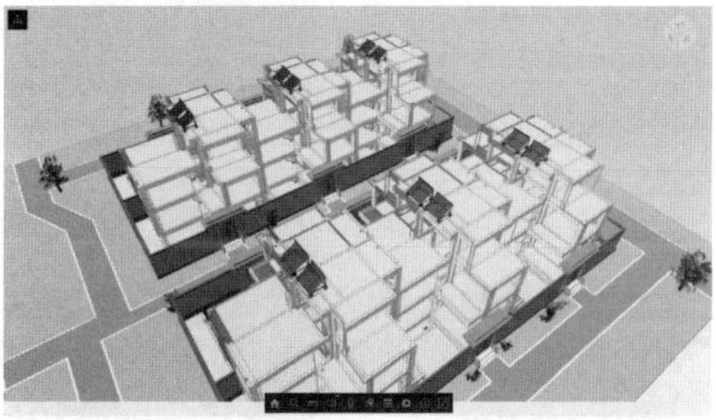
信息	原始模型信息：来自于设计前端模型的数据信息	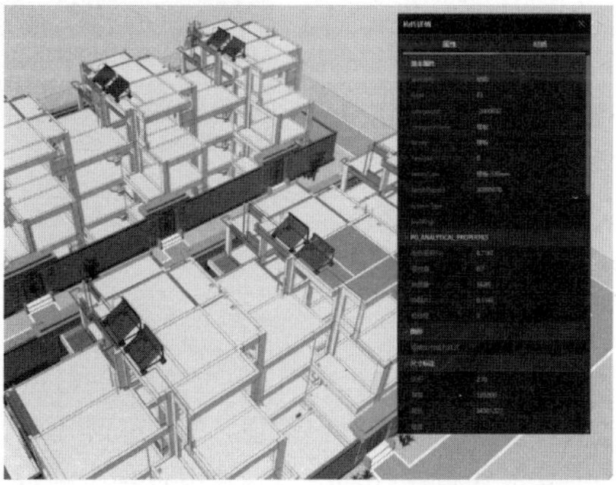

续表

沉淀分类	内容	图示说明
信息	变更信息及文档： 在项目开展过程中产生的与变更模型对应的变更信息及文档数据	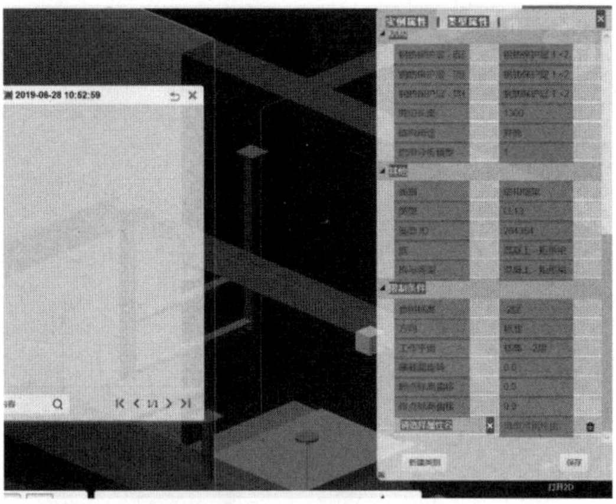
	问题发现信息： 现场在项目实施过程中，发现了问题数据，并存储在基础模型数据中	
	问题解决信息： 针对发现的问题对问题解决的过程及处理办法的数据信息	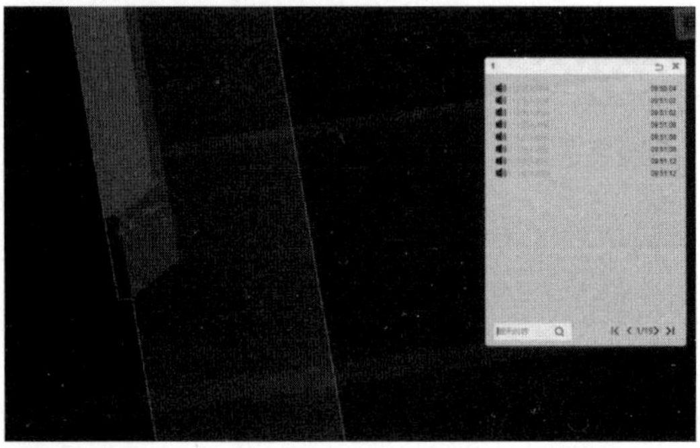

（本表图片来源：https：//bimface. com/截图）

4.5 验收管理

项目管理涉及大量的资料管理，验收管理不仅是对建筑主体所交付建筑产品的管理，还需要对建筑设计、生产、建造过程中的资料进行验收与管理。装配式建筑除了要满足现浇结构的验收要求，还需要增加一些适应于装配式建筑特点的要求，本节将进行详细介绍（表 4-37）。

验收管理章节索引及描述表 **表 4-37**

三级标题		三级表格索引	具体描述
题名	概要		
4.5.1 验收内容	明确装配式建筑验收内容	表 4-38 装配式资料验收内容表（部分）	介绍了装配式建筑资料的基本内容
		表 4-39 钢筋工程检验批质量验收记录表	对钢筋验收内容的应用表格
		表 4-40 预制构件进场检验批质量验收记录表	对预制构件进场验收内容的应用表格
		表 4-41 预制板类构件（含叠合板构件）安装检验批质量验收记录表	对预制楼板构件的质量验收应用表格
		表 4-42 预制梁、柱构件安装检验批质量验收记录表	对预制梁、柱构件的质量验收应用表格
		表 4-43 预制墙板构件安装检验批质量验收记录表	对预制墙板的质量验收应用表格
		表 4-44 预制构件节点与接缝检验批质量验收记录表	对构件节点与接缝的质量检验应用表格
4.5.2 验收资料管理	对验收过程中以及验收后的资料进行管理	表 4-45 验收资料内容（装配式建筑部分）	介绍了装配式建筑验收资料的主要内容及平台资料管理方法

4.5.1 验收内容

装配式建筑的构件验收资料主要包含三个方面：①构件生产过程中的资料；②构件运输和现场过程中的验收资料；③构件安装过程及安装完成后的验收资料，如表 4-38 所示，是部分装配式建筑资料验收内容表。

装配式资料验收内容表（部分） **表 4-38**

序号	资料名称	提供方	资料形式
1	预制构件质量证明书	工厂	纸质
2	预制构件钢筋原材检验报告	工厂	纸质
3	预制构件挤塑板检验报告	工厂	纸质
4	预制构件混凝土配合比	工厂	纸质
5	预制构件水泥检验报告	工厂	纸质
6	预制构件粉煤灰检验报告	工厂	纸质
7	预制构件砂检验报告	工厂	纸质
8	预制构件碎石检验报告	工厂	纸质
9	预制构件产品合格证	工厂	纸质
10	预制构件混凝土试块报告	工厂	纸质
11	预制楼梯型式检验报告	工厂	纸质
12	预制叠合梁型式检验报告	工厂	纸质

续表

序号	资料名称	提供方	资料形式
13	预制外挂墙板型式检验报告	工厂	纸质
14	预制构件进场验收检验批	施工方	试件
15	哈芬槽连接钢板检验报告	施工方	纸质
16	预制构件安装与连接检验批	施工方	试件
17	预制构件连接节点及叠合构件隐蔽验收记录	施工方	纸质
18	钢筋套筒灌浆接头试件	工厂	试件
19	钢筋套筒灌浆连接施工检验记录	施工方	纸质、影像、图片
20	钢筋套筒灌浆接头检验报告	工厂	纸质
21	重载试验	施工方	实验
22	重载试验检验报告	施工方	纸质

1. 装配式结构子分部工程验收时应提交下列资料和记录：

(1) 工程设计单位已确认的预制构件深化设计图、设计变更文件；

(2) 装配式结构工程施工所用各种材料及预制构件的各种相关质量证明文件；

(3) 预制构件安装施工验收记录；

(4) 钢筋套筒灌浆连接的施工检验记录；

(5) 连接构造节点的隐蔽工程检查验收文件；

(6) 后浇注节点的混凝土或灌浆浆体强度检测报告；

(7) 密封材料及接缝防水检测报告；

(8) 分项工程验收记录；

(9) 装配式结构实体检验记录；

(10) 工程的重大质量问题的处理方案和验收记录；

(11) 其他质量保证资料。

2. 装配式混凝土结构子分部工程应在安装施工过程中完成下列隐蔽项目的现场验收：

(1) 结构预埋件、钢筋接头、螺栓连接、套筒灌浆接头等；

(2) 预制构件与结构连接处钢筋及混凝土的结合面；

(3) 预制混凝土构件接缝处防水、防火做法。

3. 装配式混凝土结构子分部工程施工质量验收合格应符合下列规定：

(1) 有关分项工程施工质量验收合格；

(2) 质量控制资料完整且符合要求；

(3) 观感质量验收合格；

(4) 结构实体检验满足设计或本规程的要求。

4. 当装配式混凝土结构子分部工程施工质量不符合要求时，应按下列规定进行处理：

(1) 经返工、返修或更换构件、部件的检验批，应重新进行检验；

(2) 经有资质的检测单位检测鉴定达到设计要求的检验批，应予以验收；

（3）经有资质的检测单位检测鉴定达不到设计要求，但经原设计单位核算并确认仍可满足结构安全和使用功能的检验批，可予以验收；

（4）经返修或加固处理能够满足结构安全使用要求的分项工程，可根据技术处理方案和协商文件进行验收（表 4-39～表 4-44）。

钢筋工程检验批质量验收记录表[4-4] **表 4-39**

<table>
<tr><td colspan="4">单位(子单位)工程名称</td><td colspan="4"></td></tr>
<tr><td colspan="4">分部(子分部)工程名称</td><td colspan="2"></td><td>验收部位</td><td></td></tr>
<tr><td colspan="2">施工单位</td><td colspan="4"></td><td>项目经理</td><td></td></tr>
<tr><td colspan="4">施工执行标准名称及编号</td><td colspan="4"></td></tr>
<tr><td colspan="6">施工质量验收规程的规定</td><td>施工单位检查评定记录</td><td>监理(建设)
单位验收记录</td></tr>
<tr><td rowspan="8">主控项目</td><td>1</td><td colspan="3">钢筋和品种、级别、规格和数量</td><td></td><td></td><td></td></tr>
<tr><td rowspan="2">2</td><td rowspan="2">定位钢筋</td><td colspan="2">中心线位置(mm)</td><td>2</td><td></td><td rowspan="7"></td></tr>
<tr><td colspan="2">长度(mm)</td><td>3,0</td><td></td></tr>
<tr><td rowspan="2">3</td><td rowspan="2">安装预埋件</td><td colspan="2">中心线位置(mm)</td><td>5</td><td></td></tr>
<tr><td colspan="2">水平偏差(mm)</td><td>3,0</td><td></td></tr>
<tr><td>4</td><td>斜支撑
预埋件</td><td colspan="2">位置(mm)</td><td>±10</td><td></td></tr>
<tr><td>5</td><td>桁架钢筋</td><td colspan="2">高度(mm)</td><td>5,0</td><td></td></tr>
<tr><td>6</td><td>连接钢筋</td><td colspan="2">位置(mm)</td><td>±10</td><td></td></tr>
<tr><td rowspan="13">一般项目</td><td rowspan="2">1</td><td rowspan="2">绑扎钢筋网</td><td colspan="2">长、宽(mm)</td><td>±10</td><td></td><td rowspan="13"></td></tr>
<tr><td colspan="2">网眼尺寸(mm)</td><td>±20</td><td></td></tr>
<tr><td rowspan="2">2</td><td rowspan="2">绑扎钢筋
骨架</td><td colspan="2">长(mm)</td><td>±10</td><td></td></tr>
<tr><td colspan="2">宽、高(mm)</td><td>±5</td><td></td></tr>
<tr><td rowspan="5">3</td><td rowspan="5">受力钢筋</td><td colspan="2">间距(mm)</td><td>±10</td><td></td></tr>
<tr><td colspan="2">排距(mm)</td><td>±5</td><td></td></tr>
<tr><td rowspan="3">保护层厚度
(mm)</td><td>基础</td><td>±10</td><td></td></tr>
<tr><td>柱、梁</td><td>±5</td><td></td></tr>
<tr><td>板、墙、壳</td><td>±3</td><td></td></tr>
<tr><td>4</td><td colspan="3">绑扎箍筋、横向钢筋间距(mm)</td><td>±20</td><td></td></tr>
<tr><td>5</td><td colspan="3">钢筋弯起点位置(mm)</td><td>20</td><td></td></tr>
<tr><td rowspan="2">6</td><td rowspan="2">普通预埋件</td><td colspan="2">中心线位置(mm)</td><td>5</td><td></td></tr>
<tr><td colspan="2">水平高差(mm)</td><td>+3,0</td><td></td></tr>
<tr><td colspan="3" rowspan="3">施工单位
检查评定结果</td><td colspan="2">专业工长(施工员)</td><td></td><td>施工班组长</td><td></td></tr>
<tr><td colspan="5"></td></tr>
<tr><td colspan="2">项目专业质量检查员：</td><td></td><td colspan="2">年　月　日</td></tr>
<tr><td colspan="3" rowspan="2">监理(建设)
单位验收结论</td><td colspan="5"></td></tr>
<tr><td colspan="2">专业监理工程师
(建设单位项目专业技术负责人)：</td><td></td><td colspan="2">年　月　日</td></tr>
</table>

预制构件进场检验批质量验收记录表

表 4-40

单位(子单位)工程名称			
分部(子分部)工程名称		验收部位	
施工单位		项目经理	
施工执行标准名称及编号			

施工质量验收规程的规定					施工单位检查评定记录	监理(建设)单位验收记录
主控项目	1	预制构件合格证及质量证明文件				
	2	预制构件标识				
	3	预制构件外观严重缺陷				
	4	预制构件预留吊环、焊接埋件				
	5	预留预埋件规格、位置、数量				
	6	预留连接钢筋	中心位置(mm)	3		
			外露长度(mm)	0,5		
	7	预埋灌浆套筒	中心位置(mm)	2		
			套筒内部	未堵塞		
	8	预埋件(安装用孔洞或螺母)	中心位置(mm)	3		
			螺母内壁	未堵塞		
	9	与后浇部位模板接茬范围平整度(mm)		2		
一般项目	1	预制构件外观一般缺陷		第 9.3.7 条		
	2	长度(mm)		±3		
	3	宽度、高(厚)度		±3		
	4	预埋件	中心线位置(mm)	5		
			安装平整度(mm)	3		
	5	预留孔、槽	中心位置(mm)	5		
			尺寸(mm)	0,5		
	6	预留吊环	中心位置(mm)	5		
			外露钢筋(mm)	0,10		
	7	钢筋保护层厚度(mm)		+5,−3		
	8	表面平整度(mm)		3		
	9	预留钢筋	中心线位置(mm)	3		
			外露长度(mm)	0,5		

施工单位检查评定结果	专业工长(施工员)		施工班组长	
	项目专业质量检查员：		年 月 日	
监理(建设)单位验收结论				
	专业监理工程师(建设单位项目专业技术负责人)：		年 月 日	

预制板类构件（含叠合板构件）安装检验批质量验收记录表　　　表 4-41

<table>
<tr><td colspan="3">单位(子单位)工程名称</td><td colspan="4"></td></tr>
<tr><td colspan="3">分部(子分部)工程名称</td><td colspan="2"></td><td>验收部位</td><td></td></tr>
<tr><td colspan="3">施工单位</td><td colspan="2"></td><td>项目经理</td><td></td></tr>
<tr><td colspan="3">施工执行标准名称及编号</td><td colspan="4"></td></tr>
<tr><td colspan="4">施工质量验收规程的规定</td><td colspan="2">施工单位检查评定记录</td><td>监理(建设)单位验收记录</td></tr>
<tr><td rowspan="3">主控项目</td><td>1</td><td>预制构件安装临时固定措施</td><td></td><td colspan="2"></td><td rowspan="9"></td></tr>
<tr><td>2</td><td>预制构件螺栓连接</td><td></td><td colspan="2"></td></tr>
<tr><td>3</td><td>预制构件焊接连接</td><td></td><td colspan="2"></td></tr>
<tr><td rowspan="6">一般项目</td><td>1</td><td>预制构件水平位置偏差(mm)</td><td>5</td><td colspan="2"></td></tr>
<tr><td>2</td><td>预制构件标高偏差(mm)</td><td>±3</td><td colspan="2"></td></tr>
<tr><td>3</td><td>预制构件垂直度偏差(mm)</td><td>3</td><td colspan="2"></td></tr>
<tr><td>4</td><td>相邻构件高低差(mm)</td><td>3</td><td colspan="2"></td></tr>
<tr><td>5</td><td>相邻构件平整度(mm)</td><td>4</td><td colspan="2"></td></tr>
<tr><td>6</td><td>板叠合面</td><td>未损害、无浮灰</td><td colspan="2"></td></tr>
<tr><td rowspan="3" colspan="2">施工单位
检查评定结果</td><td>专业工长(施工员)</td><td colspan="2"></td><td>施工班组长</td><td></td></tr>
<tr><td colspan="5"></td></tr>
<tr><td>项目专业质量检查员：</td><td colspan="2"></td><td colspan="2">年　月　日</td></tr>
<tr><td rowspan="2" colspan="2">监理(建设)
单位验收结论</td><td colspan="5"></td></tr>
<tr><td>专业监理工程师
(建设单位项目专业技术负责人)：</td><td colspan="2"></td><td colspan="2">年　月　日</td></tr>
</table>

预制梁、柱构件安装检验批质量验收记录表[4-5] **表 4-42**

单位(子单位)工程名称			
分部(子分部)工程名称		验收部位	
施工单位		项目经理	
施工执行标准名称及编号			

施工质量验收规程的规定				施工单位检查评定记录	监理(建设)单位验收记录
主控项目	1	预制构件安装临时固定措施			
	2	预制构件螺栓连接			
	3	预制构件焊接连接			
	4	套筒灌浆机械接头力学性能			
	5	套筒灌浆接头灌浆料配合比			
	6	套筒灌浆接头灌浆饱满度			
	7	套筒灌浆料同条件试块强度			
一般项目	1	预制柱水平位置偏差(mm)	5		
	2	预制柱标高偏差(mm)	3		
	3	预制柱垂直度偏差(mm)	3 或 H/1000 的较小值		
	4	建筑全高垂直度(mm)	H/2000		
	5	预制梁水平位置偏差(mm)	5		
	6	预制梁标高偏差(mm)	3		
	7	梁叠合面	未损害、无浮灰		

施工单位检查评定结果	专业工长(施工员)		施工班组长	
	项目专业质量检查员：		年 月 日	
监理(建设)单位验收结论				
	专业监理工程师 (建设单位项目专业技术负责人)：		年 月 日	

预制墙板构件安装检验批质量验收记录表 **表 4-43**

单位(子单位)工程名称					
分部(子分部)工程名称			验收部位		
施工单位			项目经理		
施工执行标准名称及编号					
施工质量验收规程的规定				施工单位检查评定记录	监理(建设)单位验收记录
主控项目	1	预制构件安装临时固定措施			
	2	预制构件螺栓连接			
	3	预制构件焊接连接			
	4	套筒灌浆机械接头力学性能			
	5	套筒灌浆接头灌浆料配合比			
	6	套筒灌浆接头灌浆饱满度			
	7	套筒灌浆料同条件试块强度			
一般项目	1	单块墙板水平位置偏差(mm)	5		
	2	单块墙板顶标高偏差(mm)	±3		
	3	单块墙板垂直度偏差(mm)	3		
	4	相邻墙板高低差(mm)	2		
	5	相邻墙板拼缝空腔构造偏差(mm)	±3		
	6	相邻墙板平整度偏差(mm)	4		
	7	建筑物全高垂直度(mm)	H/2000		

施工单位检查评定结果	专业工长(施工员)		施工班组长	
	项目专业质量检查员：		年 月 日	
监理(建设)单位验收结论				
	专业监理工程师 (建设单位项目专业技术负责人)：		年 月 日	

预制构件节点与接缝检验批质量验收记录表 **表 4-44**

单位(子单位)工程名称					
分部(子分部)工程名称				验收部位	
施工单位				项目经理	
施工执行标准名称及编号					
施工质量验收规程的规定				施工单位检查评定记录	监理(建设)单位验收记录
主控项目	1	预制构件与模板间密封			
	2	防水材料质量证明文件及复试报告			
	3	密封胶打注			
一般项目	1	防水节点基层			
	2	密封胶胶缝			
	3	防水胶带粘接面积、搭接长度			
	4	防水节点空腔排水构造			
施工单位检查评定结果	专业工长(施工员)			施工班组长	
	项目专业质量检查员:			年 月 日	
监理(建设)单位验收结论					
	专业监理工程师 (建设单位项目专业技术负责人):			年 月 日	

这些验收表格在信息化平台中是以表单的形式表达，但同时相关纸质文件还需要扫描上传以供资料备查。

下节详细介绍上述资料在装配式建筑验收管理中的信息化管理方式及步骤。

4.5.2 验收资料管理

验收资料主要包含技术交底、安全资料、实测实量、装配式构件资料、质量管理资料、设备管理等（表 4-45）。

验收资料内容（装配式建筑部分）　　表 4-45

资料名称	资料内容	图示说明
技术交底	技术交底过程及其中形成的资料	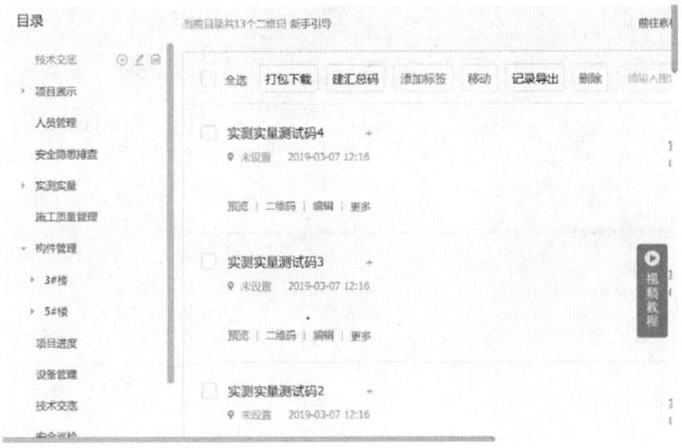
安全资料	隐患排查资料	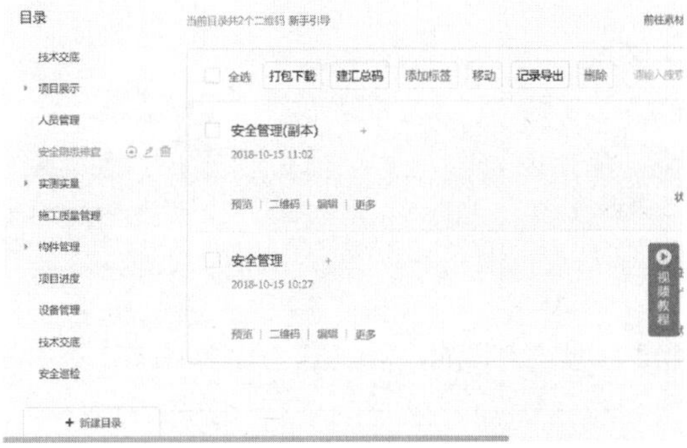
	安全巡检	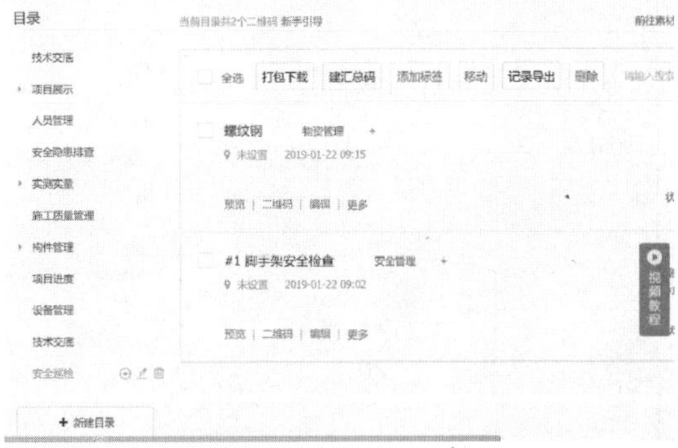
质量管理	实测实量资料	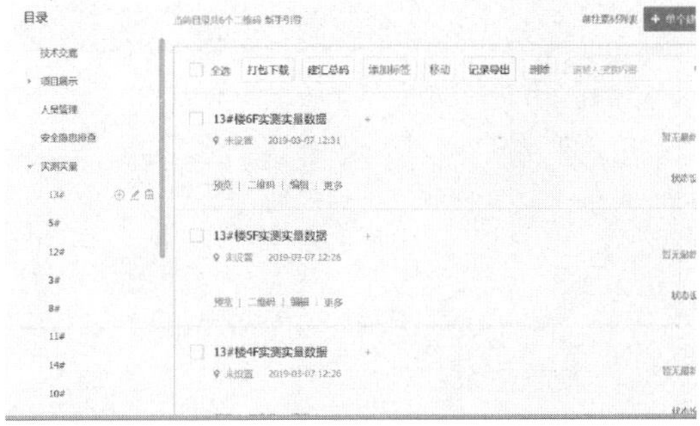

续表

资料名称	资料内容	图示说明
质量管理	施工质量管理	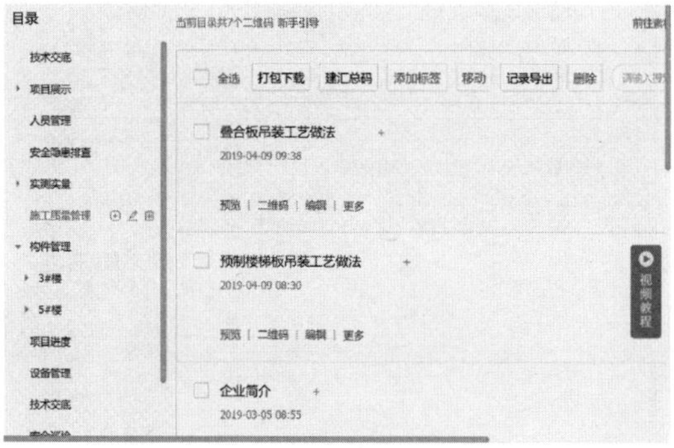
装配式构件资料	构件进场检查	
	构件安装资料	
	连接节点资料	

续表

资料名称	资料内容	图示说明
设备管理资料	设备类进场、使用、巡检等资料	

4.6 施工阶段范例展示

本章节选择两个典型案例对 BIM 技术在装配式建筑施工管理阶段的应用进行详细说明（表 4-46）。

施工阶段范例展示章节索引及描述表　　表 4-46

三级标题		三级表格索引	具体描述
题名	概要		
4.6.1　南京市栖霞区丁家庄二期保障性住房 A27 地块项目	介绍 A27 地块项目 BIM 技术在施工阶段应用案例	表 4-47　丁家庄保障性住房 A27 地块项目施工阶段 BIM 应用情况汇总表	项目信息收集(项目规模、各楼层高、层数、预制装配率、预制构件类型等)
4.6.2　苏州昆山开放大学项目	介绍苏州昆山开放大学项目 BIM 技术在施工阶段应用案例	表 4-48　项目预制概况表	项目信息收集(项目规模、各楼层高、层数、预制装配率、预制构件类型等)
		表 4-49　预制构件示意表	介绍该项目用到的预制构件类型
		表 4-50　专业协同设计 BIM 应用分类表	介绍该项目 BIM 技术应用专业分类内容
		表 4-51　拆分考虑因素表	介绍该项目在构件工艺设计中考虑的内容
		表 4-52　BOM 用途分类表	介绍该项目 BOM 应用情况
		表 4-53　物料统计概况表	介绍该项目物料统计内容
		表 4-54　BIM 在装配式进度管理中的优势	分析 BIM 技术在装配式进度管理中的优势
		表 4-55　二维码＋BIM 构件管理阶段表	分析二维码＋BIM 技术管理构件的流程
		表 4-56　基于 BIM 的装配式现场施工措施深化应用表	介绍 BIM 在现场应用情况
		表 4-57　基于 BIM 的装配式管理平台应用分类表	介绍 BIM 平台在该项目的应用情况

4.6.1 南京市栖霞区丁家庄二期保障性住房 A27 地块项目

项目 BIM 应用情况汇总如表 4-47 所示。

丁家庄保障性住房 A27 地块项目施工阶段 BIM 应用情况汇总表　　表 4-47

实施阶段	应用分项	详细描述
施工阶段	应用目标	进入施工阶段，借助 BIM 模型为业主、施工单位解决各项施工问题，施工安装完成后，对预制构件的追踪与监管暂时告一段落，及时向平台上传构件信息
	应用内容	(1)根据 BIM 模型与进度计划或施工方案集成应用，对施工进度与施工方案进行 4D 模拟，提供施工决策依据，优化资源配置； (2)基于 BIM 模型，进行工程量统计，快速生成相关数据统计表并做出成本核算，为工程预决算提供数据支持； (3)预制构件施工安装完成后，扫描构件二维码并上传构件状态信息
	相关成果	构件安装完成后，使用平台手机 APP，扫码并上传构件“安装完成”状态信息  

续表

实施阶段	应用分项	详细描述
施工阶段	相关成果	 

4.6.2 苏州昆山开放大学项目

1. 工程概况及特点

本项目位于昆山市高新区苏州绕城高速东线西侧，总面积 163347.75m^2，包含 4 栋装配式公寓（图 4-28），本手册主要介绍的是这 4 栋装配式公寓的 BIM 应用。

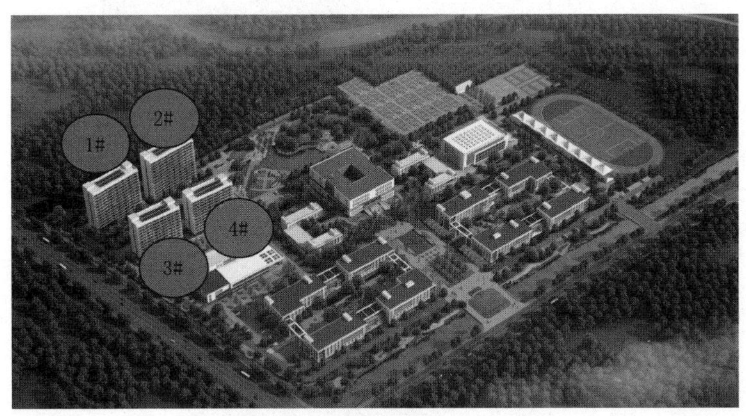

图 4-28 项目所处位置示意图

本项目是苏州地区第一个装配式项目，设计和施工难度大。且项目预制构件标准化程度低、型号多、模具数量多，所以对于整个项目无论是前期构件深化还是过程中的生产、运输、安装都是一个考验（表4-48）。

项目预制概况表 **表4-48**

楼号	层高	层数	预制装配率(%)	建筑高度(m)
1号	3.6	15	29.5%	54.65
2号	3.6	15	29.5%	54.65
3号	3.6	13	28.1%	47.55
4号	3.6	13	28.1%	47.55

预制构件类型包括预制夹心保温外墙板、预制外叶墙板、预制叠合楼板(60mm)、预制楼梯（表4-49），预制墙从2层起到屋面层，预制楼板和楼梯从2层起分别到13层、15层。

预制构件示意表 **表4-49**

构件类型	图示
预制夹心保温外墙板	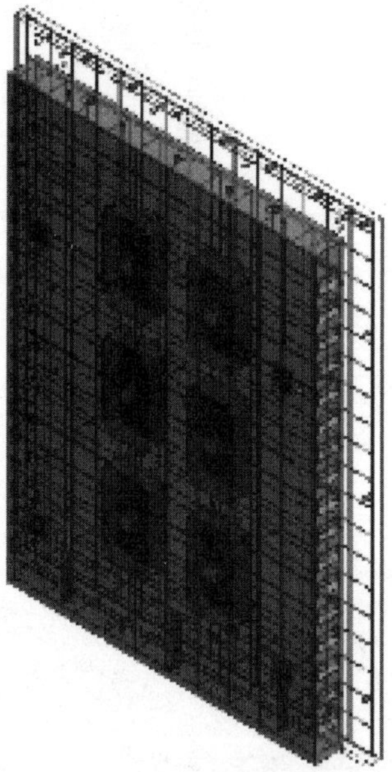
预制叠合楼板(60mm)	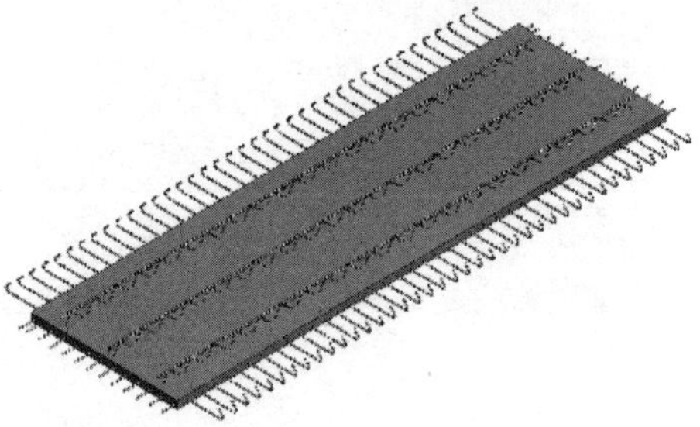

续表

构件类型	图示
预制外叶墙板	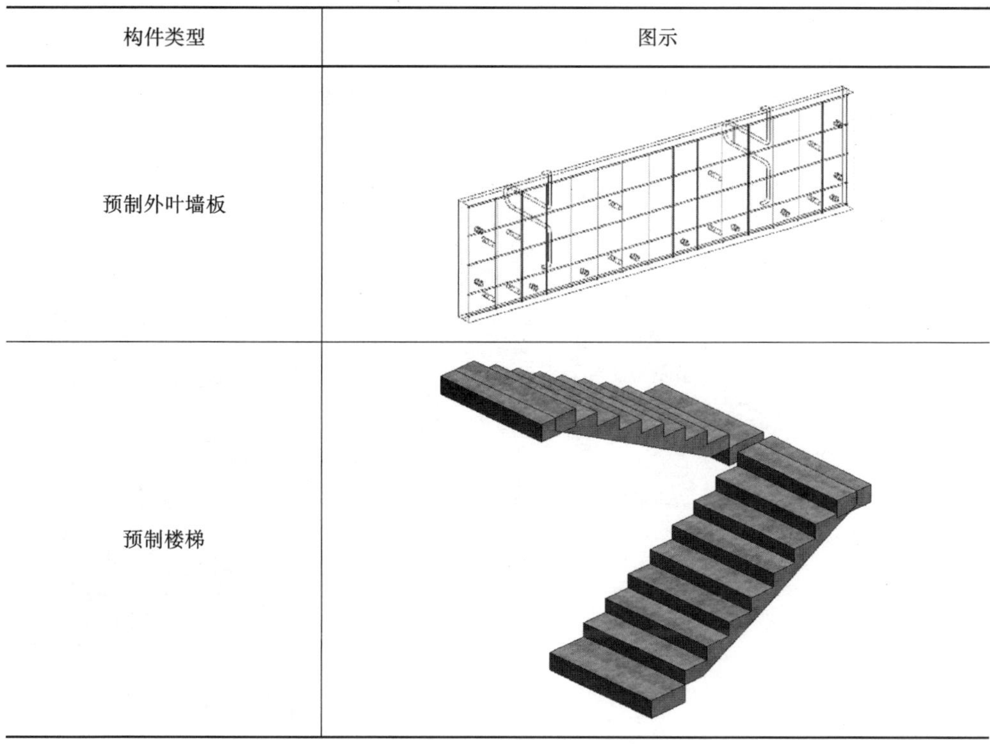
预制楼梯	

预制墙采用钢筋浆锚连接，拼缝防水采用外侧打胶（材料防水），内侧铝板（构造防水）的形式。

而 BIM 的核心就是基于三维可视化下的数据互通与工作协同，如果能够加以运用，必将成为装配式项目的助推剂（表 4-50）。

专业协同设计 BIM 应用分类表　　表 4-50

序号	设计阶段	BIM 应用点	具体内容	图片示意
1	方案设计	建筑方案可视化设计	建筑专业可在三维设计软件中开展不同建筑方案的比选	

续表

序号	设计阶段	BIM应用点	具体内容	图片示意
2	方案设计	经济算量分析	利用BIM算量功能对不同方案设计模型进行成本对比分析，找出成本最优方案	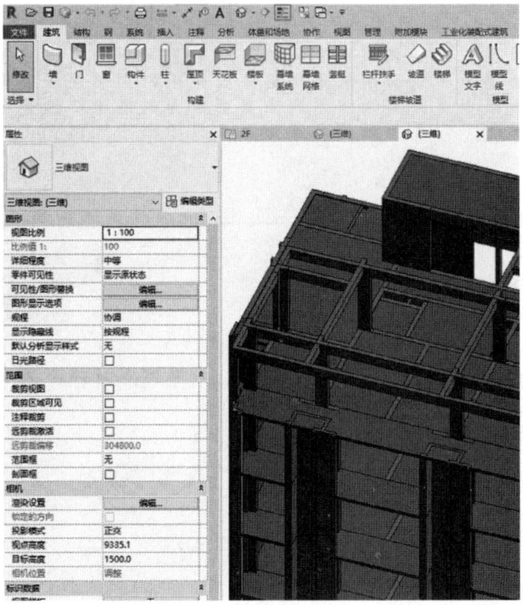
3		预制率估算分析	在BIM模型中读取相关信息及数据，进行预制率估算	预制率统计表（见下表）
4		性能化模拟	建筑专业可在初版BIM模型中开展场地环境、日照、采光和室内通风等性能设计，最终确定最优方案	

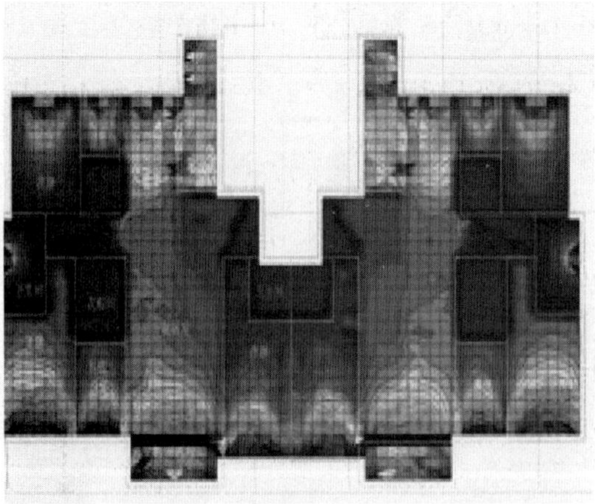

预制率统计表

技术配置选项	体积(m^3)	对应现浇体积(m^3)	对应部分总体积(m^3)
预制梁	289.3916	286.0829	575.4745
预制叠合楼板	176.8872	401.5836	578.4708
预制柱	0	268.472	268.472
预制楼梯	0	100.7682	100.7682
合计	466.2788	1056.9067	1523.1855
预制率(%)		30.61%	

续表

序号	设计阶段	BIM应用点	具体内容	图片示意
5	初步设计	连接节点三维分析及辅助设计	利用模型三维可视化选择合理的节点连接方式	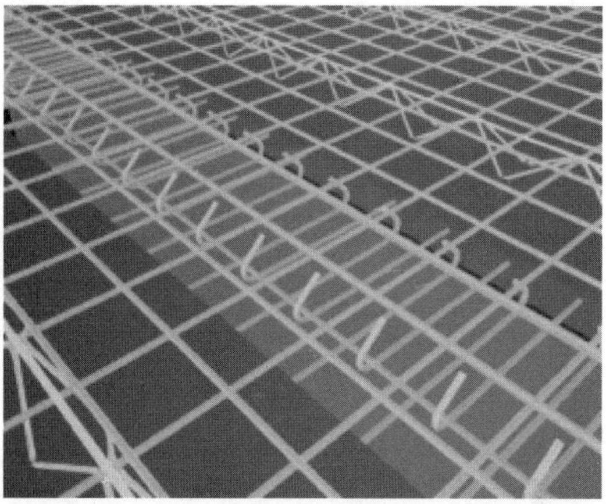
6		管线碰撞初步检查	进行初步的模型碰撞检查，辅助前期优化设计	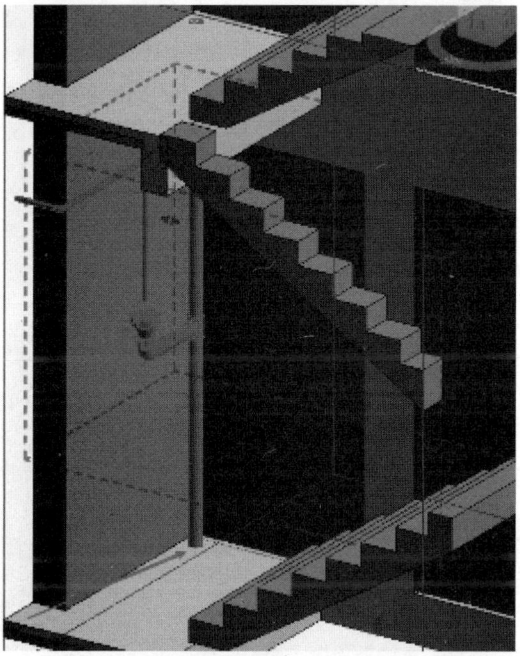
7	施工图设计	管线综合设计及净空检查	在保证净空的前提下对管线进行综合优化	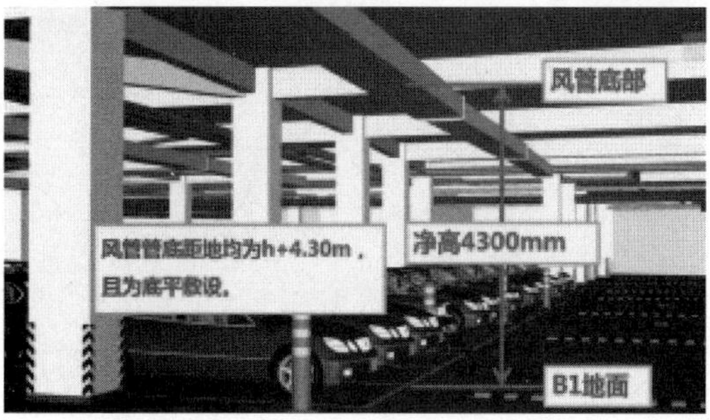

续表

序号	设计阶段	BIM应用点	具体内容	图片示意
8	施工图设计	构件深化设计	考虑到专业间协同，在模型中完成各类构件的模板、钢筋、预埋件等深化工作	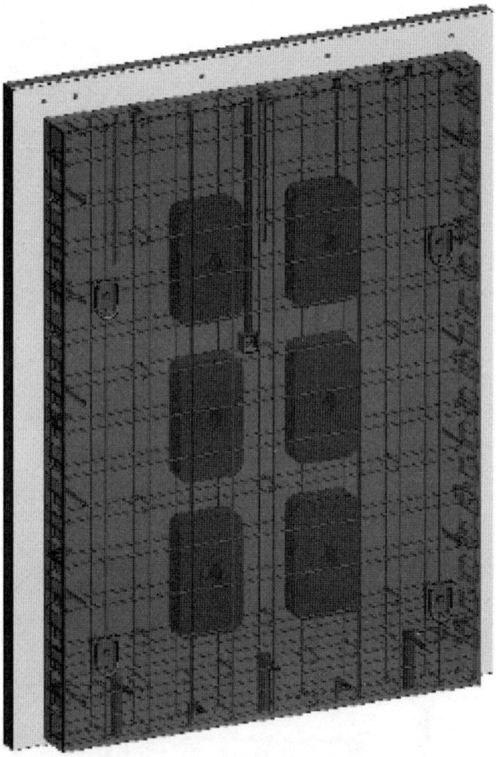
9		构件预拼装	完成的构件在模型中进行预拼装，发现安装施工中存在的问题	
10		构件物料统计	利用BIM模型对项目工程量进行精确统计	（见下表）

构件编号	物料编码	物料名称	物料规格	单位	数量
LBX0101	101090900016	桁架钢筋	筋，A80，上8mm，下8mm，腹杆6mm，	米	3.12
LBX0101	101090900016	桁架钢筋	筋，A80，上8mm，下8mm，腹杆6mm，	米	3.12
LBX0101	101090900016	桁架钢筋	筋，A80，上8mm，下8mm，腹杆6mm，	米	3.12
LBX0101	101090900016	桁架钢筋	筋，A80，上8mm，下8mm，腹杆6mm，	米	3.12
LBX0101	101090300003	热轧带肋钢筋	热轧带肋钢筋，HRB400 C8mm	千克	1.4
LBX0101	101090300003	热轧带肋钢筋	热轧带肋钢筋，HRB400 C8mm	千克	1.4
LBX0101	101090300003	热轧带肋钢筋	热轧带肋钢筋，HRB400 C8mm	千克	1.4
LBX0101	101090300003	热轧带肋钢筋	热轧带肋钢筋，HRB400 C8mm	千克	1.4
LBX0101	101090300003	热轧带肋钢筋	热轧带肋钢筋，HRB400 C8mm	千克	1.4
LBX0101	101090300003	热轧带肋钢筋	热轧带肋钢筋，HRB400 C8mm	千克	1.4
LBX0101	101090300003	热轧带肋钢筋	热轧带肋钢筋，HRB400 C8mm	千克	1.4
LBX0101	101090300003	热轧带肋钢筋	热轧带肋钢筋，HRB400 C8mm	千克	1.4
LBX0101	101090300003	热轧带肋钢筋	热轧带肋钢筋，HRB400 C8mm	千克	1.4
LBX0101	101090300003	热轧带肋钢筋	热轧带肋钢筋，HRB400 C8mm	千克	1.4
LBX0101	101090300003	热轧带肋钢筋	热轧带肋钢筋，HRB400 C8mm	千克	1.4
LBX0101	101090300003	热轧带肋钢筋	热轧带肋钢筋，HRB400 C8mm	千克	1.4
LBX0101	101090300003	热轧带肋钢筋	热轧带肋钢筋，HRB400 C8mm	千克	1.4
LBX0101	101090300003	热轧带肋钢筋	热轧带肋钢筋，HRB400 C8mm	千克	0.97
LBX0101	101090300003	热轧带肋钢筋	热轧带肋钢筋，HRB400 C8mm	千克	0.97

构件深化设计是在建筑结构图纸基础上的二次设计。根据工程结构特点、预制率要求和建筑结构图，本项目在前期装配式技术策划中已经运用了 BIM 建模，通过模型把整个拆分形式模拟出来，在外立面上对建筑外立面装饰线条进行修正，保证拆分效果与建筑立面效果一致，前期技术策划的成熟考虑会使后期项目的运作更顺利（表 4-51、图 4-29、图 4-30）。

拆分考虑因素表 **表 4-51**

序号	拆分考虑因素	具体内容
1	各地政策对项目构件预制率的要求等	按照项目相关审批文件规定的预制率等指标要求，确定结构的装配式方案，确定预制构件的范围，如除叠合楼板、预制阳台空调板、预制楼梯外，是否采用预制竖向受力构件
2	考虑结构受力影响	预制构件应避开规范规定的现浇区域、拆分应考虑结构的合理性；接缝应位于受力较小的部位
3	考虑节点连接方式	确定预制构件的截面形式、连接位置及连接方式
4	标准化及成本因素	尽可能地统一同类构件的规格，减少构件的种类
5	考虑施工安装的因素	相邻构件的拆分应考虑相互的协调：如叠合楼板与支承楼板的预制墙板应考虑施工的可行与协调等
6	考虑运输及吊装的因素	考虑起重设备的能力因素、运输尺寸限制

图 4-29 装配式公寓楼模型展示

从传统的现浇施工转型到工厂制造，整个施工环境、工序、设备都发生了变化，对物料的统计也进入了一个新的高度。在制造环境中，不同的系统和部门将 BOM 表（物料清单）加入到它们的工作流中去，每个系统和部门都从 BOM 表中获取特定的数据（表 4-52、表 4-53）。

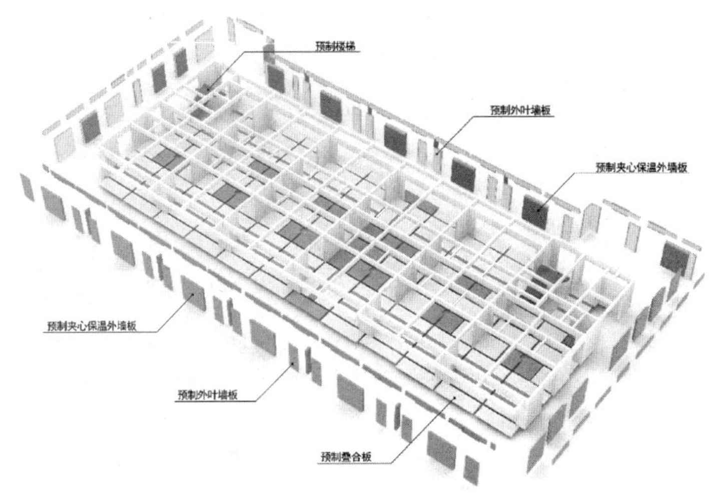

图 4-30　三维拆分图

BOM 用途分类表　　　**表 4-52**

序号	BOM 用户	BOM 用途
1	设计部	当某个零件更替，或者产品体系发生变化，设计部需要在模型中输入或者更改相应信息，只有得到这些信息，才能对 BOM 表进行重新定义，修改
2	技术质量部	对设计部移交的 BOM 表进行修改和完善，作为 BOM 表的中间传递者
3	资采计划部	资采计划部通过 BOM 制定生产原材料、配件等物资的采购计划，确保各种物资供应及时
4	生产部	生产部通过 BOM 表来制定工厂生产计划，优化资源配置，提高生产效率，是 BOM 表的主要使用单位
5	实验室	根据项目 BOM 表对原材料进行送检，根据混凝土强度出配比单
6	营销部	利用 BOM 表可进行快速的项目报价
7	成本核算部	利用 BOM 表中每个外购件或自制件的实时成本来确定最终产品的成本

物料统计概况表　　　**表 4-53**

序号	统计类别	统计内容
1	PC 构件	数量、尺寸、重量、体积、构件编号
2	混凝土	强度等级、方量
3	钢筋	长度、数量、规格、大样等
4	机电预埋	线盒型号、线盒数量、线管管径、线管长度、线槽规格、线槽数量等
5	辅材	脱模套筒型号数量、灌浆套筒型号数量、吊钉型号数量、斜撑数量等

基于 BIM 模型的物料统计比传统人工统计从效率和准确率上都有明显提高，但是对模型的精细度和准确率也提出了新的要求，生成的 BOM 清单将直接影响整个项目的生产和利润。

本项目配合构件厂通过 BIM 模型对构件物料进行统计，减少了构件厂生产部人员的大量统计时间。

构件深化模型完成后，导入三维模具深化软件进行模具的深化设计，最后出具模具深化图，用于模具生产加工（图 4-31～图 4-33）。

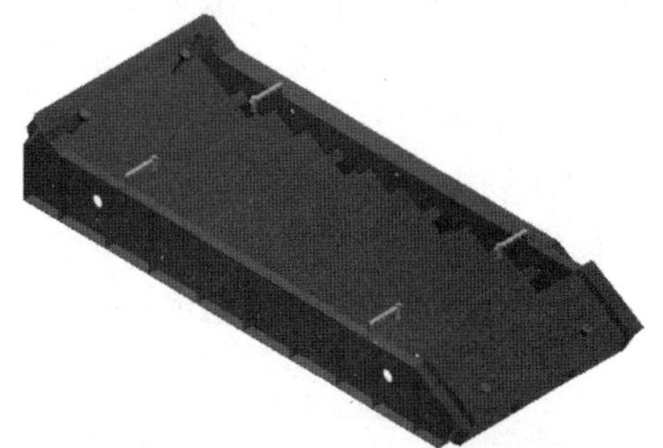

图 4-31　预制楼梯模具模型

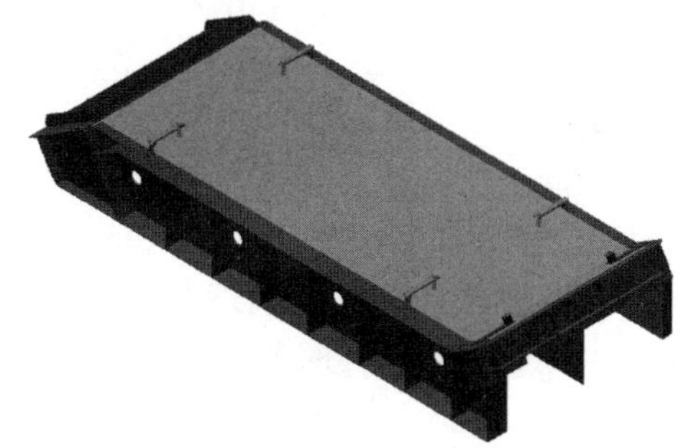

图 4-32　预制楼梯模具详图

图 4-33　预制楼梯脱模

工程项目能否在合同规定的时间内交付使用，直接关系整个项目的经济效益。对于传统现浇施工而言，由于现场施工环境的影响，项目进度比较难以把控，需根据整个项目的关键节点进行工作面的划分、组织工序穿插，找出项目的关键路线，对项目进行整体把控，前期编制的进度计划，在实际计划实施过程中，由于很多不可控因素，往往达不到预期目标。

预制装配式混凝土结构施工，部分构件在工厂生产，不受现场环境等因素的影响，但是多了运输、吊装、灌浆等环节，且需要和现浇施工进行工序上的衔接和穿插，难度反而有所提高，过程中应当严格按照工序执行全装配结构的施工进度计划，过程中不断对进度进行检视和纠偏，否则会由于塔吊占用、构件生产脱节、返厂等问题，使整个项目进度严重滞后（表 4-54）。

BIM 在装配式进度管理中的优势　　表 4-54

序号	优点	具体内容
1	完整的建筑信息模块	BIM 技术在装配式进度管理中将所有参与者信息均进行融合，在项目的设计之初就确保
2	加强团队的协同性	BIM 技术建立一个可供所有参建单位进行交流和协作的平台，通过模型协调不同专业间工作面的问题
3	简化进度表达方式	利用施工模拟及平台二维码管理对构件整体进行把控，更加形象具体

本项目利用BIM技术结合二维码技术，通过在预制构件生产的过程中将二维码与构件质检表单进行绑定，仓管人员和物流人员（出厂时与货单绑定）可以通过手机APP直接读取预制构件的相关信息，实现电子信息的自动对照，减少在传统的人工验收和物流模式下出现的构件堆放位置偏差、验收数量偏差、出入库记录不准确等问题的产生，可以明显地节约时间和成本。在信息传递部分，二维码相对于传统的一维码（条形码）更有优势，主要体现为信息承载量大、通用性高。在装配式项目施工阶段，施工管理人员利用二维码技术直接调出预制构件的参数信息，例如CAD图纸、技术交底等，并且可以直接定位构件在模型中的位置，现场人员可以通过这项技术对预制构件的安装位置等必要项目进行检验，提高预制构件安装过程中的安装效率和管理水平（表4-55、表4-56）。

二维码＋BIM构件管理阶段表 **表4-55**

序号	阶段	管理形式	图片示意
1	待生产	构件模型导入，图纸及二维码批量关联，供货计划录入，供货时间确定	
2	生产中	生产计划确认，生产任务与模型构件和二维码关联	

续表

序号	阶段	管理形式	图片示意
3	已浇筑	构件二维码粘贴，生产环节扫码确认	
4	已入库	将堆场分区后对应生成二维码，构件入库同时扫库位码和构件码	
5	已发货	发货计划确认，二维码绑定构件发货单，构件装车发货即扫码	

成品发货单

苏州嘉盛万城建筑工业有限公司

项目名称	太仓市E17-3号地块项目		
客户名称	浙江舜江建设集团有限公司		
联系人	王利江	联系电话	13285105516
发货日期	2019-11-06	运输车号	
运输人		联系电话	
运送地址	江苏省苏州市太仓市娄东街道兴业南路176		
发货总量	总数量 26 片	总方量：11.233 m³	总重量 28.082 T
备注	11.6早上6点必须到		

发货单号
太仓25

#	构件编号	构件类型	楼栋/楼层	方量	重量	尺寸-长	尺寸-宽	尺寸-高	砼标号	数量	发货库位
1	PCB2-b	叠合板	19# / 11F	0.388584	0.97146	2570	2520	60	C30	1	4A-005
2	PCB4-a	叠合板	19# / 11F	0.509184	1.27296	2720	3120	60	C30	1	4A-005
3	PCB5-a	叠合板	19# / 11F	0.587124	1.46781	2820	3470	60	C30	1	4A-005
4	PCB5-b	叠合板	19# / 11F	0.587124	1.46781	2820	3470	60	C30	1	4A-005
5	PCB5-c	叠合板	19# / 11F	0.587124	1.46781	2820	3470	60	C30	1	4A-005
6	PCB5-d	叠合板	19# / 11F	0.587124	1.46781	2820	3470	60	C30	1	4A-005
7	PCB2-a	叠合板	19# / 11F	0.388584	0.97146	2570	2520	60	C30	1	6A-001
8	PCB2-c	叠合板	19# / 11F	0.388584	0.97146	2570	2520	60	C30	1	6A-001
9	PCB2-d	叠合板	19# / 11F	0.388584	0.97146	2570	2520	60	C30	1	6A-001
10	PCB4-b	叠合板	19# / 11F	0.509184	1.27296	2720	3120	60	C30	1	6A-001
11	PCB4-c	叠合板	19# / 11F	0.509184	1.27296	2720	3120	60	C30	1	6A-001

续表

序号	阶段	管理形式	图片示意
6	已入场	构件进场即扫发货单上二维码确认，将不合规构件进行返厂处理	
7	已吊装	吊装前扫构件二维码后进行吊装	 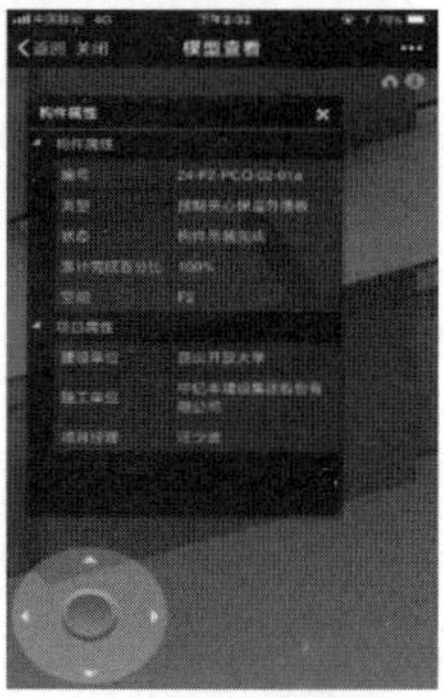
8	已验收	验收完成后扫对应构件二维码完成闭环管理，如有不合格构件同步拍照关联构件模型	

基于 BIM 的装配式现场施工措施深化应用表　　表 4-56

序号	应用点	具体内容	图片示意
1	堆场深化	根据待堆放构件的堆放需求，建立虚拟堆场及货架，在构件存放至堆场后记录构件存放信息，根据所述存放信息以及预录入的待堆放构件信息，将所述待堆放构件显示于所述虚拟堆场和所述虚拟货架	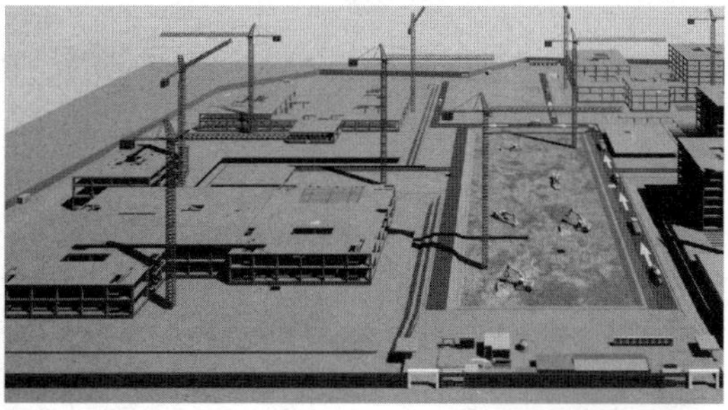
2	运输路线深化	按照所述待堆放构件的装配顺序，制定构件装车计划，根据各个类型的所述待堆放构件的装配时间、堆场资源及产能，进行时间维度规划，合理确定运输路线及运输节拍	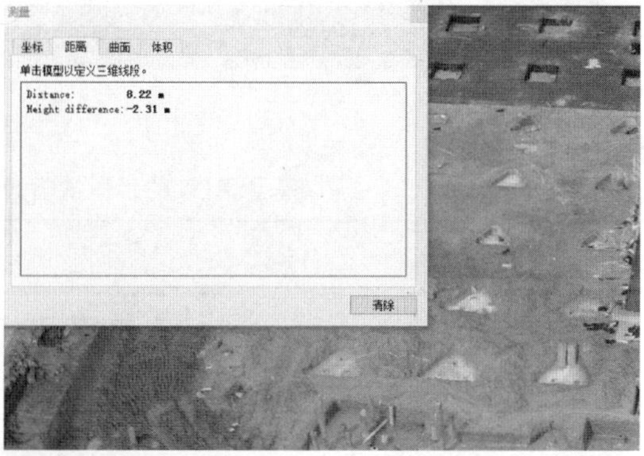
3	塔吊深化	塔吊布置需要满足塔吊拆除要求、满足构件吊运要求和满足施工进度要求。通过塔吊模型放置的形式，得出最优塔吊位置，确保吊力最优化	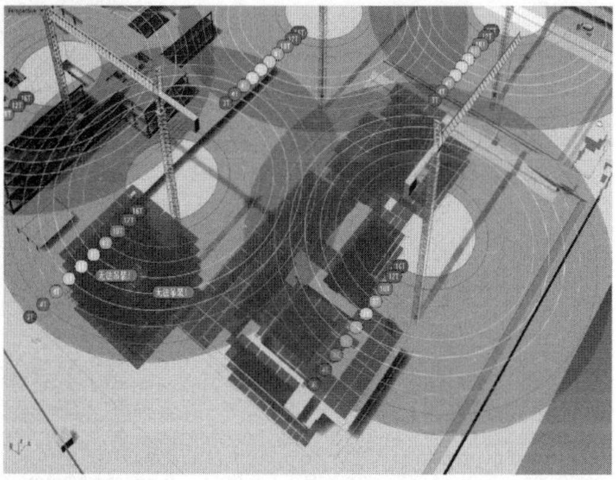
4	电梯及外脚手架深化	利用模型对施工电梯位置进行优化，在外墙预制构件预留电梯及外脚手架的扶墙点位	

装配式施工相对于传统现浇施工多了构件吊装等施工工序的穿插，本项目针对标准层施工及楼梯间预制楼梯的吊装都进行了施工模拟和吊装交底（图 4-34，楼梯吊装三维交底），确保现场施工的合理、高效（表 4-57）。

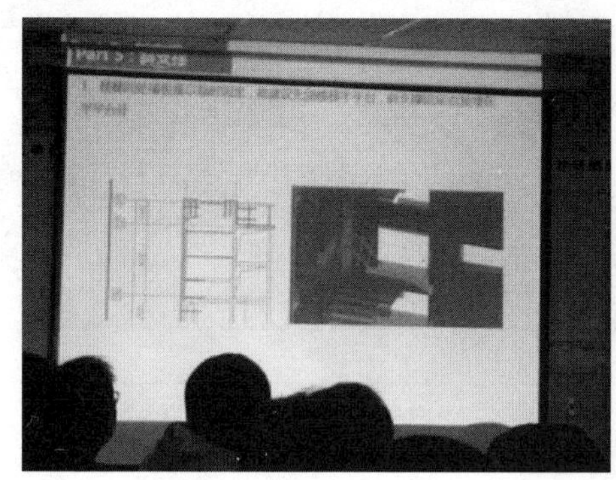

图 4-34　楼梯吊装三维交底

基于 BIM 的装配式管理平台应用分类表　　**表 4-57**

序号	技术应用点	具体内容	图片示意
1	基于 BIM 平台的全流程协同管理	在平台中各方人员从设计到施工的全流程协同，保证 BIM 数据的延展性和一致性	
2	基于 BIM 平台的安全质量管理	自动实现手机和电脑数据同步，以文档图钉的形式在模型中展现现场和理想情况，协助生产人员对质量安全问题进行直观管理	

续表

序号	技术应用点	具体内容	图片示意
3	基于 BIM 平台的进度管理	利用平台关联模型及装配式构件,对现场进度进行监控和管理	
4	基于 BIM 平台的资料管理	在平台上进行资料的上传、归类、下载,保证了项目资料的唯一性	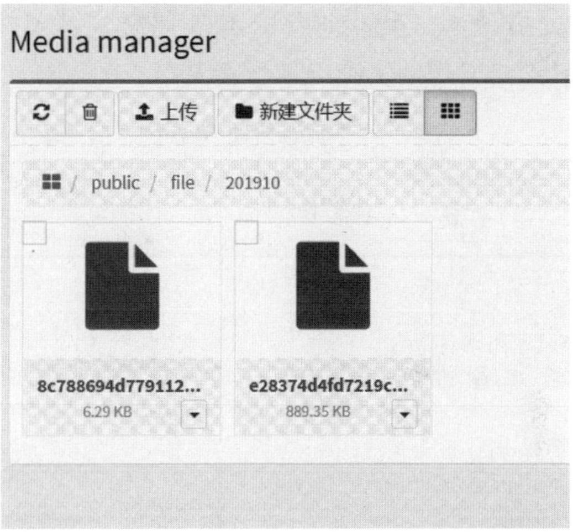

4.7 本章小结

本章节是对 BIM 技术在施工阶段应用的操作方法进行介绍。主要从施工组织设计的数据基础、计划管理以及装配程序设计开始进行 BIM 在施工阶段的应用进行阐述。施工阶段 BIM 技术应用分为 BIM 设计软件应用及 BIM 平台软件应用，因此在本章节中，通过组织与设计的 BIM 软件为现场提供可迭代的模型及信息基础，再通过 BIM 平台进行项目各分项的管理，最终实现提供高质量的集成模型以及为后续项目交付运营的运维系统提供基础。

第五章　运维阶段 BIM 技术应用

【章节导读】

运维阶段的 BIM 技术应用是将传统运维功能和实施方式从二维层面向三维层面转换，将采集到的数据经过处理后，与三维模型构件相关联，通过可视化的展示实现智慧运维。本章列举了 BIM 运维管理平台的基本条件，阐述了运维模型获取的途径和标准。各类运维功能在三维可视化场景下的实现方式与传统的运作方式进行了对比与分析。依据 BIM 运维流程的顺序，对数据的采集技术指标、模型的轻量化处理、BIM 运维平台的功能模块进行了规定和描述。阐述了建筑智能化系统（IBMS）架构，提出将其运用到 BIM 运维系统的方法。最后通过两个案例展现了 BIM 运维管理的实施场景（表 5-1）。

运维阶段 BIM 技术应用章节框架索引及概要表　　　表 5-1

二级标题		二级表格索引	三级标题		三级表格索引
题名	概要		题名	概要	
5.1　BIM 运维管理基础条件	明确 BIM 运维管理的基础组成条件		5.1.1　BIM 运维模型	制定运维模型标准及要求	表 5-2　BIM 运维模型核查汇总表
					表 5-3　BIM 运维模型核查操作表
			5.1.2　BIM 运维管理系统架构	制定运维平台各层级架构及内容	表 5-4　BIM 运维管理系统架构
5.2　BIM 运维管理平台	阐述 BIM 运维管理平台的价值，提出其实现方法和内容	表 5.2　BIM 运维管理平台章节索引及描述表	5.2.1　需求分析	通过对比传统运维和 BIM 运维内容，说明 BIM 运维价值	表 5-6　BIM 运维需求分析表
			5.2.2　数据采集	制定数据采集指标的特征及要求	表 5-7　数据采集技术指标表
			5.2.3　模型轻量化处理	规定平台常用的数据格式，提出模型轻量化处理方法以及轻量化模型转变为 BIM 运维模型的方式	表 5-8　常用数据格式汇总表
					表 5-9　模型轻量化处理方法
			5.2.4　BIM 运维管理平台功能模块	制定运维基本功能模块及其实现场景与内容	表 5-10　BIM 运维基本功能模块及内容

续表

<table>
<tr><th colspan="2">二级标题</th><th rowspan="2">二级表格索引</th><th colspan="2">三级标题</th><th rowspan="2">三级表格索引</th></tr>
<tr><th>题名</th><th>概要</th><th>题名</th><th>概要</th></tr>
<tr><td colspan="2" rowspan="2">5.3 BIM运维管理平台与IBMS系统
制定IBMS系统架构，并提出和BIM技术相结合实现BIM运维管理的路径</td><td rowspan="2">表5.3 BIM运维管理平台与IBMS系统章节索引及描述表</td><td colspan="2">5.3.1 IBMS系统架构制定运维基本功能模块及其实现场景、内容</td><td>表5-12 IBMS系统架构</td></tr>
<tr><td colspan="2">5.3.2 基于BIM技术的IBMS智能化管理系统应用流程，阐述IBMS系统架构，提出将IBMS系统运用到BIM系统的方法</td><td></td></tr>
<tr><td colspan="2" rowspan="2">5.4 BIM运维案例展示
结合案例展示BIM运维管理平台的实践情况</td><td rowspan="2"></td><td colspan="2" rowspan="2"></td><td>表5-13 深圳国际会展中心项目运维阶段BIM应用情况汇总表</td></tr>
<tr><td>表5-14 江北新区服务贸易创新发展大厦项目运维阶段BIM应用情况汇总表</td></tr>
</table>

5.1 BIM运维管理基础条件

BIM运维的基础条件包括了三维模型及运维管理系统的架构组成。其中BIM三维模型应承接设计、生产及施工阶段的模型数据，并对其进行针对运维需求的检查和修改[5-1]，从而达到BIM模型数据从设计阶段到运维阶段的流转，实现BIM的核心价值。

5.1.1 BIM运维模型制作

BIM运维模型应根据项目运维的具体需求，对设计、生产及施工阶段使用的BIM模型进行核查和处理，具体核查内容和基本要求如表5-2、表5-3所示。

BIM运维模型核查汇总表 **表5-2**

<table>
<tr><th colspan="3">合标基本检查</th></tr>
<tr><td rowspan="6">项目基本设定核查</td><td rowspan="2">拆分逻辑</td><td>按专业拆分</td></tr>
<tr><td>按楼层拆分</td></tr>
<tr><td>测量点与项目基点各专业对应</td><td>需提供各个展馆的正确点位</td></tr>
<tr><td rowspan="2">机电专业BIM模型必须包含所有管线系统</td><td>项目浏览器、系统浏览器、过滤器核查</td></tr>
<tr><td>机电连接总文件，明细表统计是否包含所有涉及新系统类别</td></tr>
<tr><td colspan="2">机电BIM模型必须包含满足涉及需求的管段尺寸设定</td></tr>
</table>

续表

<table>
<tr><th colspan="3">合标基本检查</th></tr>
<tr><td rowspan="5">项目完整性核查</td><td colspan="2">BIM模型必须包含所有定义的轴网，且应在各平面视图中正确显示</td></tr>
<tr><td>BIM模型必须包含所有定义的楼层</td><td>不允许出现跨楼层构件</td></tr>
<tr><td rowspan="2">BIM模型中必须包含完整的房间定义</td><td>族构件需添加房间计算点</td></tr>
<tr><td>防火分区平面图</td></tr>
<tr><td>BIM模型中必须包含项目的材质做法</td><td>材质库</td></tr>
<tr><td rowspan="8">建模规范性要求</td><td rowspan="3">构件应使用正确的对象创建</td><td>构件应有规范的统一的族类别，同一构件不得使用三类及三类以上的族类别创建</td></tr>
<tr><td>同类构件应使用统一创建与命名逻辑</td></tr>
<tr><td>机械设备不能用常规模型表达</td></tr>
<tr><td>模型中没有多余的构件</td><td>模型冗余检查，进行模型清理，核查是否有多余构件</td></tr>
<tr><td rowspan="2">模型中没有重叠或者重复构件</td><td>框选</td></tr>
<tr><td>使用插件</td></tr>
<tr><td rowspan="2">构件应与建筑楼层标高关联</td><td>明细表</td></tr>
<tr><td>模型中当层构件，应当以当层标高作基准偏移，而不应以其他构件作偏移</td></tr>
</table>

BIM运维模型核查操作表 **表 5-3**

核查顺序	核查内容	核查操作
1	全专业构件名称	选中Revit构件，查看同一类构件名称是否一致并修改
2	构件完整性	在平面及三维视图中查看构件连接是否完整并修改
3	房间定义	在楼层平面查看房间范围及名称是否定义正确并修改
4	楼层	在每层平面查看构件参照标高是否为当前楼层并修改
5	项目基点	查看各专业模型中的项目基点三维坐标，并修改成一致
6	楼层拆分	对整栋楼的Revit模型按照楼层空间进行拆分，删除其他楼层空间内的构件，形成单独每层的Revit模型

5.1.2 BIM运维管理系统架构

BIM运维系统首先要从最底层的传感器埋设以及数据采集开始实施，再将采集到的数据与各子系统和BIM模型对接，最后通过应用平台将系统功能展示，实现运维场景可视化（表5-4）。

BIM 运维管理系统架构　　表 5-4

<table>
<tr><td rowspan="2">应用层</td><td>场景 1</td><td>场景 2</td><td>场景 3</td><td>场景 4</td><td>场景 5</td><td>场景 6</td></tr>
<tr><td colspan="2">应用平台 1</td><td colspan="2">应用平台 2</td><td colspan="2">应用平台 3</td></tr>
<tr><td rowspan="2">业务逻辑层</td><td colspan="6">高级业务 AI 算法</td></tr>
<tr><td colspan="6">共管业务 AI 算法</td></tr>
<tr><td rowspan="2">集成平台层</td><td colspan="6">基于 BIM 的 IBMS 数据云</td></tr>
<tr><td colspan="3">BIM 模型:设计建造运维</td><td colspan="3">集成系统后台 API</td></tr>
<tr><td rowspan="4">子系统层</td><td>能源管理</td><td>视频监控</td><td colspan="2">冷源系统</td><td>电梯监控</td><td>设施资产</td></tr>
<tr><td>计费管理</td><td>应急管理</td><td colspan="2">热源系统</td><td>给水排水</td><td>人员定位</td></tr>
<tr><td>消防报警</td><td>入侵报警</td><td colspan="2">空调末端</td><td>室内照明</td><td>停车管理</td></tr>
<tr><td>电子巡更</td><td>门禁管理</td><td colspan="2">送排风机</td><td>夜景照明</td><td>信息发布</td></tr>
<tr><td>基础层</td><td colspan="3">执行器、传感器、计量表具等</td><td colspan="3">采集、传输设备</td></tr>
</table>

5.2 BIM 运维管理平台

为了实现三维可视化的运维管理，需要借助于 BIM 运维管理平台产品。其内核包含了接收、处理传感器采集的数据信息，BIM 模型轻量化处理、运维功能模块分析处理以及投放大屏展示等内容（表 5-5）。

BIM 运维管理平台章节索引及描述表　　表 5-5

<table>
<tr><td colspan="2">三级标题</td><td rowspan="2">三级表格索引</td><td rowspan="2">具体描述</td></tr>
<tr><td>题名</td><td>概要</td></tr>
<tr><td colspan="2">5.2.1 需求分析
通过对比传统运维和 BIM 运维内容,说明 BIM 运维价值</td><td>表 5-6　BIM 运维需求分析</td><td>通过对比传统运维和 BIM 运维内容,体现 BIM 运维的需求和价值</td></tr>
<tr><td colspan="2">5.2.2 数据采集
制定数据采集指标的特征及要求</td><td>表 5-7　数据采集技术指标</td><td>描述数据采集的各项指标要求</td></tr>
<tr><td colspan="2" rowspan="2">5.2.3 模型轻量化处理
规定平台常用的数据格式,提出模型轻量化处理方法以及轻量化模型转变为 BIM 运维模型的方式</td><td>表 5-8　常用数据格式汇总</td><td>汇总常用 BIM 数据格式,作为运维平台的兼容性的参照要求</td></tr>
<tr><td>表 5-9　模型轻量化处理方法</td><td>从引擎和模型二个维度提出
轻量化处理的方法</td></tr>
<tr><td colspan="2">5.2.4 BIM 运维管理平台功能模块
制定运维基本功能模块及其实现场景与内容</td><td>表 5-10　BIM 运维基本功能模块及内容</td><td>对运维中的基本功能模块和每个功能模块实现的场景进行描述</td></tr>
</table>

5.2.1 需求分析

传统运维功能相对单一，实施过程中资料管理容易缺失遗漏且耗费较多人力物力。基于BIM的智能运维系统可在各种运维功能中实现自动化管控，资料闭环管理，有效提高运维效率[5-2]（表5-6）。

BIM运维需求分析表 **表5-6**

运维需求	传统运维	BIM三维可视化运维
资产管理	扁平化数据管理，容易丢失遗漏	资产数据与模型关联，于平台上保存，形成闭环管理，直观形象
安防管理	无法在第一时间精确定位消防报警的位置，延误灾情	安保人员精确空间定位，规划最短路线，提高安防效率。对消防报警进行定位核查
停车管理	对车位和行车路线扁平化表达	三维可视化展示车位使用状态，对停车路线提供三维实景照片和路径规划，更加直观清晰
物业管理	在发现设备故障时，无法定位设备位置	对巡更人员实时定位，在设备出现故障时可快速定位设备位置，并查找相关数据，进行及时维修
能耗管理	管理人员去各个楼宇进行能耗查看，并进行记录分析	可通过传感器传输数据，以动态图的方式进行展示，利用BIM模型区域进行分析，更利于管理人员针对性地进行检查
管网监控	无法进行实时定位监测	三维模型对官网进行定位，监测数据与空间位置相关联，有利于数据统计分析
维护管理	厂家定期维护管理	对重要设计进行定位与统计，为设备维护、更换提供依据，并作出维护情况描述，形成闭环
照明系统	需人为进行管控照明系统，增大巡更人员工作量	依靠传感控制器的使用，对园区所有照明设备进行控制，从而节省能源消耗
环境监测	环境信息在展牌上展现，难以和布展等空间的使用功能相关联	可将环境信息在三维模型空间体现，对空间使用和预定提供环境信息数据
灌溉系统	巡更人员定期查看井盖	可对每一个井盖位置进行定位，便于巡查维修
虚拟园区	在二维图纸或沙盘模型上静态观察园区	园区三维动态浏览，可实现VR虚拟参观
智能充电桩	二维定位充电桩点位	三维空间定位充电桩的分布点位，智能规划充电路线
智能交通	发送交通班车信息	三维展示交通路线、班车信息和上下车地点，规划通勤路径
消防疏散	无法精确定位发生火灾的位置	对火灾报警快速定位，基于三维模型自动模拟逃生通道，并发送给员工，减少人员伤亡
空间管理	空间使用状态表格化呈现，动态管理数据工作量大	在三维模型中直观显示各空间实时使用状态，提供空间查看和预定功能

5.2.2 数据采集

BIM 运维系统应具备各类设备的数据信息采集功能，通过传感器将运维需要的数据信息从设备中提取出来，并上传到智能化系统中[5-3]。数据采集的具体技术指标要求如表 5-7 所示。

数据采集技术指标表 **表 5-7**

类别	指标项	关键技术指标要求
运维数据采集技术指标	开放性	平台具备开放的连接能力，包括硬件连接和软件连接能力，支持主流厂家设备和协议，形成开放互联的生态
	高效性	从各种数据源和平台获取数据并进行存储，通过高扩展的数据库、实时数据处理、结构化和非结构化数据的处理等，提供多维度的数据管理服务，进行全面的数据实时监管及可视化，助力统计分析需求的实现
	扩展性	运维系统能够对接其他智能化应用或平台提供的接口方式，进行数据交互
	安全性	终端安全——提供适度的防攻击能力：为轻量级物联网终端接入提供基本的安全防护能力
		连接安全——对恶意终端进行检测与隔离：当个别终端被攻破时，在平台侧和网络侧能够对终端的异常行为进行分析检测、隔离
		平台安全——对平台数据进行安全保护：基于云计算和大数据安全防护技术对统一的物联聚合平台的数据进行保护
		安全管控——为运维人员提供安全指导和工具支持：包括安全操作指导书、安全检测工具等
	硬件设备连接能力	支持信令类设备、音视频类设备连接，覆盖停车应用智能设备、照明设备、视频监控设备、支付及收费终端、门禁安控终端等不同领域多样化的设备
		支持直连设备和网关子设备连接，直连设备包括智能网关和音视频类设备，网关子设备包括智能照明、供配电、能源能耗、环境监测、能源管理等不同行业类型的设备
		支持 Linux、Android、RTOS、Windows 等主流操作系统之硬件设备的接入
		兼容物联网行业常用的物理层及连接层相关技术标准及协议，包括 BACnet，Modbus，Ethernet，2G/3G/4G，WiFi，ZigBee，Bluetooth，LPWAN 等
	软件应用连接能力	支持网页应用、小程序、公众号、APP 等不同类型的物联网应用的接入
		支持 Windows、Linux、Android、IOS 等主流操作系统的物联网应用的接入
		通过物联网行业常用的通信协议，例如 HTTP、WebSocket、XMPP、CoAP、MQTT，或其他同等功能并适用于本项目应用场景的通信协议
		支持不同物联网应用的接入，包含访客管理、门禁权限管理、车辆进出及停车管理、消费管理等
		支持应用按需调用平台提供的账号权限、设备管理、设备控制、视频服务、消息服务、智能分析等多种能力

5.2.3 模型轻量化处理

BIM技术贯穿应用于建筑全生命周期，以实现模型数据无缝流转，可发挥BIM的最大价值[5-4]。在运维阶段，由设计和施工传递来的模型往往质量较大，属性信息较为丰富，运维平台直接搭载往往运行不够流畅，且对硬件设备要求较高。因此，需要对原始BIM模型进行轻量化处理，删除和丢弃不必要的属性信息，如简化构件表面形状，使得模型质量减小，有利于BIM运维平台的流畅运行。本章节将BIM运维平台可兼容的数据格式和模型轻量化处理的方式以表格形式表达（表5-8）。

1. 数据格式要求

常用数据格式汇总表　　表5-8

文件类型	文件格式
设计文件	3dm、3ds、asm、cam360、catpart、catproduct、cgr、dae、dlv3、dwf、dwfx、dwg、dwt、exp、f3d、fbx、g、gbxml、iam、idw、ifc、ige、iges、igs、ipt、jt、model、neu、nwc、nwd、obj、prt、rvt、sab、sat、session、skp、sldasm、sldprt、smb、smt、ste、step、stl、stla、stlb、stp、wire、x_b、x_t、xas、xpr
媒体文件	3g2、3gp、asf、avx、avi、bmp、divx、dv、dvi、f4v、fli、flc、flv、gif、jpe、jpeg、jpg、mov、movie、mp4、mpe、mpg、mpeg、mpv2、ogg、png、ppm、qt、rm、tif、tiff、webm、wmv
Office文件	csv、doc *、docm、docx *、odp *、ods *、odt *、pdf、ps、pot、potm、potx、ppt *、pptx *、rtf、txt、xls *、xlsx *

2. 模型轻量化处理

无论基于何种数据格式的BIM原始模型文件，在运维准备阶段都需要针对具体运维需求进行轻量化处理，以舍弃掉不必要的冗余数据。其方法分为两种，分别是模型文件轻量化和引擎渲染轻量化（表5-9）。

模型轻量化处理方法　　表5-9

轻量化类别	轻量化方法
模型文件轻量化	数模分离，将模型数据分为模型几何数据和模型属性数据
	对模型进行参数化几何描述和三角化几何描述处理减少单个图元的体积
	相似性算法减少图元数量通过这种方式我们可以有效减少图元数量，达到轻量化的目的
引擎渲染轻量化	多重LOD用不同级别的几何体来表示物体，距离越远加载的模型越粗糙，距离越近加载的模型越精细，从而在不影响视觉效果的前提下提高显示效率并降低存储
	遮挡剔除，减少渲染图元数量。将无法投射到人眼视锥中的物体裁剪掉
	批量绘制，提升渲染流畅度。可以将具有相同状态（例如相同材质）的物体合并到一次绘制调用中，叫作批次绘制调用

经过轻量化处理后的模型信息可分别存储为属性信息、几何信息等多个维度，将这些信息根据运维具体需求选择性导入运维模型中，形成基础运维 BIM 模型，其流程如图 5-1 所示。

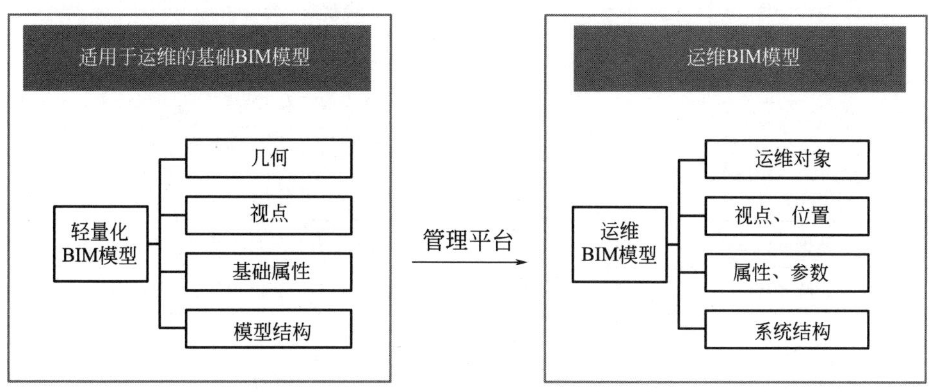

图 5-1　基础模型创建流程图

5.2.4　平台功能模块

BIM 运维基本功能模块及内容如表 5-10 所示。

BIM 运维基本功能模块及内容　　　　**表 5-10**

基本功能模块	运维场景内容
BIM 运维平台基本操作	3D 模型查看、功能界面查看及硬件设备
平台报警提示	报警规则
	报警提示
	查看报警日志
	报警的关联信息
空间管理	查看空间信息
	GIS 管理与空间计算
设备管理	查看设备信息
	查看设备运行状态
备件管理	备件管理的信息查询、使用方法及备品分析
机构管理信息	录入和查询运维单位内部组织机构数据
人员管理模块	查看人员管理信息、权限、用户状态
人员定位	查看室内外人员定位
	查看人员分布
	查看环境提示及路径记录
能耗管理	通过 BIM 平台查询各设备能源信息
	查看系统能耗报表及能源消耗情况
维保管理	查看维保、维护计划
	手持终端设备扫描方法

续表

基本功能模块	运维场景内容
巡检管理	手持终端扫码提交方法
	巡检数据上传方法
	巡检漫游、巡检信息及巡检路径的操作
停车管理	通过 BIM 模型查看车辆引导方式
	结合 BIM 模型查看车位统计及寻车功能
档案管理	查看档案的实施、设备、运维、设计资料
数据分析	监控、设备、报警、位置等统计方法及处理情况
系统管理	系统日志、数据备份及帮助信息的查看查询
报警提示	对报警规则的制定与编辑
设备管理	对设备控制的理解与操作
	对设备生命周期的分析与理解
计费管理	计费管理规则的定制
	人工录入与自动录入方法
	费率调整方法与计费统计分析
能耗管理	对报表数据进行分析及制定节能方案
维保管理	对各类机电设备编辑维护计划及维护统计
任务管理	通过 PC 端、WEB 端和 APP 端下达工作指令
	基层工作人员查看和执行分配给自己的任务
租赁管理	租赁登记方法
	租户到期报警查看及查看合同情况
租户信息	租户信息的录入和租户信息的统计分析
安保管理	通过手机对安保人员进行管控及查看人员位置
餐厅管理	餐厅的环境监控与背景音乐的控制方法
应急管理	应急预案、应急通信和应急处理方式方法

5.3 BIM 运维管理平台与 IBMS 系统

IBMS 是 Intelligent Building Management System 的简称，即建筑智能化管理系统。其出现和应用极大提高了传统运维的效率，推进了建筑运维管理的自动化和智能化发展。但 IBMS 系统仍是基于二维场景实现各项功能页面的扁平化智能系统，现代建筑的运营维护对管理方式和功能场景提出了更高要求，因此基于 BIM 技术的三维可视化运维管理不仅应包含 IBMS 系统的功能，还应将其内容扩展延伸（表 5-11）。

BIM 运维管理平台与 IBMS 系统章节索引及描述表 **表 5-11**

三级标题		三级表格索引	具体描述
题名	概要		
5.3.1 IBMS 系统架构	制定运维基本功能模块及其实现场景、内容	表 5-12 IBMS 系统架构	展示 IBMS 系统各层级架构内容
5.3.2 基于 BIM 技术的 IBMS 智能化管理系统应用流程	阐述 IBMS 系统架构，提出将 IBMS 系统运用到 BIM 系统的方法		对 IBMS 系统与 BIM 技术结合服务于 BIM 运维管理平台的流程进行描述

5.3.1 IBMS 系统架构

IBMS 系统由管理增值服务模块、运行支撑模块和智能化系统集成模块组成，其具体架构和内容如表 5-12 所示。

IBMS 系统架构 **表 5-12**

模块组成	系统功能
智能化系统集成	建筑设备监控系统
	公共安全系统
	信息化应用系统
	信息化应用系统
	控制室大屏幕显示系统
运行支撑模块	实时数据库
	历史数据分析
	统一消息平台
	IIS. DIA 数据标准
管理增值服务模块	专用系统集成服务器
	移动报警平台
	物业工作流
	物业移动办公

5.3.2 基于 BIM 技术的 IBMS 智能化管理系统应用流程

BIM 技术与 IBMS 系统的结合，可有效扩充 IBMS 系统的应用维度，为建筑的运维提供更加直观的实施、展示界面。其底层应用仍然是数据信息的采集，通过接口服务器将采集到的数据输入 IBMS 系统，完成智能化分析和应用。由 IBMS 系统输出的数据和应用信息通过分类处理和与 BIM 模型的结合（数模结合），输入给 BIM 三维展示平台，将所有的运维实施场景在展示大屏上进行直观表达，为物业人员和管理人员提供更便捷、更轻松、更有效的管理手段（图 5-2）。

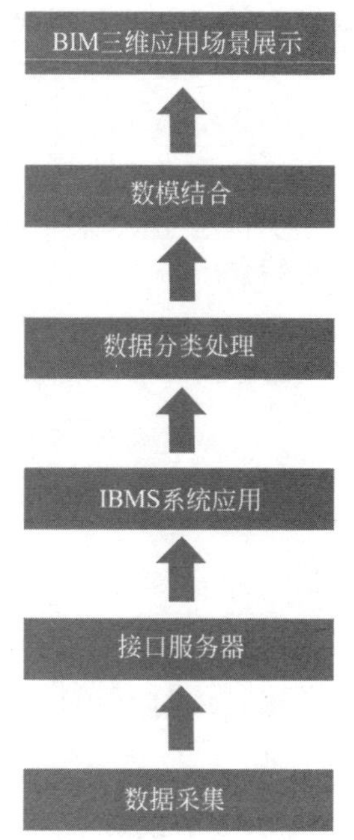

图 5-2　基于 BIM 技术的 IBMS 系统应用流程

5.4　运维阶段范例展

5.4.1　深圳国际会展中心项目简介

深圳国际会展中心由深圳市政府投资建设，招商蛇口和华侨城组建合资公司深圳市招华国际会展发展有限公司（以下简称“招华”）代建代运营，场馆一期建筑面积 150 万 m^2，包含展厅、会议、餐饮、仓储、停车场等功能区域，场馆周边配套设施涉及城市商业中心、国际酒店群、产业会展场馆、生态公园、交通枢纽等多种业态。一期及周边配套设施总投资达 867 亿元，项目一期建成后，将成为净展示面积仅次于德国汉诺威会展中心的全球第二大、中国第一大的会展中心；整体建成后，将成为全球第一大会展中心（图 5-3、表 5-13）。

图 5-3　深圳国际会展中心效果图

深圳国际会展中心项目运维阶段 BIM 应用情况汇总表　　表 5-13

实施阶段		应用分项	详细描述
运维阶段	系统设计	应用目标	建设一套场馆三维可视化运维系统(图中智慧场馆部分)。它是通过三维可视化技术,实现会展中心的场馆、场地、设施、网络等对象感知数据的可视化管理;对对象的运维管理过程进行融合集成,实现会展中心场馆信息、设施信息、运维人员信息之间的互联互通。通过对场馆、设施、运维人员的信息管理与状态监测、日常巡检与故障报警处理等管理手段,提升对深圳国际会展中心运维管理的智慧化管控能力;通过对运维历史数据的海量分析、实时状态数据的掌控和未来的推演预测,推动会展中心运维管理向数字化、智慧化转变
		应用内容	(1)通过三维可视化技术,实现会展中心的场馆、场地、设施、网络等对象感知数据的可视化管理; (2)对象的运维管理过程进行融合集成,实现会展中心场馆信息、设施信息、运维人员信息之间的互联互通; (3)通过对场馆、设施、运维人员的信息管理与状态监测、日常巡检与故障告警处理等管理手段,提升对深圳国际会展中心运维管理的智慧化管控能力; (4)通过对运维历史数据的海量分析、实时状态数据的掌控和未来的推演预测,实现项目运维管理的提质增效
		相关成果	1. 会展中心项目运维管理平台系统架构 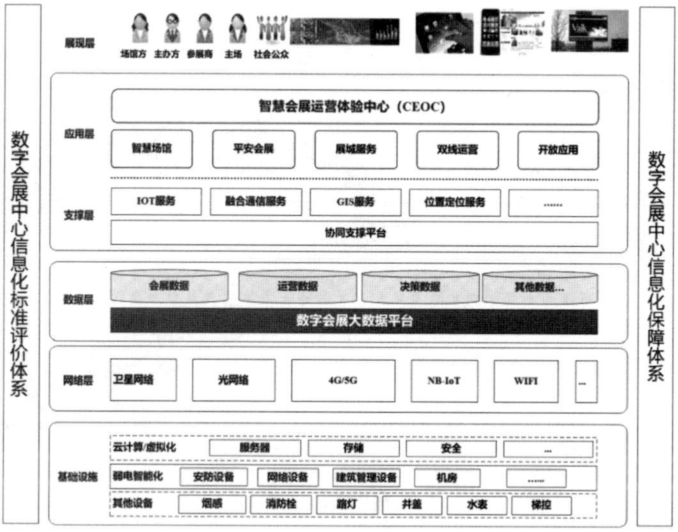 2. BIM 运维平台与其他系统关系图 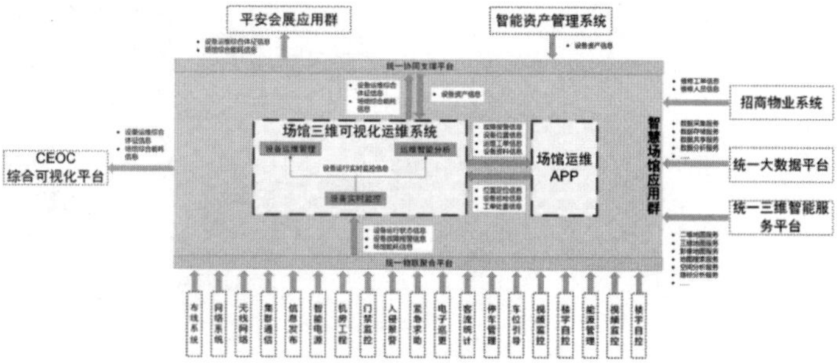

续表

<table>
<tr><th colspan="2">实施阶段</th><th>应用分项</th><th>详细描述</th></tr>
<tr><td rowspan="3">运维阶段</td><td rowspan="3">平台开发</td><td>应用目标</td><td>利用竣工 BIM 模型，将采集到的现场数据与模型进行关联，实现在平台中对现场进行动态管控，提升项目管理效率</td></tr>
<tr><td>应用内容</td><td>(1)BIM 模型整编：对竣工 BIM 模型按照运维管理平台开发标准，进行 BIM 模型轻量化、数据编码、空间编辑等工作；
(2)数据采集：收集现场设备传感器数据，将不同厂家的数据进行编译，形成统一的数据格式，以便于 BIM 运维平台中的模型进行对接；
(3)前后端开发：开发基于 WEB 端的运维管理平台</td></tr>
<tr><td>相关成果</td><td>1. BIM 模型轻量化
按专业、楼层对模型进行拆分，以加快模型在平台中的加载速度。
(1)建筑整体模型 

(2)结构整体模型 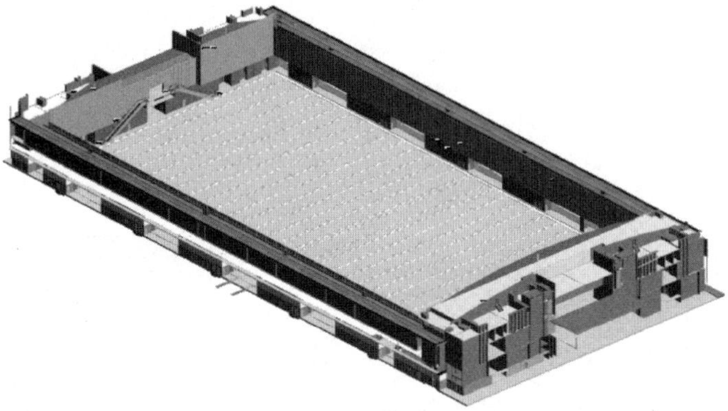

(3)机电整体模型 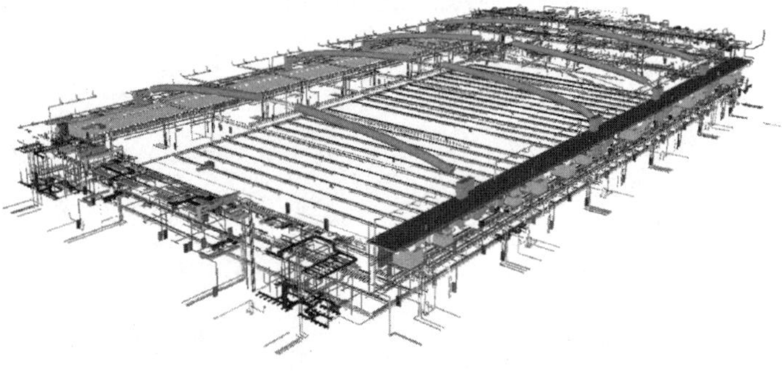</td></tr>
</table>

续表

实施阶段		应用分项	详细描述
运维阶段	平台开发	相关成果	2. 数据采集 BIM 运维平台对接系统数据列表(部分) 3. BIM 运维管理平台界面展示 (1)平台首页

2. 数据采集

BIM 运维平台对接系统数据列表(部分)

对接系统	数据需求	数据分项
信息网络系统	设备运行状态	交换机
		AP接入设备
		供电设备
		负荷状态
		路由器
	机房运行状态	服务器运行状态
		供电系统运行状态
		温控系统运行状态
		负荷状态
视频监控系统	视频监控数据	视频流
		设备种类
		设备型号
		IP地址
		设备名称
		通道编码
		通道名称
	人脸识别数据	
	客流统计数据	镜头信息
		入口信息
		楼层信息
		区域信息
		入口1小时进数据
		入口30分钟进数据
		入口15分钟进数据
		入口5分钟进数据
		点位1小时进数据表
		点位30分钟进数据表
		点位5分钟进数据表
		点位15分钟进数据表
	设备状态数据	报警状态
		处理状态
		设备状态日志
		报警类型
		在线状态
	人流热力图	区域人流统计信息

对接系统	数据需求	数据分项
电子巡查系统	巡更点位信息	巡更点位置信息
		巡更点名称
		巡更点编号
	巡查记录	巡查历史记录信息
能耗监测系统	各类能耗数据	用水量
		用气量
		用电量
		柴油用量
动力环境	输入输出电压	市电输入输出电压
		UPS输出电压
		精密空调输入输出电压
		输入输出电压
	负载状态	整体负荷状态
		UPS负荷状态
		空调负荷状态
		UPS电池状态
		空调进出口风压及温度
	工作状态	UPS工作状态
		精密空调工作状态
		温湿度采集设备工作状态
		设备报警信息
	温湿度信息	温湿度采集设备上报信息
智能卡应用系统	卡片信息	身份信息
		工作信息
	门禁数据	打卡时间
	考勤数据	出勤状态
		考勤时间
反向寻车系统	车位状态数据	车位使用状态数据
	车牌数据	车牌数据
		出入时间数据
		消费数据

对接系统	数据需求	数据分项
FMC	工单来源	事故处理
		设备保养
		设备维护
		故障报修
	工单状态	工单处理过程状态信息
	工单位置	维修人员位置实时信息
	服务满意度	服务满意度反馈信息
	响应及时率	服务满意度反馈信息
	设备位置	弱电设备位置
		给水排水设备位置
		照明设备位置
		暖通设备位置
		电梯位置
		输变电设备位置
	设备信息	弱电设备信息
		给水排水设备信息
		照明设备信息
		暖通设备信息
		电梯信息
		输变电设备信息
通道闸系统	通道闸系统数据	进出人数统计
		门状态
		告警信息
		系统运行状态
入侵报警系统	报警信号	AreaAlarmState
	系统状态	AreaArmState
		BatteryState
		DoorState
		EventLogState
		OutputState
		PointState
		PowerState

3. BIM 运维管理平台界面展示

(1)平台首页

续表

实施阶段		应用分项	详细描述
运维阶段	平台开发	相关成果	(2)设备管理 (3)空间管理

5.4.2　江北新区服务贸易创新发展大厦项目简介

江北新区服务贸易创新发展大厦建筑用地面积 20054.18m^2，总建筑面积 83111.57m^2。项目位于南京市浦口区临滁路以西、凤滁路以南。建筑高度 99.3m，地上主楼为 23 层，裙楼 4 层，地下 2 层（图 5-4、表 5-14）。

图 5-4　江北新区服务贸易创新发展大厦效果图

江北新区服务贸易创新发展大厦项目 BIM 应用情况汇总表　　　　表 5-14

实施阶段		应用分项	详细描述
运维阶段	BIM 运维管理平台	应用目标	在项目建成后，完成基于 BIM 技术的运维管理平台开发，并利用 BIM 运维管理平台对整栋建筑运营维护进行管理，实现 BIM 价值最大化
		应用内容	利用 BIM 技术，构建一套三维可视化的，可利用 BA 系统数据的运营管理平台
		相关成果	1. BIM 运维管理平台系统架构 完成运维系统的系统架构设计，包括底层数据仓库、数据监测系统以及相应的接口服务，数据采集层通过各系统的成熟接口或基于设备数据传输协议新开发接口，通过设备间的通信网、终端互联网以及物联网对数据进行传输，最终支持各应用层模块的开发落地。  2. BIM 运维管理平台开发事项安排 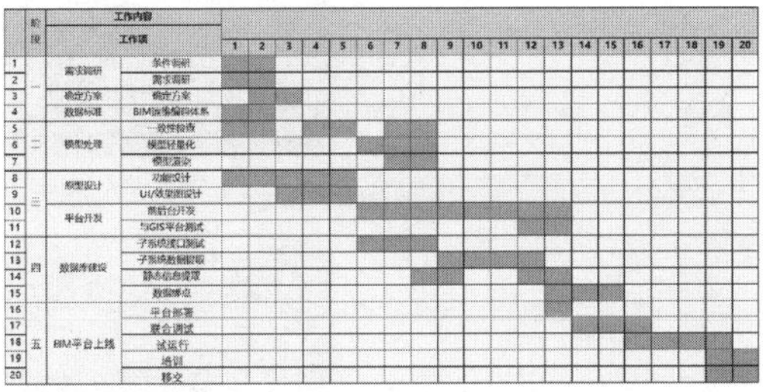
	平台开发		3. BIM 模型处理 对提资的展厅运维 BIM 模型进行合理分层处理，以满足运维平台按楼层进行可视化管理的需求 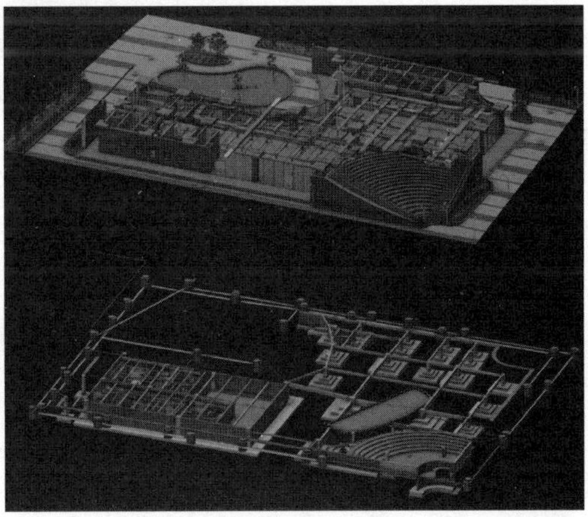

续表

实施阶段		应用分项	详细描述
运维阶段	平台开发	相关成果	4. 运维管理平台展示 1)平台首页  2)空间管理  3)停车管理 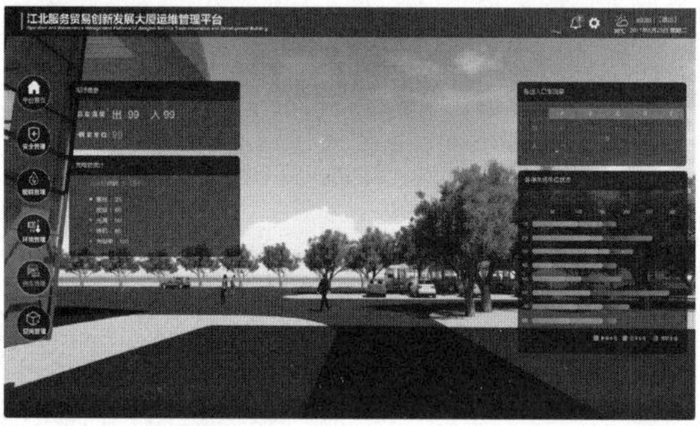

5.5 本章小结

本章节主要阐述了基于 BIM 技术的建筑运维的基本流程和系统架构，从数据采集、数据处理，最后到 BIM 运维平台的建设做了可操作性的指示，并对运维的基本功能在三维可视化场景下实现的场景和内容进行了详细的表述。由于运维内容涵盖范围较广，技术更新速度较快，本文针对目前主流 BIM 运维功能及做法进行了可操作性的阐述。

第六章　项目案例汇总

6.1　南京谷里街道土地综合整治安置房项目

1. 项目简介

谷里街道土地综合整治安置房，装配整体式框剪结构，主要有 A、B、C 三种户型，总建筑面积约 30 万 m^2。

装配式建筑要求：单体预制率不低于 30%（图 6-1）。

图 6-1　项目总平面图及效果图

为保障项目质量、提高项目管理效率、节约资源与成本，谷里街道土地综合整治安置房将 BIM 技术贯穿应用到设计、生产、施工三个阶段之中。回顾项目实际建造的整个过程与最终落地的结果，充分体现了 BIM 技术应用于装配式建筑的优势，形成了良好的示范效应。

2. 南京谷里街道土地综合整治安置房项目 BIM 应用情况

项目 BIM 应用情况汇总，如表 6-1 所示。

南京谷里街道土地综合整治安置房项目 BIM 应用情况汇总表 **表 6-1**

实施阶段		应用分项	详细描述
设计阶段	方案设计	应用目标	(1)在满足建筑功能和采用预制装配式技术之间寻找平衡点，追求两者的共存，提升建筑品质； (2)考虑规划和构件设计模数化，提高生产和施工效率； (3)结合项目实际情况，围绕标准化设计做深入研究
		应用内容	预制范围——预制叠合楼板、楼梯、空调板和外维护墙。 (1)预制叠合板：布置在一般楼层房间。板厚 130mm，预制层 60mm。采用钢筋桁架混凝土叠合板。主要板跨有 3.0m、3.3m、3.6m、4.2m； (2)预制楼梯：建筑的主楼梯，楼梯间净宽 2.4m。一层，层高 2.8m，单跑；其他层，层高 2.8m，两跑； (3)预制空调板：主要截面有 120mm×600mm； (4)外维护墙：200mm 厚 NALC 建筑外墙，工厂拼装，现场吊装
		相关成果	  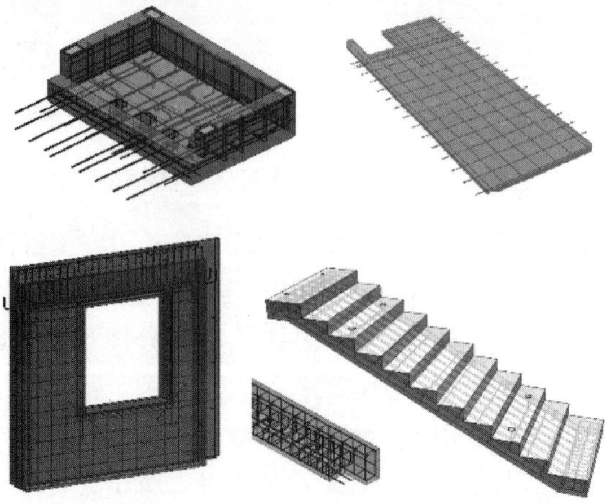

续表

实施阶段		应用分项	详细描述
设计阶段	方案设计	相关成果	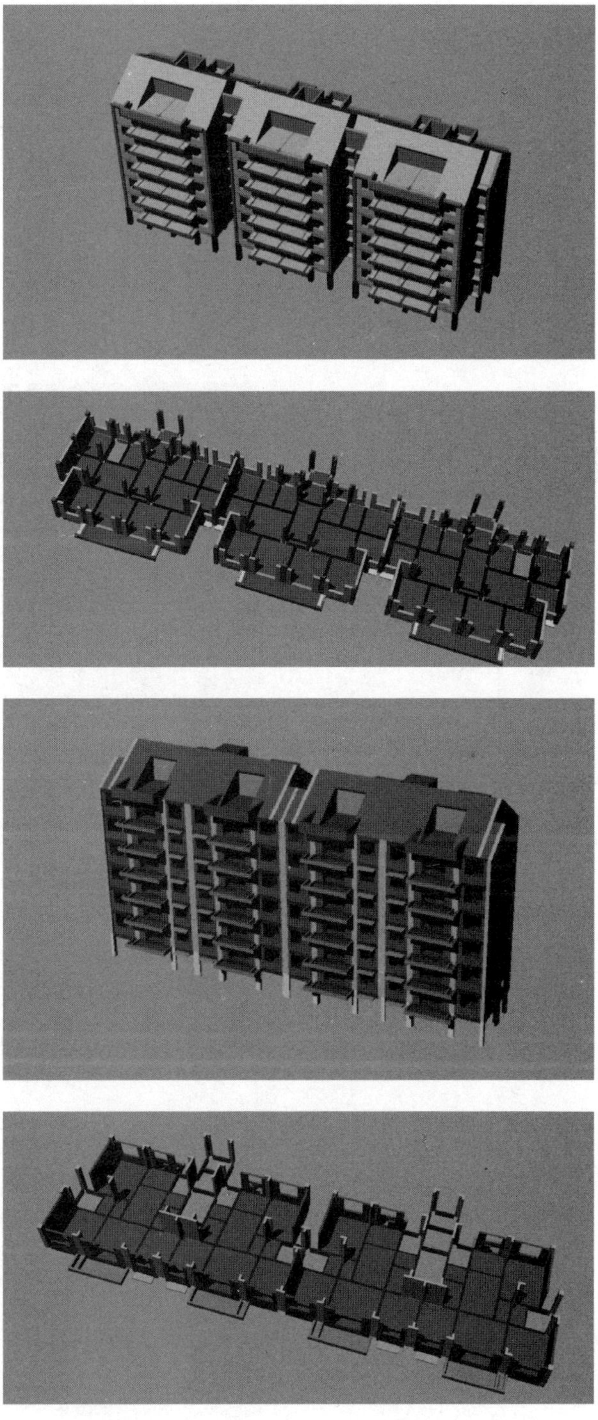

续表

实施阶段		应用分项	详细描述
设计阶段	构件深化设计	应用目标	在施工图深度基础上继续深化BIM模型，将相关成果与构件厂对接，达到模具生产与构件生产的要求。 (1)构件设计标准化； (2)连接节点简单化； (3)生产制作易控化； (4)模具数量最少化； (5)运输方便高效化； (6)安装施工简单化
设计阶段	构件深化设计	应用内容	(1)深化BIM模型，生成构件加工级别的模型； (2)基于BIM模型，创建预制构件深化图纸
设计阶段	构件深化设计	相关成果	1. 预制构件深化模型 2. 构件工艺模型

实施阶段	应用分项	详细描述
设计阶段 构件深化设计	相关成果	3. 导出工艺图 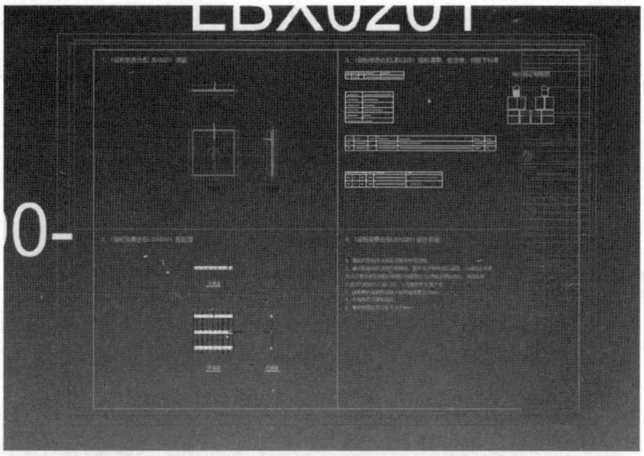 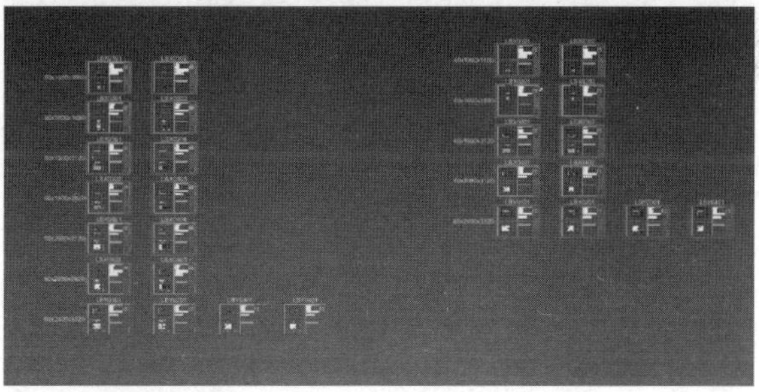 4. 输出生产信息到平台 
生产阶段	应用目标	在生产阶段，基于预制构件深化图纸与模型，进行模具加工与构件生产，生产完成后在出厂前粘贴构件二维码，对预制构件继续进行过程追踪与监管
生产阶段	应用内容	(1)模具厂依据预制构件 BIM 深化模型加工模具，构件厂依据 BIM 模型提供的材料明细表进行下料、布筋等生产活动； (2)构件生产完成后进入堆场，在构件出厂前，依据二维码系统的 BIM 模型数据生成的构件二维码，进行打印粘贴，并扫码上传状态信息

续表

实施阶段	应用分项	详细描述
生产阶段	相关成果	1. 生成二维码  2. 构件二维码在工厂进行粘贴   3. 移动端互动 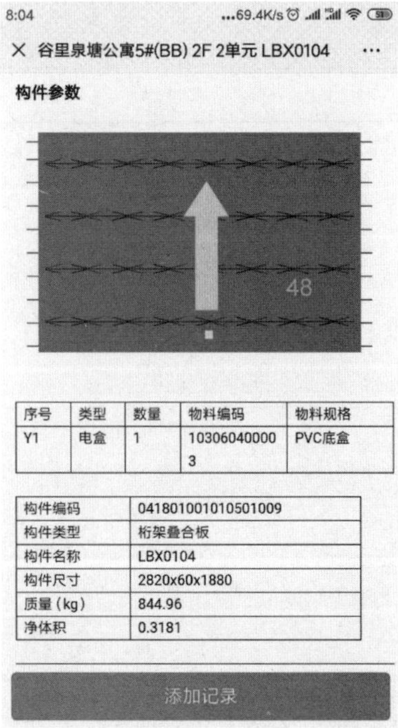

续表

<table>
<tr><th>实施阶段</th><th>应用分项</th><th>详细描述</th></tr>
<tr><td>生产阶段</td><td>相关成果</td><td>4. 构件状态追踪 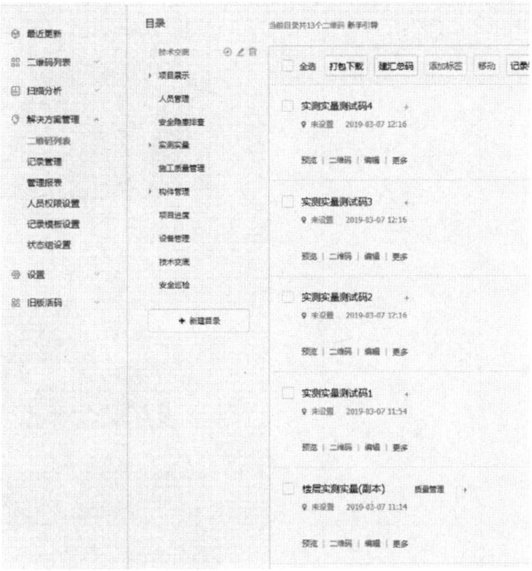</td></tr>
<tr><td rowspan="3">施工阶段</td><td>应用目标</td><td>进入施工阶段，借助 BIM 模型为业主单位解决各项施工问题，施工安装完成后，对预制构件的追踪与监管暂时告一段落，及时向平台上传构件信息</td></tr>
<tr><td>应用内容</td><td>(1)根据 BIM 模型与进度计划或施工方案集成应用，对施工进度与施工方案进行 4D 模拟，提供施工决策依据，优化资源配置；
(2)基于 BIM 模型，进行工程量统计，快速生成相关数据统计表并做出成本核算，为工程预决算提供数据支持；
(3)预制构件施工安装完成后，扫描构件二维码并上传构件状态信息</td></tr>
<tr><td>相关成果</td><td>1. 沿用建筑和结构模型 
2. 节点检查 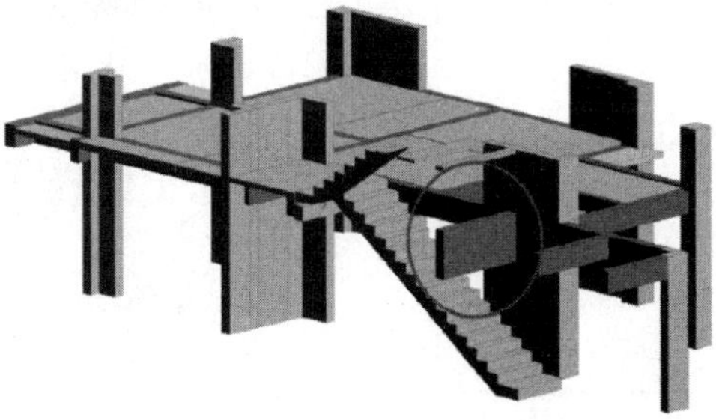</td></tr>
</table>

续表

实施阶段	应用分项	详细描述
施工阶段	相关成果	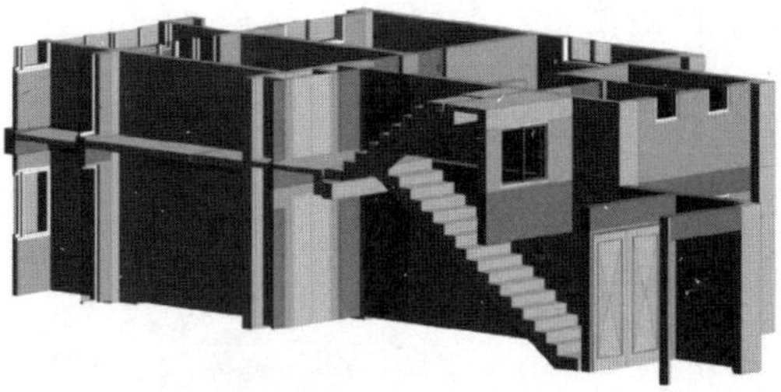  3. 建立施工现场模型  4. 建立洗车位置及构件堆场 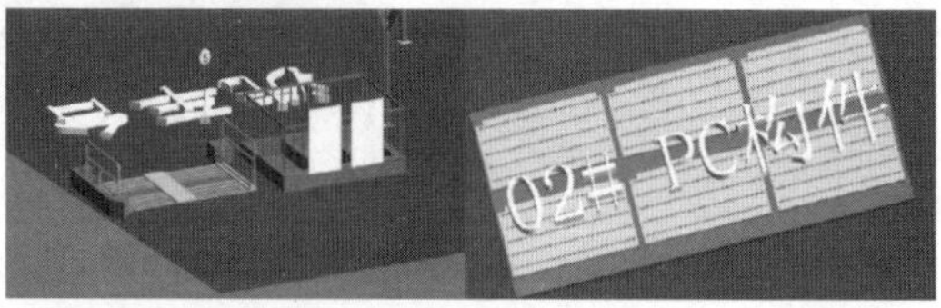 5. 建立展示平台位置 

续表

实施阶段	应用分项	详细描述
施工阶段	相关成果	6. 建立安全体验区模型 7. 建立临时建筑模型 8. 对施工现场进行模拟 9. 搭建观摩模型

续表

实施阶段	应用分项	详细描述
施工阶段	相关成果	 10. 构件现场二维码  11. 二维码管理后台 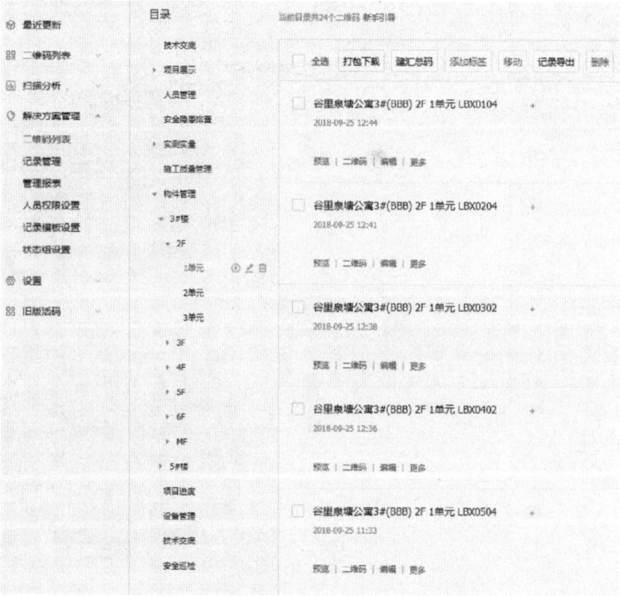

6.2 常州武进绿色建筑博览园揽青斋项目

1. 项目简介

本工程总建筑面积为 721m^2，地上 3 层，无地下室。其中建筑一、二层为办公研发部分，属于基本功能体，采用钢筋混凝土框架结构，层高 4.0m，标准层建筑面积为 283m^2。三层为厨房和员工餐厅部分，属于扩展功能体，采用钢结构，层高 6.0m，建筑面积为 155m^2。平面呈正方形，建筑物总长和总宽均为 17.04m，总建筑高度 15.05m（图 6-2、图 6-3）。

图 6-2　揽青斋项目模型图

图 6-3　揽青斋项目实景图

2. 揽青斋项目 BIM 应用情况

项目 BIM 应用情况如表 6-2 所示。

常州武进绿博园揽青斋项目 BIM 应用情况汇总表 **表 6-2**

实施阶段		应用分项	详细描述
设计阶段	初步设计	应用目标	在完成项目 BIM 实施的基础上，进入 BIM 实施应用阶段，展开 BIM 建模等相关工作
		应用内容	(1)依据项目工程图纸与建模规则的要求，创建初步 BIM 模型，包括建筑、结构模型； (2)依据设计意图，分别创建预制构件模型
		相关成果	 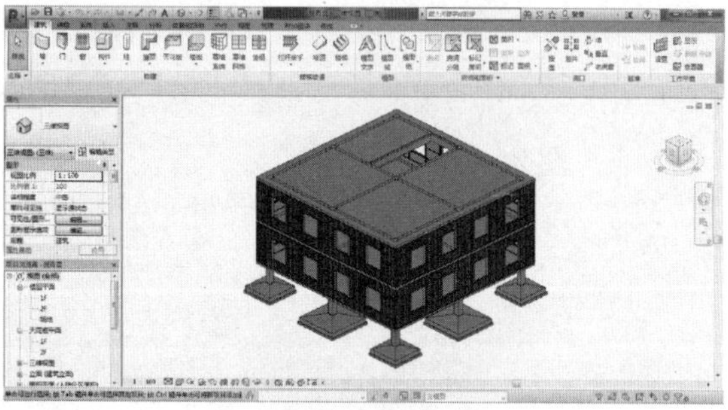 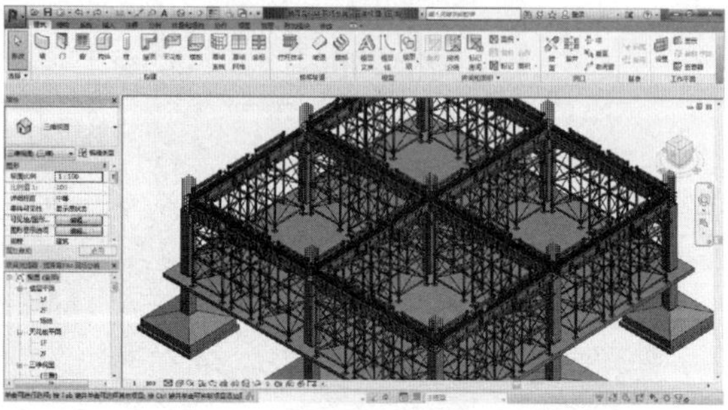

续表

实施阶段		应用分项	详细描述
设计阶段	初步设计	相关成果	 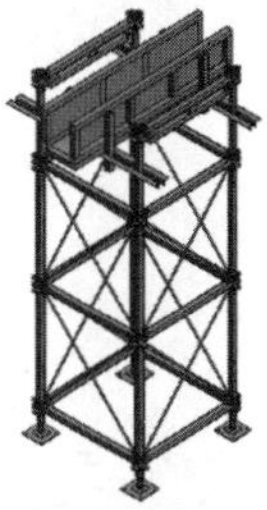 
	施工图设计	应用目标	在完成初步BIM模型的基础上，进入到施工图设计阶段的BIM实施应用，生成建筑、结构施工图、问题报告汇总等相关工作
		应用内容	依据项目工程图纸与建模规则的要求，创建施工图阶段BIM模型，包括生成建筑、结构等专业图纸
		相关成果	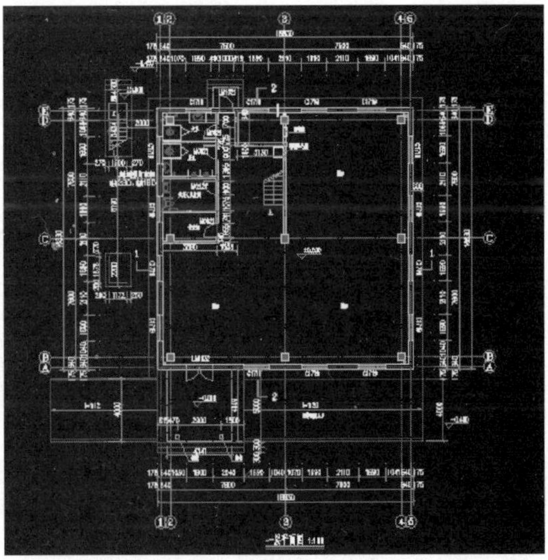

续表

实施阶段		应用分项	详细描述
设计阶段	施工图设计	相关成果	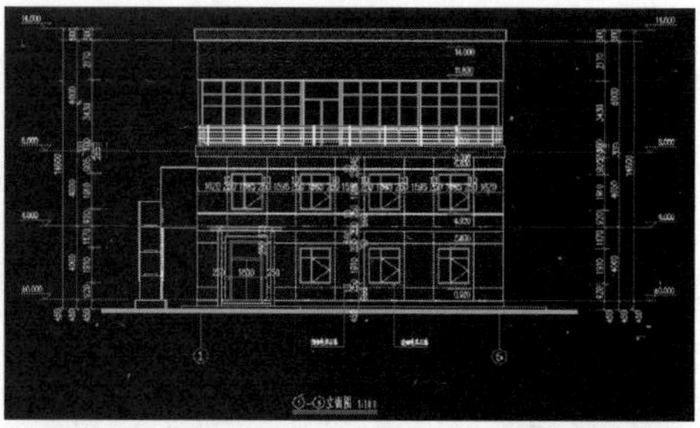 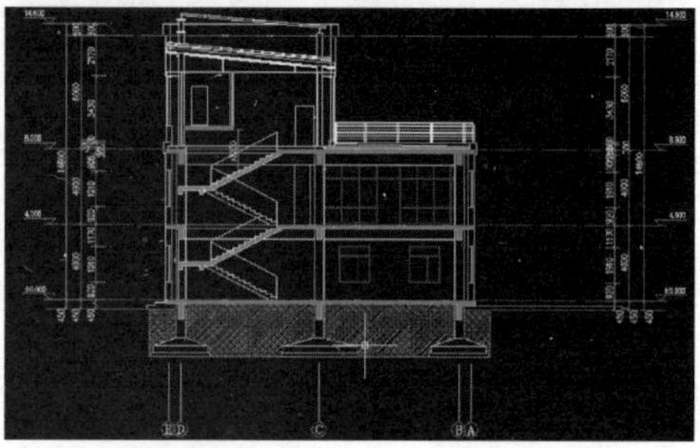 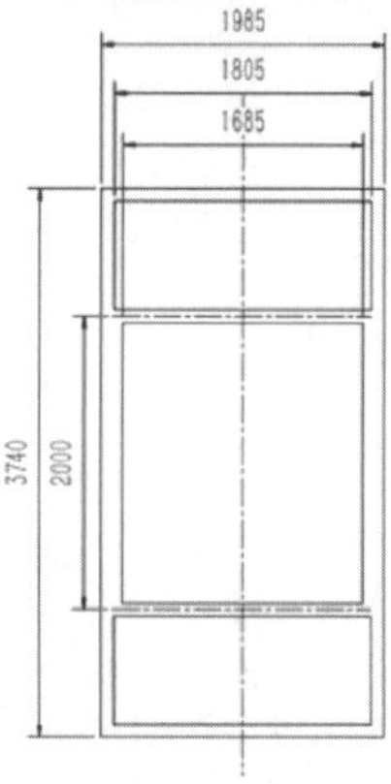 宽度 1985 型外墙板 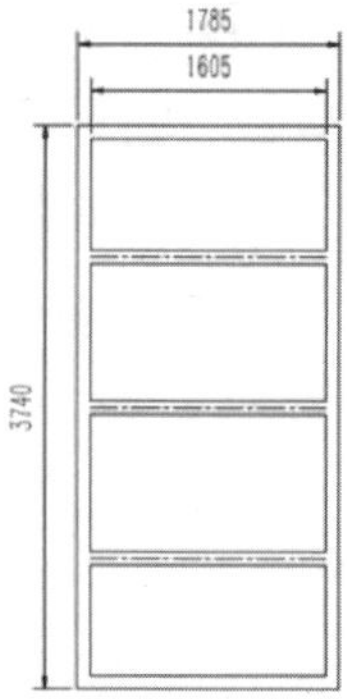 宽度 1785 型外墙板 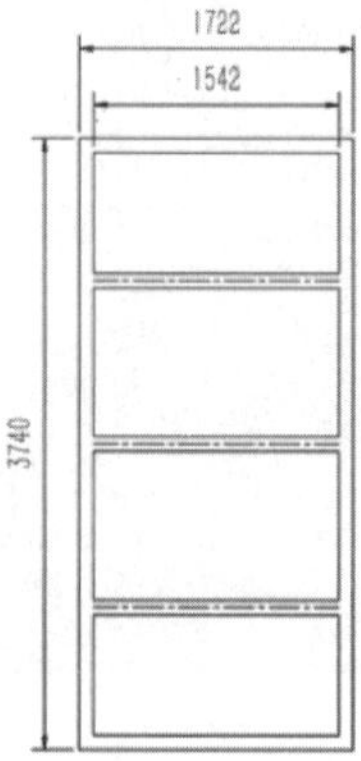 宽度 1722 型外墙板 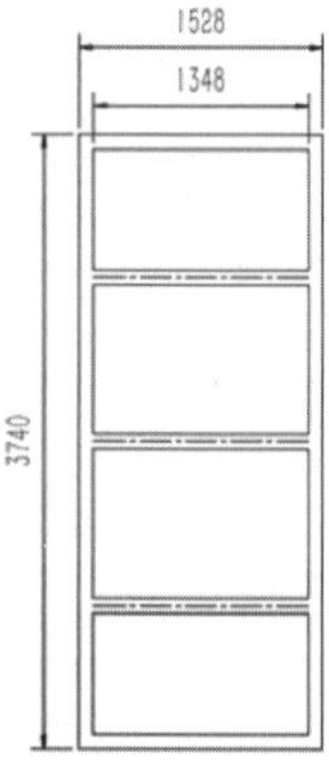 宽度 1528 型外墙板

续表

实施阶段	应用分项	详细描述
	相关成果	   

续表

实施阶段	应用分项	详细描述
施工阶段	应用目标	在完成施工图阶段 BIM 模型的基础上，进入施工阶段 BIM 实施应用，展开复杂节点模拟以及进度、质量、安全等 BIM 管理工作
	应用内容	1. PC 施工次序吊装模拟； 2. 不同阶段场布及行车动线合理性、可行性分析； 3. 施工计划与实际进度对比
	相关成果	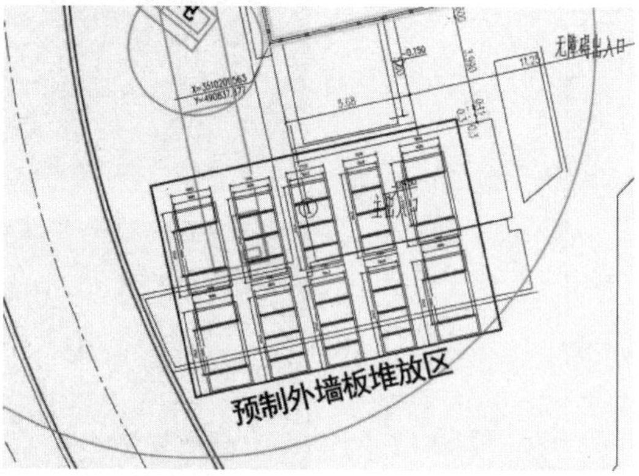  

续表

实施阶段	应用分项	详细描述
施工阶段	相关成果	

附录

关键词索引

表格索引

续表

续表

续表

续表

续表

续表

参考文献

[1] 刘占省，赵雪峰. BIM 基本理论 [M]. 北京：机械工业出版社，2019：14-18.

[2] 刘占省，赵雪峰. BIM 基本理论 [M]. 北京：机械工业出版社，2019：18-20.

[3] 建筑信息模型设计交付标准 GB/T 51301—2018. 北京：中国建筑工业出版社，2019.

[4] 罗佳宁，张宏，丛勐. 建筑工业化背景下的新型建筑学教育探讨——以东南大学建筑学院建造教学实践为例 [J]. 建筑学报，2018 (1)：102-106.

[5] 王海宁，张宏，张军军，等. 基于装配式木结构的构件标准化率定量计算方法研究 [J]. 建筑技术，2019，50 (4)：409-411.

[6] 王磊. 基于 Revit 的 BIM 协同设计模式探讨 [A]. 天津大学、天津市钢结构协会. 第十四届全国现代结构工程学术研讨会论文集 [C]. 天津大学、天津市钢结构协会：全国现代结构工程学术研讨会学术委员会，2014：4.

[7] bim 命名规则 [EB/OL]. https：//max. book118. com/html/2017/0705/120439805. shtm

[8] bim 标准-命名规则-cadg [EB/OL]. https：//www. docin. com/p-1839289003. html

[9] 张德海. 装配混凝土结构建筑信息模型 (BIM) 应用指南 [M] 北京：化学工业出版社，2016.

[10] 建筑信息模型设计交付标准 GB/T 51301—2018 [S]. 北京：中国建筑工业出版社，2018.

[11] 江苏省民用建筑信息模型设计应用标准 DGJ32/TJ 210—2016 [S]. 南京：江苏凤凰科学技术出版社，2016.

[12] 刘桂荣. BIM 技术及应用 [M]. 北京：中国建筑工业出版社，2017.

[13] 建筑施工细部做法标准化图集 (安装工程) 北京：中国建筑工业出版社，2015.

[14] 民用建筑设计统一标准 GB 50352-2019. 北京：中国建筑工业出版社，2019.

[15] 张超. 基于 BIM 的装配式结构设计与建造关键技术研究 [D]. 东南大学，2016.

[16] 叶红雨. 构件工艺设计与建筑装配设计方法初探 [D]. 东南大学，2019

[17] 王海宁. 基于建筑工业化的建造信息化系统研究 [D]. 东南大学，2018

[18] "BIM+" 9 大技术集成应用 [EB/OL]. http：//www. 51adoa. com/quetal. aspx? id=609&kindid=2

[19] 苏建函科 [2017] 1189 号省住房和建设厅关于进一步明确新建建筑应用预制内外墙板预制楼梯板预制楼板相关要求的通知 [Z]. 2018. 1.

[20] 苏建科 [2017] 39 号省住房城乡建设厅关于发布《江苏省装配式建筑预制装配率计算细则 (试行)》的通知 [Z]. 2017. 1.

[21] 塔吊型号大全 [EB/OL]. http：//www. tadiao365. com/pptj _ to. asp

[22] 草料二维码生成器 [EB/OL]. https：//cli. im/

[23] BIMFACE-国内领先的 BIM 轻量化引擎 [EB/OL]. https：//bimface. com/

[24] 建筑工程施工质量验收统一标准 GB50300—2013 [S]. 北京：中国建筑工业出版社，2013.

[25] 装配式结构工程施工质量验收规程 DGJ32/J 184—2016 [S]. 南京：江苏凤凰科学技术出版社，2016.

[26] 尹贻林，朱绪琪. 基于 BIM 的 PPP 项目全生命周期监管平台建设研究 [J]. 价值工程，

2018，37（2）：24-26.

[27] 陈贵涛. 基于BIM和本体的建筑运维管理研究 [J]. 工业建筑，2018，48（2）：29-34.

[28] 顾向东，吴锦华，赵文凯，吴玉凤. BIM技术在医院建设项目全生命周期的应用 [J]. 建筑经济，2018，39（1）：49-52.

[29] 赵文凯. BIM在医疗建筑建设与运行管理中的应用 [J]. 建筑经济，2018，39（2）：40-44.

[30] 王威威，陈永锋. 基于云模型的BIM项目质量协同管理绩效评价 [J]. 湘潭大学自然科学学报，2018，40（1）：86-90.